COLLECTION TR

Raymond BARRA

Jean-Jacques PE Annette TRICOIRE

MATHÉMATIQUES

TERMINALES

C.E.

tome 2 Nombres complexes Probabilités Géométrie

Avec 52 exercices et problèmes complémentaires d'entraînement au baccalauréat, en fin d'ouvrage

NATHAN

AVANT-PROPOS

Cet ouvrage traite **le programme** des classes de Terminale C et E tel qu'il est paru au **Bulletin Officiel n° 31 du 11 septembre 1986.**
Les chapitres de ce manuel, dans leur presque totalité, comportent les rubriques décrites ci-après :

1. Pour prendre un bon départ

Cette partie aide l'élève à faire le point sur les connaissances antérieures, en particulier celles de la classe de Première S, dont il aura besoin pour aborder le chapitre.
Les exercices incorporés permettent un contrôle de l'acquis des connaissances rappelées.

2. Travaux pratiques d'approche

Partie essentielle : les notions nouvelles sont introduites par l'étude de situations. Les explications nécessaires pour que l'élève puisse « avancer » dans cette étude nouvelle sont fournies dans un langage usuel, et choisi pour donner du « sens » aux termes mathématiques, pour développer de bonnes images mentales ; c'est ce qui permet plus tard de travailler efficacement en mathématique.
Ces explications favorisent bien sûr la compréhension du langage plus formalisé employé dans le Cours.

3. Cours

Le Cours est conçu pour atteindre les objectifs suivants :

- relier les connaissances nouvelles aux connaissances antérieures, et plus généralement, montrer toutes les connexions existant entre les différentes notions ;
- être lisible dans sa totalité par un élève de Terminale C ou E, afin que celui-ci puisse constamment s'y référer ;
- montrer, chaque fois que cela se peut, et sans tomber dans l'erreur du « faux concret », le champ d'application des Mathématiques.

Le Cours est enrichi :

- de **commentaires,** qui expliquent, lorsque cela s'impose, le rôle ou l'intérêt d'une définition, d'un théorème, le lien avec un résultat déjà vu, ... ;
- d'**exercices résolus,** qui montrent des techniques usuelles et des applications immédiates des notions introduites.

4. Travaux pratiques d'application

Ce sont les travaux pratiques obligatoires donnés dans le programme. Ils se présentent sous la forme d'explications et de questions-exercices qui permettent à l'élève de comprendre le but de l'étude et d'avancer progressivement dans cette étude. Certaines de ces études mettent en évidence les champs d'application des Mathématiques dans les autres disciplines. Certains de ces travaux pratiques font appel à des techniques plus raffinées ou nécessitent une plus longue recherche ; ils sont alors indiqués par le logo * ou ** à droite de leur titre ; *en aucun cas ils ne doivent servir de référence pour la définition d'un niveau exigible au baccalauréat,* ils ne sont ici que pour permettre à ceux déjà au point de se perfectionner.

5. Exercices

Ils sont de trois types, ce que reflètent les trois subdivisions de cette rubrique :

- *Exercices d'apprentissage :* ils groupent des exercices dont la réponse est quasi immédiate (il suffit d'appliquer un résultat introduit dans le chapitre).
Certains d'entre eux sont corrigés à la fin du manuel ; ils sont alors repérés par le logo [c] à gauche de leur numéro.
- *Exercices d'entraînement :* ce sont les exercices nécessaires à la consolidation des techniques et connaissances, à l'apprentissage de la recherche et de la démonstration. Les questions y sont conçues pour être abordées par la majorité.
Néanmoins, dans chaque chapitre, nous proposons quelques exercices dont la résolution nécessite une recherche plus approfondie, ou une technique supérieure. Ces exercices sont signalés par le logo ⋆ ou ⋆⋆ à droite de leur numéro ; *en aucun cas ils ne doivent servir de référence pour la définition d'un niveau exigible.*
- *Problèmes :* ce sont des exercices de synthèse, plus longs, ou bien des exercices pour aller plus loin, les plus difficiles étant signalés par le logo ⋆ ou ⋆⋆.

Parmi les exercices d'entraînement et les problèmes figurent de nombreux **sujets de baccalauréat** des années précédentes (nous ne mentionnons pas l'année ; le programme étant alors différent, nous n'en avons gardé que les parties pouvant être traitées avec les connaissances de ce nouveau programme).
Dans ces deux rubriques, « *exercices d'entraînement* » et « *problèmes* », vous trouverez un grand choix de problèmes à poser en devoir à la maison.
Nous espérons que les enseignants utilisant ce nouvel ouvrage en classe continueront, comme pour les manuels précédents de la collection Transmath, à nous transmettre leurs critiques ou suggestions.
Par avance, nous les en remercions.

LES AUTEURS

SOMMAIRE

Maquette : FIAT LUX
Édition : F. MENU

CHAPITRE

1

LES NOMBRES COMPLEXES

1. Pour prendre un bon départ

1.1. Idées essentielles

Certains problèmes n'ont pu être résolus que par l'introduction de nouveaux nombres; ainsi les rationnels, c'est-à-dire les nombres qui s'écrivent $\frac{a}{b}$ avec a et b entiers, b non nul, ne permettent pas d'attribuer une longueur à la diagonale d'un carré de côté 1; en effet, d'après le théorème de Pythagore le carré de la longueur de cette diagonale doit être égal à 2 et l'on sait démontrer que l'égalité $\frac{a^2}{b^2}=2$ est impossible avec a et b entiers. Le problème d'attribuer une longueur à cette diagonale a été résolu par la définition de l'irrationnel $\sqrt{2}$ (dont le carré est 2), nombre nouveau par rapport aux rationnels.

Les irrationnels sont venus s'ajouter aux rationnels pour former l'ensemble des réels, ensemble qui aujourd'hui est indispensable à tout scientifique.

Mais dans $\mathbb{R}$, l'équation $x^2=-1$ n'a pas de solution. Il est apparu peu à peu qu'attribuer une solution à cette équation facilitait grandement les calculs et permettait de grands progrès dans les découvertes de l'algèbre.

En notant i, un nouveau nombre, solution de $x^2+1=0$ (on a donc $\boldsymbol{i^2=-1}$), et en l'adjoignant aux réels, on a été conduit à considérer d'autres nouveaux nombres : les produits ib (de i par un réel b), puis les sommes $a+ib$ (avec a réel).

L'ensemble de tous les nombres ainsi obtenus, réels compris, est maintenant appelé **l'ensemble $\mathbb{C}$ des nombres complexes.** Les opérations y sont identiques à celles de l'ensemble $\mathbb{R}$ des réels, et tout réel *négatif* possède une (et même deux) racine carrée.

1.2. Aperçu historique

Aucune évolution dans la conception des nombres ne s'est faite en une seule étape; au contraire, les pas ont toujours été craintifs, hésitants, les discussions longues et passionnées. Donnons quelques jalons de cette évolution : Babyloniens, Égyptiens, Grecs, Indiens écrivaient, cinq siècles avant notre ère, les naturels dans des systèmes de numérations divers; à cette époque-là, ces civilisations utilisaient aussi des fractions avec des notations diverses; les Grecs avec Pythagore, Aristote, Euclide s'intéressaient aux irrationnels. Ce n'est que dans les premiers siècles de notre ère que les négatifs vont s'imposer comme nombres à part entière, mais en Occident ce n'est qu'à la fin du XVe siècle qu'ils apparaîtront et jusqu'au début du XIXe siècle, on leur refusa tout statut théorique. Malgré tout, au XVIe siècle, des algébristes italiens, Cardan et ses élèves, s'enhardissent, dans leurs calculs, à introduire des symboles purement formels : $\sqrt{-a}$, avec $a>0$, et découvrent des règles de calcul permettant de manipuler ces nouveaux « nombres » que Cardan lui-même traitait de « sophistiqués ».
En 1572, Bombelli montre que la solution $x=4$ de l'équation $x^3=15x+4$ peut s'écrire :

$$\sqrt[3]{2-\sqrt{-121}}+\sqrt[3]{2+\sqrt{-121}}=4,$$

mettant ainsi en évidence le fait que des réels peuvent être désignés par des expressions en apparence « imaginaires ». Mais ces imaginaires permettent d'obtenir des résultats et pour cette raison ils sont utilisés avec une confiance croissante.
Leibniz (1646-1716) s'intéresse aussi aux « imaginaires » et les considère comme *« un recours élégant et merveilleux à l'intelligence humaine, une naissance contre nature dans le domaine de la pensée, presqu'un amphibie entre l'être et le non-être »*.
Au XVIIIe siècle, d'Alembert montre que tous les imaginaires inventés sont de la forme $a+b\sqrt{-1}$ et Euler adopte pour la première fois en 1777 le symbole $\boldsymbol{i}$ pour désigner $\sqrt{-1}$ (soit $i^2=-1$).
A la fin du XVIIIe siècle, les imaginaires sont d'un usage courant; ce sont les mathématiciens du XIXe (Gauss, Cauchy) qui donnent un statut indiscutable à ces nouveaux nombres.

2. Cours

A notre niveau, nous ne disposons pas des moyens nécessaires pour justifier convenablement la construction de $\mathbb{C}$; ce ne serait rigoureux qu'en apparence, et, surtout, les idées ou représentations essentielles n'apparaîtraient pas explicitement, or ce sont elles qui permettent une utilisation efficace des nombres complexes. Aussi adoptons-nous une présentation très proche de celle de Gauss, qui, dans une lettre datée de 1811, expliquait à ses contemporains que : « *De même qu'on peut se représenter tout le domaine des réels par moyen d'une ligne droite..., de même on peut se figurer les réels et les imaginaires au moyen d'un plan où chaque point déterminé par son abscisse a et son ordonnée b, représente en même temps la quantité a + ib...* »
En fait c'est le mathématicien suisse Argand (1768-1822) qui laissa son nom attaché à cette représentation.

2.1. Addition et multiplication de complexes

$(O; \overrightarrow{OI}, \overrightarrow{OJ})$ est un repère orthonormé direct du plan.
Vous savez qu'il est admis que l'axe des abscisses de ce repère, de vecteur untaire $\overrightarrow{OI}$, représente l'ensemble $\mathbb{R}$ des réels. Ainsi, le réel x est représenté par le point P de coordonnées $(x; 0)$.
Convenons que tout point du plan représente un nombre et un seul, étant entendu que seuls les points de l'axe des abscisses représentent des réels comme il vient d'être dit. Les nombres ainsi représentés s'appellent **les nombres complexes;** notez que les réels apparaissent alors comme des complexes particuliers.

a. Écriture et opérations

Convenons de noter $\boldsymbol{i}$ le complexe représenté par le point J de coordonnées (0; 1); *convenons* que le point N de coordonnées (0; b) représente le complexe $\boldsymbol{ib}$ (ou $i \times b$), produit du complexe i par le réel b (remarquez que $\overrightarrow{ON} = b\overrightarrow{OJ}$).
Convenons que le point M de coordonnées (a; b) représente le complexe $\boldsymbol{a + ib}$, somme du réel a et du complexe ib (remarquez que $\overrightarrow{OM} = a\overrightarrow{OI} + b\overrightarrow{OJ}$).

Ainsi, **tout point du plan représente un complexe, noté $\boldsymbol{a + ib}$, où ($\boldsymbol{a}$; $\boldsymbol{b}$) est le couple des coordonnées du point.**

L'écriture $z = a + ib$ d'un complexe, avec **$\boldsymbol{a}$ et $\boldsymbol{b}$ réels,** est appelée **la forme cartésienne** (ou **algébrique**) de z; on dit que **$\boldsymbol{a}$ est la partie réelle de $\boldsymbol{z}$** et que **$\boldsymbol{b}$ est la partie imaginaire de $\boldsymbol{z}$;** ce que l'on note :

$$\boldsymbol{a = \mathfrak{Re}(z)} \quad \text{et} \quad \boldsymbol{b = \mathfrak{Im}(z)}.$$

Notez que la partie imaginaire d'un complexe est un réel!

En particulier on a :

$$\boldsymbol{\mathfrak{Re}(i) = 0} \quad \text{et} \quad \boldsymbol{\mathfrak{Im}(i) = 1}.$$

Deux complexes sont égaux s'ils sont représentés par le même point, donc s'ils ont même partie réelle et même partie imaginaire.

$$\boldsymbol{a + ib = a' + ib'}$$

si et seulement si

$$\boldsymbol{a = a'} \quad \text{et} \quad \boldsymbol{b = b'}.$$

Interprétation géométrique

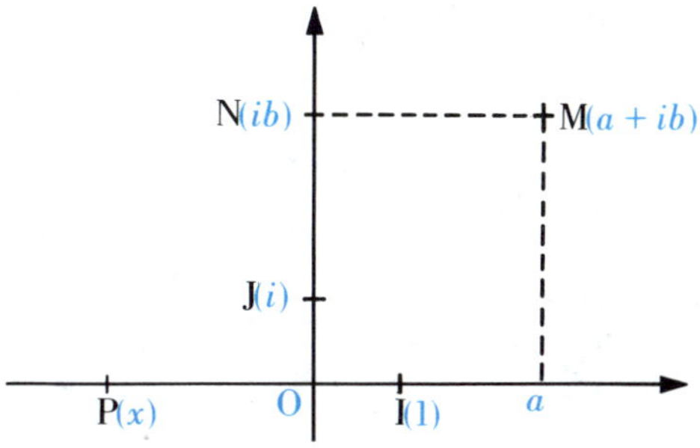

- On dit que le point M de coordonnées (a; b) a pour **affixe** le complexe

$$z = a + ib,$$

et que tout vecteur de coordonnées (a; b) ($\overrightarrow{OM}$ par exemple) a pour affixe

$$z = a + ib.$$

On dit aussi que M est *l'image* de z ou que $\overrightarrow{OM}$ est le *vecteur image* de z.
Sur un schéma on traduit ce fait en notant **M($\boldsymbol{z}$).**

- Par la suite, il sera sous-entendu que lorsqu'on représente géométriquement les complexes dans un repère orthonormé direct $(O; \overrightarrow{OI}, \overrightarrow{OJ})$, l'affixe de I est 1, l'affixe de J est i.

- Les réels sont des complexes particuliers $a + i0$; ils sont représentés par des points de l'axe des abscisses.
Un complexe $\boldsymbol{z}$ est un réel *si et seulement si* $\boldsymbol{\mathfrak{Im}(z) = 0}$.

- Les complexes représentés par des points de l'axe des ordonnées, sont appelés des imaginaires purs.
Un complexe $\boldsymbol{z}$ est un imaginaire pur *si et seulement si* $\boldsymbol{\mathfrak{Re}(z) = 0}$.

b. On opère dans ℂ comme dans ℝ

- Nous imposons au produit du complexe i par lui-même d'être égal à -1, c'est-à-dire que :

$$\boldsymbol{i \times i = i^2 = -1}$$

et ensuite on opère dans ℂ comme dans ℝ, en remplaçant, lorsque le cas se présente, i^2 par -1.

- Si $z = a + ib$ et $z' = a' + ib'$ avec a, b, a', b' réels, nous poserons :

$$z + z' = (a + ib) + (a' + ib')$$

soit : $\boldsymbol{z + z' = (a + a') + i(b + b')}$.

Notez que :

$$\mathfrak{Re}(z + z') = \mathfrak{Re}(z) + \mathfrak{Re}(z')$$

et $\quad \mathfrak{Im}(z + z') = \mathfrak{Im}(z) + \mathfrak{Im}(z')$

$$z \times z' = zz' = (a + ib)(a' + ib')$$

ce qui, en développant, compte tenu des conventions précédentes, conduit à :

$$zz' = aa' + iab' + ia'b + i^2bb'$$

soit $\quad \boldsymbol{zz' = (aa' - bb') + i(ab' + a'b)}$.

Interprétation géométrique

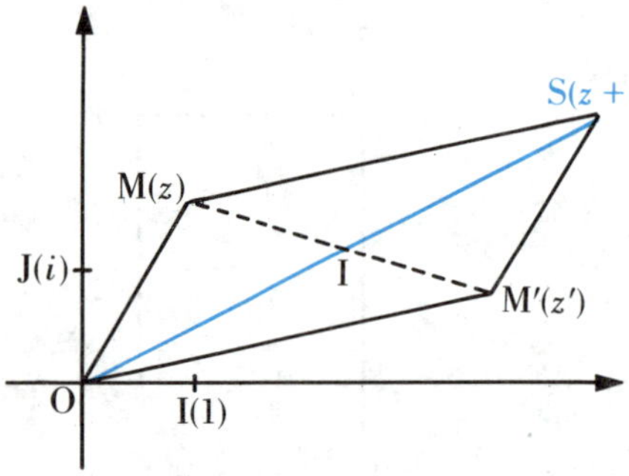

Si M a pour affixe z,
M′ a pour affixe z'
S a pour affixe $z+z'$
alors $\overrightarrow{OM}+\overrightarrow{OM'}=\overrightarrow{OS}$
et S est l'image de M′ dans la translation de vecteur $\overrightarrow{OM}$.

Interprétation géométrique

L'interprétation géométrique de la multiplication est plus délicate que celle de l'addition; elle vous sera donnée au chapitre **10**. Néanmoins, on peut interpréter facilement la multiplication d'un complexe z par un réel k.

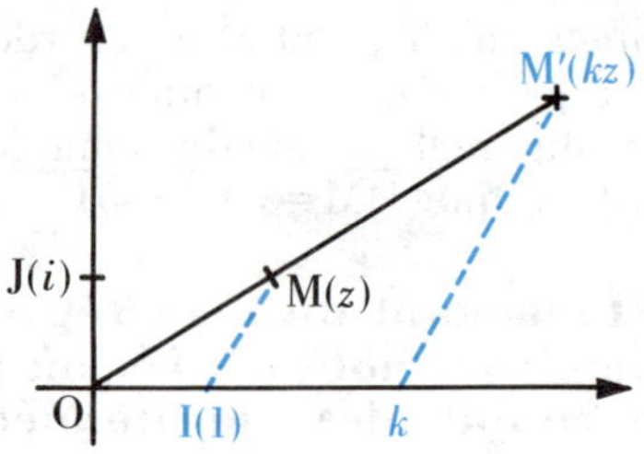

M′(kz) est l'image de M(z) par l'homothétie de centre O et de rapport k, lorsque le **réel** k est non nul.

Commentaire

Si x et y sont deux réels, ce sont aussi deux complexes :

$$x=x+0i \quad \text{et} \quad y=y+0i.$$

Lorsqu'on ajoute (resp. multiplie) ces deux complexes x et y, on trouve le même résultat que lorsque l'on ajoute (resp. multiplie) les réels x et y.

$$(x+0i)+(y+0i)=(x+y)+0i=x+y$$

$$(x+0i)(y+0i)=(xy-0\times 0)+(0x+0y)\,i=xy.$$

Cela a été voulu, et se traduit par : **l'addition (resp. la multiplication) dans ℂ prolonge l'addition (resp. la multiplication) dans ℝ.**

• Propriétés

L'addition et la multiplication **dans ℂ** ont été définies afin d'opérer comme dans ℝ; ils n'est donc pas étonnant qu'elles aient les mêmes propriétés que l'addition et la multiplication **dans ℝ.**

Nous vous laissons vérifier les propriétés suivantes :

L'addition et la multiplication dans ℂ sont

— *commutatives :* pour tous complexes z et z'

$$z+z'=z'+z \qquad \text{et} \qquad zz'=z'z$$

— *associatives :* pour tous complexes z, z' et z'',

$$z+(z'+z'')=(z+z')+z'' \qquad \text{et} \qquad z(z'z'')=(zz')z''$$

— admettent un *élément neutre :* pour tout complexe z,

$$z+0=z \qquad \text{et} \qquad 1\times z=z.$$

La multiplication est *distributive* par rapport à l'addition : pour tous complexes z, z', z'',

$$z(z'+z'')=zz'+zz''.$$

On vérifie aussi que, pour tout complexe z, on a : $0\times z=0$.

2.2. Soustraction et division de complexes

a. Opposé et soustraction

Si $z=a+ib$ et $z'=a'+ib'$, avec a, b, a', b' réels, alors :

le complexe $-a-ib$ est tel que

$$(a+ib)+(-a-ib)=0;$$

on note ce complexe $-z$ et on dit que c'est **l'opposé de z.**

Notez que, par définition de la multiplication dans $\mathbb{C}$, on a :

$$(-1)z=-a-ib=-z$$

Interprétation géométrique

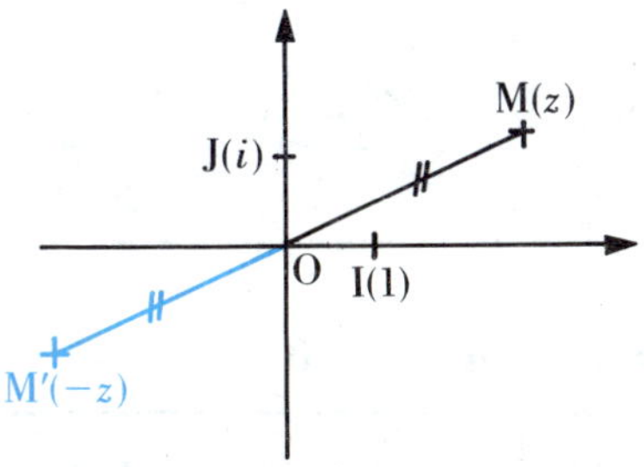

M′($-z$) est le symétrique de M(z) par rapport à l'origine O du repère.

$$\boldsymbol{z'-z=z'+(-z)=(a'-a)+(b'-b)\,i.}$$

Affixe d'un vecteur

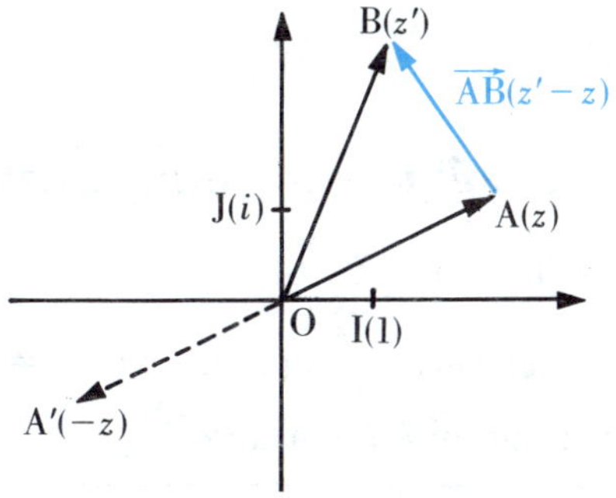

$z'+(-z)$ a pour image le vecteur

$$\overrightarrow{OB}+\overrightarrow{OA'},$$

soit $\overrightarrow{OB}-\overrightarrow{OA}$ à savoir $\overrightarrow{AB}$.

Autrement dit :

affixe $(\overrightarrow{AB})$ = affixe (B) − affixe (A).

b. Quotient et inverse

• *z et z' sont deux complexes avec* $\boldsymbol{z\neq 0}$; **il existe un complexe Z et un seul tel que $zZ=z'$. Ce complexe est appelé le quotient de z' par z, et est noté $\dfrac{z'}{z}$.**

Prouvons cette affirmation :

si $z=a+ib$ avec a et b réels, introduisons le complexe $a-ib$, noté $\bar{z}$ et appelé *le conjugué de z.* Alors nous avons :

$$z\bar{z}=(a+ib)(a-ib)=a^2+iab-iab+b^2=\boldsymbol{a^2+b^2}$$

et **$z\bar{z}$ est donc un réel.**

Comme $z\neq 0$, l'un au moins des réels a ou b est non nul, donc $a^2+b^2\neq 0$. De $z\bar{z}=a^2+b^2$, nous déduisons successivement :

$$z\times\bar{z}\times\frac{1}{a^2+b^2}=1 \qquad \text{et} \qquad z\times z'\times\bar{z}\times\frac{1}{a^2+b^2}=z'.$$

Ainsi, le complexe $\quad Z=z'\times\bar{z}\times\dfrac{1}{a^2+b^2}\quad$ vérifie $\quad zZ=z'$.

Montrons l'unicité de ce complexe; pour cela, supposons qu'il existe deux complexes Z_1 et Z_2 tels que $zZ_1=z'$ et $zZ_2=z'$.

Alors : $\qquad z(Z_1-Z_2)=0$

d'où : $\qquad z\bar{z}(Z_1-Z_2)=0, \qquad$ soit $\qquad (a^2+b^2)(Z_1-Z_2)=0.$

Nous en déduisons que $\quad \dfrac{1}{a^2+b^2}(a^2+b^2)(Z_1-Z_2)=0 \quad$ soit $\quad Z_1-Z_2=0 \quad$ et $\quad Z_1=Z_2.$

• En particulier, dans le cas où $z'=1$, le seul complexe Z tel que $zZ=1$, est noté $\frac{1}{z}$ et est appelé **l'inverse** du complexe non nul z.
D'après ce qui précède, si z est le complexe non nul $a+ib$ avec a et b réels, alors

$$\frac{1}{z}=\frac{\bar{z}}{a^2+b^2}$$

et *nous avons ainsi la forme cartésienne de* $\frac{1}{z}$.

EXERCICE Démontrez que, pour tous complexes z et z', avec $z\neq 0$, on a :

$$\frac{z'}{z}=z'\times\frac{1}{z}.$$

• *Conséquence importante*

Si $z=0$ ou $Z=0$ alors $zZ=0$.

Réciproquement, supposons que $z\neq 0$ et $zZ=0$, alors $Z=0\times\frac{1}{z}$, soit $Z=0$.

D'où la propriété suivante :

> **Pour tous complexes z et Z,**
> **$zZ=0$ *si seulement si* $z=0$ *ou* $Z=0$.**

c. Le corps des complexes

Dire que $\mathbb{C}$, muni de son addition + et de sa multiplication × est un **corps commutatif** résume les propriétés suivantes :

(1) + et × sont commutatives et associatives;

(2) + et × admettent chacune un élément neutre dans $\mathbb{C}$;

(3) × est distributive par rapport à +;

(4) tout complexe admet un opposé et tout complexe non nul admet un inverse.

Notez que $\mathbb{R}$ muni de ses addition et multiplication est aussi un corps commutatif.

Étant donné ce que nous venons de dire, il est clair que :

• pour tous complexes z et z' on a :

$$(z+z')^2=z^2+2zz'+z'^2 \qquad (z-z')^2=z^2-2zz'+z'^2$$
$$(z-z')(z+z')=z^2-z'^2 \qquad (z+iz')(z-iz')=z^2+z'^2$$

• toute équation du premier degré $az+b=0$ d'inconnue z et avec a et b complexes, se résout dans $\mathbb{C}$ comme dans $\mathbb{R}$;

• tout système $\begin{cases} az+bz'=c \\ a'z+b'z'=c' \end{cases}$ d'inconnue le couple $(z;z')$ et à coefficients complexes, se résout dans $\mathbb{C}^2$ comme dans $\mathbb{R}^2$.

Commentaires

• A la page 66 vous établirez dans $\mathbb{C}$ *la formule du binôme* qui donne le développement de $(z+z')^n$ où n est un naturel.

• Deux complexes étant donnés on ne sait pas dire lequel est plus grand que l'autre, sauf bien sûr s'ils sont tous deux réels. On ne peut pas établir d'ordre sur les complexes qui prolongerait celui sur $\mathbb{R}$ et qui obéirait aux mêmes lois. En effet, par exemple, si cela était, on aurait soit $i\geqslant 0$ soit $i\leqslant 0$ et dans les deux cas $i^2\geqslant 0$; or $i^2=-1$ et donc $i^2<0$, d'où contradiction.

EXERCICE résolu 1

a. On donne : $z = 3 + 4i$ et $z' = 2 - i$.
Calculez $z + z'$, zz' et z^2.

b. Résolvez dans $\mathbb{C}$ l'équation:

$$iz + \frac{3i - 5}{2i} = -20 + 22i.$$

c. Résolvez dans $\mathbb{C}^2$ le système :

$$\begin{cases} iz - z' = 2i \\ (1 - i)z + (2 + i)z' = 1 + 4i. \end{cases}$$

Solution ■ ■ ■

a. $z + z' = (3 + 4i) + (2 - i) = 5 + 3i$
$zz' = (3 + 4i)(2 - i) = 6 + 8i - 3i + 4 = 10 + 5i$
$z^2 = (3 + 4i)^2 = 9 + 24i - 16 = -7 + 24i.$

b. Vous vérifierez que l'on a

$$iz = \frac{-43 + 39i}{2} \quad \text{soit} \quad \boldsymbol{z = \frac{43i + 39}{2}}.$$

c. Les solutions de la première équation sont les couples $(z;\ iz - 2i)$. Les solutions du système sont donc les couples $(z;\ iz - 2i)$ qui sont solutions de la seconde équation.
Vous vérifierez que l'on trouve :

$$iz = 1 + 4i + 4i - 2 \quad \text{soit} \quad z = 8 + i.$$

D'où l'unique couple solution du système : $\boldsymbol{(8 + i;\ -1 + 6i)}$.

■ ■ ■ ■ ■ ■ ■ ■ ■

EXERCICE résolu 2

Comment choisir le complexe z pour que le complexe $Z = z^2 + 2z - 3$ soit un réel?

Solution ■ ■ ■

Notons $z = x + iy$ avec x et y réels.
Nous vous laissons vérifier qu'alors :

$$Z = x^2 + 2x - y^2 - 3 + 2iy(x + 1).$$

Comme x et y sont des réels, nous avons

$$\mathfrak{Re}\,(Z) = x^2 + 2x - y^2 - 3 \quad \text{et} \quad \mathfrak{Im}\,(Z) = 2y(x + 1).$$

Or Z est réel, si et seulement si $\mathfrak{Im}\,(Z) = 0$, donc si et seulement si $\boldsymbol{y(x + 1) = 0}$.
Les complexes z cherchés ont une forme cartésienne $x + iy$, telle que $x = -1$ ou $y = 0$; l'ensemble de ces complexes est représenté par l'axe des abscisses et la droite d'équation $x = -1$, d'un repère orthonormé.

■ ■ ■ ■ ■ ■ ■ ■ ■

2.3. Nombres complexes conjugués

a. Définition

Définition 1

$z=a+ib$ est un complexe (a et b réels).
Le complexe $a-ib$ est appelé *le conjugué* de z, on le note $\bar{z}$.

$$\overline{a+ib}=a-ib.$$

Nous avons déjà vu, page 11, l'utilité du conjugué, à propos du quotient de deux complexes.

Exemples

▶ $z=3+2i$ alors $\bar{z}=3-2i$.
▶ $z=-4-3i$ alors $\bar{z}=-4+3i$.

Interprétation géométrique

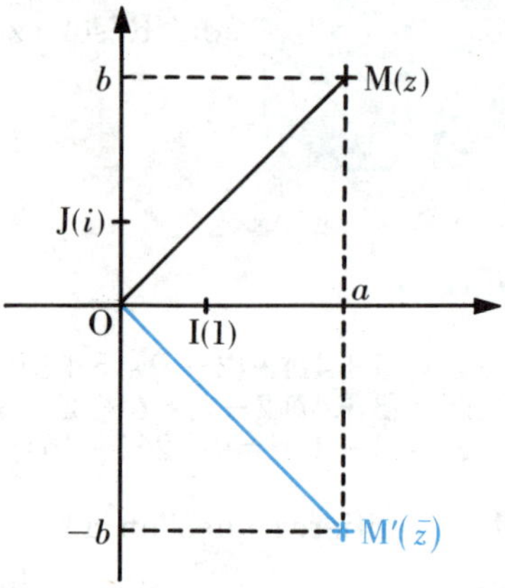

Le point M′($\bar{z}$) est le symétrique de M(z) par rapport à l'axe des abscisses.

b. Propriétés

• Nous avons vu, page 11, que pour obtenir la forme cartésienne de $\frac{z'}{z}$ avec z et z' complexes, $z \neq 0$, on écrit :

$$\frac{z'}{z}=\frac{z'\bar{z}}{z\bar{z}}$$

car $z\bar{z}$ est un réel.

En particulier, lorsque $z'=1$, la forme cartésienne de l'inverse $\frac{1}{z}$ est obtenue en écrivant

$$\frac{1}{z}=\frac{\bar{z}}{z\bar{z}}$$

• On démontre les résultats suivants :

1. Pour tout complexe z, $\boldsymbol{z=0}$ ***si et seulement si*** $\boldsymbol{\bar{z}=0}$.

2. Un complexe z est un réel *si et seulement si* $\bar{z}=z$.
Un complexe z est un imaginaire pur *si et seulement si* $\bar{z}=-z$.

3. Pour tout complexe z, **le conjugué de $\bar{z}$ est z;** soit $\boldsymbol{\bar{\bar{z}}=z}$.

4. Si $z=a+ib$ avec a et b réels, alors $\bar{z}=a-ib$ et :

$$z+\bar{z}=2a \qquad z-\bar{z}=2ib$$

Donc : $$\mathfrak{Re}(z)=\frac{1}{2}(z+\bar{z}) \quad \text{et} \quad \mathfrak{Im}(z)=\frac{1}{2i}(z-\bar{z}).$$

EXERCICES

1. Démontrez les proprositions **1., 2., 3.**

2. Résolvez géométriquement l'équation $z+\bar{z}=4$.

Commentaire

D'après la proposition **3.**, si $\bar{z}$ est conjugué de z, alors z est le conjugué de $\bar{z}$; aussi dit-on que z et $\bar{z}$ sont des complexes conjugués.

c. Opérations et conjugaison

Théorème 1

Pour tous complexes z et z' :

5. $\overline{z+z'}=\bar{z}+\overline{z'}$

6. $\overline{zz'}=\bar{z}\,\overline{z'}$

7. $\overline{\left(\frac{1}{z}\right)}=\frac{1}{\bar{z}}$ **(avec $z \neq 0$).**

Démontrons par exemple la proposition **5.** de ce théorème; si $z=a+ib$ et $z'=a'+ib'$ avec a, b, a', b' réels alors $\bar{z}=a-ib$ et $\overline{z'}=a'-ib'$;

d'autre part $z+z'=a+a'+i(b+b')$.

Donc : $\overline{z+z'}=a+a'-i(b+b')=(a-ib)+(a'-ib')=\bar{z}+\overline{z'}$.

EXERCICE

a. Démontrez les propositions **6.** et **7.**

b. Déduisez-en que, pour tous complexes z et z', avec $z \neq 0$:

$$\overline{\left(\frac{z'}{z}\right)}=\frac{\overline{z'}}{\bar{z}}.$$

Commentaire

On déduit aussitôt que les propositions **5.** et **6.** s'étendent à un nombre quelconque de complexes, et on déduit en particulier que pour tout naturel n et tout complexe z :

$$\overline{z^n}=\bar{z}^n.$$

On traduit les résultats précédents par : *le conjugué d'une somme est la somme des conjugués; le conjugué d'un produit est le produit des conjugués; le conjugué d'un inverse est l'inverse du conjugué; ...*

EXERCICE résolu 3

Comment choisir le complexe z pour que $Z=\frac{2z-4}{z-i}$ soit réel?

Solution ■ ■ ■

Z est réel si et seulement si $z \neq i$ et $Z=\bar{Z}$.

Or $Z=\bar{Z}$ si et seulement si $\frac{2z-4}{z-i}=\frac{2\bar{z}-4}{\bar{z}+i}$, soit successivement, avec $z \neq i$:

$$(2z-4)(\bar{z}+i)=(2\bar{z}-4)(z-i)$$
$$i(z+\bar{z})+2(z-\bar{z})=4i$$
$$i\,\mathfrak{Re}(z)+2i\,\mathfrak{Im}(z)=2i$$

Or i est non nul, cette dernière équation conduit donc à :

$$\mathcal{R}e(z) + 2\,\mathcal{I}m(z) = 2$$

soit, si $z = x + iy$ (avec x et y réels et $z \neq i$): $\boldsymbol{x + 2y = 2}$.
L'ensemble des points M(z) tels que Z soit réel est donc la droite d'équation $x + 2y = 2$, privée du point de coordonnées (0; 1).

■■■■■■■■■■

2.4. Module d'un nombre complexe

a. Définition

Si $z = a + ib$ avec a et b réels,

$$z\bar{z} = (a + ib)(a - ib) = a^2 + b^2.$$

Donc pour tout complexe $z = a + ib$ on a $\boldsymbol{z\bar{z} = a^2 + b^2}$ et $\boldsymbol{z\bar{z}}$ **est un réel positif.**

Définition 2

> ***Le module* du complexe *z* est le RÉEL *positif*, noté $|z|$, défini par :**
>
> $$|z| = \sqrt{z\bar{z}}.$$

Exemples

- ▶ $z = -3 + 4i$ donc
  $|z| = \sqrt{(-3)^2 + 4^2} = 5.$
- ▶ $z = 9i$ donc $|z| = \sqrt{9^2} = 9.$

Commentaires

• La dénomination « module d'un complexe » est due à Argand (1806).

• Remarquez que la notation $|z|$ est cohérente avec la notation utilisée jusqu'à présent pour désigner la valeur absolue d'un réel.

En effet, si z est un réel alors $z = z + 0i$ et son module est $|z| = \sqrt{z^2}$, or $\sqrt{z^2}$ est égal à la valeur absolue du réel z.

Pour tout réel z, le module de z considéré comme complexe est la valeur absolue du réel z.

Interprétation géométrique

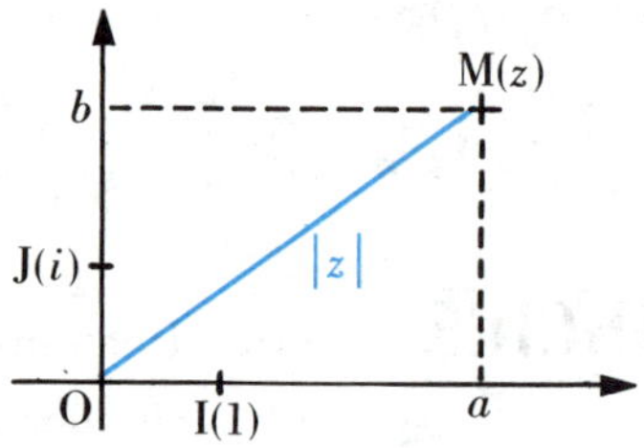

Le module de z est la distance entre l'origine O du repère et le point M(z).

En effet :

$$\|\overrightarrow{OM}\| = \sqrt{\overrightarrow{OM}\cdot\overrightarrow{OM}} = \sqrt{a^2 + b^2} = |z|.$$

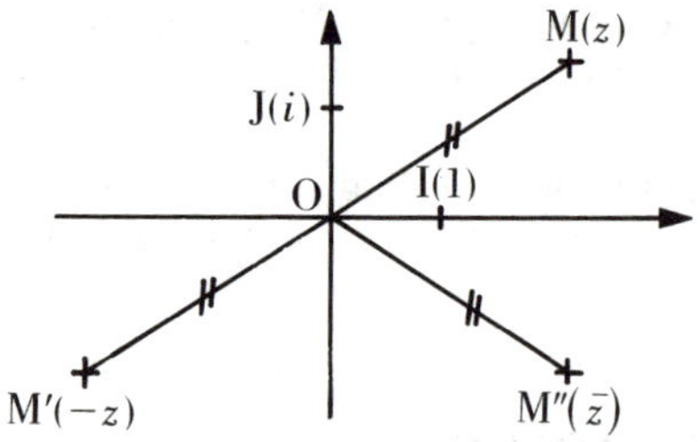

Pour tout complexe z,

$$|z| = |\bar{z}| = |-z|.$$

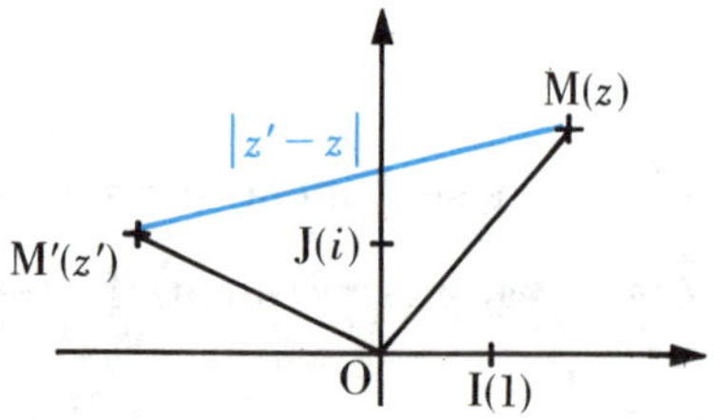

Le module de $z' - z$ à savoir $|z' - z|$ (ou $|z - z'|$) est la distance entre M(z) et M′(z).

- Dans un repère orthonormé direct

$$(O; \overrightarrow{OI}, \overrightarrow{OJ})$$

l'ensemble U des complexes de module 1 est représenté par l'ensemble des points M tels que $\|\overrightarrow{OM}\| = 1$, c'est-à-dire **le cercle trigonométrique de centre O.**

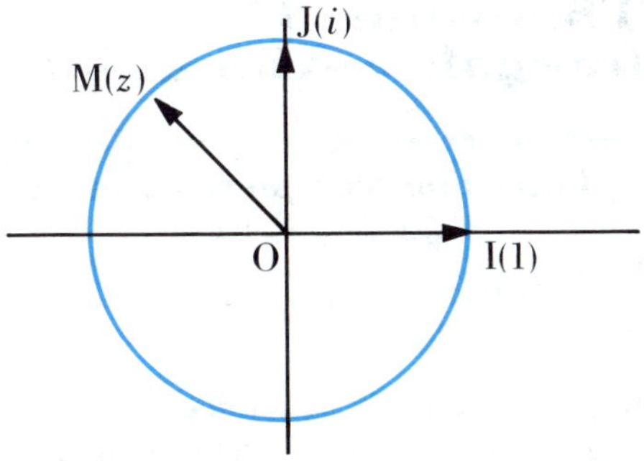

EXERCICES

1. Montrez que pour tout complexe z non nul,

$$|z| = 1 \quad \textit{si et seulement si} \quad \bar{z} = \frac{1}{z}.$$

2. Expliquez pourquoi l'ensemble des complexes z tels que

$$|z - i| = 2,$$

est représenté par le cercle de centre J(0; 1) et de rayon 2.

b. Propriétés

Théorème 2

1. **Pour tout complexe $z \neq 0$,** $\quad |z| > 0$.

2. **Pour tout complexe z,** $\quad |z| = 0$ ***si et seulement si*** $z = 0$.

3. **Pour tous complexes z et z',** $\quad |zz'| = |z|\,|z'|$.

4. **Pour tous complexes $z \neq 0$,** $\quad \left|\frac{1}{z}\right| = \frac{1}{|z|}$.

Démontrons la proposition **3.**
Pour démontrer que deux réels **positifs** sont égaux, il suffit de démontrer que leurs carrés sont égaux. Ici :

$$|zz'|^2 = zz'(\overline{zz'}) = zz'\bar{z}\bar{z}' = z\bar{z}z'\bar{z}' = |z|^2\,|z'|^2$$

d'où :

$$|zz'| = |z|\,|z'|.$$

EXERCICE

a. Démontrez les propositions **1.** et **2.**

b. Démontrez la proposition **4.**

Indication : montrez que $\frac{1}{z} = \frac{1}{|z|^2}\bar{z}$, utilisez **3.** et concluez.

c. Déduisez-en que pour tous complexes $z \neq 0$ et z',

$$\left|\frac{z'}{z}\right| = \frac{|z'|}{|z|}.$$

Commentaire

On déduit aussitôt que la proposition **3.** s'étend à un nombre quelconque de complexes, et on déduit en particulier que, pour tout entier n non nul, et tout complexe z :

$$|z^n| = |z|^n.$$

Théorème 3 (inégalité triangulaire)

> **Pour tous complexes z et z' :**
> $|z+z'| \leqslant |z| + |z'|$.

Reportez-vous à l'exercice 83 page 41 pour démontrer algébriquement ce théorème; cet exercice est un bon entraînement à la manipulation des conjugués et modules.

Interprétation géométrique

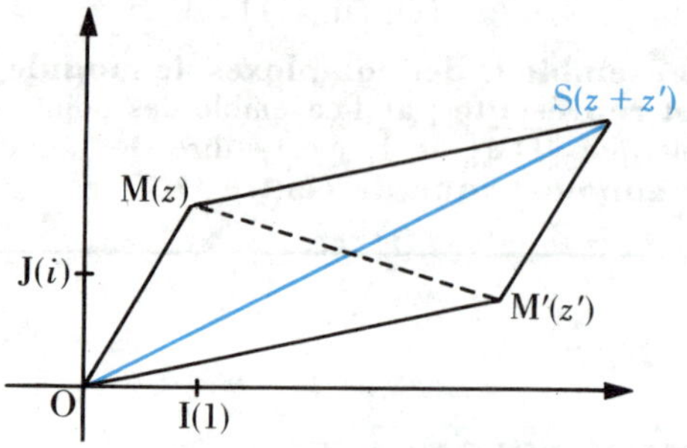

$OS \leqslant OM + MS$
$OS \leqslant OM + OM'$

Remarquez sur le dessin ci-contre, que
$|z| \geqslant |\mathfrak{Re}(z)|$ et $|z| \geqslant |\mathfrak{Im}(z)|$.

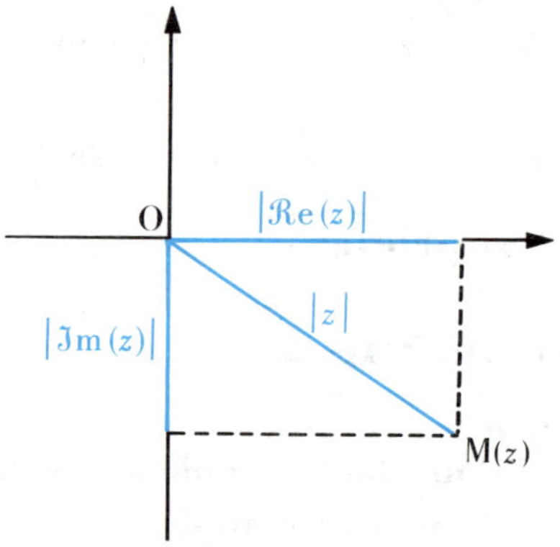

EXERCICE Démontrez ces deux inégalités.

2.5. Arguments et formes trigonométriques d'un nombre complexe non nul

Dans le plan muni d'un repère orthonormé $(O; \overrightarrow{OI}, \overrightarrow{OJ})$, tout point M est repéré par son couple de coordonnées $(a; b)$; mais en outre, si le plan est **orienté,** tout point M **distinct de O** peut être repéré par deux autres réels : sa distance à l'origine, $\|\overrightarrow{OM}\|$, et une mesure θ en radians de l'angle $(\overrightarrow{OI}; \overrightarrow{OM})$.
Notons $(a; b)$ les coordonnées du point M dans le **repère orthonormé direct** $(O; \overrightarrow{OI}, \overrightarrow{OJ})$.

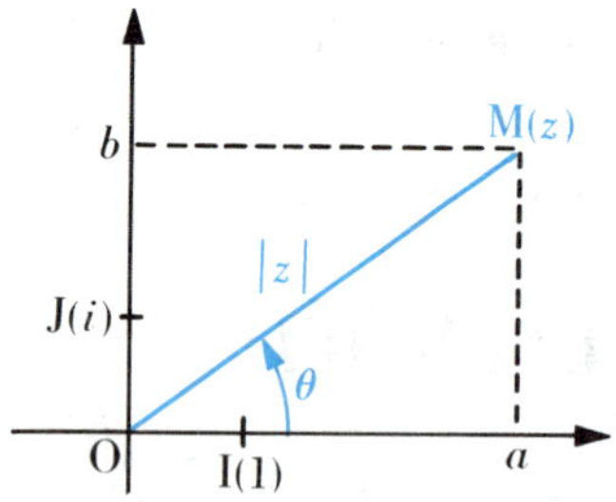

Alors en calculant le produit scalaire des vecteurs $\overrightarrow{OI}$ et $\overrightarrow{OM}$ d'une part, $\overrightarrow{OJ}$ et $\overrightarrow{OM}$ d'autre part, il vient :

$$\overrightarrow{OI} \cdot \overrightarrow{OM} = (1 \times a) + (0 \times b) = a \quad \text{et de même} \quad \overrightarrow{OJ} \cdot \overrightarrow{OM} = b.$$

Par ailleurs : $\overrightarrow{OI} \cdot \overrightarrow{OM} = \|\overrightarrow{OI}\| \, \|\overrightarrow{OM}\| \cos \theta = \|\overrightarrow{OM}\| \cos \theta$

et $\overrightarrow{OJ} \cdot \overrightarrow{OM} = \|\overrightarrow{OM}\| \cos(\overrightarrow{OJ}; \overrightarrow{OM}) = \|\overrightarrow{OM}\| \cos\left(\frac{\pi}{2} - \theta\right) = \|\overrightarrow{OM}\| \sin \theta.$

Donc : $a = \|\overrightarrow{OM}\| \cos \theta$ et $b = \|\overrightarrow{OM}\| \sin \theta$

(ces notions sont rappelées au chapitre **6** paragraphe **1.4.**).
Cela implique une autre écriture de la forme cartésienne d'un complexe $z = a + ib$; à savoir :

$$z = |z| \cos \theta + i|z| \sin \theta = |z| (\cos \theta + i \sin \theta).$$

Définition 3

Dans un repère orthonormé direct $(O; \overrightarrow{OI}, \overrightarrow{OJ})$, le point M a pour affixe le complexe NON NUL z.
Une mesure en radians θ de l'angle $(\overrightarrow{OI}; \overrightarrow{OM})$ est appelée *un argument* de z.
***Une forme trigonométrique* de z est une écriture du type :**

$$z = |z|(\cos\theta + i\sin\theta).$$

EXERCICE Que pouvez-vous dire de l'ensemble des points images de complexes de même argument?

Remarque (1). Si θ est une mesure en radians de l'angle $(\overrightarrow{OI}; \overrightarrow{OM})$, toute autre mesure est $\theta + 2k\pi$ avec k entier.
Si θ est un argument de z, tout autre argument de z est $\theta + 2k\pi$ avec k entier.
L'un quelconque des arguments de z se note **arg z.**
Il vient : $$z = |z|[\cos(\theta + 2k\pi) + i\sin(\theta + 2k\pi)].$$

Exemples

▶ $\arg 1 = 0$; $\arg(-1) = \pi$; $\arg i = \frac{\pi}{2}$ et $\arg(-i) = -\frac{\pi}{2}$.

▶ Si $z = \frac{\sqrt{2}}{2} + i\frac{\sqrt{2}}{2}$, on vérifie que $|z| = 1$; or $\cos\frac{\pi}{4} = \sin\frac{\pi}{4} = \frac{\sqrt{2}}{2}$, donc une forme trigonométrique de z est : $z = \cos\frac{\pi}{4} + i\sin\frac{\pi}{4}$.

Commentaire

Au complexe zéro, 0, on ne peut attribuer d'argument, car on ne peut définir l'angle des vecteurs $\overrightarrow{OI}$ et $\overrightarrow{OO}$.

Remarque (2). *Lien entre la forme cartésienne et une forme trigonométrique*
z est le complexe non nul tel que $z = a + ib$ avec a et b réels, et $z = |z|(\cos\theta + i\sin\theta)$.
Il est clair qu'alors : $a = \Re e(z) = |z|\cos\theta$ et $b = \Im m(z) = |z|\cos\theta$.
Donc :

$$|z| = \sqrt{a^2 + b^2} \qquad \cos\theta = \frac{a}{|z|} = \frac{a}{\sqrt{a^2 + b^2}} \qquad \sin\theta = \frac{b}{|z|} = \frac{b}{\sqrt{a^2 + b^2}}.$$

Il en résulte que **deux complexes non nuls sont égaux *si et seulement si*, ils ont même module et des arguments qui diffèrent d'un multiple de 2π.**

Commentaires

- *Prenez garde à ce qu'une seule des égalités* $\cos\theta = \frac{a}{|z|}$ ou $\sin\theta = \frac{b}{|z|}$ *ne suffit pas à déterminer* θ.

Par exemple, si $\cos\theta = \frac{\sqrt{2}}{2}$, il existe deux réels de $]-\pi; \pi]$ solutions de cette équation : $\frac{\pi}{4}$ et $-\frac{\pi}{4}$.
En revanche, les deux égalités précédentes permettent de trouver θ à $2k\pi$ près.

- Il est quelquefois utile de remarquer : si $a \neq 0$, alors on a $\tan\theta = \frac{b}{a}$; *mais cela ne détermine pas* θ. Par exemple, si $\tan\theta = 1$, il existe deux réels de $]-\pi; \pi]$ solutions de cette équation : $\frac{\pi}{4}$ et $-\frac{3\pi}{4}$.

Remarque (3). Il est clair que :

▶ **z est réel** *si et seulement si* **$z=0$** ***ou*** **$\arg z=k\pi$,** avec k entier.

▶ **z est imaginaire pur** *si et seulement si* **$z=0$** ***ou*** **$\arg z=\frac{\pi}{2}+k\pi$,** avec k entier.

▶ **$z'=\bar{z}$** *si et seulement si*

$$|z'|=|z| \quad \textit{et} \quad \arg z'=-\arg z+2k\pi,$$

avec k entier.

▶ **$z'=-z$** *si et seulement si*

$$|z'|=|z| \quad \textit{et} \quad \arg z'=\pi+\arg z+2k\pi,$$

avec k entier.

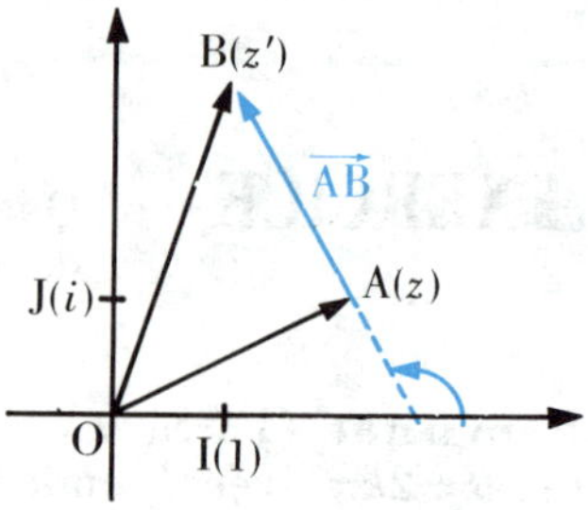

Remarque (4). Si A et B sont les points d'affixes respectives z et z', nous avons vu que :

$$\text{affixe}\ (\overrightarrow{AB})=z'-z.$$

Donc, **un argument de $z'-z$ est une mesure en radians de l'angle $(\overrightarrow{OI}; \overrightarrow{AB})$.**

2.6. Formes exponentielles d'un nombre complexe non nul

a. Fonctions à valeurs complexes

Notons u et v deux fonctions à valeurs *réelles*, définies sur un intervalle I de $\mathbb{R}$. Il est possible de définir une fonction f en posant, pour tout x de I :

$$f(x)=u(x)+iv(x).$$

Alors $f(x)$ est un complexe; on dit que f est une fonction définie sur I et à valeurs dans $\mathbb{C}$.
Par *définition,* on dit que f est dérivable sur I si u et v le sont, et que la fonction dérivée f' est définie sur I par $f'(x)=u'(x)+iv'(x)$; notez que f' est définie sur I et prend ses valeurs dans $\mathbb{C}$.

b. Autres écritures des complexes de module 1

z est un complexe de module 1; si θ est l'un de ses arguments on a :

$$z=\cos\theta+i\sin\theta.$$

Considérons la fonction f de $\mathbb{R}$ dans l'ensemble U des complexes de module 1, qui, à tout réel θ, associe le complexe $f(\theta)=\cos\theta+i\sin\theta$.

1. Les fonctions $\theta\longmapsto\cos\theta$ et $\theta\longmapsto\sin\theta$ sont dérivables sur $\mathbb{R}$ et ont pour fonctions dérivées respectives $\theta\longmapsto-\sin\theta$ et $\theta\longmapsto\cos\theta$.
D'après le paragraphe ***a.***, la fonction f est dérivable sur $\mathbb{R}$ et pour tout réel θ on a $f'(\theta)=-\sin\theta+i\cos\theta$.
Il est clair qu'alors : $f'(\theta)=if(\theta)$.

2. Par ailleurs, déterminons $f(\theta+\theta')$ et $f(\theta)f(\theta')$.

$$\begin{aligned} f(\theta+\theta') &= \cos(\theta+\theta')+i\sin(\theta+\theta') \\ &= \cos\theta\cos\theta'-\sin\theta\sin\theta'+i(\sin\theta\cos\theta'+\cos\theta\sin\theta') \end{aligned}$$

et :

$$\begin{aligned} f(\theta)f(\theta') &= (\cos\theta+i\sin\theta)(\cos\theta'+i\sin\theta') \\ &= \cos\theta\cos\theta'-\sin\theta\sin\theta'+i(\sin\theta\cos\theta'+\cos\theta\sin\theta'). \end{aligned}$$

Donc, pour tous réels θ et θ', $f(\theta+\theta')=f(\theta)f(\theta')$.

Or en Analyse, on introduit la fonction g définie sur $\mathbb{R}$ par $g : \theta \longmapsto e^{k\theta}$, où k est un réel. On montre (voir tome 1) que, pour tous réels θ et θ' :

$$g(\theta+\theta')=g(\theta)g(\theta') \quad \text{et} \quad g'(\theta)=kg(\theta).$$

Ces propriétés sont analogues aux propriétés **1.** et **2.** ci-dessus, d'où l'idée de noter $e^{i\theta}$, le complexe $\cos\theta+i\sin\theta$.

Le complexe de module 1 et dont un argument est θ, est noté $e^{i\theta}$. Soit :

$$\cos\theta+i\sin\theta=e^{i\theta}.$$

c. Conséquences

- Pour tous réels θ et θ' : $e^{i\theta}e^{i\theta'}=e^{i(\theta+\theta')}$.
- $e^{i\pi}=-1$ $\quad e^{i\frac{\pi}{2}}=i$ $\quad e^{i0}=e^{2i\pi}=1$.

Commentaire

La formule $e^{i\pi}+1=0$, écrite pour la première fois par Euler semble-t-il, a frappé les imaginations du fait qu'elle lie entre eux de façon simple cinq nombres fondamentaux, dont trois i, e, π restaient à l'époque quelque peu mystérieux.
Certains virent dans cette formule un signe de Dieu.

- Si θ est un argument de z, alors $-\theta$ est un argument de $\bar{z}$ et $\theta+\pi$ un argument de $-z$; donc, pour tout réel θ :

$$\overline{e^{i\theta}}=\frac{1}{e^{i\theta}}=e^{-i\theta} \quad \text{et} \quad e^{i(\theta+\pi)}=-e^{i\theta}.$$

Notez en particulier, que $e^{i\theta}$ et $e^{-i\theta}$ sont des complexes conjugués.

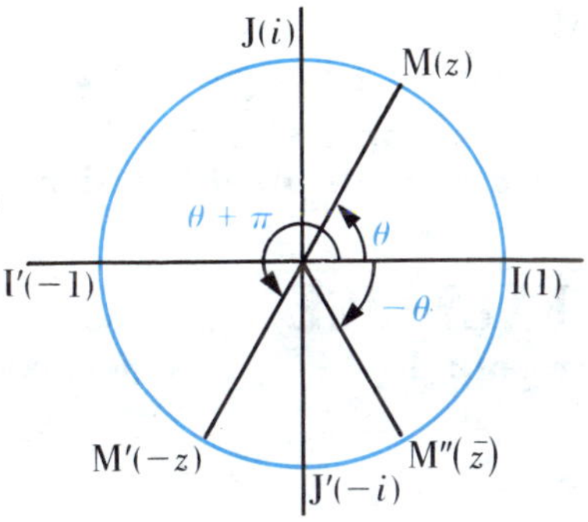

- Pour tous réels θ et θ' :

$$e^{i\theta}=e^{i\theta'} \quad \textit{si et seulement si} \quad \theta=\theta'+2k\pi \text{ avec } k\in\mathbb{Z}$$

d'après la remarque **(2)** page 19.

- **Formules d'Euler**

Par addition, puis par soustraction membre à membre des deux égalités suivantes :

$$\begin{cases}\cos\theta+i\sin\theta=e^{i\theta}\\ \cos\theta-i\sin\theta=e^{-i\theta}\end{cases}$$

on obtient **les formules d'Euler** (données dans son ouvrage **Introductio,** 1748).

$$\cos\theta=\frac{e^{i\theta}+e^{-i\theta}}{2} \quad \text{et} \quad \sin\theta=\frac{e^{i\theta}-e^{-i\theta}}{2i}.$$

d. Formes exponentielles

Nous avons vu que tout complexe non nul dont un argument est θ, peut s'écrire $z=|z|(\cos\theta+i\sin\theta)$.
Donc, compte tenu de ce qui précède :

$$z=|z|\,e^{i\theta}.$$

Définition 4

> ***Une forme exponentielle*** **d'un complexe non nul z, dont un argument est θ, est l'écriture $z=|z|\,e^{i\theta}$.**

Commentaire

Tout complexe z est donc le produit d'un réel (son module $|z|$) par un complexe de module 1.

Interprétation géométrique

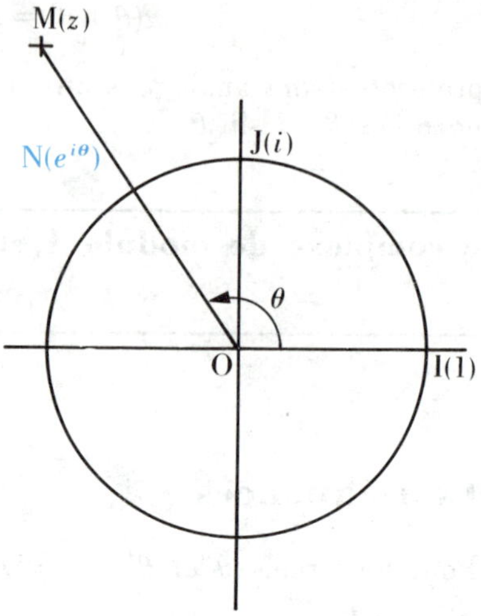

Si $z=|z|\,e^{i\theta}$, le point M(z) est l'image du point N ($e^{i\theta}$) par l'homothétie de centre l'origine O du repère et de rapport $|z|$.

e. Toute écriture $z=re^{i\theta}$ est-elle une forme exponentielle de z?

Si r est un réel et si $z=re^{i\theta}$ alors :

$$|z|=|r|\,|e^{i\theta}|=|r|.$$

Donc si $r>0$ alors $|z|=r$ et θ est un argument de z, donc $z=re^{i\theta}$ est bien une forme exponentielle de z.
Mais **si $r<0$** alors $|z|=-r$ et **$z=re^{i\theta}$ n'est pas une forme exponentielle de z.** Mais comme $e^{i\pi}=-1$, on écrit $z=-re^{i\pi}e^{i\theta}=-re^{i(\theta+\pi)}$, et alors un argument de z est $\theta+\pi$.
Conclusion : **si $z=re^{i\theta}$ avec r réel non nul alors $|z|=|r|$ et un argument de z est θ si $r>0$ ou $\theta+\pi$ si $r<0$.**

EXERCICE résolu 4

Passez de la forme cartésienne $z=-1+i\sqrt{3}$ à l'une des formes exponentielles de z.

Solution

$|z|^2=(-1)^2+(\sqrt{3})^2=1+3=4$ donc $|z|=2$ (car $|z|\geqslant 0$).

Écrivons alors que :

$$z=2\left(-\frac{1}{2}+i\frac{\sqrt{3}}{2}\right).$$

Nous savons que $\cos\frac{2\pi}{3}=-\frac{1}{2}$ et $\sin\frac{2\pi}{3}=\frac{\sqrt{3}}{2}$; une forme exponentielle de z est donc :

$$\boldsymbol{z=2e^{\frac{2i\pi}{3}}}.$$

EXERCICE résolu 5

Donnez une forme trigonométrique et la forme cartésienne de

$$z=(1-\sqrt{2})\,e^{i\frac{\pi}{4}}.$$

Solution ■■■

La forme cartésienne de z est :

$$z=(1-\sqrt{2})\left(\cos\frac{\pi}{4}+i\sin\frac{\pi}{4}\right)=(1-\sqrt{2})\left(\frac{\sqrt{2}}{2}+i\frac{\sqrt{2}}{2}\right)$$

$$\boldsymbol{z=\left(\frac{\sqrt{2}}{2}-1\right)+i\left(\frac{\sqrt{2}}{2}-1\right).}$$

Remarquez bien que $(1-\sqrt{2})e^{i\frac{\pi}{4}}$ *n'est pas une forme exponentielle de z* car $1-\sqrt{2}<0$.
Donc, d'après les résultats du paragraphe ***e.*** ci-dessus, une forme exponentielle de z est :

$$z=(\sqrt{2}-1)e^{i\frac{5\pi}{4}} \quad \text{ou} \quad z=(\sqrt{2}-1)e^{i\left(\frac{5\pi}{4}-2\pi\right)}=(\sqrt{2}-1)e^{-\frac{3i\pi}{4}}.$$

Une forme trigonométrique est donc $\boldsymbol{z=(\sqrt{2}-1)\left[\cos\left(-\frac{3\pi}{4}\right)+i\sin\left(-\frac{3\pi}{4}\right)\right].}$

■■■■■■■■■■

2.7. Intérêt des formes exponentielles dans le calcul de produits, de quotients

a. Produit de complexes écrits à l'aide des formes exponentielles

Si $z=|z|e^{i\theta}$ et $z'=|z'|e^{i\theta'}$, alors :

$$zz'=(|z|e^{i\theta})(|z'|e^{i\theta'})=|z||z'|e^{i(\theta+\theta')}=|zz'|e^{i(\theta+\theta')}.$$

Nous venons donc de montrer d'après le paragraphe **2.6. *e.***, qu'un argument de zz' est $\theta+\theta'$.

Théorème 4

Le produit zz' de deux complexes non nuls z et z' a pour module le produit des modules de z et z', et a un argument qui est la somme d'un argument de z et d'un argument de z'.

$$(|z|e^{i\theta})(|z'|e^{i\theta'})=|z||z'|e^{i(\theta+\theta')}.$$

b. Formule de Moivre

Le théorème précédent s'étend à un nombre quelconque de complexes non nuls z_1, z_2, ..., z_n (avec n naturel non nul) et un argument de $z_1z_2\ldots z_n$ est la somme $\theta_1+\theta_2+\ldots+\theta_n$ d'arguments de ces n complexes.

En particulier, si $z_1=z_2=\ldots=z_n=z$ avec z non nul et d'argument θ, **le nombre complexe z^n a pour module $|z|^n$ et l'un de ses arguments est $n\theta$.**

En particulier lorsque $|z|=1$ on obtient **la formule de Moivre** (1722), donnée dans le théorème suivant :

Théorème 5

Pour tout naturel n et pour tout réel θ,

$$(\cos\theta+i\sin\theta)^n=\cos n\theta+i\sin n\theta$$

soit, en d'autres termes: $(e^{i\theta})^n=e^{in\theta}$.

c. Quotient de complexes écrits sous forme exponentielle

z est un complexe non nul tel que $z = |z| e^{i\theta}$ et z' est un complexe non nul tel que $z' = |z'| e^{i\theta'}$. Alors, d'après les règles de calcul énoncées au paragraphe **2.6. *c.***,

$$\frac{z'}{z} = \frac{|z'| e^{i\theta'}}{|z| e^{i\theta}} = \frac{|z'|}{|z|} e^{i\theta'} \times \frac{1}{e^{i\theta}} = \frac{|z'|}{|z|} e^{i\theta'} e^{-i\theta}$$

soit
$$\frac{z'}{z} = \frac{|z'|}{|z|} e^{i(\theta' - \theta)}$$

et d'après le paragraphe **2.6. *e.***, un argument de $\frac{z'}{z}$ est $\theta' - \theta$.

Théorème 6

Le quotient $\frac{z'}{z}$ de deux complexes non nuls z et z' a pour module le quotient des modules de z et z', et a pour argument la différence d'un argument de z' et d'un argument de z :

$$\frac{|z'| e^{i\theta'}}{|z| e^{i\theta}} = \frac{|z'|}{|z|} e^{i(\theta' - \theta)}.$$

En particulier, l'inverse $\frac{1}{z}$ du complexe non nul z, a pour module $\frac{1}{|z|}$ et pour argument l'opposé d'un argument de z.

$$\frac{1}{z} = \frac{1}{|z| e^{i\theta}} = \frac{1}{|z|} e^{-i\theta}$$

EXERCICE résolu 6

Déterminez la forme cartésienne de chacun des complexes :

$$u = (1 + i\sqrt{3})^5 + (1 - i\sqrt{3})^5$$
$$v = (1 + i\sqrt{3})^5 - (1 - i\sqrt{3})^5$$

et déduisez-en celle de $(1 + i\sqrt{3})^5$.

Solution ■■■

Mettons d'abord le complexe $1 + i\sqrt{3}$ sous l'une de ses formes exponentielles

$$1 + i\sqrt{3} = 2\left(\frac{1}{2} + i\frac{\sqrt{3}}{2}\right) = 2\left(\cos\frac{\pi}{3} + i \sin\frac{\pi}{3}\right) = 2e^{i\frac{\pi}{3}}.$$

On en déduit que
$$1 - i\sqrt{3} = 2e^{-i\frac{\pi}{3}}.$$

La formule de Moivre donne alors :

$$(1 + i\sqrt{3})^5 = 2^5 e^{\frac{5i\pi}{3}} \quad \text{et} \quad (1 - i\sqrt{3})^5 = 2^5 e^{-\frac{5i\pi}{3}}.$$

Par addition, puis soustraction membre à membre de ces deux égalités, il vient :

$$\boldsymbol{u} = 2 \times 2^5 \cos\frac{5\pi}{3} = 2^6 \times \frac{1}{2} = 2^5 = \mathbf{32}$$

$$v = 2 \times 2^5\, i \sin \frac{5\pi}{3} = 2^6 \left(-\frac{\sqrt{3}}{2}\right) i = \mathbf{-32}\boldsymbol{i}\mathbf{\sqrt{3}.}$$

D'où
$$(\mathbf{1} + \boldsymbol{i}\mathbf{\sqrt{3}})^{\mathbf{5}} = \frac{1}{2}(u+v) = \mathbf{16 - 16}\boldsymbol{i}\mathbf{\sqrt{3}.}$$

■■■■■■■■■

EXERCICE
résolu 7

a. Déterminez le module et un argument de chacun des complexes :

$$z_1 = \frac{\sqrt{6} - i\sqrt{2}}{2} \quad \text{et} \quad z_2 = 1 - i.$$

b. Déduisez-en le module et un argument de $z = \dfrac{z_1}{z_2}$.

c. Déduisez-en $\cos \dfrac{\pi}{12}$ et $\sin \dfrac{\pi}{12}$.

Solution ■■■

a. $z_1 = \sqrt{2}\left(\dfrac{\sqrt{3}}{2} - \dfrac{1}{2}\, i\right) = \sqrt{2}\, e^{-i\frac{\pi}{6}}$

$z_2 = \sqrt{2}\left(\dfrac{\sqrt{2}}{2} - i\,\dfrac{\sqrt{2}}{2}\right) = \sqrt{2}\, e^{-i\frac{\pi}{4}}.$

Donc : $\quad \mathbf{|z_1| = |z_2| = \sqrt{2},} \qquad \mathbf{arg}\ \boldsymbol{z_1} = -\dfrac{\boldsymbol{\pi}}{\mathbf{6}} \quad$ et $\quad \mathbf{arg}\ \boldsymbol{z_2} = -\dfrac{\boldsymbol{\pi}}{\mathbf{4}}.$

b. On a donc :

$$\boldsymbol{z} = e^{i\left(-\frac{\pi}{6}+\frac{\pi}{4}\right)} = \boldsymbol{e}^{\boldsymbol{i}\frac{\boldsymbol{\pi}}{\mathbf{12}}}.$$

c. On a donc : $\quad z = \cos \dfrac{\pi}{12} + i \sin \dfrac{\pi}{12}$; $\quad$ déterminons la forme cartésienne de z :

$$z = \frac{\sqrt{6} - i\sqrt{2}}{2(1-i)} = \frac{(\sqrt{6} - i\sqrt{2})(1+i)}{4} = \frac{\sqrt{6}+\sqrt{2}}{4} + i\,\frac{\sqrt{6}-\sqrt{2}}{4}.$$

Comme il y a unicité de la forme cartésienne de z, il vient :

$$\mathbf{cos}\ \frac{\boldsymbol{\pi}}{\mathbf{12}} = \frac{\mathbf{\sqrt{6}+\sqrt{2}}}{\mathbf{4}} \quad \text{et} \quad \mathbf{sin}\ \frac{\boldsymbol{\pi}}{\mathbf{12}} = \frac{\mathbf{\sqrt{6}-\sqrt{2}}}{\mathbf{4}}.$$

■■■■■■■■■

2.8. Une première application des complexes à la géométrie

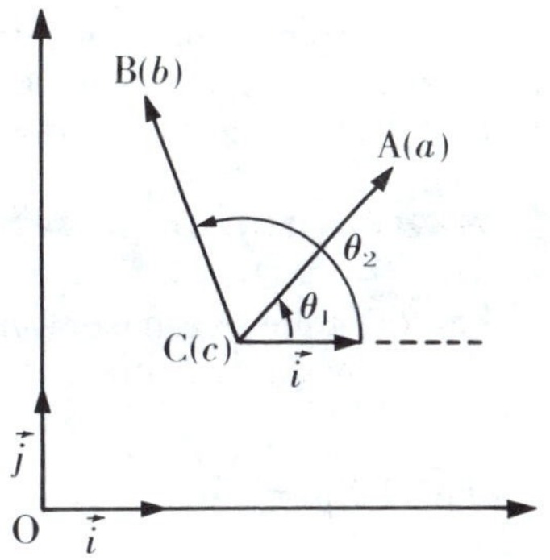

- $(O; \vec{i}, \vec{j})$ est un repère orthonormé direct.

C est le point d'affixe c; A et B sont les points distincts de C, et d'affixes respectives a et b.

Les vecteurs $\overrightarrow{CA}$ et $\overrightarrow{CB}$ sont non nuls, et ont pour affixes respectives $a - c$ et $b - c$.
On sait que $|a - c| = CA$ et $|b - c| = CB$, donc :

$$\left|\frac{\boldsymbol{b - c}}{\boldsymbol{a - c}}\right| = \frac{\mathbf{CB}}{\mathbf{CA}}.$$

En outre, un argument θ_1 de $a-c$ (resp. θ_2 de $b-c$) est une mesure en radians de l'angle $(\vec{i}\,;\overrightarrow{CA})$ (resp. $(\vec{i}\,;\overrightarrow{CB})$). Les propriétés relatives aux arguments permettent d'affirmer que :

$$\arg\left(\frac{b-c}{a-c}\right)=\theta_2-\theta_1.$$

Or **$\theta_2-\theta_1$ est aussi une mesure en radians de l'angle** $(\vec{i}\,;\overrightarrow{CB})-(\vec{i}\,;\overrightarrow{CA})$, c'est-à-dire de l'angle $(\overrightarrow{CA};\overrightarrow{CB})$.

Par conséquent, dire que $ke^{i\theta}$ est une forme exponentielle du complexe $\dfrac{b-c}{a-c}$ (avec k réel, $k>0$ et θ réel), revient à dire que $k=\dfrac{CB}{CA}$ et $(\overrightarrow{CA};\overrightarrow{CB})\equiv\theta\quad(2\pi)$.

D'où le théorème suivant :

Théorème 7

$(O;\vec{i},\vec{j})$ est un repère orthonormé direct.
A et B sont deux points distincts d'un point C, et a, b, c sont les affixes respectives de A, B, C.
k est un réel, $k>0$ et θ est un réel.
Les propositions suivantes sont équivalentes

(1) $\dfrac{CB}{CA}=k$ **et** $(\overrightarrow{CA};\overrightarrow{CB})\equiv\theta\quad(2\pi)$

(2) $\dfrac{b-c}{a-c}=ke^{i\theta}$.

3. Travaux pratiques d'application

Vous trouverez des applications des nombres complexes dans de nombreux travaux pratiques de géométrie.

T.P.1. Résolution des équations du second degré à coefficients réels

Les complexes ont été introduits pour donner aux réels strictement négatifs des racines carrées; nous allons voir que toute équation du second degré $az^2+bz+c=0$ avec a, b, c *réels* et $a\neq 0$, admet au moins une solution dans $\mathbb{C}$.

Équation $z^2=r$ avec r réel strictement négatif

Par exemple, proposons-nous de résoudre l'équation $z^2=-3$.
Profitant du fait que $i^2=-1$, nous sommes conduit à résoudre

$$z^2=3i^2 \qquad \text{soit} \qquad z^2-3i^2=0.$$

D'où l'équation : $$(z-i\sqrt{3})(z+i\sqrt{3})=0.$$

Les deux complexes solutions de l'équation $z^2=-3$ sont donc $\boldsymbol{i\sqrt{3}}$ et $\boldsymbol{-i\sqrt{3}}$.
A l'exercice suivant nous vous demandons de résoudre l'équation $z^2=r$, avec **r réel strictement négatif.**

QUESTIONS

a. *Vérifiez que* $r=(i\sqrt{-r})^2$.

b. *Expliquez pourquoi résoudre* $z^2=r$, *revient à résoudre*

$$(z-i\sqrt{-r})(z+i\sqrt{-r})=0.$$

c. *Déduisez-en que les complexes solutions de l'équation sont*

$$\boldsymbol{z_0=i\sqrt{-r}} \quad \text{et} \quad \boldsymbol{z_0'=-i\sqrt{-r}}.$$

d. ***Application :*** *résolvez les équations* $z^2=-\sqrt{5}$; $z^2=-\frac{3}{4}$.

Les complexes $i\sqrt{-r}$ et $-i\sqrt{-r}$ sont appelés les racines carrées du réel strictement négatif r.

Équation $az^2+bz+c=0$ avec a, b, c réels et $a \neq 0$

Proposons-nous de résoudre cette équation dans $\mathbb{C}$. A la différence de la résolution dans $\mathbb{R}$ de cette même équation, d'après le groupe de questions précédentes, quel que soit son signe, le réel b^2-4ac admet une ou deux racines carrées; notons **z_0 l'une des racines carrées de b^2-4ac.**

QUESTION

Montrez que, pour tout complexe z :

$$az^2+bz+c=a\left(z+\frac{b+z_0}{2a}\right)\left(z+\frac{b-z_0}{2a}\right).$$

Indication : *procédez comme dans* $\mathbb{R}$ *et faites apparaître* la forme canonique *de* az^2+bz+c.

En conséquence :

- **si $b^2-4ac=0$ l'équation $az^2+bz+c=0$ admet l'unique solution $-\frac{b}{2a}$;**
- **si $b^2-4ac\neq 0$ l'équation $az^2+bz+c=0$ admet deux solutions $z_1=\frac{-b+z_0}{2a}$ et $z_2=\frac{-b-z_0}{2a}$, z_0 désigne une racine carrée de b^2-4ac.**

Notez que si b^2-4ac est positif alors l'équation $az^2+bz+c=0$ a les mêmes solutions dans $\mathbb{R}$ et dans $\mathbb{C}$. Par contre **si b^2-4ac est négatif alors les deux solutions sont des complexes conjugués non réels.**

Dans tous les cas on obtient la factorisation :

pour tout complexe z, $\quad \boldsymbol{az^2+bz+c=a(z-z_1)(z-z_2)}$.

QUESTIONS

a. *Résolvez dans* $\mathbb{C}$ *chacune des équations proposées :*

$$2z^2-3z+4=0 \qquad 5z^2-3z=0$$
$$\frac{3}{2}z^2+z+\frac{1}{6}=0 \qquad 3z^2+z+1=0.$$

b. *Proposez une écriture factorisée de :*

$$z^2+4 \qquad -z^2+2z-2 \qquad 5z^2-3z+\frac{9}{20} \qquad z^2+18z+1681.$$

c. *Résolvez dans* $\mathbb{C}$ *l'équation* $z^2-2z+4=0$.
Calculez le module, un argument, le carré et le cube de ses racines.

d. *Montrez que déterminer des complexes* z_1 *et* z_2 *tels que*

$$az^2+bz+c=a(z-z_1)(z-z_2)$$

est équivalent à résoudre le système : $\begin{cases} z_1+z_2=-\dfrac{b}{a} \\ z_1z_2=\dfrac{c}{a}. \end{cases}$

Applications

QUESTIONS

t est un réel donné.

a. *Exprimez* $d=\sin^2 t-2(1-\cos t)$ *à l'aide de* $\sin\dfrac{t}{2}$.
Déterminez les racines carrées de d.

b. *Résolvez dans* $\mathbb{C}$ *l'équation d'inconnue z :*

$$2z^2(1-\cos t)-2z\sin t+1=0.$$

Précisez, suivant le signe de $\sin\dfrac{t}{2}$, *le module et un argument de chacune des solutions.*

c. *Supposons que* $t\in\,]0;2\pi[$; *notons Z la solution de l'équation précédente dont un argument est* $\dfrac{t}{2}$.
Calculez Z^2; *donnez sa forme cartésienne* $x+iy$, *son module r et l'un de ses arguments* θ.
Montrez que $r=x+\dfrac{1}{2}$.

Des équations bicarrées

Proposons-nous de résoudre dans $\mathbb{C}$ l'équation $z^4+2z^2+4=0$.
Essayons de procéder comme dans $\mathbb{R}$, c'est-à-dire résolvons dans $\mathbb{C}^2$ le système :

$$\begin{cases} Z=z^2 \\ Z^2+2Z+4=0. \end{cases}$$

QUESTIONS

a. *Résolvez dans* $\mathbb{C}$ *l'équation* $Z^2+2Z+4=0$.
Déterminez le module et un argument de chacune des solutions Z_1 *et* Z_2 *de cette équation.*

b. *Déterminez le module et un argument de chacune des solutions des équations* $z^2=Z_1$ *et* $z^2=Z_2$.

c. *Concluez sur les solutions dans* $\mathbb{C}$ *de l'équation*

$$z^4+2z^2+4=0.$$

Il se trouve que dans $\mathbb{C}$, la résolution peut se faire plus simplement. Voici comment.

QUESTIONS

1. *a.* *Vérifiez que* $z^4+4=(z^2+2)^2-4z^2$.

b. *Déduisez-en une factorisation de* z^4+2z^2+4, *puis la résolution dans* $\mathbb{C}$ *de* $z^4+2z^2+4=0$.

2. *Résolvez dans* $\mathbb{C}$ *l'équation* $z^4+10z^2+169=0$.

D'autres équations

Nous admettrons que si P est un polynôme de la variable complexe z et si $P(z_0)=0$, alors il existe un polynôme Q tel que, pour tout complexe z :

$$P(z)=(z-z_0)Q(z).$$

QUESTIONS

1. *Soit l'équation* $z^3+(1-i)z^2+(4-i)z-4i=0$.

a. *Vérifiez que i est une solution de cette équation.*

b. *Trouvez un polynôme* P *du second degré à coefficients réels tel que, pour tout complexe z :*

$$z^3+(1-i)z^2+(4-i)z-4i=(z-i)P(z).$$

c. *Déduisez-en les solutions dans* $\mathbb{C}$ *de l'équation initiale.*

2. *Soit l'équation* $2z^4-z^3+2z^2-z+1=0$.

a. *Montrez qu'il existe un polynôme* P *du second degré à coefficients réels tel que, pour tout complexe z :*

$$2z^4-z^3+2z^2-z+1=(z^2+1)P(z).$$

b. *Déduisez-en les solutions dans* $\mathbb{C}$ *de l'équation proposée.*

Solutions conjuguées

Vous avez résolu dans les exercices précédents des équations du type $P(z)=0$ où P est un polynôme complexe **à coefficients réels;** vous aurez peut être remarqué que si z est un complexe solution de cette équation, alors $\bar{z}$ est aussi solution. Nous vous proposons de démontrer ce résultat dans le cas général.

QUESTIONS

P *est le polynôme tel que, pour tout complexe z :*

$$P(z)=a_nz^n+a_{n-1}z^{n-1}+\ldots+a_1z+a_0$$

avec a_n, a_{n-1}, …, a_1, a_0 *réels.*

Supposons que z_0 *soit un complexe solution de* $P(z)=0$, *soit* $P(z_0)=0$.

a. *Démontrez que* $\overline{P(z_0)}=P(\bar{z}_0)$.

b. *Déduisez-en que* $\bar{z}_0$ *est aussi solution de* $P(z)=0$.

c. ***Application :***

Vérifiez que $1+i$ *est solution de l'équation* $z^4-6z^3-z^2+10z-18=0$.

Utilisez ce qui précède pour résoudre cette équation.

T.P.2. Les racines n-ièmes $(n\in\mathbb{N}^*)$

Les racines n-ièmes d'un réel sont définies au chapitre **7** page 141 du Tome **1.**
Par définition, **on appelle racine n-ième du complexe a, tout complexe z tel que $z^n=a$.**

Racines n-ièmes de l'unité ($a=1$)

QUESTIONS

a. Racines carrées de l'unité

L'équation $z^2=1$ *a deux solutions et deux seulement :* 1 *et* −1.

Quels sont les modules et arguments de ces deux racines carrées de 1?

b. Racines cubiques de l'unité

Résolvez dans $\mathbb{C}$ *l'équation* $z^3=1$ *(factorisez* z^3-1*).*

Quels sont les modules et arguments des trois racines cubiques de 1?

Placez dans un repère orthonormé les images A, B, C *de ces trois racines cubiques.*

Quelle est la nature du triangle ABC?

On note $j = e^{\frac{2i\pi}{3}}$; *montrez que la troisième racine cubique de* 1, *autre que* 1 et *j, est égale à j ou à* j^2.

Vérifiez que : $\mathbf{1 + j + j^2 = 0}$.

Pour d'autres valeurs de *n*, l'équation $z^n = 1$ admet toujours 1 pour solution, mais ne peut pas être résolu rapidement par factorisations successives de $z^n - 1$. Par contre, la formule de Moivre est un moyen efficace pour résoudre l'équation $z^n = 1$.

QUESTIONS

a. *z est un complexe non nul tel que* $z = |z|\, e^{i\theta}$.
Donnez une forme trigonométrique de z^n.

b. *Déduisez-en que si* $z^n = 1$ *alors* $|z| = 1$ *et que z a pour arguments* $\frac{2k\pi}{n}$ *avec* $k \in \mathbb{Z}$.

c. *Expliquez pourquoi les racines n-ièmes de* 1 *sont les n complexes, notés* ω_k, *pour k naturel* $0 \leqslant k \leqslant n-1$, *tels que :* $\boldsymbol{\omega_k = e^{\frac{2ik\pi}{n}}}$.

d. *Si l'on note* $\omega = e^{\frac{2i\pi}{n}}$, *vérifiez que les n racines n-ièmes de* 1 *sont* 1, ω, ω^2, ... ω^{n-1}.

• *Montrez que* ***la somme des n racines n-ièmes de l'unité est nulle,*** *c'est-à-dire que, pour tout naturel* $n \geqslant 1$, *on a :*

$$\mathbf{1 + \omega + \omega^2 + \ldots + \omega^{n-1} = 0.}$$

Indication : *complétez* $\omega^n - 1 = (\omega - 1)(\ldots)$.

e. *Montrez que* ***le produit de deux racines n-ièmes l'unité est une racine n-ième de l'unité.*** *Montrez que l'inverse d'une racine n-ième de l'unité est aussi une racine n-ième de l'unité.*

f. *Vérifiez que pour* $n = 2$, *puis* $n = 3$, *vous retrouvez les racines carrées et cubiques de* 1, *déjà calculées.*

g. *Représentez dans un repère orthonormé, les images* A, B, C, D *des racines quatrièmes de* 1. *Quelle est la nature de* ABCD?

Interprétation géométrique

n est un naturel supérieur ou égal à 3 et ω est égal à $e^{\frac{2i\pi}{n}}$.
1, ω, ω^2, ..., ω^{n-1} sont les *n* racines *n*-ièmes de l'unité. Notons M_0, M_1, ..., M_{n-1} les images de ces complexes dans un repère orthonormé $(O; \vec{i}, \vec{j})$.

QUESTIONS

a. *Pourquoi les points* M_0, M_1, ..., M_{n-1} *sont-ils sur le cercle trigonométrique de centre* O?

b. *Calculez les distances* M_0M_1, M_1M_2, M_2M_3.
Montrez que pour tout naturel k tel que $0 \leqslant k \leqslant n-1$ *on a :*

$$M_kM_{k+1} = 2 \sin \frac{\pi}{n}.$$

c. *Déduisez de la question* ***d.*** *du groupe de questions précédent que* O *est l'isobarycentre de* M_0, M_1, ..., M_{n-1}.

Pour traduire le fait que les *n* points distincts M_0, M_1, ..., M_{n-1} sont sur le cercle trigonométrique de centre O et que $M_0M_1 = M_1M_2 = \ldots = M_{n-2}M_{n-1}$, on dit que $M_0M_1 \ldots M_{n-1}$ est un **polygone régulier de centre O.**

Racines n-ièmes d'un complexe non nul a

Il est clair que le complexe zéro, admet zéro pour seule racine n-ième $(n \in \mathbb{N}^*)$.
Par la suite, nous supposons $a \neq 0$ donc : $a = |a|\, e^{i\alpha}$ où α est un réel.

QUESTIONS

n est un naturel supérieur ou égal à 2.

a. *Supposons que Z' et z' soient deux racines n-ièmes de a. Démontrez qu'alors $Z' = z'\omega^k$ où ω^k $(0 \leqslant k \leqslant n-1)$ est l'une des n racines n-ièmes de l'unité.*

b. *Réciproquement supposons que z' soit une racine n-ième de a, démontrez qu'alors $z'\omega^k$ en est également une.*

D'après ce qui précède, **on obtient les racines n-ièmes du complexe non nul a en multipliant l'une d'entre elles par les n racines n-ièmes de l'unité.**
Il reste donc à déterminer l'une des racines n-ièmes de a.

QUESTIONS

a. *Vérifiez que $z' = \sqrt[n]{|a|}\, e^{\frac{i\alpha}{n}}$ est une racine n-ième de a.*

b. *Montrez que les racines n-ièmes de a sont les complexes*

$$z_k = \sqrt[n]{|a|}\, e^{i\left(\frac{\alpha + 2k\pi}{n}\right)}$$

avec k naturel tel que $0 \leqslant k \leqslant n-1$.

c. *Si $N_0, N_1, \ldots, N_{n-1}$ sont les images des complexes $z_0, z_1, \ldots, z_{n-1}$ dans un repère orthonormé $(O; \vec{i}, \vec{j})$, montrez que $N_0N_1N_2 \ldots N_{n-1}$ est un polygone régulier de centre O.*

d. ***Application***
Déterminez les racines carrées de $1+i$; les racines cubiques de $\dfrac{1+i\sqrt{3}}{1-i\sqrt{3}}$ et les racines cinquièmes de $i-\sqrt{3}$.

T.P.3. Transformation de $a \cos \theta + b \sin \theta$ où a et b sont réels

Le procédé

a et b sont deux réels dont *l'un au moins est non nul.*

QUESTIONS

a. *θ est un réel.*
Montrez que $a \cos \theta + b \sin \theta$ est la partie réelle du complexe $e^{i\theta}\left(\overline{a+ib}\right)$.

b. ***Notons r le module de $a+ib$ et φ l'un de ses arguments.***
Démontrez qu'alors, pour tout réel θ, on a :

$$\boldsymbol{a \cos \theta + b \sin \theta = r \cos(\theta - \varphi).}$$

c. ***Application :*** *utilisez cette transformation pour exprimer, à l'aide d'un cosinus, puis à l'aide d'un sinus, chacun des réels suivants :*

- $\cos \theta + \sqrt{3} \sin \theta$.
- $\cos 3\theta + \sin 3\theta$.

Application à la résolution de l'équation $a \cos x + b \sin x = c$

a et b sont des réels dont l'un au moins est non nul, et c un réel.
D'après ce qui précède, et avec les mêmes notations, résoudre $a \cos x + b \sin x = c$ est équivalent à résoudre l'équation

$$r \cos(x - \varphi) = c.$$

Q
U
E
S
T
I
O
N
S

a. *Expliquez pourquoi l'équation n'a pas de solution lorsque* $c^2 > a^2 + b^2$.

b. *Dans le cas où* $c^2 \leqslant a^2 + b^2$, *notons* α *un réel tel que* $\cos \alpha = \dfrac{c}{r}$.

Déterminez alors les solutions de l'équation initiale.

c. ***Application :*** *utilisez les résultats précédents pour résoudre chacune des équations suivantes.*

- $\cos x + \sqrt{3} \sin x = -1$.
- $4 \cos x + 3 \sin x = -6$.
- $\cos 3x + \sin 3x = 1$.
- $\sqrt{3} \cos^2 x + 2 \sin x \cos x - \sqrt{3} \sin^2 x = \sqrt{2}$.
- $2 \cos 2x = (1 + \sqrt{3})(\cos x - \sin x)$.

Interprétation géométrique

$(O; \vec{i}, \vec{j})$ est un repère orthonormé du plan et $\mathcal{C}$ est le cercle trigonométrique de centre O.
N est le point de coordonnées $(a; b)$ distinct de O et M est le point de $\mathcal{C}$ tel que $(\vec{i}; \overrightarrow{OM}) = x$.

Q
U
E
S
T
I
O
N
S

a. K *est le projeté orthogonal de* N *sur la droite* (OM). *Montrez que, pour tout réel x :*

$$a \cos x + b \sin x = \overline{OK}$$

avec la mesure algébrique prise dans le repère $(O; \overrightarrow{OM})$.

Indication : *déterminez de deux façons différentes le produit scalaire* $\overrightarrow{OM} \cdot \overrightarrow{ON}$.

b. *c est un réel donné.*
Expliquez pourquoi l'équation $a \cos x + b \sin x = c$ *admet des solutions si et seulement si le cercle de centre* O *et de rayon* $|c|$, *et le cercle de diamètre* ON *sont sécants.*
Retrouvez géométriquement la condition d'existence $c^2 \leqslant a^2 + b^2$ *des solutions de cette équation.*

Un problème de tuyaux

Un plombier doit raccorder un tuyau posé sur le sol à un tuyau horizontal situé 1,2 mètre au-dessus du sol comme indiqué sur la figure ci-contre.
Pour relier ces deux tuyaux, il dispose de tuyaux droits et de tuyaux courbes. Tous les tuyaux utilisés ont pour rayon 70 mm.
Le plombier veut déterminer la longueur ℓ du tuyau droit et l'angle θ des tuyaux courbes.

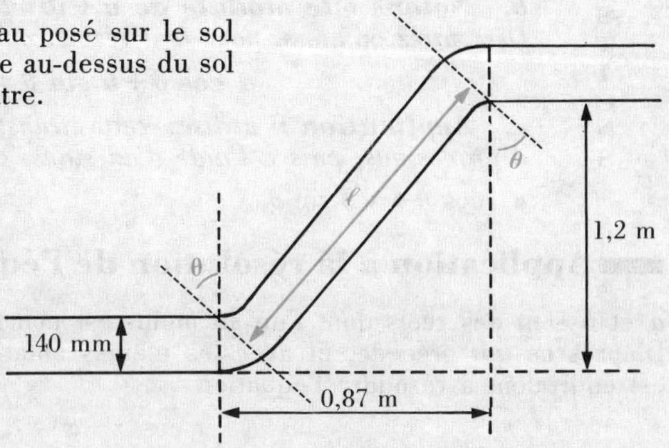

QUESTIONS

a. *Montrez que :*

$140 \sin \theta + \ell \cos \theta = 870$ *et* $140(1-\cos \theta) + \ell \sin \theta = 1\,200.$

b. *Déduisez-en que :*

$$87 \sin \theta - 106 \cos \theta = 14.$$

c. *Déterminez une approximation de θ en degrés et de ℓ en m.*

T.P.4. Conversion de produits trigonométriques en sommes et de sommes en produits

Produits en sommes

Rappelons **les formules d'Euler** établies au paragraphe **2.6. c.**

$$\cos \theta = \frac{e^{i\theta} + e^{-i\theta}}{2} \qquad \sin \theta = \frac{e^{i\theta} - e^{-i\theta}}{2i}.$$

Considérons le produit $\cos a \cos b$, où a et b sont des réels et utilisons les formules d'Euler pour l'exprimer à l'aide d'une somme :

$$\cos a \cos b = \frac{1}{4}(e^{ia} + e^{-ia})(e^{ib} + e^{-ib}).$$

Au chapitre **1** du Tome **1** nous avons proposé une autre technique.

QUESTIONS

a. *Développez le produit écrit dans le membre de droite et déduisez-en que :*

$$\mathbf{2 \cos a \cos b = \cos(a+b) + \cos(a-b).}$$

b. *Utilisez les formules d'Euler pour transformer en sommes le produit* $\sin a \sin b$, *puis* $\sin a \cos b$.

Réponses : $\mathbf{2 \sin a \sin b = \cos(a-b) - \cos(a+b)}$

$$\mathbf{2 \sin a \cos b = \sin(a+b) + \sin(a-b).}$$

c. *n est un naturel non nul. Expliquez pourquoi*

$$\cos(n+1)x = 2 \cos x \cos nx - \cos(n-1)x.$$

Utilisez cette relation pour déterminer $\cos 2x$, $\cos 3x$, $\cos 4x$, $\cos 5x$ *en fonction de* $\cos x$.

d. *x est un réel tel que $x \neq k\pi$* avec $k \in \mathbb{Z}$.

Simplifiez : $\dfrac{\sin 7x}{\sin x} - 2 \cos 2x - 2 \cos 4x - 2 \cos 6x.$

Sommes en produits

p et q sont deux réels, écrivons $e^{ip} + e^{iq}$ en mettant en facteur $e^{i\frac{p+q}{2}}$; il vient :

$$e^{ip} + e^{iq} = e^{i\frac{p+q}{2}}\left(e^{i\frac{p-q}{2}} + e^{i\frac{q-p}{2}}\right) = 2e^{i\frac{p+q}{2}} \cos \frac{p-q}{2}.$$

Q U E S T I O N S

a. *Expliquez comment en déduire les formules :*

$$\cos p + \cos q = 2 \cos \frac{p+q}{2} \cos \frac{p-q}{2}$$

$$\sin p + \sin q = 2 \sin \frac{p+q}{2} \cos \frac{p-q}{2}.$$

b. *Dans* $e^{ip} - e^{iq}$, *mettez* $e^{i\frac{p+q}{2}}$ *en facteur et déduisez-en les formules :*

$$\cos p - \cos q = -2 \sin \frac{p+q}{2} \sin \frac{p-q}{2}$$

$$\sin p - \sin q = 2 \sin \frac{p-q}{2} \cos \frac{p+q}{2}.$$

Voici des exercices qui vous permettent d'utiliser ces formules.

Q U E S T I O N S

1. *Résolvez dans* $\mathbb{R}$ *l'équation :*

$$\cos 3x - \cos 5x = \sin 6x + \sin 2x.$$

2. *Résolvez dans* $\mathbb{R}$ *l'équation :*

$$\cos 5x + 2 \cos 3x + 3 \cos x = 0.$$

Indication : *écrivez* $3 \cos x = \cos x + 2 \cos x$...

3. A, B, C *désignent les angles d'un triangle.*
Démontrez que :

$$\sin A + \sin B + \sin C = 4 \cos \frac{A}{2} \cos \frac{B}{2} \cos \frac{C}{2}.$$

4. $(O; \overrightarrow{OI}, \overrightarrow{OJ})$ *est un repère orthonormé du plan orienté.* $\mathcal{C}$ *est le cercle trigonométrique de centre* O *et* IBCDE *le pentagone régulier inscrit tel que* $(\overrightarrow{OI}; \overrightarrow{OB}) = \frac{2\pi}{5}$.

a. *Montrez que :* $\overrightarrow{OI} + \overrightarrow{OB} + \overrightarrow{OC} + \overrightarrow{OD} + \overrightarrow{OE} = \vec{0}$.

Indication : *montrez que* $\overrightarrow{OI} + \overrightarrow{OB} + \ldots + \overrightarrow{OE}$ *est colinéaire à* $\overrightarrow{OI}$ *et à* $\overrightarrow{OB}$.

b. *Déduisez-en que :* $1 + 2\left(\cos \frac{2\pi}{5} + \cos \frac{4\pi}{5}\right) = 0.$

Montrez qu'alors : $1 + 4 \cos \frac{2\pi}{5} \cos \frac{4\pi}{5} = 0.$

c. *Déduisez-en les valeurs de* $\cos \frac{2\pi}{5}$ *et* $\cos \frac{4\pi}{5}$.

T.P.5. Exemple de mise en œuvre des formules de Moivre et d'Euler

θ est un réel et n un naturel; proposons-nous de calculer les sommes :

$$C = 1 + \cos \theta + \cos 2\theta + \ldots + \cos n\theta$$

$$S = \sin \theta + \sin 2\theta + \ldots + \sin n\theta.$$

En fait, l'idée va consister à déterminer une forme trigonométrique du complexe $C+iS$ et à écrire ensuite que C est la partie réelle de ce complexe et S sa partie imaginaire.

QUESTIONS

a. *Notons* $u=\cos\theta+i\sin\theta$.
Expliquez pourquoi :

$$C+iS=1+u+u^2+\ldots+u^n.$$

Montrez que si $\theta=2k\pi$ *avec* k *entier alors* $C=n+1$ *et* $S=0$.
Par la suite nous supposerons $\theta\neq 2k\pi$ (*avec* $k\in\mathbb{Z}$).

b. $\sum_{i=0}^{n} u^i$ *est la somme des* $n+1$ *premiers termes d'une suite géométrique à termes complexes, dont la raison est le complexe* $u\neq 1$.
Vu la façon dont ont été définies l'addition et la multiplication dans $\mathbb{C}$, *il est clair que le calcul de* $\sum_{i=0}^{n} u^i$ *se conduit comme dans* $\mathbb{R}$.

Déterminez $\sum_{i=0}^{n} u^i$.

c. *Notons* $v=e^{i\frac{\theta}{2}}$.
Mettez v *en facteur dans* $u-1$ *et* v^{n+1} *en facteur dans* $u^{n+1}-1$ *et déduisez-en que :*

$$C+iS=v^n\,\frac{\sin\dfrac{(n+1)\theta}{2}}{\sin\dfrac{\theta}{2}}.$$

d. *Déduisez-en* C *et* S.

Au chapitre **5** Tome **1** vous trouverez d'autres utilisations des formules de Moivre et d'Euler, en particulier à la recherche de primitives.

T.P.6. Exemple d'utilisation des complexes en Physique

Les fonctions sinusoïdales utilisées en électronique par exemple sont des fonctions du type : $t\longmapsto a\sin(\omega t+\varphi)$, où a est un réel strictement positif, φ un réel, et ω un réel strictement positif (la *pulsation*).
Si ω est fixé, ce que nous supposerons par la suite, nous noterons $f_{a,\varphi}$ la fonction :

$$t\longmapsto a\sin(\omega t+\varphi).$$

Nous avons donc, pour tout réel t :

$$f_{a,\varphi}(t)=a\sin(\omega t+\varphi)=(a\cos\varphi)\sin\omega t+(a\sin\varphi)\cos\omega t.$$

Si nous notons f_1 et f_2 les deux fonctions $t\longmapsto\sin\omega t$, et $t\longmapsto\cos\omega t$, nous avons l'égalité de fonctions suivante :

$$f_{a,\varphi}=(a\cos\varphi)f_1+(a\sin\varphi)f_2.$$

D'où deux représentations possibles de la fonction $f_{a,\varphi}$:

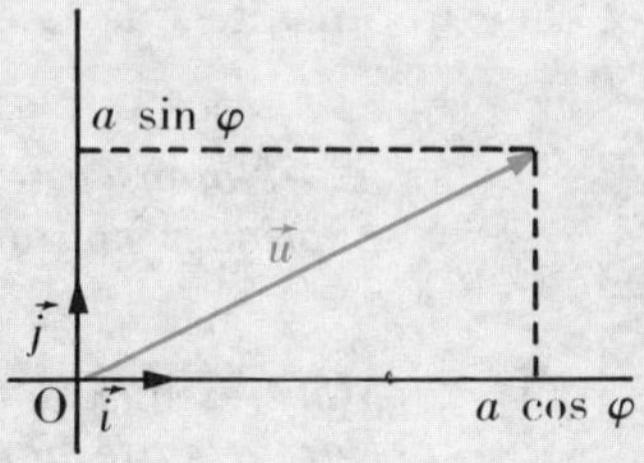

• ***représentation vectorielle :*** *la fonction est vue comme un vecteur du plan;* en convenant que le plan est muni du repère orthonormé $(O; \vec{i}, \vec{j})$ et que $\vec{i}$ et $\vec{j}$ représentent respectivement f_1 et f_2, la fonction $f_{a,\varphi}$ est représentée par le vecteur $\vec{u}$ dont les coordonnées dans la base $(\vec{i}, \vec{j})$ sont $(a \cos \varphi; a \sin \varphi)$. Ce vecteur $\vec{u}$ est dit **vecteur de Fresnel** de $f_{a,\varphi}$.

• **représentation complexe :** *en associant au vecteur $\vec{u}$ le complexe z qui est son affixe;* nous avons donc

$$z = a \cos \varphi + ja \sin \varphi = a(\cos \varphi + j \sin \varphi).$$

Notez qu'au lieu de i nous avons écrit j; c'est qu'en effet, en Électricité la lettre i est réservée à l'intensité d'un courant.
Cette représentation a l'avantage de bien se prêter aux calculs de sommes de fonctions sinusoïdales de même pulsation.
Par exemple si : $f_{a,\varphi} = f_{a_1,\varphi_1} + f_{a_2,\varphi_2}$, le complexe z associée à $f_{a,\varphi}$ est :

$$z = (a_1 \cos \varphi_1 + a_2 \cos \varphi_2) + j(a_1 \sin \varphi_1 + a_2 \sin \varphi_2) = a \cos \varphi + ja \sin \varphi$$

d'où le calcul de a et de φ sachant que $a = |z|$ et que φ est un argument de z.

QUESTION

$$f : t \longmapsto 2 \sin\left(3t + \frac{\pi}{4}\right) \quad \text{et} \quad g : t \longmapsto -\cos\left(3t - \frac{\pi}{3}\right).$$

Déterminez $f + g$ sous la forme $t \longmapsto a \sin(\omega t + \varphi)$.

En outre $f_{a,\varphi}$ est une fonction dérivable sur $\mathbb{R}$.

QUESTIONS

a. *Déterminez la fonction dérivée $f'_{a,\varphi}$.*

b. *Montrez que le complexe z' associé à $f'_{a,\varphi}$ est tel que $z' = j\omega z$ où z est le complexe associé à $f_{a,\varphi}$.*

c. *Notons M le point d'affixe z et P celui d'affixe z' dans un repère orthonormé $(O; \vec{i}, \vec{j})$ du plan orienté. Montrez que la transformation géométrique qui associe P à M est la composée d'une homothétie de centre O suivie d'une rotation d'angle $\frac{\pi}{2}$.*

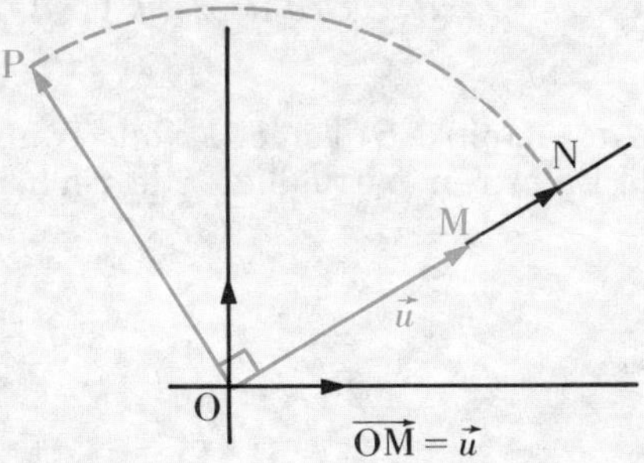

$\overrightarrow{OM} = \vec{u}$
$\overrightarrow{ON} = \omega\vec{u}$
$\overrightarrow{OP} = \vec{u}\,'$

EXERCICES

Exercices d'apprentissage

Pour les exercices 1 à 3, placez les points d'affixes z_1, z_2, z_3 dans un repère orthonormé du plan.

1. $z_1 = -1+i, \quad z_2 = 2+i,$
$z_3 = -\frac{1}{2} - \frac{i}{2}.$

2. $z_1 = \sqrt{3}+i; \quad z_2 = -1+i\sqrt{3},$
$z_3 = \sqrt{2}+i\sqrt{2}.$

3. $z_1 = \sqrt{3}+3i, \quad z_2 = -\sqrt{6}+i\sqrt{2},$
$z_3 = 1+i\sqrt{3}.$

Pour les exercices 4 à 7, déterminez la forme cartésienne du complexe z.

C **4.** $z = (1+i)(1-2i).$

5. $z = (2-3i)(3i).$

6. $z = (2i+1)(1+i)^2(3i-4).$

7. $z = (5+4i)(3+7i)(2-3i).$

8. f est la fonction de $\mathbb{C}$ dans $\mathbb{C}$ définie par :

$$f(z) = z^3 - 2iz^2 - (1-i)z - 2i.$$

Calculez $f(i)$, $f(1-i)$, $f(1+i)$.

9. f est la fonction de $\mathbb{C}$ dans $\mathbb{C}$ définie par :

$$f(z) = 2z^3 + (1+i)z^2 - (3+2i)z - 7 + 16i.$$

Calculez $f(1+i)$, $f(2-i)$, $f(2i)$.

Pour les exercices 10 à 13, déterminez la forme cartésienne du complexe z.

10. $z = \dfrac{1-i}{2i}.$

C **11.** $z = \dfrac{3-4i}{7+5i}.$

12. $z = \dfrac{(3-2i)(5+i)}{(5-i)}.$

13. $z = \dfrac{1-e^{ix}}{1+e^{ix}}$ avec x réel.

Pour les exercices 14 à 17, résolvez le système d'inconnue le couple $(z; z')$ de complexes.

14. $\begin{cases} z + z' = 3 \\ 2z - z' = i. \end{cases}$

C **15.** $\begin{cases} 3z + z' = 5 + 2i \\ -z + z' = 1 - 2i. \end{cases}$

16. $\begin{cases} z - 2iz' = 5i \\ 2z - (1+i)z' = -2 + 6i. \end{cases}$

17. $\begin{cases} (1+i)z + (1-i)z' = 2 + i \\ 3z - 2iz' = 4 - i. \end{cases}$

Pour les exercices 18 à 22, écrivez z sous forme trigonométrique.

18. $z = 1 - i\sqrt{3}.$

19. $z = -2.$

20. $z = \sqrt{3} + 3i.$

C **21.** $z = \dfrac{\sqrt{2}}{1-i}.$

22. $z = \dfrac{4}{1+i\sqrt{3}}.$

Pour les exerices 23 et 24, placez les points d'affixes z_1, z_2 et z_3 dans un repère orthonormé direct du plan.

23. $z_1 = e^{\frac{i\pi}{3}}$, $z_2 = 2e^{-\frac{i\pi}{3}}$, $z_3 = \sqrt{3}\, e^{-\frac{5i\pi}{6}}$.

24. $z_1 = 1 + i$, $z_2 = \sqrt{2}\, e^{\frac{i\pi}{4}}$, $z_3 = \dfrac{2}{1 - i}$.

Pour les exercices 25 et 26, θ désigne un réel; calculez z^n pour n naturel.

25. $z = 1 + \cos\theta + i\sin\theta$.

26. $z = 1 - \cos\theta + i\sin\theta$.

Pour les exercices 27 à 30, écrivez z sous forme trigonométrique.

27. $z = (-1 + i)^3\, e^{\frac{3i\pi}{4}}$. X

28. $z = -2(1 + i)^6$. X

29. $z = \left(\dfrac{1 + i}{1 - i}\right)^3$.

30. $z = \dfrac{(\sqrt{3} + i)^9}{(1 + i)^{12}}$.

Pour les exercices 31 à 35, résolvez dans $\mathbb{C}$ l'équation.

31. $z^2 - 5z + 9 = 0$.

32. $z^2 - 2z = 0$.

33. $z^2 + 10 = 0$.

34. $2z^2 - 6z + 5 = 0$.

35. $z^2 + 6z + 34 = 0$.

Pour les exercices 36 à 39, mettez $f(\theta)$ sous la forme $r\cos(\theta - \varphi)$.

36. $f(\theta) = 3\cos\theta - \sqrt{3}\sin\theta$.

37. $f(\theta) = -2\cos\theta - 2\sin\theta$.

38. $f(\theta) = 3\cos\theta + 4\sin\theta$.

39. $f(\theta) = \cos\theta - 2\sin\theta$.

Pour les exercices 40 à 43, trouvez l'ensemble des points M dont l'affixe z vérifie la condition donnée.

40. $|z - 4| = |z + 2i|$.

41. $|z + 1 + i| = |z - 3|$.

42. $|z - 5 + 3i| = 3$.

43. $|\bar{z} + 5 - i| = |z - 4i|$.

Pour les exercices 44 à 49, cherchez l'erreur sans faire tout le calcul.

44. $e^{\frac{2i\pi}{7}} \times e^{-\frac{3i\pi}{4}} = 1 - \frac{1}{2}i$.

45. $e^{\frac{2i\pi}{7}} + e^{-\frac{3i\pi}{4}} = 2 - i$.

46. $(1 + i)(1 - i) = 0$.

47. $(1 + i)(1 - i) = 1$.

48. $z^2 + z + 2 = (z - 1 - i)(z + 2 - i)$.

49. $z^4 + z^2 + 3 = (z^2 - \sqrt{3}z + \sqrt{3})(z^2 + \sqrt{3}z + \sqrt{3})$.

Exercices d'entraînement

Pour les exercices 50 et 51, placez les points d'affixes z_1, z_2, z_3, z_4 et trouvez un cercle passant par ces points.

50. $z_1 = -5+3i$, $z_2 = 2+2i$,
$z_3 = 2-4i$, $z_4 = -6-4i$.

51. $z_1 = \sqrt{3}$, $z_2 = 1+\sqrt{3}+i$,
$z_3 = 1+(\sqrt{3}+1)i$, $z_4 = i\sqrt{3}$.

52. Soit z un complexe non réel; A, B, C sont les points d'affixes z, z^2 et z^3.

Trouvez l'ensemble des points A tels que le triangle ABC soit rectangle en C.

53. θ désigne un réel appartenant à $[0; 2\pi[$.

a) Résolvez dans $\mathbb{C}$, l'équation d'inconnue z :

$$z^2 - (2^{\theta+1}\cos\theta)z + 2^{2\theta} = 0.$$

Donnez chaque solution sous forme trigonométrique.

b) Le plan étant rapporté à un repère orthonormé $(O; \vec{u}, \vec{v})$, on considère les points A et B dont les affixes sont les solutions de l'équation précédente.
Déterminez θ de manière à ce que OAB soit un triangle équilatéral.

(Bac C)

54. Déterminez l'ensemble des points M(z) tels que les points J(i), M(z) et M'(iz) soient alignés.

55. Déterminez l'ensemble des points M(z) tels que les points I(1), M(z) et M'($1+z^2$) soient alignés.

56. Déterminez l'ensemble des images des complexes z tels que

$$u = (1-z)(1-iz)$$

a) soit un réel;

b) soit un imaginaire pur.

57. u est un complexe donné.
Déterminez l'ensemble des points M(z) tels que le complexe $a = \dfrac{u-\bar{u}z}{1-z}$ soit réel.

58. Le plan P est rapporté à un repère orthonormé direct $(O; \vec{u}, \vec{v})$. On désigne par A, B et M les points d'affixes respectives -1, -2 et z, où z représente un nombre complexe différent de -1 et de -2.

Posons $Z = \dfrac{z+2}{z+1}$; $|Z|$ désigne le module de Z et arg Z désigne l'argument de Z appartenant à $[-\pi; \pi[$.

Justifiez que $|Z| = \dfrac{BM}{AM}$ et que arg Z est une mesure, en radians, de l'angle orienté $(\widehat{\overrightarrow{MA}, \overrightarrow{MB}})$ en utilisant la définition et les propriétés du module et de l'argument d'un nombre complexe.

1. Utilisez le rappel ci-dessus pour déterminer géométriquement les ensembles suivants :
E_1 est l'ensemble des points M dont l'affixe z est telle que Z est réel,
E_2 est l'ensemble des points M dont l'affixe z est telle que Z est imaginaire pur,
E_3 est l'ensemble des points M dont l'affixe z est telle que Z est élément de

$$\mathbb{R}^{-*} = \{x \in \mathbb{R} / x < 0\},$$

E_4 est l'ensemble des points M dont l'affixe z est telle que arg $Z = +\dfrac{\pi}{2}$,

E_5 est l'ensemble des points M dont l'affixe z est telle que $|Z| = 1$.

2. Déterminez l'ensemble E_6 des points M dont l'affixe z est telle que $|Z| = 2$.

(Bac C)

59. A, B, C sont trois points d'affixes respectives a, b, c.

a) Démontrez qu'une condition nécessaire et suffisante pour que A, B, C soient alignés est que l'on ait :

$$a(\bar{b}-\bar{c}) + b(\bar{c}-\bar{a}) + c(\bar{a}-\bar{b}) = 0.$$

b) A et B étant donnés, écrivez une condition nécessaire et suffisante à laquelle doivent satisfaire z et $\bar{z}$ pour que M(z) appartienne à la droite (AB).
Déduisez-en que lorsque a et b sont de module 1, la relation précédente s'écrit :

$$z + ab\bar{z} - (a+b) = 0.$$

60. Identité du parallélogramme
z et z' sont les affixes des points M et M'.

a) Interprétez sur un dessin $|z+z'|$ et $|z-z'|$.

b) Démontrez l'identité : pour tous complexes z et z',

$$|z+z'|^2 + |z-z'|^2 = 2|z|^2 + 2|z'|^2.$$

Pour les exercices 61 à 65, trouvez l'ensemble des points M d'affixe z vérifiant la condition suivante.

61. $z^2=|z|$.

62. $z^2=\bar{z}$.

63. $z+\bar{z}=|z|$.

64. $z+\bar{z}=|z|^2$.

65. $|z|=\left|\frac{1}{z}\right|=|z-2|$.

66. θ et θ' sont deux réels; montrez que $\frac{e^{i\theta}+e^{i\theta'}}{1+e^{i\theta}e^{i\theta'}}$ est un réel.

Pour les exercices 67 à 69, résolvez l'équation proposée, puis placez, dans un repère orthonormé, les points dont les affixes sont solutions de cette équation.

67. $z^4=-\frac{1}{2}+i\frac{\sqrt{3}}{2}$.

68. $z^6=-8$.

69. $z^4=12$.

Pour les exercices 70 et 71, résolvez l'équation proposée.

70. $z^4-z^2-2=0$.

71. $z^4+z^3+3z^2-5z=0$.

72.★ θ est un réel donné, résolvez l'équation d'inconnue z :

$$z^4-2z^2\cos\theta+1=0.$$

73.★ Pour tout réel λ, on considère l'équation E_λ d'inconnue complexe z,

$$z^2+\lambda z+1=0.$$

a) Indiquez, suivant les valeurs de λ, le nombre de solutions, réelles et non réelles de E_λ.

b) Quel est l'ensemble des points du plan dont l'affixe est solution de l'une des équations E_λ?

74.★ z_1 et z_2 sont deux complexes non réels; on pose $Z=z_1+iz_2$.

Montrez que $|Z|^2=z_1^2+z_2^2$, si et seulement si $Z=0$.

75. θ est un réel; calculez

$$\left(\frac{1+\cos\theta-i\sin\theta}{1-\cos\theta-i\sin\theta}\right)^n$$

pour n naturel.

76. ***a)*** Donnez une forme trigonométrique de $1+i\tan\theta$ pour θ réel.

b) Déduisez-en $(1+i\sqrt{3})^{12}$.

77. M est le point d'affixe $a+ib$ avec a et b réel.

a) Donnez une condition nécessaire et suffisante pour que l'équation

$$z^2+(1-b)z+a=0$$

admette une racine double.

b) Construisez l'ensemble des points M correspondants.

Pour les exercices 78 à 80, résolvez dans $\mathbb{R}$ les équations suivantes.

78. $1+\cos 3x+\cos 6x=0$.

79. $\sin 2x+\sin 3x+\sin 4x=0$.

80. $\sin^6 x+3\sin^2 x\cos^2 x+\cos^6 x=0$.

81.★ Soit n un naturel non nul et θ un réel appartenant à $]0;\pi[$.
On considère les sommes :

$$S_n=\cos^2\theta+\cos^2\theta\cos 2\theta+\ldots+\cos^p\theta\cos p\theta+\ldots+\cos^n\theta\cos n\theta$$

$$S'_n=\cos\theta\sin\theta+\cos^2\theta\sin 2\theta+\ldots+\cos^p\theta\sin p\theta+\ldots+\cos^n\theta\sin n\theta.$$

et $\Sigma_n=S_n+iS'_n$.

a) Montrez que Σ_n est la somme des n premiers termes d'une suite géométrique complexe.

b) Déduisez-en la valeur de Σ_n, puis de S_n en fonction de n et θ.

(D'après Bac C.)

82.★★ Trouvez tous les ensembles de trois complexes z_1, z_2, z_3 de module 1 tels que :

$$z_1+z_2+z_3=z_1z_2z_3=1.$$

83. Inégalité triangulaire
Il s'agit d'établir la propriété

$$|z+z'| \leqslant |z| + |z'|$$

sans utiliser l'interprétation en termes de distances.

a) **1re méthode (facultative) :** on pose $z = a + ib$, $z' = a' + ib'$ avec a, b, a', b' réels.

Démontrez la propriété.

b) **2e méthode :** on pose

$$d = |z+z'|^2 - (|z| + |z'|)^2.$$

Démontrez que $d = z'\bar{z} + \overline{z'\bar{z}} - 2|z'\bar{z}|$ et déduisez-en que $d \leqslant 0$.
Précisez dans quels cas on a

$$|z+z'| = |z| + |z'|.$$

Problèmes

84. Factorisation d'un polynôme bicarré : méthode directe.
a, b, c sont trois réels avec $a \neq 0$; on note $P(x) = ax^4 + bx^2 + c$. Dans le cas où $b^2 - 4ac \geqslant 0$, on écrit :

$$P(x) = a(x^2 - \alpha)(x^2 - \beta)$$

où α et β sont les racines du polynôme $X \longmapsto aX^2 + bX + c$.
Suivant le signe de α et β, la factorisation peut, ou non, être poursuivie.
Nous supposons dans ce problème que

$$b^2 - 4ac < 0.$$

a) Montrez qu'alors, pour tout réel x :

$$aP(x) > 0.$$

Déduisez-en que P n'a pas de racine.
On ne peut donc pas espérer trouver de polynôme du premier degré $x \longmapsto a'x + b'$ tel que, pour tout réel x :

$$P(x) = (a'x + b')Q(x).$$

On va chercher à écrire $P(x)$ sous la forme $P(x) = Q_1(x) \times Q_2(x)$ où Q_1 et Q_2 sont deux polynômes à coefficients réels du second degré.

b) Pourquoi a-t-on $\dfrac{c}{a} > 0$?

On écrit $\dfrac{c}{a} = d^2$. Comparez $\dfrac{1}{a}P(x)$ et $(x^2 + d)^2$ et montrez que $\dfrac{1}{a}P(x)$ est une différence de carrés.
Déduisez-en la factorisation cherchée.

c) *Application :* factorisez,

$$x^4 + 1, \quad x^4 + x^2 + 1 \quad \text{et} \quad 2x^4 - 8x^2 + 9.$$

85. Factorisation d'un polynôme bicarré : utilisation des racines carrées dans ℂ.
Comme dans l'exercice précédent, on pose $a \neq 0$, b, c réels et $P(x) = ax^4 + bx^2 + c$; on s'en tient au cas $b^2 - 4ac < 0$.

a) Montrez qu'il existe deux complexes conjugués z_1 et $\bar{z}_1$ tels que, pour tout complexe z :

$$P(z) = a(z^2 - \bar{z}_1)(z^2 - z_1).$$

b) On pose $z_1 = u + iv$ avec u, v réels, et on cherche x et y réels tels que $t = x + iy$ et $t^2 = z_1$.
Montrez que xy a le signe de v et que x^2 et $-y^2$ sont solutions du système :

$$\begin{cases} x^2 + (-y^2) = u \\ x^2(-y^2) = -\dfrac{v^2}{4}. \end{cases}$$

Montrez que ce système admet un couple solution formé de deux réels de signes contraires.
Déduisez-en l'existence d'un couple $(x; y)$ tel que $P(x + iy) = 0$.

c) En posant $t = x + iy$, montrez que

$$P(-t) = 0, \quad P(\bar{t}) = 0, \quad P(-\bar{t}) = 0.$$

d) Montrez que les coefficients du polynôme $z \longmapsto (z - t)(z - \bar{t})$ sont réels et déduisez-en la factorisation de P en produit de deux polynômes du second degré.

e) *Application :* factorisez, $x^4 - 6x^2 + 25$ et $x^4 - x^2 + 1$.

CHAPITRE
2

EXEMPLES DE RAISONNEMENT PAR RÉCURRENCE

Ce chapitre n'a pas la structure des autres chapitres; son but est de vous présenter quelques exemples d'un nouveau type de démonstration fort utile dans certains cas.

1. Intérêt du raisonnement par récurrence

Désignons par *n un naturel* et notons P_n la phrase « 2^n *est supérieur ou égal à* n^2 ».
A chaque fois que l'on donne une valeur à n, demandons-nous si la proposition P_n obtenue est vraie ou fausse.

Il est clair que P_0 est vraie, car pour $n = 0$ on a $2^0 = 1$ et $0^2 = 0$, or un est bien supérieur à zéro.
Les calculs montrent que P_1, P_2 sont vraies, que P_3 est fausse, que P_4, P_5, P_6, P_7 sont vraies.
Ces calculs laissent *prévoir* que : **pour tout naturel $n \geqslant 4$, la proposition P_n est vraie.**
Mais comment le montrer? On ne peut pas effectuer toutes les vérifications.
Dans un tel cas, **le raisonnement par récurrence** est un outil efficace pour faire cette démonstration.

n	2^n	n^2
0	1	0
1	2	1
2	4	4
3	8	9
4	16	16
5	32	25
6	64	36
7	128	49

Commentaire

Lorsque vous connaîtrez les fonctions ln et exp vous pourrez démontrer autrement ce résultat.

De façon générale, vous utiliserez quelquefois cette année un raisonnement par récurrence pour démontrer qu'une proposition P_n est vraie pour tout naturel n, ou est vraie pour tout naturel n supérieur à un naturel p donné.

2. Idée du raisonnement par récurrence

L'idée du raisonnement par récurrence est simple, si simple même que les mathématiciens l'utilisaient sans justification, bien avant que cette démarche soit légitimée par les travaux et résultats de Dedekind (1888) et de Peano (1891).
Cette idée peut être *imagée* ainsi : *si on peut se placer sur un échelon d'une échelle et si on peut passer d'un échelon quelconque à son suivant, alors on peut gravir tous les échelons de cette échelle.*

Une démonstration par récurrence se fait en deux étapes.

▶ **Première étape :** *on vérifie que la proposition est vraie pour un certain naturel p*, c'est-à-dire que P_p est vraie. En d'autres termes que l'on peut se placer sur l'échelon p d'une échelle représentant l'ensemble $\mathbb{N}$.

▶ **Deuxième étape :** *on suppose que, pour un naturel quelconque n avec $n \geqslant p$, la proposition P_n est vraie et on démontre, sous cette hypothèse, qu'alors la proposition P_{n+1} est vraie.* En d'autres termes, cette étape consiste à montrer que si l'on a atteint un échelon quelconque alors on est capable de se placer sur le suivant.

Lorsque ces deux étapes sont réalisées, un théorème, que nous admettrons sans démonstration, affirme qu'alors, pour tout naturel $n \geqslant p$, la proposition P_n est vraie (on peut donc gravir toute l'échelle).

Commentaire

- Mettre en place un raisonnement par récurrence demande avant tout d'expliciter et comprendre la proposition P_n.
- Dans la deuxième étape, *supposer que* P_n *est vraie* s'appelle parfois *l'hypothèse de récurrence.*

3. Exemples d'utilisation du raisonnement par récurrence

a. La proposition P_n est explicitée

EXERCICE résolu 1

Démontrez par récurrence que : pour tout naturel $n \geqslant 4$ on a $2^n \geqslant n^2$.

Solution ■ ■ ■

Pour tout naturel m, notons P_m la phrase « 2^m supérieur ou égal à m^2 ».

Première étape : il est clair que la proposition P_4 est vraie car $2^4 = 16$ et $4^2 = 16$.

***Deuxième étape :* supposons que,** pour un quelconque naturel $n \geqslant 4$, la proposition P_n soit vraie, et **montrons qu'alors** P_{n+1} est vraie.
Supposons donc que, pour le naturel $n \geqslant 4$, on ait $2^n \geqslant n^2$ et démontrons qu'alors $2^{n+1} \geqslant (n+1)^2$.
Nous savons que $2^{n+1} = 2 \times 2^n$; or $2^n \geqslant n^2$ donc $2^{n+1} \geqslant 2n^2$.
Pour démontrer que $2^{n+1} \geqslant (n+1)^2$, il suffit alors de montrer que

$$2n^2 \geqslant (n+1)^2 \quad \text{soit} \quad n^2 - 2n - 1 \geqslant 0.$$

Considérons le trinôme défini sur $\mathbb{R}$ par $x \longmapsto x^2 - 2x - 1$; ses racines sont les réels $1 - \sqrt{2}$ et $1 + \sqrt{2}$.
Ce trinôme est positif « à l'extérieur des racines », donc en particulier sur l'intervalle $[1 + \sqrt{2}; +\infty[$, et a fortiori sur $[4; +\infty[$ $(\text{car } 4 > 1 + \sqrt{2})$.
En conséquence, pour $n \geqslant 4$, on a $n^2 - 2n - 1 \geqslant 0$ donc P_{n+1} vraie.

Conclusion : **pour tout naturel $n \geqslant 4$ on a $2^n \geqslant n^2$.**

■ ■ ■ ■ ■ ■ ■ ■ ■ ■

b. Conjecture et récurrence

EXERCICE résolu 2

u est la suite définie par $u_0 = 1$ et, pour tout naturel n;

$$u_{n+1} = \sqrt{u_n + 1}.$$

Étudiez la monotonie de la suite ***u***.

Solution ■ ■ ■

n	approximation de u_n
0	1
1	1,414 21
2	1,553 77
3	1,598 05
4	1,611 85
5	1,616 12
6	1,617 44
⋮	⋮

La suite ***u*** est-elle croissante, décroissante ou est-elle ni croissante ni décroissante?
L'énoncé ne le précise pas; essayons de nous en faire une idée à l'aide de quelques calculs.

$u_0 = 1$, $u_1 = \sqrt{2}$, $u_2 = \sqrt{1 + \sqrt{2}}$, $u_3 = \sqrt{1 + \sqrt{1 + \sqrt{2}}}$, ...

Les résultats du tableau permettent de **conjecturer,** c'est-à-dire de prévoir, que la suite ***u*** est strictement croissante. En d'autres termes, cette conjecture s'énonce : **pour tout naturel n on a $u_{n+1} > u_n$.**
Cette proposition est-elle vraie? Un raisonnement par récurrence va le prouver.
Pour tout naturel m, notons P_m la proposition « $u_{m+1} > u_m$ ».

Première étape : il est clair que P_0 est vraie, car $u_1 = \sqrt{2}$ et $u_0 = 1$, donc $u_1 > u_0$.

***Deuxième étape :* supposons que,** pour un quelconque naturel n, la proposition P_n soit vraie et **montrons qu'alors** P_{n+1} est vraie.
Supposons donc que, pour le naturel n, on ait : $u_{n+1} > u_n$ et démontrons que $u_{n+2} > u_{n+1}$.
Par hypothèse, $u_{n+1} > u_n$, donc $u_{n+1} + 1 > u_n + 1$.
Or la fonction racine carrée est strictement croissante sur $[0; +\infty[$ et les réels $u_{n+1} + 1$ et $u_n + 1$ sont positifs, donc :

$$\sqrt{u_{n+1} + 1} > \sqrt{u_n + 1} \quad \text{et} \quad P_{n+1} \text{ est vraie.}$$

Conclusion : **pour tout naturel n, on a $u_{n+1} > u_n$ et la suite u est strictement croissante.**

■ ■ ■ ■ ■ ■ ■ ■ ■ ■

EXERCICE

Démontrez à l'aide d'un raisonnement par récurrence que la suite $\boldsymbol{u}$, définie à l'exercice résolu précédent, est majorée par 2.

EXERCICE résolu 3

n est un naturel non nul.
Déterminez explicitement, à l'aide de n, la somme

$$S_n = \frac{1}{3} + \frac{1}{15} + \dots + \frac{1}{4n^2-1}.$$

Solution ■ ■ ■

Vous vérifierez que : $S_1 = \frac{1}{3}$, $S_2 = \frac{6}{15} = \frac{2}{5}$, $S_3 = \frac{15}{35} = \frac{3}{7}$, $S_4 = \frac{28}{63} = \frac{4}{9}$.

On peut remarquer que : $S_1 = \frac{1}{2\times 1+1}$, $S_2 = \frac{2}{2\times 2+1}$, $S_3 = \frac{3}{2\times 3+1}$, $S_4 = \frac{4}{2\times 4+1}$.

Il semble qu'alors $S_5 = \frac{5}{2\times 5+1} = \frac{5}{11}$; est-ce exact? Vérifions-le :

$$S_5 = S_4 + \frac{1}{99} = \frac{4}{9} + \frac{1}{99} = \frac{45}{99} = \frac{5}{11}.$$

D'où l'idée *de conjecturer* que : **pour tout naturel $n \geqslant 1$ on a $S_n = \frac{n}{2n+1}$.**
Pour établir la véracité de cette conjecture, utilisons un raisonnement par récurrence.
Pour tout naturel m, notons P_m la proposition « $S_m = \frac{m}{2m+1}$ ».

Première étape : il est clair que P_1 est vraie car $S_1 = \frac{1}{3}$.

Deuxième étape : **supposons que,** pour un quelconque naturel $n \geqslant 1$, la proposition P_n soit vraie et **montrons qu'alors** P_{n+1} est vraie.
Supposons donc que, pour le naturel $n \geqslant 1$, $S_n = \frac{n}{2n+1}$ et démontrons qu'alors $S_{n+1} = \frac{n+1}{2n+3}$.

$$S_{n+1} = \frac{1}{3} + \frac{1}{15} + \dots + \frac{1}{4n^2-1} + \frac{1}{4(n+1)^2-1} = S_n + \frac{1}{4(n+1)^2-1}$$

donc
$$S_{n+1} = \frac{n}{2n+1} + \frac{1}{4(n+1)^2-1} = \frac{n}{2n+1} + \frac{1}{[2(n+1)-1][2(n+1)+1]}$$

Nous vous laissons vérifier que l'on trouve alors

$$S_{n+1} = \frac{(2n+1)(n+1)}{(2n+1)(2n+3)} = \frac{n+1}{2n+3}.$$

Donc P_{n+1} est vraie.

Conclusion : **pour tout naturel $n \geqslant 1$, $S_n = \frac{n}{2n+1}$.**

■ ■ ■ ■ ■ ■ ■ ■ ■

4. Mises en garde

Conjecturer est une activité difficile, l'exercice suivant vous en donne un exemple; il faut bien souvent envisager des conjectures successives avant d'en émettre une qui résiste aux vérifications et qui soit susceptible d'être prouvée.

EXERCICE

On considère un cercle sur lequel on prend n points, $(n \geqslant 2)$.
On dessine toutes les cordes joignant ces points deux à deux. On suppose que trois quelconques de ces cordes ne sont pas concourantes.
Notons R_n le nombre de régions intérieures au cercle ainsi délimitées.
Déterminez R_2, R_3, R_4, R_5.
Qu'êtes-vous tenté de conjecturer pour R_n ?
Déterminez R_6 à l'aide d'un dessin; confrontez votre conjecture à ce résultat.

Pour conclure, à la suite d'un raisonnement par récurrence, il est indispensable de franchir les deux étapes, sinon on risque l'erreur.
Pour vous en persuader, traitez l'exercice 11 page 47.

EXERCICES

Exercices d'apprentissage

Pour les exercices 1 à 4, démontrez par récurrence les propositions suivantes.

1. Pour tout naturel $n \geqslant 4$, $3^n > n^3$.

2. Pour tout naturel $p \geqslant 1$,

$$1^2+2^2+3^2+\ldots+p^2=\frac{1}{6}\,p(p+1)(2p+1).$$

3. Pour tout naturel $p \geqslant 1$.

$$1\times 2+2\times 3+\ldots+p(p+1)=\frac{1}{3}\,p(p+1)(p+2).$$

4. Pour tout naturel p, $3^p \geqslant p^3$.

5. a est un réel strictement positif. Démontrez que, pour tout naturel n :

$$(1+a)^n \geqslant 1+na.$$

6. Les données suivantes : $x_0=20$ et pour tout naturel n, $x_{n+1}=\sqrt{x_n-2}$ définissent-elles une suite?

7. Les données suivantes : $x_0=\frac{1}{2}$ et pour tout naturel n, $x_{n+1}=\sqrt{2-x_n}$ définissent-elles une suite?

8. On définit une suite par $x_0=1$ et pour tout naturel n :

$$x_{n+1}=\frac{1}{2}\,x_n-1.$$

Démontrez que, pour tout n : $x_n \geqslant -2$.

9. On définit une suite par $u_0=2$ et pour tout naturel n :

$$u_{n+1}=2u_n-3.$$

Montrez que, pour tout n, $u_n=3-2^n$.

10. f est la fonction définie sur $\mathbb{R}$ par

$$x \longmapsto \sqrt{x^2+1}.$$

a) Déterminez les fonctions

$$f_2=f\circ f,\quad f_3=f_2\circ f,\quad f_4=f_3\circ f.$$

b) Que conjecturez-vous pour la fonction f_n définie, pour $n \geqslant 3$, par :

$$f_n=f_{n-1}\circ f?$$

c) Prouvez cette conjecture.

C 11. Trouvez l'erreur dans le raisonnement suivant.
Soit P_n la proposition : « Un groupe de n fantômes qui contient un fantôme écossais ne contient que des fantômes écossais. »
P_1 est évidemment vraie.
Supposons que P_m soit vraie. Soit G un groupe de $m+1$ fantômes qui contient au moins un fantôme écossais.
Notons x ce fantôme écossais; en lui adjoignant $m-1$ autres fantômes de G, on obtient un groupe H de m fantômes qui contient x et n'est donc formé que de fantômes écossais. Soit y le fantôme qui n'était pas dans H; y et $m-1$ fantômes de H constituent un groupe K de m fantômes qui contient au moins un fantôme écossais puisque tous les éléments de H sont écossais; y est lui-même écossais.

Exercices d'entraînement

12. Montrez que pour tout naturel n supérieur à un naturel n_0, à préciser, on a :

$$2^n \geqslant n^3.$$

13. On définit une suite par $u_0=2$ et, pour tout naturel n :

$$u_{n+1}=-u_n^2+2u_n+1.$$

Démontrez que cette suite est périodique.

14. On pose $u_0=0$ et, pour tout naturel n :

$$u_{n+1}=\sqrt{u_n+12}.$$

a) La suite $\boldsymbol{u}$ est-elle définie?

b) Montrez que, pour tout n :

$$0 \leqslant u_n \leqslant 4.$$

c) Montrez que, pour tout n :

$$4-u_{n+1} \leqslant \frac{4-u_n}{4}.$$

15. On pose $u_0=1$ et, pour tout naturel n.

$$u_{n+1}=\frac{1+u_n}{2+u_n}.$$

a) Montrez que cela définit une suite infinie $\boldsymbol{u}$.

b) Démontrez que la suite $\boldsymbol{u}$ est strictement décroissante.

16. $\boldsymbol{u}$ est la suite définie par $u_0=7$ et, pour tout naturel n :

$$u_{n+1}=10u_n-18.$$

a) Calculez u_p pour $1 \leqslant p \leqslant 5$.

b) Énoncez une conjecture donnant l'expression de u_n en fonction de n et démontrez-la par récurrence.

17. Démontrez par récurrence le résultat suivant :
E est un ensemble de n points distincts ($n \geqslant 3$). Tout système de 3 points de E est formé de points alignés. Alors tous les points de E sont alignés.

18. Trouvez l'erreur :
$\mathcal{D}$ est un ensemble de droites, deux à deux non parallèles. Alors elles passent toutes par un même point.

Démonstration : appelons n le nombre de droites et prouvons le résultat par récurrence sur n.
Le résultat est vrai pour $n=1$ et $n=2$.
Supposons qu'il soit vrai pour tout système de m droites ($m \geqslant 2$) et considérons un système $\mathcal{D}$ de $m+1$ droites D_1, D_2, ..., D_m, D_{m+1}. Notons $\mathcal{D}_1$ le système D_1, D_2, ..., D_m et $\mathcal{D}_2$ le système D_2, D_3, ..., D_m, D_{m+1}. D'après l'hypothèse de récurrence, toutes les droites de $\mathcal{D}_1$ ont un point commun A et toutes les droites de $\mathcal{D}_2$ ont un point commun B. Comme A et B appartiennent à D_2, D_3, ..., D_m ils sont confondus et toutes les droites de $\mathcal{D}$ passent par A.

19. Pour $n \in \mathbb{N}$ on note P_n et P'_n les propriétés :

P_n : 9 divise 10^n-1

P'_n : 9 divise 10^n+1.

a) Démontrez que si P_m est vraie alors P_{m+1} est vraie.

b) Démontrez que si P'_m est vraie alors P'_{m+1} est vraie.

c) Pour quelles valeurs de n, P_n et P'_n sont-elles vraies?

20. Pour tout naturel n, on appelle factorielle n, et on note $n!$, le naturel défini par

$$\begin{cases} n!=1\times 2\times 3\times \ldots \times n & \text{si} \quad n \geqslant 1 \\ 0!=1. \end{cases}$$

Pour tout naturel n, on pose $P_n=n!$
Montrez que, quel que soit le naturel p :

$$P_{p+1}-P_p=pP_p.$$

Déduisez-en que :

$$1+1!\times 1+2!\times 2+\ldots+(n-1)!(n-1)=n!$$

21. Déterminez la fonction dérivée n-ième (voir **Tome 1** page 78) de la fonction

$$f : x \longmapsto \frac{1}{x}.$$

Indication : Vous utiliserez la notation $n!$, définie à l'exercice 20.

22. f est la fonction affine $x \longmapsto ax+b$ avec a et b réels. Pour tout naturel $n \geqslant 1$, on définit f_n par

$$f_1 = f \quad \text{et} \quad f_{n+1} = f \circ f_n.$$

F_n désigne l'ensemble des réels x tels que $f_n(x) = x$.
Déterminez F_1, F_2, F_3 et F_n pour n naturel non nul.

Problèmes

23. Triangle équilatéral et ligne brisée.
ABC est un triangle équilatéral de côté 16 cm.

1. *Première étape.*
A_1, B_1, C_1 sont les milieux des côtés [BC], [CA], [AB].

a) Quelle est à la nature des triangles BC_1A_1 et A_1B_1C?

b) Comparez les longueurs $BA + AC$ et $BC_1 + C_1A_1 + A_1B_1 + B_1C$.

c) Comparez l'aire du triangle ABC à la somme des aires des triangles BC_1A_1 et A_1B_1C.

2. *Deuxième étape.*
On recommence la construction précédente dans chacun des triangles BC_1A_1 et A_1B_1C.

a) Quelle est la longueur de la ligne « en dents de scie » joignant B à C?

b) Quelle est l'aire du domaine compris entre cette ligne et le segment [BC]?

3. *On recommence...*

a) Quelle est, à la n-ième étape, la longueur de la ligne brisée joignant B à C?

b) Quelle est à la n-ième étape l'aire du domaine compris entre cette ligne et [BC]?

c) Cette « ligne brisée » a-t-elle une « limite » quand n tend vers $+\infty$?

Aux problèmes 24 et 25 on s'intéresse à la somme des puissances *n*-ièmes des premiers naturels.

On note : $S_1(n) = 1 + 2 + \ldots + n$

$S_2(n) = 1^2 + 2^2 + \ldots + n^2$

$S_3(n) = 1^3 + 2^3 + \ldots + n^3$

et ainsi de suite. $S_k(n)$ est la somme des puissances k-ièmes des $n+1$ premiers naturels.
Nous vous proposons de chercher les formules donnant $S_1(n)$, $S_2(n)$, $S_3(n)$ en fonction de n; il est facile de les démontrer par récurrence. Voici deux méthodes différentes pour découvrir ces formules.

24. Différences.
Si f est une fonction définie sur $\mathbb{N}$, on note Δf la fonction définie, pour tout naturel n, par

$$\Delta f(n) = f(n+1) - f(n).$$

a) On suppose que, pour tout n, $\Delta f(n) = 2$ et que $f(0) = 3$.
Trouvez un polynôme du premier degré qui coïncide avec f sur $\mathbb{N}$.

b) On suppose que, pour tout n,

$$\Delta g(n) = 2n - 5 \text{ et que } g(0) = 1.$$

Trouvez un polynôme du second degré qui coïncide avec g sur $\mathbb{N}$.

c) La fonction S_2, somme des carrés des premiers naturels, vérifie

$$\Delta S_2(n) = (n+1)^2 \quad \text{et} \quad S_2(0) = 0.$$

On est donc amené à chercher S_2 sous la forme d'un polynôme du troisième degré. On pose donc

$$P(x) = ax^3 + bx^2 + cx + d;$$

$$P(0) = 0 \quad \text{et} \quad P(x+1) - P(x) = (x+1)^2.$$

Calculez a, b, c, d et prouvez la formule obtenue par un raisonnement par récurrence.

25. Sommes.

a) On écrit le calcul des carrés des premiers naturels sous la forme suivante :

$$1^2 = (0+1)^2 = 0^2 + 2 \times 0 \times 1 + 1^2$$
$$2^2 = (1+1)^2 = 1^2 + 2 \times 1 \times 1 + 1^2$$
$$3^2 = (2+1)^2 = 2^2 + 2 \times 2 \times 1 + 1^2$$
$$\vdots$$
$$(n+1)^2 = (n+1)^2 = n^2 + 2 \times n \times 1 + 1^2$$

On additionne ces égalités et on obtient, après simplifications :

$$(n+1)^2 = 2(1 + 2 + \ldots + n) + (n+1).$$

Déduisez de cela la formule donnant $S_1(n)$, puis prouvez-la par récurrence.

b) En développant les cubes

$$(p+1)^3 = p^3 + 3p^2 + 3p + 1$$

pour $0 \leqslant p \leqslant n$ et en additionnant, obtenez, grâce à la formule donnant $S_1(n)$, celle qui donne $S_2(n)$, puis prouvez-la par récurrence.

c) A l'aide du développement de $(p+1)^4$, obtenez la formule donnant $S_3(n)$.

26. La loi du milieu.
On considère deux points distincts M_0 et M_1 sur une droite D. Pour tout naturel $n \geqslant 2$, M_n est le milieu du segment $[M_{n-1}M_{n-2}]$.

a) Choisissez un repère sur la droite D et notez x_n l'abscisse de M_n. Calculez x_p pour $0 \leqslant p \leqslant 10$.

b) Trouvez une relation valable pour tout naturel n entre x_n, x_{n+1} et x_{n+2}.

c) Conjecturez, puis prouvez, une relation valable pour tout naturel n entre x_n et x_{n+1}.

d) Conjecturez, puis prouvez, une formule donnant x_n en fonction du naturel n.

CHAPITRE
3

COMBINATOIRE

1. Pour prendre un bon départ

1.1. Quels types de problèmes va-t-on résoudre?

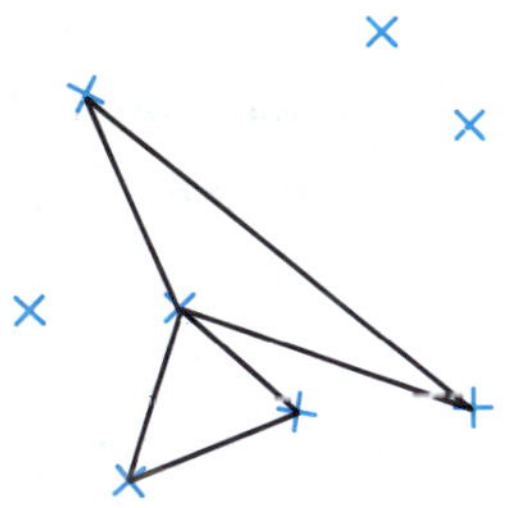

La combinatoire, tout au moins dans la partie qui nous concerne, s'intéresse à des problèmes de *dénombrement.*

Par exemple, huit points du plan sont donnés, dont trois quelconques ne sont pas alignés; *combien peut-on construire de triangles ayant trois de ces points pour sommets?*

Le but de ce chapitre est de vous donner des outils, des théorèmes pour répondre sûrement et rapidement à ce genre de questions. Mais ces théorèmes sont énoncés dans le langage de la théorie des ensembles et pour les appliquer il vous sera nécessaire de « mathématiser » la situation concrète, c'est-à-dire de l'interpréter en termes d'ensembles, de sous-ensembles, de couples, de triplets, et plus généralement de p-uplets, ...
Ainsi, dans l'exemple proposé ci-dessus on peut remarquer qu'un triangle étant déterminé par trois points distincts non alignés, tout revient à savoir combien il y a de façons de choisir 3 points parmi 8, ou encore combien il y a de sous-ensembles à 3 éléments dans un ensemble à 8 éléments; et il se trouve que l'on sait rapidement répondre à cette question. Les nombreux exemples traités par la suite vous permettront de vous familiariser avec cette pratique de « mathématisation » d'une situation concrète.

1.2. Le langage des ensembles

a. Ensemble fini. Cardinal

Lorsqu'un ensemble E a n éléments, on dit que E est **un ensemble fini** et que son **cardinal** est n. On note alors **card E =** $\boldsymbol{n}$.

Exemples

- $E = \{a, b, c\}$ est un ensemble fini et dans ce cas card $E = 3$.
- *L'ensemble vide* (ensemble qui n'a pas d'élément), noté $\varnothing$, est tel que card $\varnothing = 0$.
- Par contre, *certains ensembles ne sont pas finis* : l'ensemble $\mathbb{N}$ des naturels; l'ensemble des réels de l'intervalle $[0; 1]$; ...

b. Parties d'un ensemble

- **Intersection**

A et B sont deux parties d'un ensemble E. *L'intersection* de A et B est la partie de E, notée $\mathbf{A \cap B}$, *constituée des éléments communs à* A *et* B.

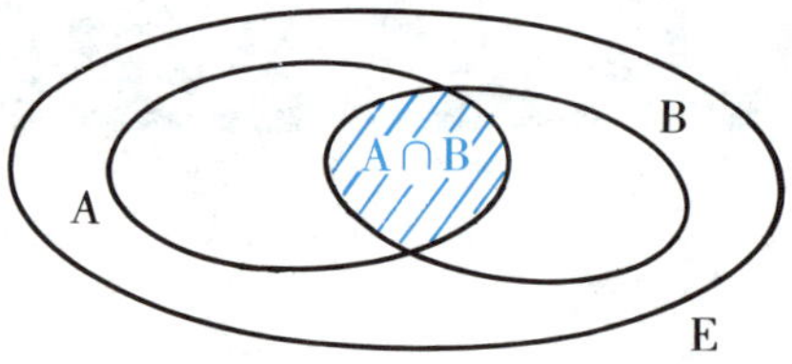

Lorsque $A \cap B = \varnothing$, on dit que A et B sont des parties **disjointes** de E.

- **Réunion**

A et B sont deux parties d'un ensemble E. *La réunion* de A et B est la partie de E, noté $\mathbf{A \cup B}$, constituée des éléments :

— qui appartiennent à A, mais pas à B;

— qui appartiennent à B, mais pas à A;

— qui appartiennent à A et à B.

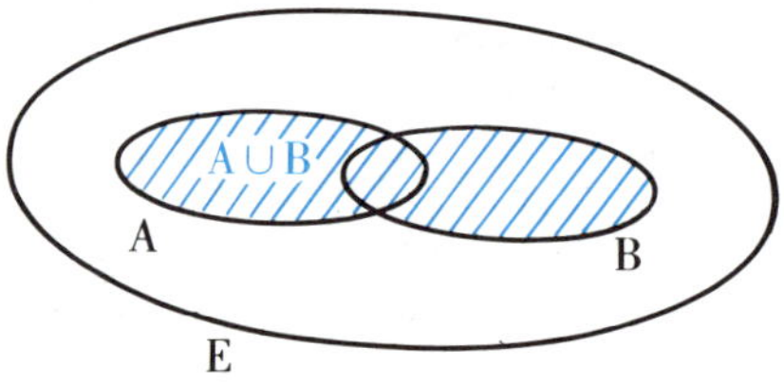

On dit alors que $A \cup B$ *est l'ensemble des éléments qui appartiennent à* A ***ou*** *à* B.

- **Complémentaire**

A est une partie d'un ensemble E.
Le complémentaire de A *dans* E est la partie de E, notée $\complement_E \mathbf{A}$, *constituée des éléments de* E ***qui n'appartiennent pas à* A.**

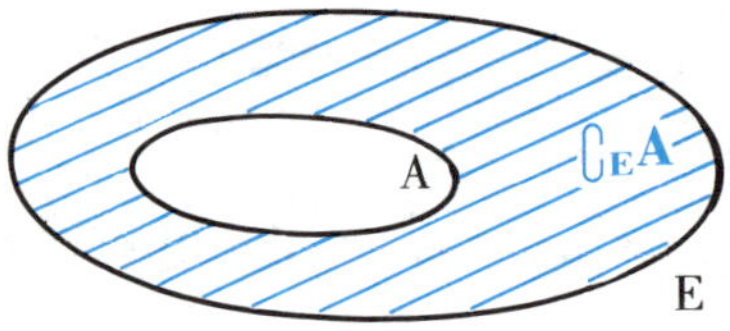

SAVOIR

E est un ensemble.

- « x est **un élément** de E (ou x appartient à E) » se note :

$$\boldsymbol{x \in E}.$$

Lorsque x n'est pas élément de E on note $\boldsymbol{x \notin E}$.

- Dire qu'un ensemble F est **une partie** de E (ou que F est un sous-ensemble de E ou que F est inclus dans E) signifie que *tous les éléments de* F *sont éléments de* E. On note alors : $\mathbf{F \subset E}$.

- L'ensemble des parties de E se note $\boldsymbol{\mathcal{P}(E)}$.

Notez que l'ensemble vide $\varnothing$ *est une partie de n'importe quel ensemble* E.

SAVOIR

A et B sont des parties d'un ensemble fini E.

- **Cardinal de $\mathbf{A \cup B}$:**

$$\mathbf{card\,(A \cup B) = card\ A + card\ B - card\,(A \cap B).}$$

En particulier dans le cas où A et B sont disjoints $(\mathbf{A \cap B = \varnothing})$ on a :

$$\mathbf{card\,(A \cup B) = card\ A + card\ B}$$

et de façon plus générale si $A_1, A_2, \ldots, A_p$ sont p ensembles finis, deux à deux disjoints, on a :

$$\text{card}\,(A_1 \cup A_2 \cup \ldots \cup A_p) = \text{card}\ A_1 + \text{card}\ A_2 + \ldots + \text{card}\ A_p.$$

- **Cardinal de $\complement_E \mathbf{A}$:**

$$\mathbf{card}\ \complement_E \mathbf{A = card\ E - card\ A.}$$

EXERCICE

$$A = [0;1], \qquad B = \left[\frac{1}{2}; 3\right], \qquad C = \left]-1; \frac{2}{3}\right[.$$

a. Comparez $(A \cap B) \cap C$ et $A \cap (B \cap C)$.

b. Comparez $(A \cup B) \cap C$ et $(A \cap C) \cup (B \cap C)$.

c. Comparez $\complement_{\mathbb{R}}(A \cap B)$ et $(\complement_{\mathbb{R}} A) \cup (\complement_{\mathbb{R}} B)$.

2. Travaux pratiques d'approche

2.1. Exemples d'utilisation d'un arbre

Considérons quatre boules de couleurs différentes : une rouge, une bleue, une jaune, une verte, notées respectivement R, B, J *et* V.

Nous avons la possibilité :
- *soit de ne pas choisir de boules;*
- *soit d'en choisir une, deux, trois ou quatre.*

Combien peut-on effectuer de choix différents?

Notons RJV (ou RVJ, ou VRJ, ...) le choix : boules rouge, jaune, verte.
Une première idée peut consister à dénombrer les choix de 4 boules, puis ceux de 3 boules, ... Ce travail est vite fastidieux lorsque le nombre de boules est grand. Aussi essayons de *mécaniser* la découverte de tous les choix possibles. A cet effet un outil important est l'***arbre*** suivant, dans lequel on indique par 1 le fait qu'une boule de couleur donnée est choisie, et par 0 le fait qu'elle n'est pas choisie.

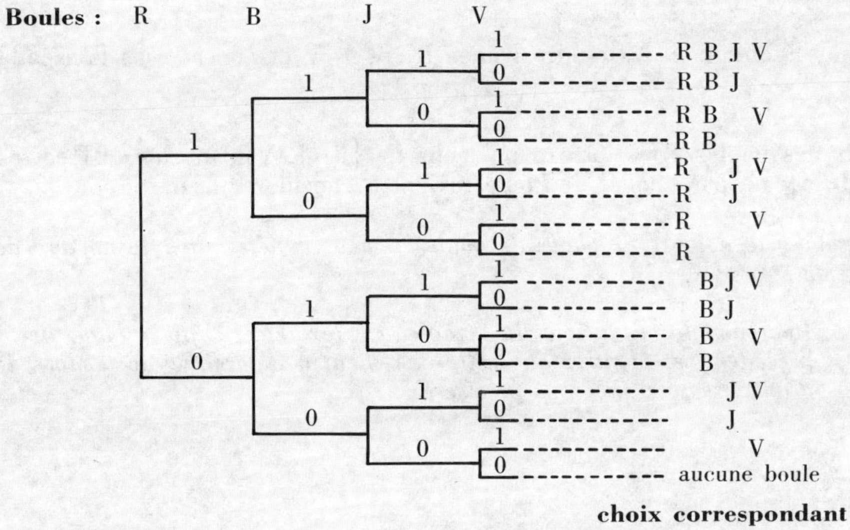

Il y a donc **16 choix** différents. Par delà le résultat, cette façon de procéder fait ressortir l'analyse suivante : **pour chaque boule on a deux attitudes possibles;** *soit on la choisit, soit on ne la choisit pas.*
Cette remarque conduit à écrire le nombre de choix différents sous la forme $2 \times 2 \times 2 \times 2$, soit $\mathbf{2^4}$.

Quel est l'avantage de cette remarque et de cette écriture? C'est que l'on voit immédiatement que *si l'on rajoute une cinquième boule,* noire par exemple, il est facile de *conjecturer* que le nombre de choix de 0, 1, 2, 3, 4 ou 5 boules est alors $\mathbf{2^5} = 32$.

QUESTION

Expliquez comment, à partir de l'arbre précédent, on peut faire apparaître les choix de 0, 1, 2, 3, 4 ou 5 boules.

Les exercices suivants vous proposent d'autres situations; étudiez-les.

QUESTIONS

1. *Quel est le nombre de parties de l'ensemble*

$$E = \{a, b, c, d, e, f\}?$$

2. *Dans le tableau ci-contre, vous pouvez pour chaque case :*

- *soit n'inscrire aucune croix;*
- *soit inscrire une croix et une seule.*

Combien y a-t-il de façons distinctes de compléter les cases de ce tableau?

	1	2	3
a			
b			
c			

Les questions précédentes montrent que le travail fait pour trouver le nombre de choix différents de boules, est utilisable dans d'autres situations, apparemment sans aucun lien entre elles.

D'où l'idée de chercher si ces situations ne sont pas régies par le même *modèle mathématique.*

Reprenons la situation des quatre boules R, B, J, V et considérons l'ensemble

$$E = \{R, B, J, V\}.$$

Au choix des boules RJV correspond la partie $\{R, J, V\}$; au choix BJ correspond la partie $\{B, J\}$; ne pas choisir de boule revient à considérer la partie vide $\varnothing$; ...

Donc, *trouver le nombre de choix de boules revient à déterminer le nombre de parties de l'ensemble* $E = \{R, B, J, V\}$.

QUESTION

Reprenez la situation du «tableau» (exercice **2** *du groupe de questions précédent) et montrez que celle-ci revient à déterminer le nombre de parties d'un ensemble que vous préciserez.*

2.2. Notion de *p*-uplet

Vous disposez de trois tiroirs, notés A, B, C, *dans lesquels vous devez ranger à votre guise sept objets discernables (c'est-à-dire qu'il est impossible de confondre deux quelconques d'entre eux), notés 1, 2, 3, 4, 5, 6, 7.*
Combien de rangements différents pouvez-vous réaliser?

Une idée peut consister à dresser un arbre :

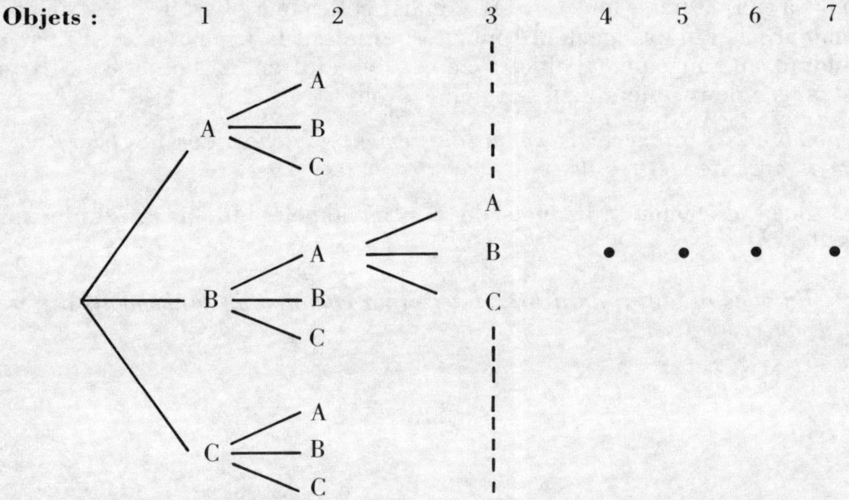

Nous n'avons pas la place de l'achever, mais peut-être n'est-ce pas utile.
Cet arbre montre clairement que :

- *pour l'objet 1,* il y a trois façons de le ranger, en A, en B ou en C; ***une place étant choisie pour cet objet alors :***
- *pour l'objet 2,* il y a *encore* trois façons de le ranger, en A, en B ou en C; ***une place étant choisie alors :***
- *pour l'objet 3, ...*

De proche en proche on constate que le nombre de rangements des sept objets est :

$$3\times 3\times 3\times 3\times 3\times 3\times 3=\mathbf{3^7}=2\,187.$$

Une façon de mathématiser cette situation est la suivante : notons $\mathscr{C}$ l'ensemble des tiroirs : $\mathscr{C}=\{A, B, C\}$; désignons par (A; B; B; C; A; C; B) le rangement qui consiste à placer l'objet 1 en A, l'objet 2 en B, l'objet 3 en B, l'objet 4 en C, ...
On dit que la suite **ordonnée** (A; B; B; C; A; C; B) est un **7-uplet** d'éléments de $\mathscr{C}$; l'ensemble de tous les 7-uplets d'éléments de $\mathscr{C}$ est noté $\mathscr{C}^7$.
Dénombrer les rangements possibles revient donc à dénombrer les 7-uplets d'éléments de $\mathscr{C}$.

QUESTIONS

1. M *est l'ensemble* $\{a, b\}$.
Écrivez tous les éléments de M^3, *c'est-à-dire tous les 3-uplets d'éléments de* M.

2. *On veut fabriquer des mots de six lettres à l'aide des lettres* A, B, E; *une même lettre pouvant être répétée jusqu'à six fois (par exemple* ABEEBA *est un tel mot, peu importe qu'il ait ou non un sens).*
Pourquoi fabriquer un tel mot revient-il à fabriquer un 6-uplet d'éléments d'un ensemble.
Combien peut-on fabriquer de mots différents?

3. *Combien peut-on former de numéros de téléphone, à huit chiffres avec les dix chiffres* 0, 1, 2, ..., 9.

2.3. Notion d'arrangement

Reprenons la situation précédente du rangement d'objets dans des tiroirs, sachant que cette fois *l'on dispose de trois objets discernables, notés* 1, 2, 3, *et de cinq tiroirs, notés* A, B, C, D, E, *mais que l'on ne veut pas ranger deux objets dans le même tiroir.* **Combien de rangements différents pouvez-vous réaliser?**

Notons encore $\mathcal{T}$ l'ensemble des tiroirs : $\mathcal{T}=\{A, B, C, D, E\}$; tout rangement correspond à un 3-uplet (ou **triplet**), mais cette fois il y a des triplets qui ne correspondent pas à un rangement souhaité : en effet, le triplet (A; A; B) par exemple, correspondrait au rangement l'objet 1 en A, l'objet 2 en A, l'objet 3 en B, or on ne veut pas ranger deux objets dans le même tiroir.

Donc *dénombrer les rangements souhaités revient à dénombrer les triplets d'éléments de $\mathcal{T}$, écrits avec des lettres deux à deux distinctes.*

De tels 3-uplets d'éléments distincts de $\mathcal{T}$ sont appelés des **arrangements** de trois éléments de $\mathcal{T}$.

QUESTION

En vous aidant d'un arbre, déterminez combien de rangements différents vous pouvez réaliser.

Les exercices suivants vous proposent d'autres situations; étudiez-les.

QUESTIONS

1. *On veut fabriquer des mots (ayant un sens ou non) de trois lettres distinctes choisies parmi* A, B, C, D, E, F.
Pourquoi fabriquer un tel mot revient-il à fabriquer un arrangement d'éléments d'un ensemble à préciser?
Combien peut-on fabriquer de mots différents?

2. *Pour constituer une équipe de football (de 11 joueurs), on a le choix entre 20 postulants.*
Interprétez la constitution d'une équipe en termes d'arrangements.
Combien peut-on constituer d'équipes différentes?

2.4. Notion de combinaison

Voici une bande de papier formée de cinq cases notées A, B, C, D, E.

A	B	C	D	E

QUESTIONS

a. *Combien y a-t-il de façons différentes de colorier en noir trois cases de cette bande?*
On note C_5^3 le nombre de façons de colorier trois cases parmi les cinq de la bande.

b. *Pour cette situation, donnez la signification, puis calculez C_5^2.*

Remarquez que colorier trois cases de cette bande revient à choisir trois éléments de l'ensemble des cases $\{A, B, C, D, E\}$, donc à fabriquer une partie à trois éléments de cet ensemble : on dit **une combinaison** de trois des cinq éléments de cet ensemble. De façon générale, nous serons conduits en Cours à déterminer le nombre de parties à p éléments d'un ensemble à n éléments $(n \geqslant p)$.

QUESTIONS

a. *Quel est le nombre* N_5 *de bandes différentes obtenues en coloriant 5 cases, ou 4 cases, ..., ou 0 case?*

b. *Vérifiez que*

$$N_5 = C_5^0 + C_5^1 + C_5^2 + C_5^3 + C_5^4 + C_5^5.$$

Voici une autre situation.

QUESTION

Dans une urne on a six boules numérotées 1, 2, 3, 4, 5, 6. *On plonge la main et on en ressort simultanément quatre boules.*
Pourquoi à un tel tirage peut-on associer une partie d'un ensemble à préciser? Combien y a-t-il de tirages différents?

3. Cours

3.1. Produit cartésien d'ensembles finis

a. Ensembles $E \times F$ et F^p • p-uplets

Définition 1

E et F sont deux ensembles finis et non vides.
Le produit cartésien **de E par F, noté $E \times F$, est l'ensemble des couples $(x;\, y)$ formés d'un élément x de E suivi d'un élément y de F.**

Exemple

$$E = \{a, b, c\} \quad \text{et} \quad F = \{1, 2\}.$$
$$E \times F = \{(a;\, 1), (a;\, 2), (b;\, 1), (b;\, 2), (c;\, 1), (c;\, 2)\};$$
$$F \times E = \{(1;\, a), (1;\, b), (1;\, c), (2;\, a), (2;\, b), (2;\, c)\}.$$

Commentaires

- Dans un couple l'ordre est important : lorsque $x \neq y$, **les couples $(x; y)$ et $(y; x)$ sont différents** (alors que les ensembles $\{x, y\}$ et $\{y, x\}$ sont égaux). En général $E \times F \neq F \times E$.
- Il est clair que si $E = \varnothing$ ou si $F = \varnothing$ alors $E \times F = \varnothing$.
- L'expression « produit cartésien » a été donnée en l'honneur de René Descartes (1596; 1650) que l'on considère comme l'un des fondateurs de la géométrie analytique. Vous savez en effet que tout point du plan est repéré par son couple de coordonnées $(x; y)$ dans un repère.

F est un ensemble fini.
On peut considérer le produit cartésien des ensembles $F \times F$ et F; on note cet ensemble $F \times F \times F$ ou F^3 (au lieu de $(F \times F) \times F$ ou $F \times (F \times F)$); on note ses éléments à l'aide de *triplets* $(x; y; z)$ où x, y et z sont des éléments de F.
De façon générale, pour tout naturel $p \geqslant 1$, on note $\mathbf{F}^p$ l'ensemble dont les éléments sont des suites *ordonnées* de p éléments de F; on les appelle des ***p*-uplets** (ou des p-listes) d'éléments de F. En convenant que lorsque $p = 1$, on a $F^1 = F$.

Exemple

On lance simultanément trois dés discernables, par exemple rouge, vert et blanc; et on note les numéros des faces supérieures.
Le résultat d'un tel lancer peut se noter à l'aide d'un triplet $(x; y; z)$ où x est le numéro du dé rouge, y celui du dé vert et z celui du dé blanc.
Si F désigne l'ensemble $\{1, 2, 3, 4, 5, 6\}$, à chaque lancer des trois dés est associé un élément de F^3.

b. Cardinal de E × F

E et F sont deux ensembles non vides tels que card $E = p$ et card $F = n$.
Si $E = \{a_1, a_2, ..., a_p\}$ et $F = \{b_1, b_2, ..., b_n\}$ on peut représenter les couples de $E \times F$ de la façon suivante :

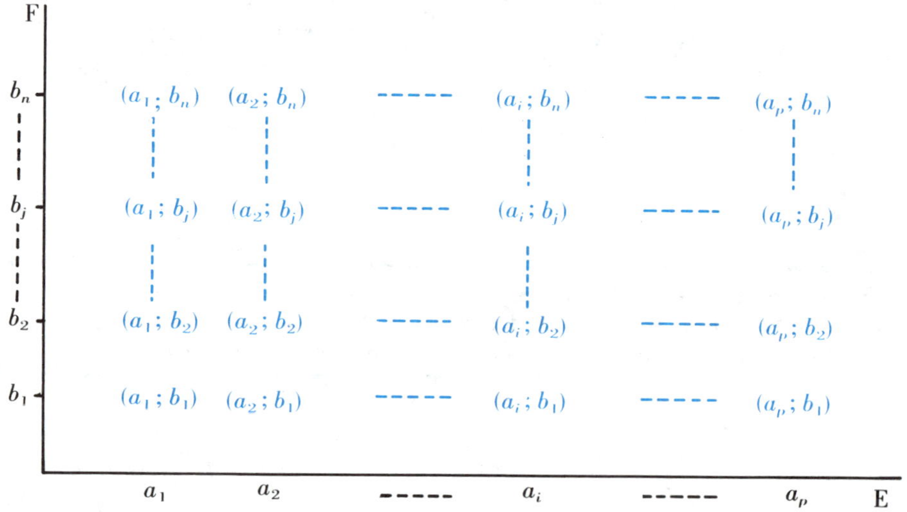

Il est clair que chaque colonne contient n couples et comme il y a p colonnes, nous déduisons que dans $E \times F$ il y a $n\,p$ couples.

Théorème 1

> ***Si* E et F sont des ensembles finis tels que card E = *p* et card F = *n*, *alors* E × F est un ensemble fini et card E × F = *np*.**

Exemple

Dans un jeu de bridge, il y a 52 cartes. Chacune de ces cartes peut être considérée comme un élément du produit cartésien E × F, où E est l'ensemble des quatre couleurs (cœur, carreau, trèfle, pique) et F celui des treize valeurs (as, 2, 3, ..., 9, 10, valet, dame, roi). Notez que l'on a bien card E × F = 4 × 13 = 52.

c. Cardinal de F^p

F est un ensemble fini non vide tel que card F = n.
Pour obtenir un p-uplet de F^p (avec $p \geqslant 2$), on peut :

- placer en première position n'importe lequel des n éléments de F, donc n choix possibles pour la première position;
- placer en deuxième position n'importe lequel des n éléments de F, donc n^2 choix possibles pour les deux premières positions;

⋮

- placer en p-ième position n'importe lequel des n éléments de F, donc n^p choix possibles pour les p positions.

D'où le théorème suivant :

Théorème 2

> **E est un ensemble fini tel que card F = *n*.**
> **Pour tout naturel $p \geqslant 1$ on a :**
>
> $$\text{card } F^p = n^p.$$

EXERCICE F = {0; 1; 2}; déterminez l'ensemble F^3 et vérifiez qu'il y a 3^3 éléments.

3.2. Arrangements. Permutations

a. Arrangements

Définition 2

> **n et p sont des naturels tels que $1 \leqslant p \leqslant n$ et F est un ensemble à n éléments.**
> ***Un arrangement de p éléments de* F est un p-uplet d'éléments deux à deux DISTINCTS de F.**

Exemple

Si $F = \{a, b, c, d\}$ alors des arrangements de trois éléments de F sont par exemple les triplets $(a; b; c)$, $(a; c; d)$, $(b; c; d)$, $(c; b; d)$, ... que l'on note simplement *abc*, *acb*, *bcd*, *cbd*, ...

EXERCICE Écrivez tous les arrangements de trois éléments de $\{a, b, c, d\}$ à l'aide d'un arbre.

Commentaire

Deux arrangements de p éléments de F diffèrent l'un de l'autre :
— s'ils n'ont pas les mêmes éléments;
— ou s'ils ont les mêmes éléments, mais écrits dans des ordres différents.

b. Nombre d'arrangements

Au paragraphe **2.3.**, nous avons vu, sur un exemple, comment définir des arrangements à l'aide d'un arbre.
Dans le cas général, notons a_1, a_2, ..., a_n les éléments de F; pour fabriquer un arrangement de p éléments de F, aidons-nous encore d'un arbre :

- en première position, on peut placer n'importe lequel des n éléments de F; donc n choix possibles pour cette première position; si $p = 1$, c'est terminé, et si $p \geqslant 2$, *supposons fait l'un des choix précédents;* alors :

- en deuxième position, on peut placer n'importe lequel des éléments de F, sauf celui qui est déjà placé en première position, soit $n - 1$ éléments susceptibles d'être placés en deuxième position; donc $n(n-1)$ choix possibles pour les deux premières positions; si $p = 2$, c'est terminé, et si $p \geqslant 3$, *supposons fait l'un des choix précédents;* alors :

⋮

- en p-ième position, on peut placer n'importe lequel des éléments de F, sauf ceux déjà placés aux $p - 1$ positions précédentes, soit $n - (p - 1)$ éléments susceptibles d'être placés en p-ième position.

En conclusion, il y a $n(n-1)\dots(n-p+1)$ façons de fabriquer un arrangement de p éléments de F.
D'où le théorème suivant :

Théorème 3

Le nombre d'arrangements de p éléments d'un ensemble à n éléments, avec $1 \leqslant p \leqslant n$, est $n(n-1)\dots(n-p+1)$.
On note ce nombre A_n^p, soit :

$$A_n^p = n(n-1)\dots(n-p+1).$$

Commentaire

Pour calculer A_n^p il est important de remarquer que son écriture comporte p facteurs : il suffit donc d'écrire n, puis les facteurs suivants en diminuant de un à chaque fois, jusqu'à ce que l'on ait écrit p facteurs.

Exemples

$A_7^2 = 7 \times 6 = 42$ $\qquad$ $A_{10}^3 = 10 \times 9 \times 8 = 720.$

EXERCICES

1. Déterminez les arrangements de deux éléments de $\{a, b, c, d, e\}$.
2. Calculez A_3^1, A_5^3, A_{12}^4.

c. Permutations. Factorielle

Définition 3

n **est un naturel non nul et F est un ensemble tel que card F = *n*.**
Une permutation **des éléments de F est un arrangement de *n* éléments de F.**

Exemple

Toutes les permutations des éléments de $\{a, b, c\}$ sont :

abc, *acb*, *bac*, *bca*, *cab*, *cba*.

Commentaire

Deux permutations d'éléments de F diffèrent l'une de l'autre par l'ordre des termes.

EXERCICE

Déterminez toutes les permutations des éléments de $\{a, b, c, d\}$.

D'après le théorème **3**, le nombre de permutations des n éléments d'un ensemble F est :

$$A_n^n = n(n-1)\dots(n-n+1) = n(n-1) \times \dots \times 2 \times 1.$$

Avec la définition suivante :

Définition 4

n **est un naturel.**
On désigne par *n*! (qui se lit «*factorielle n*») le naturel défini par :

- **pour tout $n \neq 0$,** $\qquad$ $n! = n(n-1) \times \dots \times 2 \times 1$;
- **et** $\qquad$ $0! = 1$.

Nous avons le théorème suivant :

Théorème 4

Le nombre de permutations de *n* éléments est *n*!

EXERCICES

1. Déterminez $n!$ pour $n \in \{1, 2, 3, 4, 5, 6\}$.

2. Quel est le plus grand naturel n pour lequel votre calculatrice affiche $n!$?

3. Simplifiez l'écriture $\frac{1}{n!} - \frac{1}{(n+1)!}$.

d. Autre écriture de A_n^p

La notation « factorielle » permet d'écrire d'une autre façon le nombre A_n^p des arrangements de p éléments d'un ensemble à n éléments.
Pour tous naturels n et p tels que $1 \leqslant p < n$ on a :

$$A_n^p = n(n-1)\dots(n-p+1).$$

Multiplions et divisons simultanément ce produit de facteurs par $(n-p) \times \dots \times 2 \times 1$; il vient :

$$A_n^p = \frac{n(n-1)\dots(n-p+1) \times (n-p) \times \dots \times 2 \times 1}{(n-p) \times \dots \times 2 \times 1}$$

d'où :

$$\mathbf{A_n^p = \frac{n!}{(n-p)!}}.$$

Remarquons que, pour $n = p$, on a : $A_n^n = \frac{n!}{0!} = \frac{n!}{1} = \mathbf{n!}$ et l'on retrouve bien ainsi le nombre de permutations d'un ensemble à n éléments. C'est en particulier pour assurer la validité de cette écriture de A_n^p pour $n = p$, que l'on choisit $0! = 1$.
Jusqu'à présent nous n'avons défini A_n^p que pour des naturels n et p non nuls, or cette écriture donne

- pour $p = 0$ et $n \geqslant 1$: $A_n^0 = \frac{n!}{n!} = \mathbf{1}$
- pour $p = 0$ et $n = 0$: $A_0^0 = \frac{0!}{0!} = \mathbf{1}$.

En résumé, pour tous naturels n et p tels que $0 \leqslant p \leqslant n$ on a :

$$\boxed{\mathbf{A_n^p = \frac{n!}{(n-p)!}}.}$$

EXERCICE résolu 1

Une assemblée de 30 personnes doit élire un bureau composé de quatre membres (un président, un vice-président, un secrétaire, un trésorier).
Combien y a-t-il de bureaux possibles, sachant que chacune des 30 personnes est éligible et à n'importe quel poste?

Solution ■ ■ ■

Élire un bureau revient à considérer un arrangement de quatre éléments de l'ensemble des 30 personnes, car une personne ne peut occuper deux postes différents.
D'où le nombre de bureaux possibles :

$$A_{30}^4 = 30 \times 29 \times 28 \times 27 = 657\,720.$$

■ ■ ■ ■ ■ ■ ■ ■ ■ ■

EXERCICE résolu 2

a. Avec les lettres du mot « physique », chacune étant employée une seule fois, combien peut-on former de mots de 8 lettres (ces mots ayant un sens ou non)?

b. Parmi les mots formés au ***a.*** combien finissent par une voyelle?

Solution ■ ■ ■

a. Écrire un mot de 8 lettres dans ces conditions, équivaut à écrire une permutation des lettres du mot « physique ».
On peut donc former $\mathbf{8!} = 40\,320$ mots.

b. Parmi les mots précédents qui se terminent par une voyelle, il y a ceux qui finissent par « *y* », par « *i* », par « *u* » ou par « *e* ». Dans chacun de ces quatre cas, il reste à compléter les 7 premières positions par les 7 lettres restantes : il y a donc 7! façons de compléter les 7 premières positions.
Le nombre de mots se terminant par une voyelle est donc : $\mathbf{4 \times 7!} = 20\,160$.

■ ■ ■ ■ ■ ■ ■ ■ ■

3.3. Parties à p éléments d'un ensemble à n éléments ($p \leqslant n$)

a. Une situation

Considérons six boules de couleurs différentes : rouge (R), *bleu* (B), *jaune* (J), *vert* (V), *noir* (N), *orange* (O).
Combien y a-t-il de façons de choisir trois boules parmi ces six?
Tout choix de boules parmi ces six revient à fabriquer une partie de l'ensemble $\{R, B, J, V, N, O\}$. Plus précisément la question revient à chercher le nombre de parties à trois éléments de cet ensemble. Par exemple $\{R, B, J\}$, $\{B, N, O\}$, ... sont de tels choix.
On sait déjà calculer le nombre d'arrangements de trois éléments pris parmi six; il y en a :

$$A_6^3 = 6 \times 5 \times 4 = 120.$$

Ces arrangements sont :

RBJ	RBV	RBN	RBO	RJV	...
RJB	RVB	RNB	...		
BJR	BRV	BRN	...		
BRJ	BVR	BNR	...		
JBR	VRB	...			
JRB	VBR	...			

Inutile de tous les écrire; remarquons qu'à la partie $\{R, B, J\}$ par exemple, sont associées les 3! permutations de R, B, J; et ceci est vrai pour toute autre partie à trois éléments de $\{R, B, J, V, N, O\}$.
Le nombre de choix possibles de trois boules est donc :

$$\frac{A_6^3}{3!} = \frac{120}{6} = \mathbf{20}.$$

b. Nombre de parties à p éléments. Combinaisons

Problème : *n et p sont des naturels tels que $p \leqslant n$ et* F *est un ensemble tel que* card $F = n$.
Quel est le nombre de parties à p éléments de l'ensemble F?

— Supposons dans un premier temps $n \geqslant 1$ et $p \neq 0$.
Nous savons que le nombre d'arrangements de p éléments pris parmi les n de F est A_n^p.
Chaque partie à p éléments de F, par permutation de ses éléments, donne naissance à $p!$ des arrangements précédents.

Le nombre de parties à p éléments de F est donc : $\dfrac{A_n^p}{p!}$.

— Dans le cas où $p = 0$, nous savons qu'il n'existe qu'une partie de F à zéro élément, à savoir l'ensemble vide. Or avec les conventions précédentes on a bien : $\dfrac{A_n^0}{0!} = 1$.

— Dans le cas où $n = p = 0$, on a $F = \varnothing$ et la seule partie de $\varnothing$ à zéro élément est $\varnothing$. Avec les conventions précédentes on a bien $\frac{A_0^0}{0!} = 1$.

D'où le théorème suivant :

Théorème 5

Le nombre de parties à p éléments d'un ensemble à n éléments, avec $p \leq n$, est $\frac{A_n^p}{p!}$. On note ce nombre C_n^p, on a donc :

$$C_n^p = \frac{A_n^p}{p!} = \frac{n!}{(n-p)!\,p!}.$$

Le naturel C_n^p se note aussi $\binom{n}{p}$ (remarquez le changement de position des naturels n et p dans chacune de ces notations).

EXERCICE

Calculez C_{10}^5, C_6^4, C_{100}^{100}.
Interprétez ces naturels en termes de nombre de parties d'ensembles.

Définition 5

Une partie à p éléments d'un ensemble F à n éléments ($p \leq n$) s'appelle *une combinaison* de p des n éléments de F.

Commentaires

- Le théorème **5** s'énonce aussi :

« le nombre de combinaisons de p éléments d'un ensemble à n éléments est C_n^p *».*

- Il est important de remarquer que dans un arrangement « l'ordre intervient » alors que dans une combinaison « l'ordre n'intervient pas ».

EXERCICE résolu 3

Dans le jeu de belote (32 cartes) on appelle « main » tout ensemble de cinq cartes.

a. Combien y a-t-il de mains possibles?

b. Combien y a-t-il de mains contenant le valet de trèfle?

c. Combien y a-t-il de mains contenant exactement un as?

d. Combien y a-t-il de mains contenant au moins un roi?

Solution

a. Une main est une partie à 5 éléments de l'ensemble des 32 cartes; le nombre de mains possibles est donc :

$$C_{32}^5 = \frac{A_{32}^5}{5!} = \frac{32 \times 31 \times 30 \times 29 \times 28}{5 \times 4 \times 3 \times 2} = 32 \times 31 \times 29 \times 7 = \mathbf{201\,376.}$$

b. Dans une main contenant le valet de trèfle, il y a quatre autres cartes prises parmi les 31 restantes. Il y a donc autant de mains contenant le valet de trèfle que de parties de 4 éléments pris parmi les 31 cartes restantes (toutes les cartes sauf le valet de trèfle). Le nombre cherché est donc :

$$\mathbf{C_{31}^4} = \frac{31 \times 30 \times 29 \times 28}{4 \times 3 \times 2} = 31 \times 29 \times 7 \times 5 = \mathbf{31\,465.}$$

c. Parmi les mains contenant un seul as, il y a celles qui contiennent uniquement l'as de cœur, celles avec uniquement l'as de trèfle, ou uniquement l'as de pique, ou uniquement l'as de carreau.
Dans chacun de ces quatre cas, la main est complétée par 4 cartes prises parmi 28 (toutes les cartes sauf les as). Pour chacun de ces quatre cas il y a donc C_{28}^4 mains possibles.
Le nombre cherché est donc :

$$\mathbf{4 \times C_{28}^4} = 4 \times \frac{28 \times 27 \times 26 \times 25}{4 \times 3 \times 2} = 14 \times 9 \times 26 \times 25 = \mathbf{81\,900.}$$

d. Pour dénombrer les mains qui contiennent au moins un roi, on peut dénombrer celles qui contiennent un seul roi, puis deux rois, puis trois rois, puis quatre rois.
Mais il est plus rapide de dénombrer celles qui ne contiennent pas de roi et de conclure que le nombre de mains avec au moins un roi est (nous vous laissons expliquer pourquoi) :

$$\mathbf{C_{32}^5 - C_{28}^5} = 201\,376 - 98\,280 = \mathbf{103\,096.}$$

EXERCICE
résolu 4

Déterminez le nombre de diagonales d'un polygone convexe de n côtés.

Solution

Une diagonale d'un polygone relie deux sommets non consécutifs de celui-ci.
Un segment joignant deux sommets quelconques du polygone peut être considéré comme une partie à deux éléments de l'ensemble des n sommets. Il y a donc C_n^2 segments.
Parmi ceux-ci, les n côtés du polygone ne sont pas des diagonales.
Le nombre des diagonales est donc : $\mathbf{C_n^2 - n} = \dfrac{n(n-1)}{2} - n = \dfrac{n(n-3)}{2}.$

3.4. Propriétés des C_n^p

a. Quelques valeurs importantes

Pour tout naturel n : $\mathbf{C_n^0 = 1,}$ et $\mathbf{C_n^n = 1.}$

Pour tout naturel $n \geqslant 1$: $\mathbf{C_n^1 = n.}$

b. Calcul de C_n^{n-p}

Par exemple, pour choisir 7 objets parmi 10, il y a C_{10}^7 possibilités. Mais choisir 7 objets c'est du même coup choisir les 3 objets que l'on va laisser de côté. Il y a donc autant de façons de choisir 7 objets que 3 objets parmi 10, donc $C_{10}^7 = C_{10}^3$.

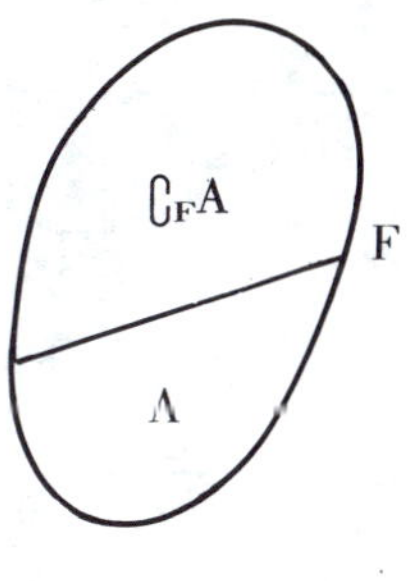

Dans le cas général, notons F un ensemble tel que card F $= n$.
Notons A une partie de F, à p éléments.
Choisir les p éléments de A, c'est aussi choisir les $n - p$ éléments du complémentaire de A dans F, à savoir $\complement_F A$. Il y a donc *autant* de parties à p éléments de F, que de parties à $n - p$ éléments de F.

Or d'après le théorème **5**, il y a C_n^p parties de F à p éléments et C_n^{n-p} parties de F à $n-p$ éléments.
D'où le théorème suivant :

Théorème 6

> **Pour tous naturels n et p tels que $p \leqslant n$ on a :**
> $$C_n^{n-p} = C_n^p.$$

EXERCICE Retrouvez ce théorème à l'aide de $C_n^p = \dfrac{n!}{(n-p)!\,p!}$.

c. Propriété importante

F est un ensemble à n éléments ($n \neq 0$). Notons a l'un des éléments de F.
Notons $\mathcal{T}_p$ l'ensemble des parties à p éléments de F, notons A l'ensemble de ces parties qui contiennent a et B l'ensemble de ces parties qui ne contiennent pas a.

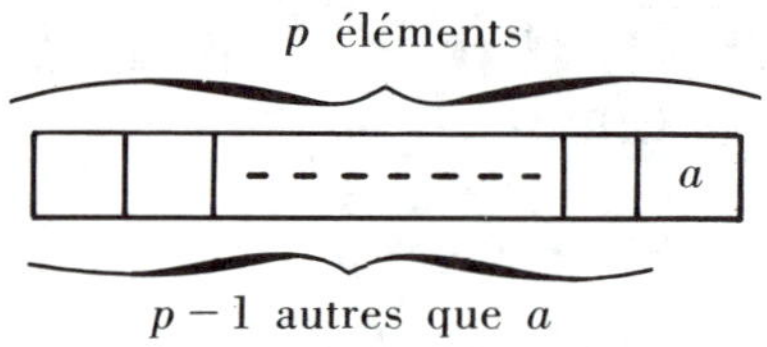

• *cardinal de* A :
en plus de a, ces parties contiennent $p-1$ éléments à prendre parmi $n-1$ éléments de F (car a ne peut être répété). Donc card $A = C_{n-1}^{p-1}$.

• *cardinal de* B :
ces parties contiennent p éléments à prendre parmi $n-1$ éléments de F (car on ne peut pas choisir a). Donc card $B = C_{n-1}^p$.
On a : $\mathcal{T}_p = A \cup B$ et $A \cap B = \varnothing$; de plus :

$$\text{card } \mathcal{T}_p = C_n^p, \qquad \text{card } A = C_{n-1}^{p-1}, \qquad \text{card } B = C_{n-1}^p$$

donc card $\mathcal{T}_p$ = card A + card B, d'où le théorème suivant :

Théorème 7

> **Pour tous naturels n et p tels que $1 \leqslant p \leqslant n-1$:**
> $$C_n^p = C_{n-1}^{p-1} + C_{n-1}^p.$$

EXERCICE Démontrez ce théorème à l'aide de $C_n^p = \dfrac{n!}{(n-p)!\,p!}$.

d. Procédé de calcul rapide des C_n^p : triangle de Pascal

Le théorème **7** va permettre de calculer *rapidement* de proche en proche les C_n^p sans utiliser $\dfrac{n!}{(n-p)!\,p!}$.

Sur le tableau ci-dessous, appelé **triangle de Pascal,** à l'intersection de la ligne « n » et de la colonne « p » on lit le naturel C_n^p. On le complète en commençant à remplir la colonne « $p=0$ » à l'aide de chiffres 1 (car $C_n^0=1$) et la diagonale à l'aide de chiffres 1 (car $C_n^n=1$). On le complète ensuite en utilisant à chaque fois le théorème **7.**

n \ p	0	1	2	3	4	5	6	7	8	...
0	1									
1	1	1								
2	1	2	1							
3	1	3	3	1						
4	1	4	6	4	1					
5	1	5	10	10	5	1				
6	1	6	15	20	15	6	1			
7	1	7	21	35	35	21	7	1		
8	1	8	28	56	70	56	28	8	1	
⋮										

EXERCICE Complétez ce triangle de Pascal pour calculer C_{10}^6.

e. Le binôme de Newton

Vous savez, ou pouvez retrouver que, pour tous complexes a et b :

$$(a+b)^2=a^2+2ab+b^2$$
$$(a+b)^3=a^3+3a^2b+3ab^2+b^3$$
$$(a+b)^4=a^4+4a^3b+6a^2b^2+4ab^3+b^4.$$

EXERCICE Déterminez $(a+b)^5$, $(a+b)^6$.

On remarque que les coefficients qui interviennent dans ces développements sont des naturels du triangle de Pascal; ainsi :

$$(a+b)^2=C_2^0\,a^2+C_2^1\,ab+C_2^2\,b^2$$
$$(a+b)^3=C_3^0\,a^3+C_3^1\,a^2b+C_3^2\,ab^2+C_3^3\,b^3.$$

EXERCICE Cette remarque se vérifie-t-elle aussi pour $(a+b)^4$, $(a+b)^5$, $(a+b)^6$?

D'où l'idée de *conjecturer* que, pour tout naturel $n \geqslant 2$:

$$(a+b)^n=C_n^0\,a^n+C_n^1\,a^{n-1}b+\ldots+C_n^p\,a^{n-p}b^p+\ldots+C_n^n\,b^n.$$

Démontrons cette conjecture à l'aide d'*un raisonnement par récurrence.*

Première étape : la propriété est vérifiée pour $n=2$ car nous avons vu que

$$(a+b)^2 = C_2^0 a^2 + C_2^1 ab + C_2^2 b^2.$$

Deuxième étape : supposons que, pour un quelconque naturel $n \geqslant 2$, on ait :

$$(a+b)^n = C_n^0 a^n + C_n^1 a^{n-1} b + \dots + C_n^p a^{n-p} b^p + \dots + C_n^n b^n$$

et démontrons qu'alors $\quad (a+b)^{n+1} = C_{n+1}^0 a^{n+1} + \dots + C_{n+1}^p a^{n+1-p} b^p + \dots + C_{n+1}^{n+1} b^{n+1}.$

$$\begin{aligned}(a+b)^{n+1} &= (a+b)^n (a+b)\\ &= (C_n^0 a^n + C_n^1 a^{n-1} b + \dots + C_n^p a^{n-p} b^p + \dots + C_n^n b^n)(a+b)\\ &= C_n^0 a^{n+1} + C_n^1 a^n b + \dots + C_n^p \quad a^{n-p+1} b^p + \dots + C_n^n \quad ab^n\\ &\qquad + C_n^0 a^n b + \dots + C_n^{p-1} a^{n-p+1} b^p + \dots + C_n^{n-1} ab^n + C_n^n b^{n+1}.\end{aligned}$$

Comme $\quad C_n^0 = C_{n+1}^0 = 1 \quad$ et $\quad C_n^n = C_{n+1}^{n+1} = 1$, il vient en utilisant le théorème **7** :

$$(a+b)^{n+1} = C_{n+1}^0 a^{n+1} + C_{n+1}^1 a^n b + \dots + C_{n+1}^p a^{n-p+1} b^p + \dots + C_{n+1}^n ab^n + C_{n+1}^{n+1} b^{n+1}.$$

En conclusion, pour tout naturel $n \geqslant 2$, on a

$$(a+b)^n = \sum_{p=0}^{n} C_n^p a^{n-p} b^p.$$

Or nous vous laissons vérifier que cette égalité est encore vraie pour $n=1$.
D'où le théorème suivant :

Théorème 8 (de Newton)

> **Pour tous complexes a et b, et pour tout naturel $n \geqslant 1$,**
>
> $$(a+b)^n = \sum_{p=0}^{n} C_n^p a^{n-p} b^p.$$

Cette égalité est appelée *formule du binôme de Newton* et les C_n^p sont appelés *les coefficients binomiaux.*

Commentaire

• Notez qu'en particulier, la formule du binôme de Newton utilisée avec $a=1$ et $b=x$ (puis $b=-x$) donne pour tout réel x :

$$(1+x)^n = 1 + C_n^1 x + C_n^2 x^2 + \dots + C_n^p x^p + \dots + C_n^n x^n$$

$$(1-x)^n = 1 - C_n^1 x + C_n^2 x^2 + \dots + (-1)^p C_n^p x^p + \dots + (-1)^n C_n^n x^n.$$

Notez que le théorème **8** est encore vrai pour $n=0$, mais à condition que a et b soient non nuls et que $a+b \neq 0$.

f. Nombre de parties d'un ensemble

Utilisons la formule du binôme de Newton dans le cas où $a=b=1$; nous obtenons pour tout naturel n :

$$\begin{aligned}(1+1)^n &= C_n^0 1^n + C_n^1 1^{n-1} + \dots + C_n^p 1^{n-p} 1^p + \dots + C_n^n 1^n\\ &= C_n^0 + C_n^1 + \dots + C_n^n.\end{aligned}$$

Or il est clair que $(1+1)^n = 2^n$; nous venons donc de montrer que, pour tout naturel n :

$$\mathbf{C_n^0 + C_n^1 + \ldots + C_n^n = 2^n}.$$

EXERCICE

Comment s'interprète sur le triangle de Pascal :

a. le résultat précédent?

b. le théorème **6?**

Interprétons ce résultat en termes de parties d'un ensemble F à n éléments. C_n^0 est le nombre de parties à 0 élément de F, C_n^1 le nombre de parties à 1 élément de F, ..., C_n^p le nombre de parties à p éléments de F, ..., C_n^n le nombre de parties à n éléments de F. Donc $C_n^0 + C_n^1 + \ldots + C_n^n$ est le nombre total de parties de F, et nous pouvons énoncer le théorème suivant.

Théorème 9

Le nombre de parties d'un ensemble à n éléments est 2^n.

EXERCICE résolu 5

Un village de vacances propose à sa clientèle la pratique de six activités diverses durant son séjour.
De combien de façons différentes une personne peut-elle choisir ses activités?

Solution ■ ■ ■

Notons A_1, A_2, A_3, A_4, A_5, A_6 les six activités et E leur ensemble. Pendant son séjour une personne peut participer à A_1, ou à A_1 et A_2, ou à aucune activité, ou à toutes les activités, ou...
Choisir ses activités parmi les six proposés revient donc à choisir une partie de l'ensemble E.
Une personne a donc $\mathbf{2^6} = 64$ choix possibles.

■ ■ ■ ■ ■ ■ ■ ■ ■ ■

Commentaire historique

L'égalité $C_n^2 = \frac{1}{2}\, n(n-1)$ est attestée au IIIe siècle de notre ère.

Au XIIe siècle, le mathématicien hindou, Bhaskara, connaît la formule générale permettant de calculer C_n^p. Au début du XIIIe siècle, Levi ben Gerson, sait calculer les arrangements de p éléments d'un ensemble à n éléments, et connaît les égalités $C_n^p = \dfrac{A_n^p}{p!}$ et $C_n^p = C_n^{n-p}$. Ses travaux semblent avoir eu peu d'influence sur son époque.
Plus tard, Cardan (1501-1576) montre que $2^n - 1$ est le nombre de parties non vides, d'un ensemble à n éléments; Pascal et Fermat retrouvent la formule générale des C_n^p. Le procédé du triangle attribué généralement à Pascal, semble être connu des Arabes dès le XIIIe siècle et des Chinois au XIVe.

4. Travaux pratiques d'application

T.P.1. Tirages

A la question «*Combien y a-t-il de façons de tirer p boules parmi n boules* ($n \geqslant p$) *d'une urne?*» il y a diverses réponses possibles suivant le type de tirage envisagé. Nous envisageons ci-dessous les tirages les plus courants.

Tirer simultanément

Tirer **simultanément** p objets parmi n, *c'est choisir une* ***partie*** *constituée de p objets.* On peut avoir l'idée d'un tel tirage en imaginant que l'on plonge la main dans une urne contenant n boules, et que l'on en retire une poignée de p boules. Tout cela pour dire que parmi ces boules tirées, il n'y a pas de 1re boule, de 2e, ..., autrement dit «on ne tient pas compte de l'ordre».
Il y a donc $\mathbf{C}_n^p$ tels tirages.

QUESTIONS

Une urne contient quatre boules rouges, trois boules noires et une boule blanche. On tire simultanément trois boules.
Déterminez dans chaque cas le nombre de tirages différents :

a. *avec exactement deux noires;*

b. *avec au moins deux rouges;*

c. *avec au moins deux boules de même couleur;*

d. *avec une boule de chaque couleur.*

Tirer successivement sans remise

Tirer **successivement** ***sans remise*** p objets parmi n, *c'est choisir un* ***arrangement*** de ces p objets. On peut avoir l'idée d'un tel tirage en imaginant que l'on plonge la main dans une urne contenant n boules, que l'on en tire une première b_1, que l'on ne ne remet pas dans l'urne, que l'on en tire une seconde b_2, que l'on remet pas dans l'urne, ..., que l'on en tire une p-ième b_p. Le résultat de ce tirage est l'arrangement $(b_1; b_2; \ldots; b_p)$; cette fois l'ordre est important dans l'écriture du résultat.
Il y a donc $\mathbf{A}_n^p$ tels tirages.

QUESTIONS

Une urne contient 4 boules blanches et 5 boules noires. On tire successivement et sans remise deux boules de cette urne.
Déterminez dans chaque cas le nombre de tirages différents :

a. *avec deux boules de la même couleur;*

b. *avec une blanche au second tirage.*

Tirer successivement avec remise

Tirer **successivement *avec remise*** p objets parmi n, *c'est choisir un* ***p-uplet.***
On peut avoir l'idée d'un tel tirage en imaginant que l'on plonge la main dans une urne contenant n boules, que l'on tire une boule b_1 que l'on remet dans l'urne, que l'on tire une deuxième boule b_2 que l'on remet dans l'urne, ..., que l'on tire une p-ième boule b_p. Le résultat de ce tirage est le p-uplet $(b_1; b_2; ...; b_p)$ où les boules b_1, ..., b_p ne sont pas nécessairement deux à deux distinctes.
Il y a donc $\boldsymbol{n^p}$ tels tirages.

QUESTIONS

Un enfant qui ne connaît pas les chiffres compose sur un cadran de téléphone un numéro de 8 chiffres. Déterminez dans chaque cas le nombre de numéros différents :

a. *avec huit chiffres pairs;*

b. *avec trois 0 exactement;*

c. *avec au moins trois 1.*

T.P.2 Dénombrements de mots

Une personne choisit n lettres *distinctes* de l'alphabet et avec elles, il construit des mots de la façon suivante :

- la première lettre de gauche du mot, est l'une quelconque des n lettres choisies;
- pour les suivantes c'est, soit *la même que la précédente* soit *l'une suivante dans l'ordre alphabétique et qui fait partie des lettres choisies.*

On appelle *longueur* du mot fabriqué, le nombre de lettres (distinctes ou non) qu'il contient. Par exemple, *aabdd* est de longueur 5.
Par la suite, nous notons T_n^p le nombre de mots de longueur p fabriqués à l'aide des n lettres disponibles.

QUESTIONS

a. *Imaginons qu'une personne ait choisi 3 lettres (par exemple m, p, x). Quels mots de longueur 1, puis 2, puis 3, puis 4 va-t-elle pouvoir écrire avec les règles précédentes?*
Déduisez-en T_3^1, T_3^2, T_3^3, T_3^4.

b. *Calculez* T_2^2, T_4^2, T_4^3.

c. *Vérifiez que :* $T_3^2 = T_3^1 + T_2^2$, *et que :* $T_4^3 = T_4^2 + T_3^3$.

d. *Démontrez que pour tous naturels n et p tels que* $n \geqslant 1$ *et* $p \geqslant 1$ *on a :*
1. $T_1^p = 1$ **2.** $T_n^1 = n$ **3.** $T_n^p = T_{n-1}^p + T_n^{p-1}$.

Indication : *pour la propriété* **3.** *réalisez une partition de l'ensemble des mots de longueur p fabriqués à l'aide de n lettres en faisant intervenir celle de ces n lettres qui est la plus éloignée dans l'ordre alphabétique.*

e. *Trouvez, en le justifiant, un procédé de calcul rapide des* T_n^p. *Vous permet-il de conjecturer une expression explicite de* T_n^p *en fonction de n et p? Calculez* T_{10}^7.

Indication : *inspirez-vous du paragraphe* **3.4. *d.***

T.P.3. Triangle de Stirling : dénombrement de partitions

On dispose d'un ensemble E à n éléments et on se propose de réaliser des partitions de E en p classes ($1 \leqslant p \leqslant n$), c'est-à-dire de déterminer des parties A_1, A_2, ..., A_p non vides de E, *deux à deux disjointes, et dont la réunion est l'ensemble* E.

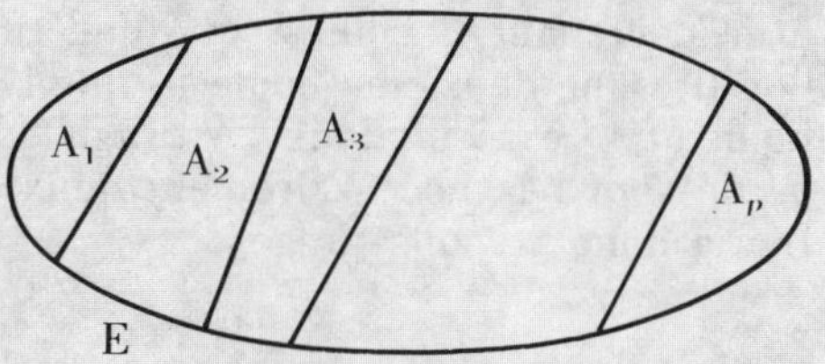

Nous noterons S_n^p le nombre de ces partitions. *Par exemple,* si $n=2$ et $E=\{a, b\}$ on obtient une seule partition en une classe ($S_2^1=1$) et une seule partition en deux classes ($S_2^2=1$).

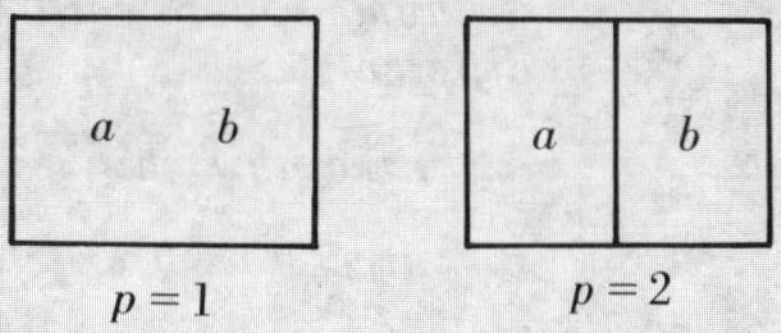

QUESTIONS

a. *Déterminez* S_1^1, S_3^1, S_3^2, S_3^3, S_4^2, S_4^3, S_5^3.

b. *Vérifiez que :* $S_4^2 = S_3^1 + 2S_3^2$,

$S_4^3 = S_3^2 + 3S_3^3$, *et* $S_5^3 = S_4^2 + 3S_4^3$.

c. *Démontrez que, pour tout naturel* $n \geqslant 1$:

$$S_n^1 = 1 \quad \textit{et} \quad S_n^n = 1.$$

d. *Démontrez que, pour tous naturels n et p tels que* $1 \leqslant p \leqslant n$ *on a :*

$$S_n^p = S_{n-1}^{p-1} + pS_{n-1}^p.$$

Indication : *notons x l'un des éléments de l'ensemble à n éléments* E. *Remarquez que parmi les partitions de* E *en p classes il y a :*

- *les partitions où l'une des classes est* $\{x\}$;
- *les autres partitions.*

Dénombrez chacun de ces types de partitions.

e. *Utilisez les résultats des questions* **c.** *et* **d.** *pour compléter rapidement le tableau ci-dessous, appelé* triangle de Stirling.

n \ p	1	2	3	4	5	6	7
1	1						
2	1	1					
3							
4							
5							
6							
7							

EXERCICES

Exercices d'apprentissage

Pour les exercices 1 à 4, A, B, C sont des parties d'un ensemble E; vérifiez sur un diagramme la propriété donnée.

1. $(A \cup B) \cap C = (A \cap C) \cup (B \cap C)$.

2. $(A \cap B) \cup C = (A \cup C) \cap (B \cup C)$.

3. $\complement_E(A \cup B) = (\complement_E A) \cap (\complement_E B)$.

4. $\complement_E(A \cap B) = (\complement_E A) \cup (\complement_E B)$.

C **5.** A, B, C sont des parties de l'ensemble fini E.
Montrez que card $(A \cup B \cup C)$ est égal à

$$\text{card } A + \text{card } B + \text{card } C - \text{card } (A \cap B)$$
$$- \text{card } (B \cap C) - \text{card } (C \cap A) + \text{card } (A \cap B \cap C).$$

C **6.** De combien de façons peut-on choisir une ou plusieurs personnes dans un groupe de six personnes?

7. On tire au hasard un naturel n compris entre un et trente-deux $(1 \leqslant n \leqslant 32)$; puis on prend n cartes d'un jeu de trente-deux cartes.
De combien de façons distinctes l'échantillon ainsi prélevé peut-il être constitué?

C **8.** Combien de mots de 4 lettres, *distinctes ou non,* peut-on former avec les lettres a, b, c, d, e?

9. Dans une urne on a 7 jetons de couleurs différentes. On tire un jeton, on note sa couleur et on le repose dans l'urne. On recommence trois fois cette opération.
Combien peut-on noter de résultats différents?

C **10.** Dans une salle de classe il y a 30 chaises, de combien de façons peuvent prendre place 27 élèves? 30 élèves? 31 élèves?

11. Dans une pièce de théâtre, il y a 6 rôles qui peuvent être tenus par n'importe lesquelles des 20 personnes de la troupe.
Combien y a-t-il de distributions possibles de ces rôles?

C **12.** Dans un opéra, à un moment solennel, 4 instrumentistes doivent lancer 18 notes à l'unisson dans des trompettes spéciales. Les 22 musiciens qui n'ont pas à utiliser leur instrument habituel à ce moment peuvent jouer ces notes. Le chef d'orchestre a prévu de modifier à chaque représentation le groupe de 4; pendant combien de représentations pourra-t-il appliquer cette règle?

13. Calculez C_{13}^5, puis C_{13}^8.

14. Calculez successivement tous les C_{15}^p avec $0 \leqslant p \leqslant 15$.

C **15.** Calculez

$$C_n^0 - C_n^1 + C_n^2 + \ldots + (-1)^p C_n^p + \ldots + (-1)^n C_n^n.$$

16. Établissez la liste de toutes les parties de l'ensemble $E = \{a, b, c, d\}$ en les classant par nombre d'éléments.

Exercices d'entraînement

17. A, B, C, D sont quatre parties d'un ensemble fini E.

Calculez card$(A \cup B \cup C \cup D)$ en fonction des cardinaux de A, B, C, D et de leurs intersections 2 à 2, 3 à 3 et 4 à 4.

Indication : utilisez l'exercice **5.**

18.★ 206 élèves de Seconde suivent des cours d'anglais (en première ou seconde langue). Ils suivent aussi des cours dans une ou deux autres langues :
128 font de l'allemand, 103 de l'espagnol, 59 du latin, 21 du russe, 25 de l'allemand et de l'espagnol, 37 de l'allemand et du latin et 11 de l'espagnol et du russe.

a) Combien ne font ni allemand ni espagnol?

b) Combien font du latin et de l'espagnol?

c) Combien ne font que de l'allemand?

Remarque : pour simplifier, on a écarté les élèves qui font de l'italien ou du grec ainsi que ceux qui font quatre langues.

19. Le cardinal n de l'ensemble E est impair. On note $\mathcal{P}_i(E)$ l'ensemble des parties de E ayant un cardinal impair et $\mathcal{P}_p(E)$ l'ensemble de celles qui ont un cardinal pair. Montrez que l'application qui à une partie A associe son complémentaire dans E est une bijection de $\mathcal{P}_i(E)$ dans $\mathcal{P}_p(E)$.
Déduisez-en le cardinal de $\mathcal{P}_i(E)$.

20.★ ***a)*** $A=\{1; 2; 3; 4; 5; 6\}$.
Combien de nombres de n chiffres peut-on former avec les chiffres de A?

b) Même question avec les chiffres de

$$B=\{0; 1; 2; 3; 4; 5\}.$$

21. On donne un système de trois *inéquations* du premier degré à deux inconnues en faisant suivre :

$$ax+by+c, \quad a'x+b'y+c',$$
$$a''x+b''y+c''$$

de l'un des signes <0, >0, $\leqslant 0$, $\geqslant 0$.
Combien peut-on former de tels systèmes?

22. On peut se déplacer sur un réseau quadrillé de côtés 10 et 4 en ne se dirigeant que vers la droite et le haut. Ainsi, arrivé en M on ne peut aller qu'en P ou Q.

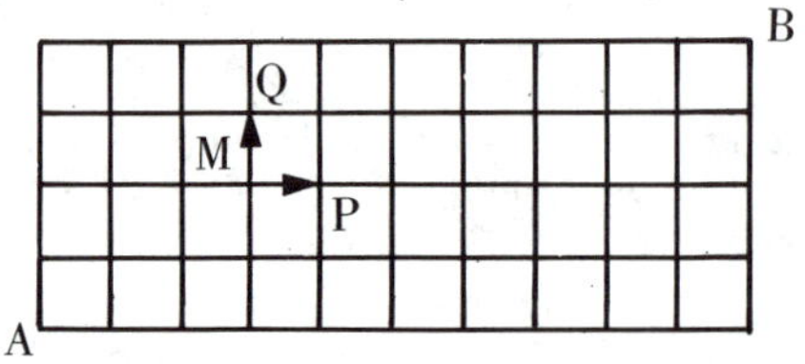

a) Déterminez le nombre de chemins qui joignent A à chacun des trois points les plus proches.

b) Comparez les nombres de chemins qui joignent A à M, A à P et A à Q.

c) Déterminez le nombre de chemins de A à B.

23. $E=\{0; 1; 2; \ldots; n\}$.

a) Combien y a-t-il de couples $(x; y)$ d'éléments de E, avec $x<y$? Déduisez-en que $\sum_{p=0}^{n} p = C_{n+1}^2$.

b) Pour former un triplet $(x; y; z)$ d'éléments de E, avec $x<y<z$, on peut choisir y arbitrairement entre 0 et n. La valeur de y étant choisie, combien y a-t-il de choix pour x et z?
Déduisez-en que la somme de tous les produits de deux naturels ayant pour somme n, est égale à C_{n+1}^3, c'est-à-dire

$$\sum_{\substack{a+b=n \\ a\in\mathbb{N};\ b\in\mathbb{N}}} ab = C_{n+1}^3.$$

c) Déduisez des questions précédentes que

$$\sum_{p=0}^{n} p^2 = \frac{1}{6}\, n(n+1)(2n+1).$$

24. Démontrez que pour tous naturels n et p, tels que $p \leqslant n$ on a

$$C_p^p + C_{p+1}^p + \ldots + C_n^p = C_{n+1}^{p+1}$$

a) en supposant p fixé, et en raisonnant par récurrence sur n;

b) en écrivant $C_{k+1}^{p+1} = C_k^{p+1} + C_k^p$ pour

$$p+1 \leqslant k \leqslant n.$$

25. Démontrez que pour tout naturel p et tout natuel $n \geqslant p+2$, on a :

$$C_n^p = C_{n-2}^p + 2C_{n-2}^{p-1} + C_{n-2}^{p-2}$$

a) par un calcul direct;

b) en dénombrant pour un ensemble E de cardinal n, le nombre de parties ayant p éléments :

- contenant a et b;
- contenant a ou bien b;
- ne contenant ni a ni b;

où a et b sont deux éléments distincts de E.

26. Programmez sur votre calculatrice le calcul de C_n^k à l'aide de chacune des méthodes suivantes :

a) en calculant $n!$, $k!$, $(n-k)!$ et en utilisant le théorème **5**;

b) en calculant $n(n-1)\ldots(n-k+1)$ et $k!$;

c) en calculant successivement C_n^i pour $0 \leqslant i \leqslant k$.

d) *Application numérique :* utilisez chacun de ces programmes avec $n=40$ et $p=20$.

27.★ A l'aide du développement de $(1+x)^n$, calculez

a) $C_n^0 + 2C_n^1 + 2^2C_n^2 + \ldots + 2^pC_n^p + \ldots + 2^nC_n^n$.

b) $C_n^1 + 2C_n^2 + 3C_n^3 + \ldots + pC_n^p + \ldots + nC_n^n$.

28. ***a)*** Démontrez que pour tous naturels n et p tels que $n \geqslant p \geqslant 1$, on a

$$pC_n^p = nC_{n-1}^{p-1}.$$

b) Déduisez-en la somme $S = \sum_{k=1}^{n} kC_n^k$.

29. ***a)*** Démontrez que pour tous naturels n et p tels que $p \geqslant 1$ et $n \geqslant p-1$, on a

$$pC_{n+1}^p = (n+1)C_n^{p-1}.$$

b) Déduisez-en la somme $S = \sum_{k=0}^{n} \frac{1}{k+1} C_n^k$.

30. Calculez, en utilisant les coefficients binomiaux :

$$[1 \times 2 \times \ldots \times p] + [2 \times 3 \times \ldots \times (p+1)] + \ldots + [n \times (n+1) \times \ldots \times (n+p-1)].$$

31.★ En utilisant le développement de $(1+x)^n$, déterminez les réels suivants :

a) $A_0 = C_n^0 + C_n^3 + C_n^6 + \ldots$

$A_1 = C_n^1 + C_n^4 + C_n^7 + \ldots$

$A_2 = C_n^2 + C_n^5 + C_n^8 + \ldots$

Indication : prenez $x=1$, $x=j$, $x=j^2$ (voir page 30).

b) $B_0 = C_n^0 + C_n^4 + C_n^8 + \ldots$

$B_1 = C_n^1 + C_n^5 + C_n^9 + \ldots$

$B_2 = C_n^2 + C_n^6 + C_n^{10} + \ldots$

$B_3 = C_n^3 + C_n^7 + C_n^{11} + \ldots$

32.★ Déterminez le coefficient de x^n dans le développement de $(1+x)^{2n}$, puis dans celui du produit $(1+x)^n(x+1)^n$; déduisez-en une formule.

33. Au sein d'une association de n membres est constitué un comité de p membres; au sein du comité, un bureau de q membres; au sein du bureau, un secrétariat de r membres. Il y a donc 4 catégories d'adhérents et N façons de grouper les adhérents dans ces 4 catégories.

a) Calculez N de plusieurs façons différentes et démontrez que

$$C_n^p \times C_p^q \times C_q^r = C_n^r \times C_{n-r}^{q-r} \times C_{n-q}^{p-q}.$$

b) *Application numérique :* calculez N pour $n=40$, $p=14$, $q=9$, $r=3$.

34. Une urne A contient 2 boules blanches, 3 boules bleues et 5 boules rouges. Une urne B contient 4 boules bleues. On tire simultanément 2 boules de l'urne A que l'on place dans l'urne B puis on tire 3 boules simultanément de l'urne B.
Quel est le nombre de tirages tricolores possibles?

35. **1.** Combien existe-t-il de nombres de 5 chiffres, le premier chiffre étant non nul?

2. Parmi ces nombres :

a) combien sont écrits avec au *moins* un chiffre pair?

b) combien commencent par 3 chiffres pairs suivis de 2 chiffres impairs?

c) combien contiennent 3 chiffres pairs et 2 chiffres impairs?

36. Une classe comprend 9 garçons et 11 filles. On veut trois garçons pour les rôles de Tartuffe, Orgon et Cléante; 2 filles pour les rôles d'Elmire et Marianne. On appelle un tel choix une « troupe ».

a) Combien y a-t-il de troupes possibles?

b) André refuse de jouer Orgon. Combien y a-t-il de troupes possibles?

37. La fabrication d'une pièce nécessite de passer celle-ci sur quatre machines A, B, C, D. Dénombrez les trajets possibles dans chacun des cas suivants :

a) l'ordre de passage est indifférent;

b) la pièce doit d'abord passer par A;

c) la pièce doit passer en B avant C et D.

38. ***a)*** Dix personnes sont assises à une table ronde. Les chaises sont numérotées. De combien de façons peut-on ranger ces personnes?

b) Les chaises ne sont pas numérotées. De combien de façons peut-on ranger ces personnes?

39. T est l'ensemble des naturels formés de 3 chiffres distincts donnés non nuls a, b, c.

a) Quel est le cardinal de T?

b) Calculez la somme des naturels de T.

40. $F = \{1; 2; 3; 4; 5\}$. On écrit chaque permutation des éléments de F sous la forme d'un naturel à cinq chiffres.

a) **25 134 et 43 152 sont deux permutations. Calculez 25 134 + 43 152.**

b) Quelle est la somme de tous les naturels qui sont des permutations des éléments de F?

41. ***a)*** Combien peut-on écrire de naturels de trois chiffres (sans répétition) avec les naturels 1, 3, 5, 7, 9?

b) Écrivez tous ceux dont le chiffre des centaines est 9; calculez (sans faire les additions) leur somme.

c) Mêmes questions pour les naturels dont le chiffre des centaines est 7; puis 5 et enfin 1.

42. Dénombrez les numéros de téléphone de 8 chiffres commençant par 6 et contenant exactement deux fois le chiffre 2, une fois le 3, une fois le 4, trois fois le 5.

43. Quatre joueurs veulent jouer aux dominos, chacun recevant 7 dominos au hasard.
Combien y a-t-il de distributions possibles distinctes?

44. De combien de façons peut-on distribuer 8 cartes (par personne) d'un jeu de 32 cartes à quatre personnes?

45. Une association est formée de 35 personnes dont 15 hommes et 20 femmes, on se propose de former un bureau de 5 personnes, dans lequel doivent se trouver au moins 2 femmes et 2 hommes.
Déterminez de combien de façons l'on peut former ce bureau dans les cas suivants :

a) chaque membre de l'association est candidat;

b) deux hommes refusent d'être candidat;

c) un homme et une femme refusent de siéger ensemble.

46. Dans un sac se trouvent cinq jetons verts numérotés de 1 à 5 et quatre jetons rouges numérotés de 1 à 4.

1. On tire successivement et sans remise 3 jetons dans le sac.

a) Combien y a-t-il de tirages possibles?

b) Combien y a-t-il de tirages ne contenant que des jetons verts?

c) Combien y a-t-il de tirages ne contenant aucun jeton vert?

d) Combien y a-t-il de tirages contenant au plus 2 jetons verts?

e) Combien y a-t-il de tirages contenant exactement un jeton vert et un jeton numéroté 2?

2. Reprenez les questions précédentes dans le cas où l'on tire simultanément 3 jetons dans le sac.

47. De combien de façons peut-on choisir, dans un jeu de 32 cartes, 5 cartes contenant :

a) exactement 1 roi?

b) au moins un roi?

c) exactement 1 roi et 2 dames?

d) exactement 1 roi, 1 dame et 2 valets?

e) l'as de pique et au moins 2 trèfles?

f) exactement 2 carreaux, 1 trèfle, 1 cœur?

g) exactement 1 roi et 2 trèfles?

h) 1 roi ou 1 trèfle?

48. $\mathcal{C}$ est un cercle sur lequel on place 6 points.

a) Quel est le nombre d'*hexagones* qui ont ces points pour sommets?

b) Quel est le nombre de droites obtenues en joignant les points 2 à 2?

c) Quel est le nombre de points d'intersection de ces droites, autres que les 6 points donnés? (en supposant que deux quelconques ne sont pas parallèles).

49. On jette 3 dés de couleurs différentes, et on lit les faces supérieures de chaque dé.

a) Dénombrez tous les résultats possibles.

b) Dénombrez les résultats comportant un seul 4.

c) Dénombrez les résultats comportant exactement deux 4.

d) Dénombrez les résultats ne comportant aucun 4.

e) Dénombrez les résultats formés de trois chiffres différents.

50. Reprenez l'exercice précédent, mais en supposant les 3 dés de la même couleur.

51. Résolvez dans $\mathbb{N}$ les équations :

a) $C_n^5=17C_n^4$;

b) $C_{2n+4}^{3n-1}=C_{2n+4}^{n}$;

c) $C_{2n}^1+C_{2n}^2+C_{2n}^3=287\,n$.

52. Démontrez que pour tous naturels n et p tels que, $0\leqslant p\leqslant n+1$, on a :

$$C_{n+1}^{p}=\sum_{k=0}^{p} C_{n-k}^{p-k}.$$

53. Démontrez que pour tous naturels n et p tels que $0 \leqslant p \leqslant n$, on a :

$$C_n^p = \sum_{k=1}^{n-p+1} C_{n-k}^{p-1}.$$

54. Montrez que pour tout naturel $n \geqslant 1$,

$$C_n^0 C_n^1 \ldots C_n^p \ldots C_n^n = \frac{(n!)^{n-1}}{[1!2!\ldots(n-1)!]^2}.$$

Problèmes

55. Dans tout le problème les *tiroirs* sont toujours différenciés les uns des autres et donc en aucune façon interchangeables.

a) Combien y a-t-il de façons de ranger 4 objets indiscernables dans 7 tiroirs de sorte qu'il n'y ait pas plus d'un objet par tiroir?

b) Combien y a-t-il de façons de ranger 6 boules indiscernables dans 4 tiroirs?

c) Reprenez les deux questions précédentes en supposant que les objets placés dans les tiroirs sont *discernables*.

56.★ A_1, A_2, ..., A_n sont n points distincts du plan ($n \geqslant 4$); trois quelconques d'entre eux ne sont pas alignés.

a) Combien peut-on former de segments, de triangles avec ces n points?

b) A, B, C, D sont quatre points non alignés trois à trois.
Combien de quadrilatères peut-on former avec A, B, C, D,?
Combien de quadrilatères peut-on former avec les n points?

c) Combien peut-on former de polygones ayant p côtés avec les n points?

57. Parallélogrammes
Sur le dessin ci-dessous, combien voyez-vous de parallélogrammes?

CHAPITRE 4

PROBABILITÉS

1. Pour prendre un bon départ

1.1. Idées et faits essentiels : exemples

• Chacun s'accorde à dire que lorsqu'on lance un dé ordinaire (avec les faces numérotées de 1 à 6) il y a *une chance sur six* pour que sorte, par exemple, le chiffre 3. Le raisonnement intuitif sous-jacent consiste à dire qu'il y a six possibilités : « sortie du 1 », « sortie du 2 », ..., « sortie du 6 », et qu'une seule de ces éventualités est **favorable :** la sortie du chiffre 3.

Évidemment, il y a aussi une chance sur six pour qu'apparaisse le chiffre 1, ou le chiffre 2, ...

Ce raisonnement suppose que le dé est mécaniquement parfait (c'est-à-dire que le dé n'est pas pipé) et que chaque face a la même chance de sortie; on dit alors que les six possibilités « sortie du 1 », « sortie du 2 », ..., « sortie du 6 » sont **équiprobables.**

• Considérons une urne dans laquelle sont placées dix boules numérotées de 1 à 10. On tire de celle-ci, une boule et une seule, et on se demande : *« quelle est la probabilité de l'événement : le nombre inscrit sur la boule tirée est impair et inférieur à 6? »*

Lors d'un tel tirage d'une boule, il y a dix cas possibles : « tirage du 1 », « tirage du 2 », ..., « tirage du 10 »; pour que la boule tirée porte un nombre impair et inférieur à 6, tout le monde s'accorde à dire qu'il y a trois cas favorables : tirage du 1, du 3 ou du 5. Il y a donc 3 chances sur 10 de tirer une boule portant un nombre impair et inférieur à 6; on dit que la probabilité demandée est $\frac{3}{10}$.

Cette fois encore, le raisonnement précédent suppose que les dix cas possibles sont *équiprobables;* c'est le cas si les boules sont *indiscernables au toucher,* c'est-à-dire rigoureusement identiques.

• L'objet de ce chapitre est de mathématiser le concept de probabilité et d'apprendre à calculer des probabilités dans des cas simples.

1.2. Un peu d'histoire

Pacioli (1445; 1514) discute de jeux de hasard; Cardan (1501; 1576) s'intéresse à des problèmes de dés et fait un relevé des précautions à prendre pour éviter la tricherie dans les jeux de hasard; Galilée (1564; 1642) montre qu'avec trois dés la somme des trois chiffres des faces supérieures est plus souvent 10 que 9.
Cependant, *le calcul des probabilités* prend naissance véritablement en 1654, lors d'un échange de correspondance entre Pascal et Fermat à propos de deux problèmes posés par le chevalier de Méré. Ni l'un ni l'autre ne publient leurs résultats et c'est Huygens qui, reprenant leurs travaux, résout d'autres problèmes et publie en 1657 le premier traité de probabilités.
Leibniz, de Moivre, Jacob Bernoulli, Laplace et Gauss au XVIIIe siècle développent cette nouvelle branche des mathématiques.
Le calcul des probabilités connaît un grand essor au XIXe siècle avec Bertrand, Poincaré et Borel.
Kolmogoroff en fonde la théorie en 1936. Depuis, le calcul des probabilités se développe dans deux directions complémentaires : *la théorie* et *les applications,* ces dernières sont présentes dans la plupart des domaines de la connaissance.

2. Travaux pratiques d'approche

Pour chacune des situations proposées en *Travaux pratiques d'approche,* l'hypothèse d'équiprobabilité est admise dans les données. Pour répondre aux questions de ces Travaux pratiques, il suffit donc que vous utilisiez l'idée suivante : pour calculer la probabilité p(A) d'un événement A, il faut dénombrer les cas favorables à la réalisation de cet événement, dénombrer tous les cas possibles et alors :

$$p(\mathrm{A})=\frac{\textbf{nombre de cas favorables}}{\textbf{nombre de cas possibles}}.$$

2.1. Jeux de cartes

Utilisons un jeu de 32 cartes; mélangeons les cartes et distribuons au hasard *une main* de 5 cartes (c'est-à-dire un ensemble de 5 cartes) à un joueur.
Proposons-nous de **déterminer la probabilité pour que ce joueur ait exactement trois cœurs dans la main distribuée.**

QUESTIONS

a. *Le nombre total de mains de 5 cartes tirées d'un jeu de 32 cartes est* C_{32}^{5}. *Justifiez cette affirmation et déterminez* C_{32}^{5}.

b. *Le nombre total de mains de 5 cartes comprenant exactement 3 cœurs est* $C_8^3C_{24}^2$.
Justifiez cette affirmation et déterminez $C_8^3C_{24}^2$.

c. *Déduisez-en la probabilité pour qu'il y ait trois cœurs exactement dans une main de 5 cartes.*

Réponse : $\frac{69}{899}\simeq 0{,}08$.

Voici d'autres questions.

QUESTIONS

1. ***a.*** *Déterminez la probabilité de chacun des événements :*
A : « n'avoir aucun valet dans une main de 5 cartes »;
B : « avoir au moins un valet dans une main de 5 cartes ».

b. *Vérifiez que* $p(\mathrm{B})=1-p(\mathrm{A})$. *Justifiez cette égalité.*

2. *On dit que deux cartes sont de même* hauteur *lorsque ce sont deux as, ou deux rois, ou ..., ou deux 7. Dans un jeu de 32 cartes il y a donc 8 hauteurs.*

a. *Combien y a-t-il de façons de choisir 5 hauteurs?*

b. *Supposons 5 hauteurs choisies; combien y a-t-il de façons d'attribuer des couleurs (cœur, carreau, pique, trèfle) distinctes ou non à ces hauteurs?*

c. *Déduisez-en la probabilité pour que dans une main de 5 cartes, toutes les cartes soient de hauteurs différentes.*

2.2. Jeux de dés

Considérons deux dés *discernables,* par exemple de couleurs différentes ou de tailles différentes ou... afin de pouvoir les distinguer. Lançons ces deux dés et *lisons les numéros des faces supérieures.* Le résultat de l'épreuve est un couple $(x; y)$ où x et y sont éléments de l'ensemble $\{1, 2, 3, 4, 5, 6\}$; il y a donc $6^2=36$ résultats possibles. Nous supposons les dés non pipés et les 36 résultats équiprobables.

QUESTIONS

a. *Déterminez la probabilité de chacun des événements suivants,*
A : « la somme des deux chiffres est 7 »;
B : « les chiffres sortis sont tous deux pairs »;
C : « l'un des chiffres sortis est pair et l'autre impair »;
D : « la somme des deux chiffres est paire »;
E : « la somme des deux chiffres est impaire ».

b. *Expliquez pourquoi les réponses aux questions précédentes ne seraient pas changées si les dés étaient indiscernables (même couleur, même taille, ...)?*

Considérons maintenant **trois** dés (discernables), lançons-les et lisons les numéros des faces supérieures.

QUESTIONS

Déterminez la probabilité de chacun des événements suivants :
F : « avoir fait 421 »;
G : « avoir des chiffres différents sur chaque dé »;
H : « avoir une paire » (c'est-à-dire « avoir le même chiffre sur deux dés et un chiffre différent sur le troisième »).

2.3. Le Loto national

Une façon de jouer au Loto national consiste à cocher **six** numéros sur une grille contenant les quarante-neuf numéros de 1 à 49 (voir ci-après). Dans une sphère il y a quarante-neuf boules numérotées de 1 à 49.
On tire de cette sphère, successivement et sans remise, six boules et une boule complémentaire.
Nous supposerons comme *équiprobable* la sortie de chaque boule.

QUESTIONS

a. *Déterminez la probabilité de chacun des événements suivants :*
A : « être gagnant au 1er rang » (on a les six numéros tirés);
B : « être gagnant au 2e rang » (on a cinq des six numéros tirés, et le numéro complémentaire);
C : « être gagnant au 3e rang » (on a cinq des six numéros tirés);
D : « être gagnant au 4e rang » (on a quatre des six numéros tirés);
E : « être gagnant au 5e rang » (on a trois des six numéros tirés).

b. *En fait, au* Loto *national, la mise minimale est de 2 francs, c'est-à-dire qu'il faut au minimum jouer deux grilles sur chacune desquelles on coche six cases.*
Déterminez alors la probabilité d'être ***au moins*** *une fois gagnant au 5e rang.*

1					2				
	10	20	30	40		10	20	30	40
1	11	21	31	41	1	11	21	31	41
2	12	22	32	42	2	12	22	32	42
3	13	23	33	43	3	13	23	33	43
4	14	24	34	44	4	14	24	34	44
5	15	25	35	45	5	15	25	35	45
6	16	26	36	46	6	16	26	36	46
7	17	27	37	47	7	17	27	37	47
8	18	28	38	48	8	18	28	38	48
9	19	29	39	49	9	19	29	39	49

2.4. Le Loto sportif

Voici ci-dessous une grille du Loto sportif. Avec la mise minimale de 5 F, on doit pour chacun des 16 futurs matchs proposés, soit cocher la case [1] si on pronostique la victoire du club recevant, soit la case [N] pour match nul, soit la case [2] pour une victoire du club visiteur.

	Equipe 1	Equipe 2			Equipe 1	Equipe 2	
1	NICE	RENNES	1 N 2	9	LILLE	BORDEAUX	1 N 2
2	TOULOUSE	MONACO	1 N 2	10	TOULON	NANTES	1 N 2
3	LAVAL	LENS	1 N 2	11	GUINGAMP	ABBEVILLE	1 N 2
4	AUXERRE	PARIS-S.G.	1 N 2	12	DUNKERQUE	VALENCIENNES	1 N 2
5	BREST	MARSEILLE	1 N 2	13	STRASBOURG	REIMS	1 N 2
6	ST-ÉTIENNE	NANCY	1 N 2	14	GUEUGNON	CUISEAUX LOUHANS	1 N 2
7	METZ	SOCHAUX	1 N 2	15	SÈTE	LIMOGES	1 N 2
8	R.C. PARIS	LE HAVRE	1 N 2	16	LE PUY	CANNES	1 N 2

QUESTIONS

a. *Supposons que pour chaque match les trois possibilités : « victoire du club recevant », « match nul », « victoire du club visiteur » soient* équiprobables.
A l'issue d'un match une seule de ces possibilités est réalisée.
Pour un joueur qui remplit sa grille au hasard, déterminez la probabilité de chacun des événements suivants :
A : « avoir 16 bons résultats »;
B : « avoir 15 bons résultats »;
C : « avoir 14 bons résultats »;
D : « avoir 13 bons résultats »;
E : « avoir 12 bons résultats ».

b. *Que pensez-vous de l'hypothèse d'équiprobabilité faite à la question précédente?*

c. *Au Loto national (voir paragraphe* **2.3.**), *la probabilité d'être gagnant au 1er rang est d'environ* $7{,}15 \times 10^{-8}$.
De combien de résultats faudrait-il être **certain** *au Loto sportif pour que la probabilité d'avoir 16 bons résultats soit supérieure à* $7{,}5 \times 10^{-8}$?

3. Cours

Le calcul des probabilités est maintenant une théorie mathématique bien établie, avec ses axiomes, ses définitions, ses théorèmes. Mais les définitions données sous leur forme la plus élaborée sont quelque peu éloignés du sens commun. Aussi préférons-nous vous faire comprendre la signification des premiers mots de cette théorie au travers des explications et exemples qui suivent.

3.1. Le vocabulaire des événements

a. Événement élémentaire

• Dans de nombreux cas une même *épreuve,* répétée plusieurs fois dans des conditions apparemment identiques, ne conduit pas toujours au même résultat.
Les exemples les plus simples sont donnés par les jeux de hasard : lorsqu'on lance une pièce de monnaie on ne peut pas prévoir à coup sûr si elle retombera sur pile ou face; si on lance un dé ordinaire, on ne peut pas connaître à coup sûr le chiffre porté par la face supérieure; lors du tirage du Loto national on ne peut prévoir à coup sûr les numéros portés par les six boules tirées; ...
Si, comme dans les situations précédentes, l'issue d'une épreuve ne peut être déterminée avant sa réalisation, nous dirons qu'il s'agit d'une épreuve *aléatoire.*

• Dans l'épreuve qui consiste à lancer un dé **et** à relever le numéro de la face supérieure, il y a six issues possibles, à savoir l'apparition de l'une ou l'autre des six faces.
On peut mathématiser ce concept; pour cela on associe à cette épreuve l'ensemble des cas possibles, $E=\{1; 2; 3; 4; 5; 6\}$.
Par abus de langage on appellera aussi événement élémentaire la description qui en est faite, par exemple : « apparition de la face portant le chiffre 4 ».

EXERCICE

Dans chacun des cas suivants, définissez les événements élémentaires de l'épreuve proposée à partir d'un ensemble E que vous préciserez :

a. on lance une pièce de monnaie;

b. on effectue l'un des tirages du Loto national;

c. on lance deux dés et on fait la somme des nombres marqués sur les faces supérieures;

d. d'une urne contenant quatre boules numérotées 1, 2, 3, 4, on tire simultanément deux boules.

b. Événement

Notons E l'ensemble des cas possibles, associé à une épreuve.

• *Nous appellerons* ***événement*** **toute partie de E.**
Un événement est donc **la réunion** *de certains événements élémentaires.*

Exemple : Au lancer d'un dé ordinaire, $A=\{2; 4; 6\}$ est un événement; par abus de langage nous appellerons encore événement l'une de ses descriptions « sortie d'une face portant un nombre pair ». Il est clair que A est la réunion des événements élémentaires $\{2\}$, $\{4\}$, $\{6\}$.

• Dire qu'**un événement A est réalisé** signifie que lors d'une épreuve, l'un des événements élémentaires que contient A est associé à l'issue.

Exemple : lors du tirage du Loto national, l'événement « sortie d'un numéro pair » est réalisé si l'issue est par exemple : 2-5-17-20-32-47.

• Vous savez que l'ensemble E est une partie de lui-même, or E contient tous les événements élémentaires, donc E est réalisé à coup sûr : on dit que **E est l'événement certain.**

• Par ailleurs, l'ensemble vide $\varnothing$ est une partie de tout ensemble E, or il ne contient aucun événement élémentaire, donc $\varnothing$ n'est jamais réalisé : on dit que **$\varnothing$ est l'événement impossible.**

Exemple : lors du tirage d'une carte d'un jeu de 32 cartes, l'événement « tirer un as de couleur jaune » est l'événement impossible.
Lors du lancer de deux dés, l'événement « avoir une somme inférieure à 13 » est l'événement certain.

c. Événement contraire

L'événement contraire *d'un événement* A *est la partie complémentaire de* A *dans* E; on le note $\overline{\mathbf{A}}$.

Donc : $$\overline{A} = \complement_E A.$$

Comme $\complement_E(\complement_E A) = A$, l'événement contraire de $\overline{A}$ est l'événement A. On dira donc que **les événements A et $\overline{\mathbf{A}}$ sont contraires.**

Exemple : pour le lancer d'un dé, les événements « apparition d'un nombre pair » et « apparition d'un nombre impair » sont contraires.

d. Intersection et réunion d'événements

A et B sont deux événements, parties d'un même ensemble E.
L'intersection *de ces deux événements est l'événement, noté* **A∩B,** *qui est réalisé lorsque les événements* A *et* B *sont réalisés simultanément.*

La réunion *des événements* A *et* B *est l'événement, noté* **A∪B,** *qui est réalisé lorsque l'un au moins des événements* A *ou* B *est réalisé.*

Exemple : d'une urne contenant dix boules numérotées de 1 à 10, on tire une boule.
Considérons l'événement « avoir un nombre impair », soit $A=\{1; 3; 5; 7; 9\}$ et l'événement « avoir un nombre strictement inférieur à 6 », soit $B=\{1; 2; 3; 4; 5\}$.
L'événement $A \cap B$ est $\{1; 3; 5\}$, c'est l'événement « avoir un nombre impair strictement inférieur à 6 ».
L'événement $A \cup B$ est $\{1; 2; 3; 4; 5; 7; 9\}$, c'est l'événement « avoir un nombre impair ou strictement inférieur à 6 ».

e. Événements incompatibles

A et B sont deux événements, parties d'un même ensemble E. Ces événements A et B sont dits ***incompatibles*** lorsqu'ils ne peuvent pas avoir lieu en même temps, c'est-à-dire lorsque $\mathbf{A \cap B = \varnothing}$.
En particulier, les événements contraires A et $\overline{A}$ sont incompatibles.

Exemple : pour le lancer d'un dé ordinaire, les événements « avoir un nombre pair » et « avoir un nombre strictement inférieur à 2 » sont incompatibles.

Commentaire

Les propriétés des opérations ∪ et ∩ sur $\mathscr{P}(E)$ se transmettent sur l'ensemble des événements; par exemple on a :

$$\overline{A \cup B} = \overline{A} \cap \overline{B}; \quad A \cap B = B \cap A; \; \ldots$$

3.2. Probabilités d'événements

Plaçons-nous dans le cas d'une épreuve à laquelle est associé un ensemble fini E de cas possibles. Supposons que card $E = n$ (avec $n \geqslant 1$) *et* $E = \{e_1, e_2, \ldots, e_n\}$.
Nous allons définir la probabilité d'un événement comme étant un réel de l'intervalle [0; 1]. Comment? En respectant les axiomes suivants :

▶ la probabilité de l'événement certain E est 1; celle de l'événement impossible ∅ est 0;

▶ si $A_1, A_2, \ldots, A_n$ sont des événements deux à deux disjoints, la probabilité de l'événement $A_1 \cup A_2 \cup \ldots \cup A_n$ est la somme des probabilités de chacun des événements A_1, $A_2, \ldots, A_n$ **(axiome d'additivité).**

Intéressons-nous d'abord aux événements élémentaires $\{e_i\}$ (avec $1 \leqslant i \leqslant n$) et notons p_i leur probabilité ($0 \leqslant p_i \leqslant 1$).
Ces événements élémentaires sont deux à deux disjoints et leur réunion est E; d'après les axiomes ci-dessus :

$$p_1 + p_2 + \ldots + p_n = 1.$$

Plaçons-nous dans le cas où chaque événement élémentaire a la même probabilité, on dit qu'ils sont **équiprobables;** dans ces conditions on a alors :

$$p_1 = p_2 = \ldots = p_n = \frac{1}{n}.$$

Considérons maintenant un événement quelconque A et supposons que card $A = m$ (avec $m \geqslant 1$). Cet événement est la réunion de m événements élémentaires deux à deux disjoints; donc, d'après l'axiome d'additivité, la probabilité de A est :

$$\underbrace{\frac{1}{n} + \frac{1}{n} + \ldots + \frac{1}{n}}_{m \text{ fois}} = \frac{m}{n}.$$

En conclusion, retenez les résultats suivants :

> E est l'ensemble *fini* des cas possibles, associé à une épreuve. Dans le cas où tous les événements élémentaires sont *équiprobables,* la probabilité d'un événement A est le réel noté $p(A)$, de l'intervalle [0; 1] tel que :
>
> $$p(A) = \frac{\text{card } A}{\text{card } E}.$$

En d'autres termes, dans le cas d'équiprobabilité, la probabilité de l'événement A est le rapport du nombre de cas favorables (ce sont les événements élémentaires qui permettent à A d'être réalisé) sur le nombre de cas possibles; soit :

$$p(\mathrm{A})=\frac{\text{nombre de cas favorables}}{\text{nombre de cas possibles}}.$$

Notez que la notion d'équiprobabilité a joué un rôle primordial dans la définition de la probabilité d'un événement élémentaire et par suite d'un événement quelconque. Une situation étant donnée, il n'est pas toujours facile de savoir s'il y a équiprobabilité ou non des événements élémentaires.

Exemple

A une soirée étudiante, assistent 100 étudiants à la faculté des Sciences, 60 étudiants de Maths Sup et 90 étudiants de la faculté de Lettres.
Si vous rentriez dans la salle et si vous adressiez la parole au hasard à l'un quelconque de ses étudiants, *qu'elle serait la probabilité pour qu'il soit à la faculté des Sciences?*
Le nombre de cas possibles est ici le nombre total d'étudiants, soit 250. Le nombre de cas favorables est le nombre d'étudiants à la faculté des Sciences, soit 100. La probabilité p cherchée est donc :

$$\boldsymbol{p}=\frac{100}{250}=\frac{2}{5}=\mathbf{0{,}4}.$$

Exemple d'événements élémentaires NON équiprobables
L'épreuve consiste à lancer deux dés, supposés parfaits, et à faire la somme des chiffres apparus sur les faces supérieures.
On peut considérer que l'ensemble des cas possibles est $E=\{2; 3; 4; \ldots; 11; 12\}$. Nous concevons que l'événement élémentaire $\{2\}$ a moins de chances de se produire que l'événement élémentaire $\{4\}$ par exemple. En effet l'issue où apparaissent 1 et 1 est la seule associée à l'événement élémentaire $\{2\}$; alors que trois issues : 2 et 2, 1 et 3, 3 et 1, sont associées à l'événement élémentaire $\{4\}$.
Ces deux événements élémentaires **ne sont pas équiprobables.**
A l'événement élémentaire $\{2\}$ on attribue la probabilité $\frac{1}{36}$; à l'événement élémentaire $\{4\}$ on attribue la probabilité $\frac{3}{36}\left(=\frac{1}{12}\right)$.

EXERCICE Déterminez la probabilité de chacun des événements élémentaires de l'épreuve décrite à l'exemple précédent.

3.3. Propriétés des probabilités

- Pour tout événement A on a vu que :

$$\mathbf{0\leqslant \boldsymbol{p}(A)\leqslant 1}.$$

- A et $\overline{\mathrm{A}}$ sont deux événements contraires.

Nous avons vu (page 50) que card $\overline{\mathrm{A}}$ = card $\complement_{\mathrm{E}}\mathrm{A}$ = card E − card A donc :

$$p(\overline{\mathrm{A}})=\frac{\text{card }\overline{\mathrm{A}}}{\text{card E}}=\frac{\text{card E}-\text{card A}}{\text{card E}}=1-p(\mathrm{A}).$$

Théorème 1

Si* A et $\overline{A}$ sont deux événements *contraires, alors :

$$p(\overline{A})=1-p(A).$$

• A et B sont deux événements; déterminons la probabilité de leur réunion $A\cup B$ dans le cas où les événements élémentaires sont équiprobables.

Nous notons que : card $(A\cup B)$=card A+card B−card $(A\cap B)$.

Donc : $$p(A\cup B)=\frac{\text{card } A+\text{card } B-\text{card }(A\cap B)}{\text{card } E}=p(A)+p(B)-p(A\cap B).$$

Nous admettrons que le résultat subsiste dans le cas de non-équiprobabilité.

Théorème 2

Pour tous événements A et B, la probabilité de leur *réunion* $A\cup B$ est :

$$p(A\cup B)=p(A)+p(B)-p(A\cap B).$$

Notez que **lorsque les événements A et B sont incompatibles,** on a $A\cap B=\varnothing$ et $p(A\cap B)=0$, donc l'on retrouve bien l'axiome d'additivité (page 82) car alors :

$$p(A\cup B)=p(A)+p(B).$$

EXERCICE résolu 1

Il y a dans un tiroir 3 paires de chaussures de couleurs différentes. On tire au hasard deux chaussures; déterminez la probabilité de chacun des événements :

A : « elles appartiennent à la même paire »;

B : « il y a un pied droit et un pied gauche ».

Solution ■ ■ ■

Chaque événement élémentaire est un tirage de deux chaussures parmi les six du tiroir. Il y a autant de tels tirages que de parties à deux éléments de l'ensemble des six chaussures, c'est-à-dire C_6^2.

Les événements élémentaires sont équiprobables.

Calcul de $p(A)$: pour que A soit réalisé il faut et il suffit que l'on tire l'une des trois paires, donc card A=3 et

$$p(A)=\frac{3}{C_6^2}=\frac{3}{15}=\frac{1}{5}.$$

Calcul de $p(B)$: pour que B soit réalisé il faut et il suffit que l'on tire un pied droit noté d, de n'importe quelle couleur et un pied gauche, noté g, de n'importe quelle couleur. Il y a autant de tels tirages que de couples $(d; g)$, donc card B=3×3=9 et

$$p(B)=\frac{9}{C_6^2}=\frac{9}{15}=\frac{3}{5}.$$

■ ■ ■ ■ ■ ■ ■ ■ ■ ■

EXERCICE résolu 2

On lance 100 fois une pièce en l'air et on note les côtés (pile P, face F) obtenus successivement.

Quelle est la probabilité pour qu'on obtienne 50 fois pile?

Chaque issue de l'épreuve est une liste de 100 lettres, P ou F.

Solution ■ ■ ■

Il y a autant d'événements élémentaires que de 100-uplets de l'ensemble $\{P, F\}$, donc 2^{100}. Parmi ces 100-uplets, ceux qui donnent des cas favorables, comptent 50 lettres P et 50 lettres F : il y en a donc C_{100}^{50}.

La probabilité de l'événement proposé est donc : $\dfrac{C_{100}^{50}}{2^{100}} \simeq 0{,}08$.

■ ■ ■ ■ ■ ■ ■ ■ ■

EXERCICE résolu 3

Quelle est la probabilité de tirer, dans un jeu de 32 cartes, une main de 5 cartes contenant **au moins** un as?

Solution ■ ■ ■

Il y a autant d'événements élémentaires que de mains de 5 cartes, c'est-à-dire de parties à 5 éléments d'un ensemble à 32 éléments; il y a donc C_{32}^{5} événements élémentaires équiprobables.
Pour répondre à la question posée, on peut dénombrer les mains de 5 cartes contenant un as, puis celles contenant deux as, puis celles avec trois as et enfin celles avec quatre as.
Il est plus rapide ici de faire intervenir l'événement contraire de l'événement A : « avoir au moins un as », à savoir l'événement $\overline{A}$: « n'avoir aucun as ».

Nous vous laissons vérifier que $p(\overline{A}) = \dfrac{C_{28}^{5}}{C_{32}^{5}}$ et que :

$$p(A) = 1 - p(\overline{A}) = \frac{1\,841}{3\,596} \quad \text{soit} \quad p(A) \simeq 0{,}51.$$

■ ■ ■ ■ ■ ■ ■ ■ ■

EXERCICE résolu 4

Une épreuve consiste à lancer deux dés, l'un noir, l'autre vert et à noter les chiffres apparus sur les faces supérieures. Les chiffres apparus sont notés n et v.

a. A est l'événement « $n \leqslant 3$ » et B l'événement « $v \leqslant 2$ ».
Déterminez la probabilité de $A \cup B$.

b. Déterminez la probabilité de l'événement C : « $n + v < 4$ ou $v > 2$ ».

Solution ■ ■ ■

n \ v	1	2	3	4	5	6
1	(1; 1)	(1; 2)	(1; 3)	(1; 4)	(1; 5)	(1; 6)
2	(2; 1)	(2; 2)	(2; 3)	(2; 4)	(2; 5)	(2; 6)
3	(3; 1)	(3; 2)	(3; 3)	(3; 4)	(3; 5)	(3; 6)
4	(4; 1)	(4; 2)	(4; 3)	(4; 4)	(4; 5)	(4; 6)
5	(5; 1)	(5; 2)	(5; 3)	(5; 4)	(5; 5)	(5; 6)
6	(6; 1)	(6; 2)	(6; 3)	(6; 4)	(6; 5)	(6; 6)

Un événement élémentaire de cette épreuve est un couple $(n; v)$ où n et v sont des naturels tels que $1 \leqslant n \leqslant 6$ et $1 \leqslant v \leqslant 6$. Nous représentons ci-contre l'ensemble des événements élémentaires.

a. L'événement A : « $n \leqslant 3$ » est l'ensemble de tous les couples écrits sur les trois premières lignes, donc card A = 18 et $p(A) = \dfrac{18}{36} = \dfrac{1}{2}$.

L'événement B : « $v \leqslant 2$ » est l'ensemble de tous les couples écrits sur les deux premières colonnes, donc

$$\text{card } B = 12 \quad \text{et} \quad p(B) = \frac{12}{36} = \frac{1}{3}$$

L'événement A∩B est l'ensemble $\{(1;1), (1;2), (2;1), (2;2), (3;1), (3;2)\}$, donc

$$\text{card}(A\cap B)=6 \quad \text{et} \quad p(A\cap B)=\frac{6}{36}=\frac{1}{6}.$$

En conclusion :

$$\boldsymbol{p(A\cup B)}=p(A)+p(B)-p(A\cap B)=\frac{1}{2}+\frac{1}{3}-\frac{1}{6}=\boldsymbol{\frac{2}{3}}.$$

b. L'événement C est la réunion des événements E : « $n+v<4$ » et F: « $v>2$ ». Nous vous laissons expliquer sur le tableau précédent pourquoi E et F sont incompatibles.

Vous vérifierez aussi que : $p(E)=\frac{3}{36}=\frac{1}{12}$ et $p(F)=\frac{24}{36}=\frac{2}{3}$.

En conséquence : $\boldsymbol{p(C)}=p(E\cup F)=p(E)+p(F)=\frac{1}{12}+\frac{2}{3}=\boldsymbol{\frac{3}{4}}.$

■■■■■■■■■

4. Travaux pratiques d'application

T.P.1. Biologie et probabilités

Le sang des Français

Les centres de transfusion sanguine diffusent le tableau suivant donnant la répartition en France des principaux groupes sanguins. Par ailleurs, le sang de tout être humain possède une caractéristique appelée facteur Rhésus. Cette caractéristique peut revêtir deux formes que l'on appelle Rhésus + et Rhésus −.

	O	A	B	AB
R^+	37,0 %	38,1 %	6,2 %	2,8 %
R^-	7,0 %	7,2 %	1,2 %	0,5 %

QUESTIONS

Un couple étant pris au hasard, trouvez les probabilités pour que :

a. *l'homme soit* R^+ *et la femme* R^-;

b. *l'homme soit* R^+ *et la femme* R^+;

c. *l'homme soit* R^- *et la femme* R^-;

d. *l'homme soit* R^- *et la femme* R^+.

Comportement de rats

Au cours d'une expérience sur le comportement des animaux, des rats doivent choisir entre quatre portes d'apparence identiques, dont l'une est dite « bonne » et les trois autres « mauvaises ». Chaque fois qu'il choisit une mauvaise porte, le rat sent une décharge électrique désagréable et est ramené à son point de départ, et cela jusqu'à ce qu'il choisisse la bonne porte.

QUESTIONS

1. *Supposons que le rat n'ait aucune mémoire. Il choisit à chaque fois de façon équiprobable entre les quatre portes. Déterminez les probabilités des événements suivants :*

a. *le rat sort au bout de la troisième fois;*

b. *le rat sort au bout de la septième fois.*

2. *Supposons que le rat ait une mémoire parfaite. A chaque nouvelle expérience il évite les portes choisies auparavant et il choisit de façon équiprobable entre celles qu'il n'a pas encore essayées.*
Déterminez la probabilité de l'événement « le rat sort à la k-ième fois » pour $k \in \{1; 2; 3; 4\}$.

T.P.2. Probabilités et poésie

Raymond Queneau (1903-1976) a fait de son œuvre romanesque et poétique une expérience continue sur le fonctionnement du langage. Dans l'un de ses ouvrages, il propose quatorze ensembles, que nous noterons E_1, E_2, ..., E_{14}, de dix vers chacun. Pour composer un poème à partir de ces vers, il suggère la règle **(*R*)** suivante : *choisir un vers dans chaque ensemble; le vers choisi dans* E_1 *est le premier du poème, celui choisi dans* E_2 *est le second, ...*

QUESTIONS

a. *Cet ouvrage de Raymond Queneau s'intitule « Cent mille milliards de poèmes ».*
Est-ce à juste titre?

b. *Deux vers de l'ensemble* E_{14} *se terminent par le mot* « destin ».
Quelle est la probabilité de fabriquer un poème se terminant par « destin » *selon la règle* **(*R*)**.

L'un des poèmes ainsi fabriqué par Raymond Queneau est le suivant :

Le vieux marin breton de tabac prit sa prise
D'aucuns par-dessus tout prisent les escargots
Sur l'antique bahut il choisit sa cerise
Qui sait si le requin boulotte les turbots?

Le cheval Parthénon frissonnait sous la bise
Qui clochard devenant jetait ses oripeaux

Un frère même bas est la part indécise
Elle effraie le Berry comme les Morvandiaux
Le loup est amateur de coq et de cocotte
On comptait les esprits acérés à la hotte
Il voudra retrouver le germe adultérin

Sa sculpture est illustre et dans le fond des coques
On s'excuse il n'y a ni baleines ni phoques
Le mammifère est roi nous sommes son cousin.

(Atlas de Littérature Potentielle, collection Idées, éd. Gallimard)

QUESTIONS

a. *Quelle est la probabilité de fabriquer, selon la règle* **(*R*)**, *un poème ne contenant aucun des quatorze vers précédents?*

b. *Quelle est la probabilité de fabriquer un poème contenant exactement trois vers du poème précédent?*

Changeons la règle de construction d'un poème; voici la règle **(*S*)** : *on procède comme dans la règle* **(*R*)**, *mais de plus le mot final de deux vers différents ne peut être le même.*

QUESTIONS

Parmi les 140 vers proposés par Queneau, le mot « marchandise » *est le seul mot terminant deux vers situés dans des ensembles différents, à savoir* E_5 *et* E_7.
Quelle est la probabilité de fabriquer un poème satisfaisant la règle **(*S*)?**
Quelle est la probabilité que de plus ce poème finisse par le mot « destin »?

T.P.3. Probabilités et combinaisons secrètes

Pour ouvrir un coffre-fort, on dispose de quatre boutons pouvant être positionnés chacun sur l'un des chiffres 0, 1, 2, ..., 8, 9.
Le coffre ne s'ouvre que pour une position déterminée des quatre boutons : c'est la *combinaison* du coffre.

QUESTIONS

a. *Quelle est la probabilité pour qu'un voleur ne connaissant pas la combinaison ouvre le coffre du premier coup?*

b. *Le coffre est muni du système d'alarme suivant : si l'un au moins des boutons est positionné sur 8, une sirène se déclenche lorsqu'on tourne la poignée.*
Quelle est la probabilité pour que le voleur déclenche l'alarme à son premier essai?

c. *Par une indiscrétion, le voleur sait que le premier chiffre de la combinaison est un multiple non nul de 3.*
Quelle est la probabilité pour qu'il ouvre le coffre du premier coup?

d. *Il sait de plus que les chiffres de la combinaison sont 1, 3, 4, 6, mais ignore l'ordre.*
Quelle est la probabilité pour qu'il ouvre le coffre du premier coup?

T.P.4. Probabilités et géométrie

Un cercle de rayon 1 m est partagé en 16 arcs de même longueur par les points A, B, C, D, ... comme indiqué sur la figure ci-contre.

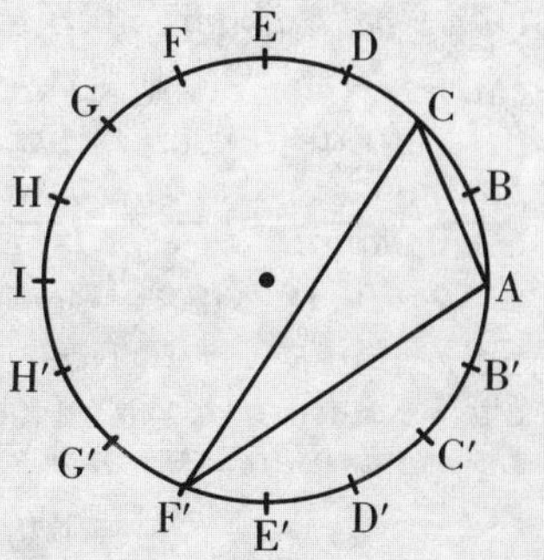

QUESTIONS

Les questions **2** *et* **3** *sont indépendantes de la question* **1.**

1. *Calculez l'aire du triangle* ACF′.

Indication : *souvenez-vous de la relation*

$$\frac{a}{\sin \widehat{A}} = \frac{b}{\sin \widehat{B}} = \frac{c}{\sin \widehat{C}} = 2R.$$

2. *Combien peut-on former de triangles distincts ayant pour sommets trois des points ci-dessus?*

3. *On place, dans une urne, 16 boules portant chacune une des 16 lettres employées plus haut et l'on tire, au hasard et simultanément, trois de ces boules.*
Calculez les probabilités pour que ces trois lettres désignent les sommets d'un triangle :

a. *isocèle;*

b. *non isocèle;*

c. *équilatéral;*

d. *rectangle;*

e. *rectangle et isocèle.*

EXERCICES

Exercices d'apprentissage

Pour les exercices 1 à 5, calculez la probabilité pour qu'un joueur recevant une main de 8 cartes prises au hasard dans un jeu de 32, obtienne :

C **1.** trois cœurs;

2. quatre valets;

3. au moins deux as;

4. huit cœurs;

5. exactement un as et un trèfle.

Pour les exercices 6 à 9, calculez la probabilité pour qu'en jetant trois dés cubiques non pipés, l'un rouge, l'autre blanc et le troisième vert, on obtienne :

6. le même résultat sur les dés rouge et blanc;

C **7.** une somme paire;

C **8.** uniquement des numéros strictement inférieurs à 4;

9. une somme égale à 3 ou 4.

Exercices d'entraînement

10. Dans une classe de Terminale C, 68 % des élèves ont déclaré aimer l'étude des sciences naturelles, 60 % des mathématiques, 54 % des sciences naturelles et des mathématiques.
Quelle est la probabilité de choisir au hasard un élève de cette classe qui :

a) aime les sciences naturelles, mais pas les mathématiques?

b) aime les mathématiques, mais pas les sciences naturelles?

c) n'aime ni les sciences naturelles, ni les mathématiques?

11. Une urne contient 12 boules noires et 2 boules blanches.

a) On tire simultanément 3 boules et on note leurs couleurs.
Quelle est la probabilité d'avoir 2 boules blanches? au moins une boule blanche?

b) Combien de boules faut-il tirer, au minimum, pour que la probabilité d'avoir au moins une boule blanche soit supérieure à $\frac{5}{6}$?

12. On veut construire un tableau de mots croisés ayant 5 lignes et 5 colonnes. Une épreuve consiste à noircir au hasard, 8 des 25 cases du tableau.

a) Quelle est la probabilité, lors d'une épreuve, d'obtenir un tableau ainsi constitué : une case noire au centre du carré et une à chacun des sommets, les 3 autres cases noires étant à une place quelconque?

b) Quelle est la probabilité d'obtenir, lors d'une épreuve, un tableau dont une colonne est composée de cases noires, les 3 autres cases noires étant à une place quelconque?

13. Deux joueurs participent au jeu suivant : à tour de rôle, ils tirent une boule d'une urne qui contient 4 boules rouges et 2 boules noires. Les boules ne sont pas remises dans l'urne. Celui des deux joueurs qui extrait le premier une boule rouge gagne la partie.

a) Quelle est la probabilité P que le joueur qui commence le jeu gagne?

b) Quelle est la probabilité Q que ce soit l'autre joueur?

14. **1.** Une urne contient trois boules blanches et deux boules noires.

a) On effectue deux tirages successifs d'une boule, avec remise, et on note leurs couleurs. Vaut-il mieux parier sur la sortie de deux blanches, ou sur la sortie de deux boules de couleurs différentes?

b) On effectue cinq tirages successifs d'une boule, avec remise, et on note leurs couleurs. Quel est le meilleur pari pour cette épreuve : « sortie de cinq noires », « sortie de quatre noires », « sortie de trois noires », ...?

2. Une urne contient b boules blanches et n boules noires.
On effectue $b+n$ tirages successifs d'une boule, avec remise, et on note leurs couleurs. Quel est le meilleur pari pour cette épreuve : « sortie de $b+n$ noires », « sortie de $b+n-1$ noires », ...?

15. Belote
On distribue au hasard à un joueur cinq cartes d'un jeu de trente-deux.
Quelle est la probabilité pour qu'il reçoive :

a) un valet et un neuf *d'une même couleur?*

b) trois cartes de hauteurs consécutives d'une même couleur *(tierce)?*

c) au moins quatre cartes d'une même couleur?

16. Problème du sapeur Camember
On a mélangé 10 paires de chaussures on tire quatre chaussures au hasard et on regarde à quelle paire elles appartiennent.
Quelle est la probabilité d'avoir :

a) au moins une paire?

b) deux paires?

17. Problème de Galilé
Le prince de Toscane demande un jour au physicien Galilée : « pourquoi, lorsqu'on lance 3 dés, on obtient plus souvent la somme 10 que la somme 9, bien que ces sommes soient obtenues chacune de six façons différentes? » Donnez une explication à ce phénomène.

18. Paradoxe de Méré
Le chevalier de Méré, philosophe et homme de lettres, vivait au XVIIe siècle. Il augmentait ses revenus de la façon suivante : il pariait qu'avec un dé ordinaire (faces numérotées de 1 à 6), il était capable d'obtenir au moins un as en quatre coups. Il se mit alors à parier qu'il était capable d'obtenir au moins un double as avec deux dés en 24 coups. Il commença à perdre...!

a) Expliquez pourquoi Méré gagnait plus de fois qu'il ne perdait lorsqu'il disait faire apparaître au moins un as en quatre coups?

b) Déterminez la probabilité de faire apparaître au moins un double as en 24 coups avec deux dés. Concluez.

19. Dans une urne se trouvent trois boules rouges, trois noires, quatre blanches. On tire sans les remettre, successivement, trois boules de l'urne et on note leurs couleurs. Quelle est la probabilité :

a) de tirer 3 boules de la même couleur?

b) de tirer une boule de chaque couleur?

c) de tirer trois boules de deux couleurs différentes seulement?

20. ***a)*** On lance deux dés cubiques et on lit les chiffres des faces supérieures; quelle est la probabilité d'obtenir au moins un as?

b) Même question si on lance n dés cubiques ($n \geqslant 1$).

c) On lance des dés cubiques et on lit les chiffres des faces supérieures.
Combien doit-on utiliser de dés pour avoir la probabilité $\frac{2}{3}$ d'obtenir au moins un six?

21. Une urne contient douze boules numérotées de 1 à 12. On tire simultanément trois boules; on désigne par a, b, c les numéros des boules tirées avec $a < b < c$.

1. Quelles sont les probabilités :

***a*)** pour que a, b, c soient trois termes consécutifs d'une suite arithmétique de raison 3?

***b*)** pour que a, b, c soient trois termes consécutifs d'une suite géométrique de raison 2?

2. *Généralisation :* quelles sont les probabilités :

***a*)** pour que a, b, c soient trois termes consécutifs d'une suite arithmétique?

***b*)** pour que a, b, c soient trois termes consécutifs d'une suite géométrique de raison un naturel?

22. Une urne contient vingt jetons indiscernables au toucher. Cinq jetons portent le numéro 9, deux jetons le numéro 8, six jetons le numéro 6 et sept jetons le numéro 1. Lorsqu'on tire au hasard un jeton dans l'urne, tous ont la même probabilité d'être obtenus.

1. On tire successivement quatre jetons dans l'urne, sans les remettre après chaque tirage. En notant dans l'ordre les numéros obtenus, on obtient ainsi un nombre de quatre chiffres (le chiffre des milliers étant obtenu au premier tirage, le chiffre des centaines au second, le chiffre des dizaines au troisième et le chiffre des unités au quatrième tirage).
Quelle est la probabilité :

***a*)** d'obtenir le nombre 1986?

***b*)** d'obtenir un nombre pair?

2. Reprenez les questions précédentes, mais on remet chaque jeton dans l'urne après l'avoir tiré et noté son numéro.

(d'après Bac C)

Problèmes

23. $(O; \vec{i}, \vec{j})$ est un repère orthonormé; on donne les points de coordonnées A(0; 1), B(1; 0), C(−1; 0). Ces points sont pondérés et affectés des coefficients respectifs 1, b, c.

1. Discutez l'existence du barycentre G de ce système de points suivant les valeurs de b et c. Quelles sont alors les coordonnées de G?

2. Le couple $(b; c)$ est obtenu de la manière suivante : b est le résultat du premier jet d'un dé dont les faces portent les nombres −3, −2, −1, +1, +2, +3; c est le résultat du deuxième jet du même dé. Chaque couple a la même probabilité d'apparition.

***a*)** Quelle est la probabilité pour que le système de points pondérés admette un barycentre G dont l'ordonnée est égale à 1?

***b*)** Question analogue en imposant au barycentre G d'avoir une abscisse nulle.

***c*)** Question analogue en imposant au barycentre G d'appartenir à l'une ou l'autre des bissectrices des axes du repère.

(Bac C)

24. **1.** Soit $\omega_p = p(p+1)(2p+1)$ où p est un naturel non nul.
Démontrez par récurrence sur n que :

$$\sum_{p=1}^{n} \omega_p = \omega_1 + \omega_2 + \ldots + \omega_n = \frac{n(n+1)^2(n+2)}{2}$$

où n est un naturel non nul.

2. Une urne contient 30 boules. Il y a n boules rouges $(n \geqslant 1)$, $n+1$ boules blanches, le complément étant constitué de boules vertes.

***a*)** Quelle est la valeur maximale N du nombre de boules rouges dans l'urne?

***b*)** On effectue trois tirages successifs d'une boule avec remise, et on note leurs couleurs. Calculez la probabilité de tirer dans cet ordre une rouge, une blanche, une blanche?
Calculez la probabilité de tirer une rouge et deux blanches sans tenir compte de l'ordre des tirages.

***c*)** La méthode de tirage étant la même qu'en ***b*)** on désigne par A_n l'événement : « les trois boules tirées sont des deux couleurs : rouge et blanche ».
Calculez la probabilité $p(A_1)$ de l'événement A_1, puis la probabilité $p(A_n)$ de l'événement A_n pour $n > 1$.

3. Calculez $\sum_{n=1}^{N} p(A_n)$ où N est la valeur trouvée au **2. *a*)**.

(Bac E)

25. **Le PIRE est-il dans PIERRE?**
On écrit les lettres d'un mot sur des cartons que l'on place ensuite dans une urne. On tire ensuite des cartons de cette urne et on forme des mots avec les lettres tirées. Dans tout le

problème, les tirages sont « au hasard », ce qui signifie que chacun des cartons présents dans l'urne a la même probabilité d'être tiré.

a) On place dans l'urne les cinq cartons portant les lettres du mot MERCI. On tire trois cartons successivement *sans remise.* Quelle est la probabilité d'obtenir dans l'ordre le mot MER?

b) Toujours avec les lettres de MERCI, on tire *avec remise,* trois cartons successivement. Quelle est la probabilité d'obtenir les trois lettres du mot MER?

c) Quelle est la probabilité d'obtenir le mot PIRE en tirant, *sans remise,* quatre des lettres du mot PIERRE?

d) Quelle est la probabilité d'obtenir dans l'ordre le mot AISE en tirant quatre fois, *avec remise,* parmi les lettres du mot MATHÉMATIQUES?

CHAPITRE
5

SYSTÈMES D'ÉQUATIONS LINÉAIRES

En classes de Seconde et de Première, vous avez déjà résolu des systèmes d'équations linéaires par une méthode d'élimination; rappelons simplement que l'idée de cette méthode est de transformer le système initial en un système facile à résoudre par substitutions. Ces transformations s'effectuent en remplaçant des équations par des combinaisons d'équations. Jusque-là, nous avons admis que ces transformations ne modifient pas l'ensemble des solutions des systèmes successifs; nous allons cette fois le justifier (paragraphe **2.1.**).

1. Travaux pratiques d'approche

Mise en place d'une codification et résolution d'un système

Considérons le système **(S)** $\begin{cases} \mathbf{2x+2y+2z+2t=2} & L_1 \\ \mathbf{x+\ y+2z+2t=1} & L_2 \\ \mathbf{x+3y+3z+\ t=3} & L_3 \\ \mathbf{2x+3y+\ z+\ t=4} & L_4 \end{cases}$

Par la suite nous noterons les équations de ce système, de haut en bas : L_1, L_2, L_3, L_4. L'opération qui consiste à diviser par 2 chaque membre de l'équation L_1 sera codifiée par $\mathbf{L_1 \longleftarrow \frac{1}{2} L_1}$. Cette opération conduit au système

$$(S_1)\begin{cases} x+\ y+\ z+\ t=1 \\ x+\ y+2z+2t=1 \\ x+3y+3z+\ t=3 \\ 2x+3y+\ z+\ t=4. \end{cases}$$

Nous notons encore L_1, L_2, L_3, L_4 les équations de ce système, bien que L_1 ne désigne pas exactement la même équation dans les systèmes **(S)** et **(S_1).**
Fabriquons trois équations où l'inconnue x est éliminée. L'une de ces équations est obtenue en soustrayant chaque membre de L_1 au membre correspondant de L_2; on obtient $z+t=0$; puis on place cette nouvelle équation en deuxième ligne. L'opération ainsi effectuée est codifiée par $\mathbf{L_2 \longleftarrow L_2-L_1}$.

QUESTION

A quelle opération correspond chacun des codes $L_3 \longleftarrow L_3 - L_1$ *et* $L_4 \longleftarrow L_4 - 2L_1$?

Nous obtenons ainsi le système :

$$(S_2) \begin{cases} x+y+z+t=1 \\ z+t=0 \\ 2y+2z=2 \\ y-z-t=2. \end{cases}$$

Conservons l'équation L_1 où figure x, ainsi que l'équation L_3, par exemple, où figure y; plaçons cette dernière à la deuxième ligne et mettons l'équation L_2 en troisième ligne. Nous coderons la permutation des lignes L_2 et L_3 par $\mathbf{L_2 \longleftrightarrow L_3}$. Nous obtenons ainsi le système :

$$(S_3) \begin{cases} x+y+z+t=1 \\ 2y+2z=2 \\ z+t=0 \\ y-z-t=2. \end{cases}$$

QUESTIONS

a. *Quel système* (S_4) *obtenez-vous après l'opération*

$$L_2 \longleftarrow \frac{1}{2} L_2?$$

b. *Quel système* (S_5) *obtenez-vous après l'opération*

$$L_4 \longleftarrow L_4 - L_2?$$

c. *Codez l'opération à réaliser pour obtenir le système* (S_6) *suivant :*

$$\begin{cases} x+y+z+t=1 \\ y+z=1 \\ z+t=0 \\ t=1. \end{cases}$$

Un tel système est dit ***triangulaire.***

d. *Achevez la résolution du système* (S). *(Nous admettrons provisoirement que les systèmes* (S_6) *et* (S) *ont même ensemble de solutions.)*

2. Cours

2.1. Système d'équations linéaires

a. Notations

Un système de n équations linéaires d'inconnue le p-uplet $(x_1; x_2; \ldots; x_p)$ est un système du type :

$$(S) \begin{cases} a_{11}x_1 + a_{12}x_2 + \ldots + a_{1p}x_p = b_1 \\ a_{21}x_1 + a_{22}x_2 + \ldots + a_{2p}x_p = b_2 \\ \vdots \qquad\qquad\qquad\qquad \vdots \\ a_{n1}x_1 + a_{n2}x_2 + \ldots + a_{np}x_p = b_n \end{cases}$$

où les réels a_{11}, a_{12}, ..., a_{np} d'une part et b_1, b_2, ..., b_n d'autre part sont donnés.

Notez que n et p ne sont pas nécessairement égaux; précisons la signification des doubles indices utilisés; par exemple :
a_{12} désigne le coefficient de x_2 dans la première équation;
a_{2p} désigne le coefficient de x_p dans la deuxième équation.
De façon générale, a_{ij} désigne le coefficient de x_j dans la i-ième équation.
Lorsque tous les réels b_1, b_2, ..., b_n sont nuls, on dit que le système est *homogène*.

b. Résolution et opérations élémentaires

• Considérons, par exemple, l'équation L_i : $a_{i1}x_1+...+a_{ip}x_p=b_i$; dire qu'un p-uplet $(s_1; ...; s_p)$ *est solution de cette équation* signifie que $a_{i1}s_1+...+a_{ip}s_p=b_i$.
Dire qu'*un p-uplet est solution du système* **(S)** signifie que ce p-uplet est solution de **toutes** les équations de **(S)**.
Résoudre le système **(S)**, c'est déterminer tous les p-uplets solutions de **(S)**.

• Dire que *le système* **(S)** *est équivalent à un système* **(T)** signifie que toute solution de **(S)** est solution de **(T)** et que, réciproquement, toute solution de **(T)** est solution de **(S)**, c'est-à-dire, en d'autres termes, que **(S) et (T) ont même ensemble de solutions.**

• Pour résoudre le système **(S)**, on transforme les équations de celui-ci, à l'aide des *opérations élémentaires* que nous décrivons ci-dessous, et qui permettent d'étape en étape d'obtenir des systèmes équivalents, tout en procédant à *l'élimination d'inconnues.*

• **Opérations élémentaires**
Notons L_1, L_2, ..., L_n les n-équations, « de haut en bas », du système **(S)**.
On obtient un système équivalent à **(S)** :

1. en échangeant les équations L_i et L_j, ce que l'on code :

$$\mathbf{L}_i \longleftrightarrow \mathbf{L}_j;$$

2. en changeant l'ordre des inconnues, mais en conservant leurs coefficients respectifs;

3. en multipliant chaque membre de l'équation L_i par un réel $\boldsymbol{\alpha\neq 0}$, et en plaçant cette nouvelle équation, notée αL_i, à la i-ième ligne du nouveau système, ce que l'on code : $\mathbf{L}_i \longleftarrow \boldsymbol{\alpha}\mathbf{L}_i$ (avec $\alpha\neq 0$);

4. en fabriquant, à partir de l'équation L_j, l'équation λL_j où λ est un réel, puis en ajoutant à chaque membre de λL_j, les membres correspondants de l'équation L_i avec $i\neq j$, et en plaçant cette nouvelle équation, notée $L_i+\lambda L_j$ à la i-ème ligne du nouveau système; ce que l'on code : $\mathbf{L}_i \longleftarrow \mathbf{L}_i+\boldsymbol{\lambda}\mathbf{L}_j$ (avec $i\neq j$);

5. en supprimant l'équation L_i, s'il existe un réel α tel que les équations L_i et αL_j (avec $i\neq j$) soient les mêmes.

Les propositions **1.**, **2.**, **3.** et **5.** sont évidentes; *justifions la proposition* **4.** Pour cela notons :

(S) le système d'équations L_1, ..., L_i, ..., L_j, ..., L_n (ici $i<j$)
(T) le système d'équations L_1, ..., $L_i+\lambda L_j$, ..., L_j, ..., L_n.

Supposons que $(s_1; ...; s_p)$ soit solution du système **(S)**; alors ce p-uplet est solution des équations L_1, ..., L_n et en particulier des équations L_i et L_j, soit :

$$a_{i1}s_1+...+a_{ip}s_p=b_i \quad \text{et} \quad a_{j1}s_1+...+a_{jp}s_p=b_j.$$

Il est clair qu'alors, pour tout réel λ,

$$(a_{i1}+\lambda a_{j1})s_1+...+(a_{ip}+\lambda a_{jp})s_p=b_i+\lambda b_j$$

et donc que $(s_1; ...; s_p)$ est une solution de l'équation $L_i+\lambda L_j$; comme ce p-uplet est aussi solution des équations L_1, ..., L_{i-1}, L_{i+1}, ..., L_n, il est solution du système **(T)**.
Réciproquement, supposons que $(s_1; ...; s_p)$ soit solution du système **(T)**; alors ce p-uplet est en particulier solution des équations $L_i+\lambda L_j$ et L_j. La première partie de la démonstration montre que $(s_1; ...; s_p)$ est alors une solution de l'équation $(L_i+\lambda L_j)-\lambda L_j$, soit de l'équation L_i; or, comme il est aussi solution des équations L_1, ..., L_{i-1}, L_{i+1}, ..., L_n, il est solution de **(S)**. Les systèmes **(S)** et **(T)** sont donc équivalents.

EXERCICES

1. Justifiez la proposition **(3)**.

2. Montrez qu'avec l'opération $L_i \longleftarrow \alpha L_i + \lambda L_j$ avec $i \neq j$ et $\alpha \neq 0$, on passe d'un système à un système équivalent.

2.2. Méthode d'élimination de Gauss

a. Description de la méthode

La méthode qui suit, dite méthode de Gauss consiste, à l'aide d'opérations élémentaires, à obtenir des systèmes équivalents.
Cette méthode « par élimination » est algorithmique, c'est-à-dire qu'elle procède par étapes et qu'à chaque étape le même procédé est utilisé.

1re étape :

- il y a au moins une ligne $L_{\blacksquare}$ dans laquelle le coefficient de x_1 n'est pas nul, alors on la place en première ligne : $L_1 \longleftrightarrow L_{\blacksquare}$;
- à l'aide des opérations élémentaires $L_i \longleftarrow \alpha L_i + \lambda L_1$ avec $\alpha \neq 0$ et $i > 1$, on élimine x_1 dans toutes les équations, sauf dans la première.

2e étape :

- parmi les équations où ne figure plus x_1, il y a au moins une ligne $L_{\blacksquare}$ dans laquelle le coefficient de x_2 n'est pas nul, alors on fait $L_2 \longleftrightarrow L_{\blacksquare}$;
- à l'aide des opérations élémentaires $L_i \longleftarrow \alpha L_i + \lambda L_2$ avec $\alpha \neq 0$ et $i > 2$, on élimine x_2 dans toutes les équations sauf les deux premières.

3e étape : etc.

⋮

Cet algorithme est arrêté lorsque l'on peut résoudre aisément, par substitutions, le système équivalent obtenu; nous allons le voir sur des exemples.

Commentaires

- Cette méthode étant algorithmique, on ne peut pas prendre sans risques, des libertés dans son utilisation : transformer sans méthode, par combinaisons linéaires, peut conduire à des systèmes non équivalents.
- Une méthode comparable de résolution des systèmes d'équations linéaires apparaît dans un mémoire de Lagrange sur l'interpolation en 1778. Gauss en donne un exposé systématique dans son mémoire de 1809 sur le mouvement des planètes. Il faut dire que l'œuvre de Gauss est immense, et qu'en particulier il contribua aux progrès de l'astronomie, en déterminant l'orbite de la planète Cérès.

b. Exemples

EXERCICE résolu 1

Résolvez par la méthode de Gauss le système :

$$(S) \quad \begin{cases} 2x - y - z - t = -1 \\ x - 3y + z + t = -2 \\ x + y - 2z + 4t = 4 \\ x - y + z - 2t = -8. \end{cases}$$

Solution ■ ■ ■

1re étape

Il est avantageux de placer en première ligne l'une des équations L_2, L_3, L_4, car le coefficient de x est 1, afin de faciliter les calculs.
Utilisons par exemple $L_1 \longleftrightarrow L_2$; il vient :

$$(S_1)\quad \begin{cases} x-3y+z+t=-2 \\ 2x-y-z-t=-1 \\ x+y-2z+4t=4 \\ x-y+z-2t=-8. \end{cases}$$

Éliminons x dans les trois dernières équations par les opérations élémentaires successives

$$L_2 \longleftarrow L_2-2L_1, \quad L_3 \longleftarrow L_3-L_1, \quad L_4 \longleftarrow L_4-L_1.$$

Il vient :

$$(S_2)\quad \begin{cases} x-3y+z+t=-2 \\ 5y-3z-3t=3 \\ 4y-3z+3t=6 \\ 2y-3t=-6. \end{cases}$$

2e étape :

Introduisons une variante par rapport à l'algorithme décrit précédemment, à savoir échangeons l'ordre des inconnues, afin de profiter du fait que dans L_4 ne figure pas z.

$$(S_3)\quad \begin{cases} x+z-3y+t=-2 \\ -3z+5y-3t=3 \\ -3z+4y+3t=6 \\ 2y-3t=-6. \end{cases}$$

Par $L_3 \longleftarrow L_3-L_2$ nous obtenons :

$$(S_4)\quad \begin{cases} x+z-3y+t=-2 \\ -3z+5y-3t=3 \\ -y+6t=3 \\ 2y-3t=-6. \end{cases}$$

3e étape :

Par $L_4 \longleftarrow L_4+2L_3$ nous obtenons :

$$(S_5)\quad \begin{cases} x+z-3y+t=-2 \\ -3z+5y-3t=3 \\ -y+6t=3 \\ 9t=0. \end{cases}$$

Ce système est *triangulaire;* il admet un seul quadruplet $(x;\, y;\, z;\, t)$ solution, à savoir **(−5; −3; −6; 0).**

■ ■ ■ ■ ■ ■ ■ ■ ■

EXERCICE résolu 2

Résolvez par la méthode de Gauss le système :

$$(S)\quad \begin{cases} a-2b+2c-2d+e=1 \\ 2a-b+c-d-e=2 \\ a-b+2c-d+e=4. \end{cases}$$

Solution ■ ■ ■

1re étape :

Par $L_2 \longleftarrow L_2-2L_1$, $L_3 \longleftarrow L_3-L_1$ nous obtenons :

$$(S_1)\quad \begin{cases} a-2b+2c-2d+e=1 \\ 3b-3c+3d-3e=0 \\ b+d=3. \end{cases}$$

2e étape :

Échangeons l'ordre des inconnues et utilisons l'opération élémentaire $L_2 \longleftarrow -\frac{1}{3} L_2$; il vient :

$$(\mathbf{S_2}) \quad \begin{cases} a+2c-2b-2d+e=1 \\ \quad\ c-\ b-\ d+e=0 \\ \qquad\ b+\ d \quad\ =3. \end{cases}$$

Nous dirons qu'un tel système est *échelonné* pour indiquer qu'il est équivalent à un système triangulaire du type :

$$\begin{cases} a+2c-2b-2d+\ e=1 \\ \quad\ c-\ b-\ d+\ e=0 \\ \qquad\ b+\ d+0e=3 \\ \qquad\quad 0d+0e=0 \\ \qquad\qquad 0e=0 \end{cases}$$

dont les deux dernières équations sont vérifiées quelles que soient les valeurs données à d et à e.
Donnons à d et à e, par exemple des valeurs arbitraires : $d=k$ et $e=k'$.
Le système **(S)** admet alors pour solutions tous les quadruplets $(a; b; c; d)$ tels que :

$$\boldsymbol{d=k, \quad e=k', \quad b=3-k, \quad c=3-k', \quad a=1+k'}$$

où k et k' sont des réels quelconques.

■■■■■■■■■

EXERCICE résolu 3

Résolvez par la méthode de Gauss le système d'inconnue $(x; y; z)$:

$$\begin{cases} 2x+3y-2z=a \\ \ \ x-2y+3z=b \\ 4x-\ y+4z=c, \end{cases}$$

où a, b, c sont des réels donnés.

Solution ■■■

1re étape :
Par $L_1 \longleftrightarrow L_2$ nous obtenons :

$$(\mathbf{S_1}) \quad \begin{cases} \ \ x-2y+3z=b \\ 2x+3y-2z=a \\ 4x-\ y+4z=c. \end{cases}$$

Par $L_2 \longleftarrow L_2-2L_1$ et $L_3 \longleftarrow L_3-4L_1$, nous obtenons :

$$(\mathbf{S_2}) \quad \begin{cases} x-2y+3z=b \\ \quad\ 7y-8z=a-2b \\ \quad\ 7y-8z=c-4b. \end{cases}$$

2e étape :
Par $L_3 \longleftarrow L_3-L_2$ nous obtenons :

$$(\mathbf{S_3}) \quad \begin{cases} x-2y+3z=b \\ \quad\ 7y-8z=a-2b \\ \qquad\quad 0=-a-2b+c. \end{cases}$$

Ce système est échelonné; pour déterminer son ensemble de solutions, nous devons discuter sur les valeurs de a, b, c.

- Dans le cas où $-a-2b+c \neq 0$, le système **(S)** n'a pas de solution.
- Dans le cas où $-a-2b+c=0$, à savoir $c=a+2b$, donnons à z, par exemple, une valeur arbitraire : $z=\alpha$. Le système **(S)** admet alors pour solutions tous les triplets $(x; y; z)$ tels que

$$\boldsymbol{z=\alpha, \quad y=\frac{1}{7}(a-2b+8\alpha) \quad \text{et} \quad x=\frac{1}{7}(2a+3b-5\alpha),}$$

où α est un réel quelconque.

3. Travaux pratiques d'application

Exemples d'étude de problèmes géométriques conduisant à des systèmes d'équations linéaires.

Vous trouverez d'autres Travaux pratiques relatifs à cette rubrique au chapitre **7** : T.P.5 et T.P.6.

T.P.1. Une propriété des triangles

ABC est un triangle; dans toute cette situation nous travaillons dans le repère $(A; \vec{AB}, \vec{AC})$.

Notons I le milieu du segment [BC].

QUESTION

P *est un point de la droite* (AB) (*distinct de* A *et* B), Q *est un point de la droite* (AC) (*distinct de* A *et* C), *tels que les droites* (AI), (BQ) *et* (CP) *soient concourantes en un point* H.
Notons $(m; 0)$ *les coordonnées de* P *et* $(0; n)$ *celles de* Q.
Démontrez que les droites (PQ) *et* (BC) *sont parallèles.*

Notons J un point du segment [BC] distinct de B et C, et α le coefficient directeur de la droite (AJ).

Considérons les droites (Bu) et (Cv) de coefficients directeurs respectifs a et a' (où a et a' sont des réels *non nuls et distincts*) et qui de plus sont sécantes en K sur la droite (AJ). Notons Q′ le point d'intersection de (Bu) et (AC), et P′ celui de (Cv) et (AB).

Q U E S T I O N S

a. Déterminez les coordonnées des points P′, Q′ *et* K *en fonction de a, a′ et α.*
Déduisez-en que $a(1+a')=\alpha(1+a)$.

b. A quelle condition, portant sur a et a′, les droites (BC) *et* (P′Q′) *sont-elles sécantes en un point* O?
Supposons cette condition réalisée; déterminez les coordonnées de O.
Ces coordonnées sont indépendantes de a et a′; qu'en déduisez-vous?

c. Démontrez que $\frac{\overline{CO}}{\overline{CJ}}=-\frac{\overline{BO}}{\overline{BJ}}$, *c'est-à-dire que si l'on a* $\overrightarrow{CO}=k\overrightarrow{CJ}$ *(avec k réel) alors on a* $\overrightarrow{BO}=-k\overrightarrow{BJ}$.

On dit que la droite (AJ) est *la polaire* du point O par rapport aux droites (AB) et (AC). Nous vous proposons d'utiliser le travail précédent pour construire une polaire.

Q U E S T I O N

Δ *et* Δ' *sont deux droites sécantes en* A; *de plus* O *est un point qui n'appartient ni à* Δ *ni à* Δ'.
Construisez la polaire du point O *par rapport à* Δ *et* Δ'.

Exemples de résolution de systèmes linéaires à coefficients numériques.

T.P.2. Carrés magiques

L'histoire des carrés magiques débute, semble-t-il, en Chine, environ 2200 ans, avant notre ère, avec la découverte d'un carré à 9 cases, et de nouveaux résultats à leur sujet sont encore découverts de nos jours, en passant par 1514, nombre immortalisé par Dürer dans son tableau « Mélancolie », avec un carré à 16 cases, que voici :

Sur chaque ligne, sur chaque colonne et sur chaque diagonale, la somme des quatre nombres écrits est 34.

16	3	2	13
5	10	11	8
9	6	7	12
4	15	14	1

Ces carrés magiques ont trouvé au XXe siècle un vaste domaine d'application en Statistique et en Théorie de l'information, et même dans certains problèmes d'emploi du temps.

Nous vous proposons ci-dessous de déterminer tous les carrés magiques de 9 cases construits avec les naturels de 1 à 9, chacun d'eux étant utilisé une fois et une seule.

Q U E S T I O N S

a. La somme des naturels de 1 à 9 est 45.
Pourquoi la somme sur chaque ligne, chaque colonne, chaque diagonale doit-elle être égale à 15?

b. Supposez avoir trouvé un tel carré magique.
Quels sont les 7 autres carrés magiques que vous en déduisez par rotation et par symétrie?

c. *Pourquoi la case centrale (intersection des diagonales) contient-elle nécessairement le naturel 5?*
d. *Déterminez tous les carrés magiques demandés.*

T.P.3. Détermination de fonctions

Polynôme de degré 4

QUESTION

Déterminez le polynôme de degré 4 dont la courbe représentative dans un repère $(O; \vec{i}, \vec{j})$, *passe par les points* O, $A\left(1; -\frac{13}{2}\right)$, $B(2; -4)$ *et admet en chacun des points* A *et* B *une tangente de vecteur directeur* $\vec{i}$.

Sciences expérimentales

L'étude d'un phénomène physique a donné le tableau des six résultats expérimentaux suivants :

Abscisse x_i	0	1	2	3	4	5
Ordonnée y_i	−0,99	0,01	0,36	0,44	0,40	0,33

On recherche une fonction dont la représentation graphique rend compte, approximativement, du phénomène pour toute valeur positive de la variable.

QUESTION

$(O; \vec{i}, \vec{j})$ *est un repère orthogonal (unités : 4 cm sur l'axe des abscisses, 10 cm sur l'axe des ordonnées).*
Placez les points indiqués ci-dessus.

Par la suite, toutes les courbes seront tracées sur le graphique précédent. On essaie d'abord un polynôme f du second degré, défini sur $[0; +\infty[$ et dont la courbe passe par les points

$$A(0; -1), \quad B(1; 0), \quad C\left(4; \frac{2}{5}\right).$$

QUESTIONS

a. *Déterminez* f *et représentez graphiquement cette fonction.*
b. *La fonction* f *est considérée comme acceptable si en chaque valeur expérimentale* x_i, *l'écart* $|f(x_i) - y_i|$ *est inférieur à* $\frac{1}{10}$.
La fonction f *est-elle acceptable?*

On essaie un deuxième polynôme g du second degré, défini sur $[0; +\infty[$ et dont la courbe passe par les points $D(1; 0)$ et $C\left(4; \frac{2}{5}\right)$, et présente un maximum au point d'abscisse 3.

QUESTIONS

a. *Déterminez g et représentez graphiquement cette fonction.*

b. *Cette fonction g est-elle acceptable?*

Si vous avez étudié *le chapitre 7 du Tome 1,* vous pouvez utiliser la fonction h définie sur $[0; +\infty[$ par :

$$h(x)=(x-1)\,e^{-\frac{x}{2}}.$$

QUESTIONS

a. *Étudiez et représentez graphiquement cette fonction.*

b. *La fonction h est-elle acceptable?*

T.P.4. En électricité : loi des nœuds, loi des mailles

Un réseau électrique est constitué de dipôles actifs et passifs dont les bornes sont reliées entre elles par des fils parfaitement conducteurs (on ne considère que des dipôles linéaires). Un **nœud** est un point commun à plusieurs conducteurs. Une **branche** est une portion de circuit comprise entre deux nœuds.

Lorsqu'on parcourt plusieurs branches du réseau en revenant au point de départ après n'être passé qu'une fois en chaque point, on dit que l'on a parcouru une **maille.**

Pour étudier un tel réseau, on fixe sur chaque branche un sens arbitraire pour les intensités de courant et sur chaque maille un sens arbitraire de parcours (indépendant des sens choisis pour les intensités).

Lois des nœuds

En aucun point du réseau, il ne peut y avoir accumulation des charges. Donc, si l'on compte positivement les intensités qui arrivent en un nœud et négativement celles qui s'en éloignent, *la somme algébrique des intensités est nulle.*

On obtient ainsi l'équation du nœud.

Exemple

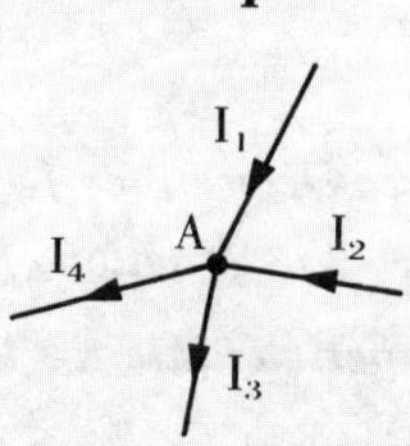

équation du nœud A :

$I_1+I_2-I_3-I_4=0.$

Lois des mailles

Dans chaque branche :

- les intensités sont comptées positivement si leur sens est le même que le sens de parcours sur la maille;
- les forces électromotrices sont comptées positivement si le générateur abaisse le potentiel, négativement dans le cas contraire (les forces électromotrices sont affectées du signe de la première polarité rencontrée dans le sens de parcours de la maille).

Quand on fait le tour complet d'une maille, la somme algébrique des différences de potentiel entre les différents nœuds est nulle.

On obtient ainsi l'équation de maille

Exemple

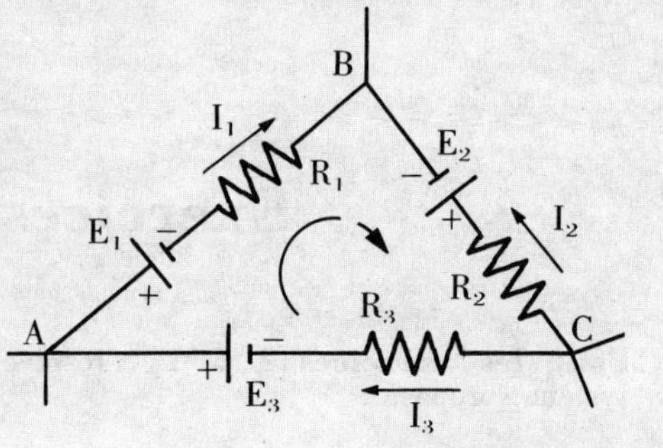

équation de la maille ABCA :

$$E_1+R_1I_1-E_2-R_2I_2+R_3I_3-E_3=0.$$

QUESTIONS

Considérons le réseau ci-contre

a. *Écrivez les équations aux nœuds* A, B, C, D *et montrez que l'une quelconque d'entre elles est une conséquence des trois autres.*

b. *Écrivez les équations des mailles* ADBA (*équation* E) *et* BDCB (*équation* E').
Montrez que E+E' *est l'équation d'une maille.*

c. *On pose* $e=150$ V,

$$R_1=R_3=R_5=100\ \Omega$$

et $$R_2=R_4=50\ \Omega.$$

Déterminez l'intensité et le sens du courant circulant dans la branche BD.

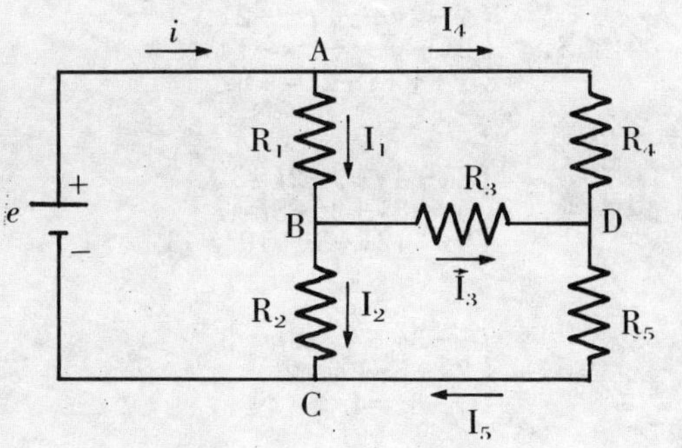

EXERCICES

Exercices d'entraînement

Pour les exercices 1 à 17, résolvez le système proposé :

1. $\begin{cases} 2x+y=1 \\ x+y=0 \\ x+2y=-1. \end{cases}$

2. $\begin{cases} x+2y-z=1 \\ 2x+y+2z=2 \\ x-4y+7z=3. \end{cases}$

3. $\begin{cases} x-2y+z+t=-2 \\ 2x-y-z-t=-1 \\ x+y+z-2t=-8. \end{cases}$

4. $\begin{cases} 3x+4y+z+2t=3 \\ 6x+8y+2z+5t=7 \\ 9x+12y+3z+10t=13. \end{cases}$

5. $\begin{cases} x-3y+4z-2w=5 \\ 2y+5z+w=2 \\ y-3z=4. \end{cases}$

6. $\begin{cases} 2x-y+3z=1 \\ -4x+2y+z=3 \\ -2x+y+4z=4 \\ 10x-5y-6z=-10. \end{cases}$

7. $\begin{cases} 2x+6y-z+u=-3 \\ x-y+z-u=2 \\ -x-3y+3z+2u=9. \end{cases}$

8. $\begin{cases} x-y+z+2u-v=6 \\ x+y-z+v=-2 \\ x+z-3u-2v=-3 \\ y+2z-u+v=5. \end{cases}$

9. $\begin{cases} 2x+2y-z+t=4 \\ 4x+3y-z+2t=6 \\ 8x+5y-3z+4t=12 \\ 3x+3y-2z+2t=6. \end{cases}$

10. $\begin{cases} 2x-y-6z+3t=-1 \\ 7x-4y+2z-15t=-32 \\ x-2y-4z+9t=5 \\ x-y+2z-6t=-8. \end{cases}$

11. $\begin{cases} 2x-5y+3z+t=5 \\ 3x-7y+3z-t=-1 \\ 5x-9y+6z+2t=7 \\ 4x-6y+3z+t=8. \end{cases}$

12. $\begin{cases} 6x+6y+5z+18t+20u=14 \\ 10x+9y+7z+24t+30u=18 \\ 12x+12y+13z+27t+35u=32 \\ 8x+6y+6z+15t+20u=16 \\ 4x+5y+4z+15t+15u=11. \end{cases}$

13. $\begin{cases} 2x+7y+3z+t=5 \\ x+3y+5z-2t=3 \\ x+5y-9z+8t=1 \\ 5x+18y+4z+5t=12. \end{cases}$

14. $\begin{cases} 2x+5y-8z=8 \\ 4x+3y-9z=9 \\ 2x+3y-5z=7 \\ x+8y-7z=12. \end{cases}$

15. $\begin{cases} 6x+3y+2z+3t+4u=5 \\ 4x+2y+z+2t+3u=4 \\ 4x+2y+3z+2t+u=0 \\ 2x+y+7z+3t+2u=1. \end{cases}$

16. $\begin{cases} x+2y+3z+4t+5u+6v=1 \\ 2x+3y+4z+5t+6u+v=2 \\ 3x+4y+5z+6t+u+2v=3 \\ 4x+5y+6z+t+2u+3v=4 \\ 5x+6y+z+2t+3u+4v=5 \\ 6x+y+2z+3t+4u+5v=6. \end{cases}$

17.

(A) $\begin{cases} 10x_1+7x_2+8x_3+7x_4=32 \\ 7x_1+5x_2+6x_3+5x_4=23 \\ 8x_1+6x_2+10x_3+9x_4=33 \\ 7x_1+5x_2+9x_3+10x_4=31. \end{cases}$

(B) $\begin{cases} 10x_1+7x_2+8x_3+7x_4=32{,}1 \\ 7x_1+5x_2+6x_3+5x_4=22{,}9 \\ 8x_1+6x_2+10x_3+9x_4=33{,}1 \\ 7x_1+5x_2+9x_3+10x_4=30{,}9. \end{cases}$

(C) $\begin{cases} 10{,}00x_1+7{,}00x_2+8{,}10x_3+7{,}20x_4=32 \\ 7{,}08x_1+5{,}04x_2+6{,}00x_3+5{,}00x_4=23 \\ 8{,}00x_1+5{,}98x_2+9{,}89x_3+9{,}00x_4=33 \\ 6{,}99x_1+4{,}99x_2+9{,}00x_3+9{,}98x_4=34. \end{cases}$

Comparez les résultats et commentez.

18. Déterminez les valeurs du réel k telles que chacun des systèmes suivants aient une seule solution, puis aucune solution, enfin plusieurs solutions.

$$\text{(I)} \begin{cases} kx+y+z=1 \\ x+ky+z=1 \\ x+y+kz=1 \end{cases} \qquad \text{(II)} \begin{cases} x+2y+kz=1 \\ 3x+4y+2z=k \\ 2x+3y-z=1 \end{cases}$$

$$\text{(III)} \begin{cases} x+2y+kz=1 \\ 2x+ky+8z=3. \end{cases}$$

19. Résolvez, en discutant suivant les valeurs du réel λ, le système suivant :

$$\begin{cases} 2x+3y+z+2t=3 \\ 4x+6y+3z+4t=5 \\ 6x+9y+5z+6t=7 \\ 8x+12y+7z+\lambda t=9. \end{cases}$$

20. Résolvez, en discutant suivant les valeurs des réels a, b, c et d, les systèmes suivants :

a) $$\begin{cases} x+2y-3z=a \\ 2x-y+4z=b \\ 4x+3y-2z=c \\ 3x+y+z=d. \end{cases}$$

b) $$\begin{cases} x+2y+2z=a \\ 3x+y=b \\ x+y+z=c. \end{cases}$$

21. Problème des bœufs de Newton.
75 bœufs ont brouté en 12 jours l'herbe d'un pré de 60 ares.
81 bœufs ont brouté en 15 jours l'herbe d'un pré de 72 ares.
Combien de bœufs un pré de 96 ares pourra-t-il nourrir pendant 18 jours?
Naturellement on supposera constante
— la quantité d'herbe broutée journellement par chaque animal;
— la quantité initiale d'herbe par are;
— la quantité d'herbe qui pousse journellement par are.

CHAPITRE
6

ANGLES DE VECTEURS DÉTERMINANT POINTS COCYCLIQUES

Les notations souvent utilisées pour désigner des angles orientés sont : $(\widehat{\vec{u}, \vec{v}})$ ou $(\overline{\vec{u}, \vec{v}})$ pour l'angle du couple de vecteurs $(\vec{u}\,;\,\vec{v})$; $(\widehat{Ox, Oy})$ ou $(\overline{Ox, Oy})$ pour l'angle du couple de demi-droites $(Ox; Oy)$.
Pour éviter la lourdeur de ces notations et parce qu'il n'y a aucun risque de confusion dans ce manuel, nous noterons ces angles comme des couples, c'est-à-dire $(\vec{u}\,;\,\vec{v})$ ou $(Ox; Oy)$.

1. Pour prendre un bon départ

1.1. Orientation du plan

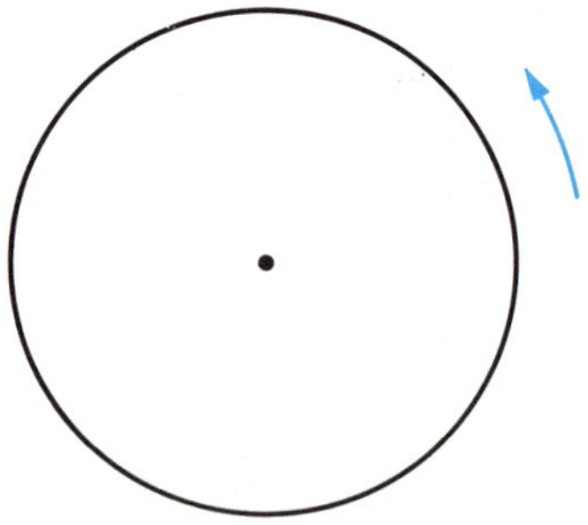

Le **plan est orienté** lorsqu'on a choisi le même sens de parcours sur tous les cercles; le **sens choisi** est dit **positif** ou **direct;** en général, on choisit comme sens direct celui indiqué sur la figure ci-contre.

Le plan étant orienté, un **cercle trigonométrique** est un cercle de rayon 1, orienté dans le sens direct.

1.2. Angle d'un couple de vecteurs non nuls

Le plan est orienté.

a. Un exemple

EXERCICE

O, A, A′ sont trois points alignés, ainsi que les points O, B, B′, et O, C, C′.
Sur la figure ci-contre, la mesure en radians de l'*angle géométrique* $\widehat{AOB}$ est $\frac{\pi}{4}$, celle de l'*angle géométrique* $\widehat{BOC}$ est $\frac{2\pi}{3}$.

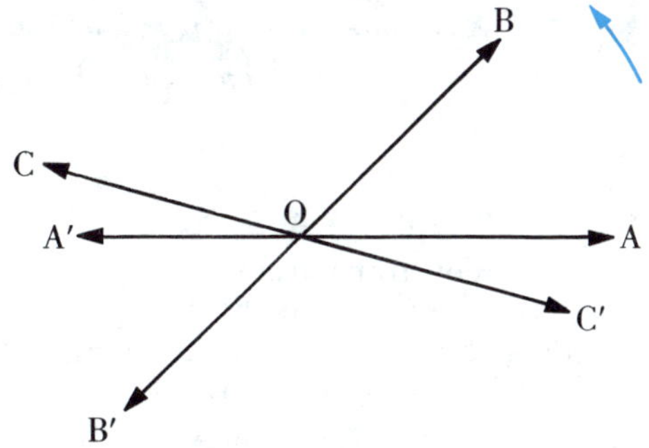

Donnez **la mesure principale,** exprimée en radians, de chacun des angles de vecteurs suivants : $(\overrightarrow{OA}; \overrightarrow{OB})$, $(\overrightarrow{OA}; \overrightarrow{OC})$, $(\overrightarrow{OA'}; \overrightarrow{OB})$, $(\overrightarrow{OB'}; \overrightarrow{OA'})$, $(\overrightarrow{OA}; \overrightarrow{OC'})$.

b. Écriture des mesures

Un angle de vecteurs non nuls a une infinité de mesures : si α est l'une d'entre elles, exprimée en radians, alors, pour toute autre mesure β, en radians, il existe un *entier* k tel que $\beta = \alpha + 2k\pi$. On note alors $\beta \equiv \alpha\ [2\pi]$, et cette écriture se lit « β congru à α, modulo 2π ».
Lorsqu'il n'y aura aucun risque de confusion, nous nous permettrons de confondre un angle et l'une de ses mesures, et nous écrivons par exemple, $(\vec{u}\,; \vec{v}) = \alpha$ au lieu de **mes** $(\vec{u}\,; \vec{v}) = \alpha$.

Une écriture comme $(\vec{u}\,; \vec{v}) = (\vec{u}\,'; \vec{v}\,')$, ou comme $(\vec{u}\,; \vec{v}) \equiv (\vec{u}\,'; \vec{v}\,')\ [2\pi]$, ou comme $(\vec{u}\,; \vec{v}) = (\vec{u}\,'; \vec{v}\,')$ (modulo 2π) signifiera donc que les deux angles $(\vec{u}\,; \vec{v})$ et $(\vec{u}\,'; \vec{v}\,')$ ont même ensemble de mesures (si α est une mesure de $(\vec{u}\,; \vec{v})$ et β une mesure de $(\vec{u}\,'; \vec{v}\,')$ alors $\alpha = \beta + 2k\pi$ avec $k \in \mathbb{Z}$).

On dit **« qu'un angle de vecteurs non nuls est déterminé à $2k\pi$ près »**, ou **« modulo 2π ».**
Dans toute la suite, sauf mention expresse du contraire, les mesures d'angles seront exprimées en radians.

c. La relation de Chasles

Pour tous vecteurs non nuls $\vec{u}$, $\vec{v}$, $\vec{w}$:

$$(\vec{u}\,; \vec{v}) + (\vec{v}\,; \vec{w}) = (\vec{u}\,; \vec{w}).$$

Cela signifie que la somme d'une mesure de $(\vec{u}\,; \vec{v})$ et d'une mesure de $(\vec{u}\,; \vec{w})$ est une mesure de $(\vec{u}\,; \vec{w})$, et que, réciproquement, toute mesure de $(\vec{u}\,; \vec{w})$ s'écrit comme la somme d'une mesure de $(\vec{u}\,; \vec{v})$ et d'une mesure de $(\vec{v}\,; \vec{w})$.

d. Comparaison des angles $(\vec{u}\,; \vec{v})$ et $(\lambda\vec{u}\,; \lambda'\vec{v})$

▶ $\vec{u}$ et $\vec{v}$ sont deux vecteurs non nuls, λ et λ' deux réels non nuls.
Alors :

si $\lambda\lambda' > 0$, $(\lambda\vec{u}\,; \lambda'\vec{v}) = (\vec{u}\,; \vec{v})$

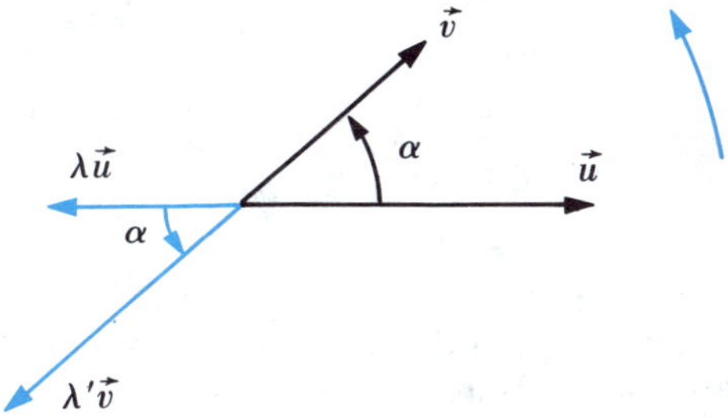

***si* $\lambda\lambda' < 0$, $(\lambda\vec{u}\,; \lambda'\vec{v}) = (\vec{u}\,; \vec{v}) + \pi$**

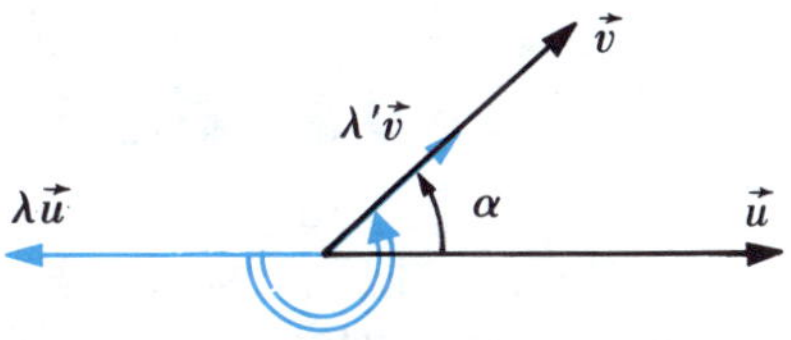

En particulier : $(-\vec{u}\,;\,-\vec{v}) = (\vec{u}\,;\,\vec{v})$.

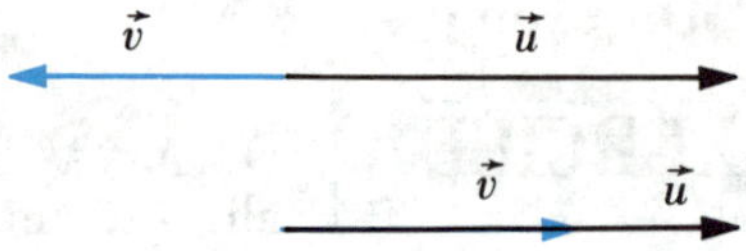

▶ *Deux vecteurs non nuls, $\vec{u}$ et $\vec{v}$ sont colinéaires si et seulement si $(\vec{u}\,;\,\vec{v}) = 0$ ou $(\vec{u}\,;\,\vec{v}) = \pi$.*

e. **Réflexions et angles**

Une réflexion transforme un angle orienté en son opposé. En particulier, si le point A appartient à la médiatrice d de (BC), autrement dit si le triangle ABC est isocèle en A, la réflexion d'axe d transforme les points A, B et C en A, C et B respectivement et les angles $(\overrightarrow{BC}; \overrightarrow{BA})$ et $(\overrightarrow{CB}; \overrightarrow{CA})$ sont opposés; il en résulte que les angles $(\overrightarrow{BC}; \overrightarrow{BA})$ et $(\overrightarrow{CA}; \overrightarrow{CB})$ sont égaux.

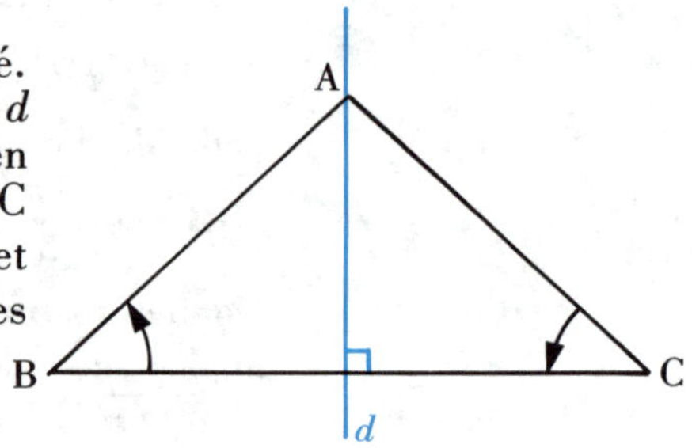

EXERCICE

ABC est un triangle.

a. Vérifiez que l'on a :

$$(\overrightarrow{AB}; \overrightarrow{AC}) + (\overrightarrow{BC}; \overrightarrow{BA}) + (\overrightarrow{CA}; \overrightarrow{CB}) = \pi.$$

b. Déduisez-en que si A est sur la médiatrice de [BC], alors :

$$(\overrightarrow{AB}; \overrightarrow{AC}) + 2(\overrightarrow{BC}; \overrightarrow{BA}) = \pi.$$

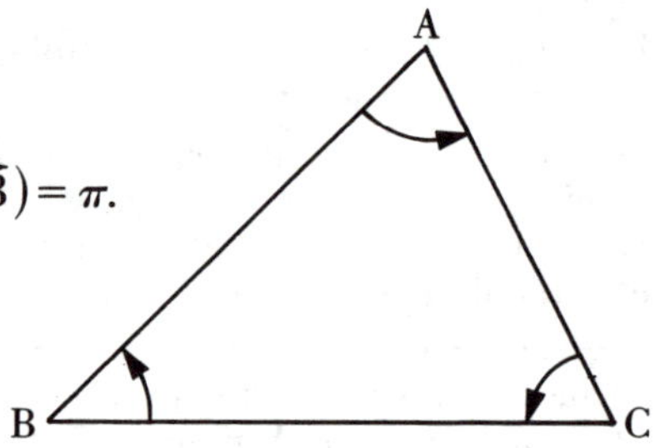

f. **Cosinus et sinus de l'angle de deux vecteurs non nuls**

$\vec{u}$ et $\vec{v}$ sont deux vecteurs non nuls; si α et β sont deux mesures, en radians, de $(\vec{u}\,;\,\vec{v})$ alors il existe un entier k tel que $\alpha = \beta + 2k\pi$, et $\cos\alpha = \cos\beta$ et $\sin\alpha = \sin\beta$.

Le cosinus (resp. le sinus) de l'angle $(\vec{u}\,;\,\vec{v})$ est, par définition, le cosinus (resp. le sinus) de l'une quelconque de ses mesures exprimée en radians.

1.3. Repère orthonormé direct

Une **unité de longueur étant choisie,** un repère $(O; \vec{i}, \vec{j})$ est orthonormé si les vecteurs $\vec{i}$ et $\vec{j}$ sont unitaires, $\|\vec{i}\| = \|\vec{j}\| = 1$, et si les droites $(O; \vec{i})$ et $(O; \vec{j})$ sont perpendiculaires.

Si le **repère orthonormé** $(O; \vec{i}, \vec{j})$ est tel que $(\vec{i}, \vec{j}) = \frac{\pi}{2}$, il est dit **direct** et la base $(\vec{i}, \vec{j})$ est dite **orthonormale directe.**

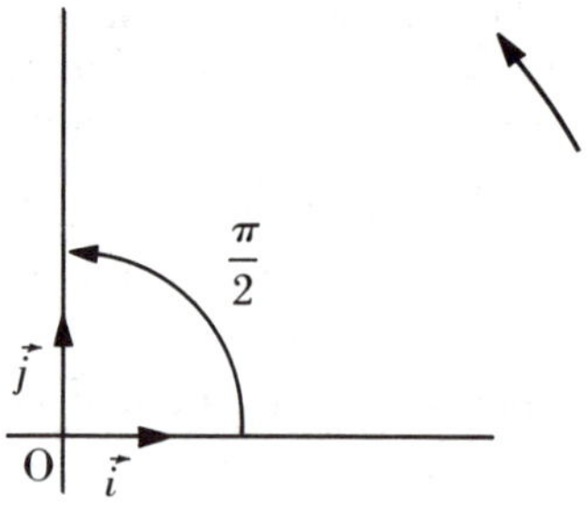

1.4. Produit scalaire de deux vecteurs

▶ Si l'un des vecteurs $\vec{u}$ ou $\vec{v}$ est nul, on a $\vec{u} \cdot \vec{v} = 0$.

Si $\vec{u}$ et $\vec{v}$ sont deux vecteurs non nuls et A, B, C des points tels que $\vec{u} = \overrightarrow{AB}$ et $\vec{v} = \overrightarrow{AC}$, le produit scalaire $\vec{u} \cdot \vec{v} = \overrightarrow{AB} \cdot \overrightarrow{AC}$ est défini de l'une des trois manières suivantes :

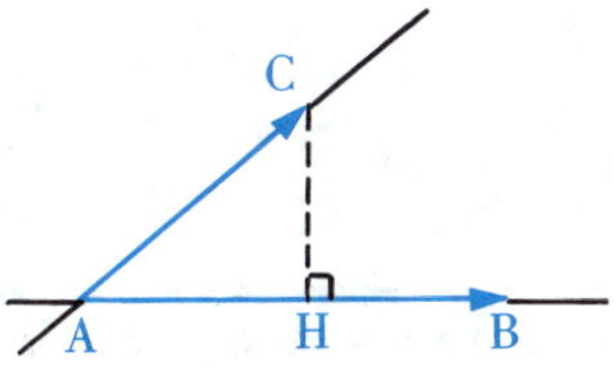 $\overrightarrow{AB}\cdot\overrightarrow{AC}=\overline{AB}\times\overline{AH}$ H étant le projeté orthogonal de C sur (AB)	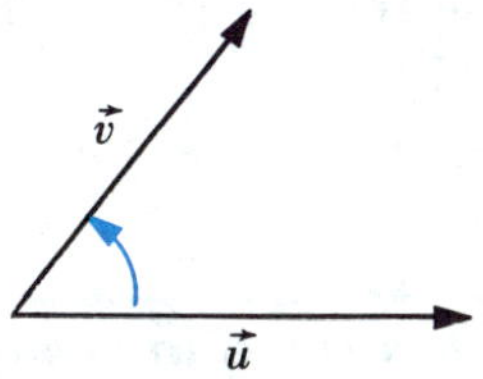 $\vec{u}\cdot\vec{v}=\Vert\vec{u}\Vert\,\Vert\vec{v}\Vert\cos(\vec{u}\,;\vec{v})$	$(\vec{i},\vec{j})$ est une base **orthonormale.** Si $\vec{u}$ a pour coordonnées $(x;\,y)$ et $\vec{v}$ pour coordonnées $(x';\,y')$, alors $\vec{u}\cdot\vec{v}=xx'+yy'$

▶ **Dans un repère orthonormé direct $(O;\,\vec{i},\vec{j})$: expression des coordonnées d'un point M, distinct de O, à l'aide d'une mesure θ de l'angle $(\vec{i}\,;\overrightarrow{OM})$.**

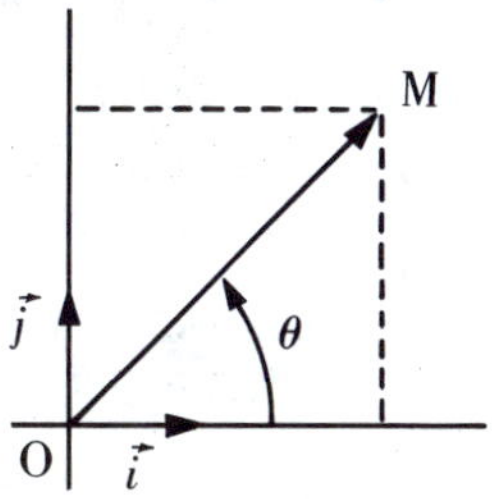

Dans ce repère $(O;\,\vec{i},\vec{j})$, M a pour coordonnées $(a;\,b)$. D'une part, en utilisant les coordonnées, on a :

$$\overrightarrow{OM}\cdot\vec{i}=a \quad \text{et} \quad \overrightarrow{OM}\cdot\vec{j}=b.$$

D'autre part, en utilisant une autre expression du produit scalaire, on a :

$$\overrightarrow{OM}\cdot\vec{i}=\vec{i}\cdot\overrightarrow{OM}=\Vert\overrightarrow{OM}\Vert\cos(\vec{i}\,;\overrightarrow{OM})=\Vert\overrightarrow{OM}\Vert\cos\theta$$
$$\overrightarrow{OM}\cdot\vec{j}=\vec{j}\cdot\overrightarrow{OM}=\Vert\overrightarrow{OM}\Vert\cos(\vec{j}\,;\overrightarrow{OM}).$$

Mais $(\vec{j}\,;\overrightarrow{OM})=(\vec{j}\,;\vec{i})+(\vec{i}\,;\overrightarrow{OM})$, et $(\vec{j}\,;\vec{i})=-\dfrac{\pi}{2}$; $(\vec{i}\,;\overrightarrow{OM})=\theta$;

d'où $\cos(\vec{j}\,;\overrightarrow{OM})=\sin(\vec{i}\,;\overrightarrow{OM})=\sin\theta.$

Il résulte de tout cela que : $\boldsymbol{a=\Vert\overrightarrow{OM}\Vert\cos\theta}$ **et** $\boldsymbol{b=\Vert\overrightarrow{OM}\Vert\sin\theta}$.

▶ **Vecteurs orthogonaux. Norme d'un vecteur.**

Deux vecteurs $\vec{u}$ et $\vec{v}$ sont orthogonaux *si et seulement si* $\vec{u}\cdot\vec{v}=0$.

EXERCICES

1. A et B étant deux points distincts du plan, montrez que l'ensemble des points M du plan tels que $\overrightarrow{MA}\cdot\overrightarrow{MB}=0$ est le cercle de diamètre [AB].

2. A est un point du plan et $\vec{u}$ un vecteur non nul.
Montrez que l'ensemble des points M du plan tels que $\overrightarrow{AM}\cdot\vec{u}=0$ est une droite passant par A. Le vecteur $\vec{u}$ est dit normal à cette droite.

La norme d'un vecteur $\vec{u}$, est égale à $\sqrt{\vec{u}\cdot\vec{u}}$.
Si $(x;\,y)$ représente les coordonnées de $\vec{u}$ dans la base **orthonormale** $(\vec{i},\vec{j})$, on a

$$\Vert\vec{u}\Vert=\sqrt{x^2+y^2}.$$

2. Cours

2.1. Déterminant d'un couple de vecteurs

Dans la suite de ce chapitre nous supposons le plan orienté.
Étant donné deux vecteurs $\vec{u}$ et $\vec{v}$ non nuls, nous avons déjà utilisé le réel

$$\vec{u}\cdot\vec{v}=\Vert\vec{u}\Vert\,\Vert\vec{v}\Vert\cos(\vec{u}\,;\vec{v}).$$

Nous allons étudier le rôle joué par le réel $\|\vec{u}\|\,\|\vec{v}\|\sin(\vec{u}\,;\vec{v})$.

Définition 1

Dans le plan orienté, le *déterminant* d'un *couple* de vecteurs *non nuls* $\vec{u}$ et $\vec{v}$, est le réel $\|\vec{u}\|\,\|\vec{v}\|\sin(\vec{u}\,;\vec{v})$.
On le note $\text{dét}(\vec{u}\,;\vec{v})$.
Si l'un des vecteurs est nul, on convient de poser $\text{dét}(\vec{u}\,;\vec{v})=0$.

Commentaires

- **$\text{dét}(\vec{u}\,;\vec{v})=-\text{dét}(\vec{v}\,;\vec{u})$**; en effet : $(\vec{u}\,;\vec{v})=-(\vec{v}\,;\vec{u})$ et $\sin(\vec{u}\,;\vec{v})=\sin[-(\vec{v}\,;\vec{u})]=-\sin(\vec{v}\,;\vec{u})$.
- Le déterminant dépend de l'orientation choisie; en effet, si α est une mesure de $(\vec{u}\,;\vec{v})$ pour une orientation du plan, alors $-\alpha$ est une mesure de $(\vec{u}\,;\vec{v})$ pour l'autre orientation possible; et $\sin(-\alpha)=-\sin\alpha$.
Le déterminant est donc transformé en son opposé par changement d'orientation du plan.
Notez que le produit scalaire $\vec{u}\cdot\vec{v}$ n'est pas modifié par un changement d'orientation car $\cos(-\alpha)=\cos\alpha$.
- Le déterminant dépend aussi de l'unité de longueur choisie, car tel est le cas pour la norme d'un vecteur.

2.2. Expression du déterminant dans une base orthonormale directe

$(\vec{i},\vec{j})$ est une base orthonormale directe, $\vec{u}$ et $\vec{v}$ sont des vecteurs non nuls de coordonnées $(a;\,b)$ et $(c;\,d)$; α et β sont des mesures en radians des angles $(\vec{i}\,;\vec{u})$ et $(\vec{i}\,;\vec{v})$.

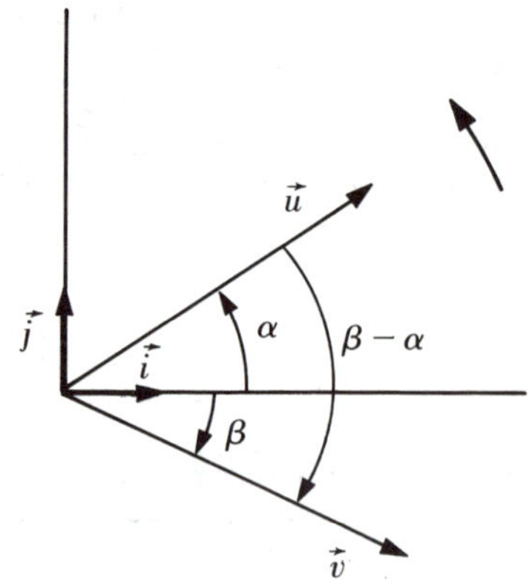

Nous avons (paragraphe **1.4**) :

$$a=\|\vec{u}\|\cos\alpha \quad \text{et} \quad b=\|\vec{u}\|\sin\alpha,$$
$$c=\|\vec{v}\|\cos\beta \quad \text{et} \quad d=\|\vec{v}\|\sin\beta,$$

et $\text{dét}(\vec{u}\,;\vec{v})=\|\vec{u}\|\,\|\vec{v}\|\sin(\beta-\alpha)$, puisque $\beta-\alpha$ est une mesure de l'angle $(\vec{u}\,;\vec{v})$.

Nous obtenons alors en « développant » $\sin(\beta-\alpha)$ (**tome 1, chapitre 1**) :

$$\text{dét}(\vec{u}\,;\vec{v})=\|\vec{u}\|\,\|\vec{v}\|(\sin\beta\cos\alpha-\sin\alpha\cos\beta)$$
$$=\|\vec{u}\|\cos\alpha\,\|\vec{v}\|\sin\beta-\|\vec{u}\|\sin\alpha\,\|\vec{v}\|\cos\beta$$

soit : $$\text{dét}(\vec{u}\,;\vec{v})=ad-bc.$$

Si l'un des vecteurs $\vec{u}$ ou $\vec{v}$ de coordonnées $(a;\,b)$ et $(c;\,d)$ est nul, nous avons $ad-bc=0$, nous avons aussi $\text{dét}(\vec{u}\,;\vec{v})=0$; nous pouvons donc écrire également dans ce cas : $\text{dét}(\vec{u}\,;\vec{v})=ad-bc$.

D'où le théorème suivant :

Théorème 1

> **$(\vec{i}, \vec{j})$ est une base orthonormale directe.**
> **$\vec{u}$ et $\vec{v}$ sont des vecteurs de coordonnées respectives $(a; b)$ et $(c; d)$, alors :**
> $$\text{dét}(\vec{u}\,;\vec{v}) = ad - bc.$$

Nous noterons aussi ce déterminant : $\begin{vmatrix} a & c \\ b & d \end{vmatrix}$.

2.3. Utilisation du déterminant pour traduire la colinéarité de deux vecteurs

Le vecteur nul $\vec{0}$ est colinéaire à tout autre vecteur $\vec{v}$, et $\text{dét}(\vec{0}; \vec{v}) = 0$.
$\vec{u}$ et $\vec{v}$ étant deux vecteurs non nuls, ils sont colinéaires *si et seulement si* une mesure de l'angle $(\vec{u}\,;\vec{v})$ est 0 ou π, ce qui équivaut à dire que $\sin(\vec{u}\,;\vec{v}) = 0$ soit $\text{dét}(\vec{u}\,;\vec{v}) = 0$.

Théorème 2

> **Deux vecteurs $\vec{u}$ et $\vec{v}$ sont colinéaires *si et seulement si* $\text{dét}(\vec{u}\,;\vec{v}) = 0$.**

Nous avons dit dans les commentaires qui font suite à la définition **1** que le déterminant est transformé en son opposé par un changement d'orientation du plan; donc si un déterminant est nul pour un choix d'orientation, il est nul aussi pour l'orientation contraire. Aussi **pouvons-nous traduire la colinéarité dans une base orthonormale sans préciser si cette base est directe ou indirecte :**

> *Deux vecteurs $\vec{u}$ et $\vec{v}$ de coordonnées respectives $(a; b)$ et $(c; d)$ dans une base orthonormale sont colinéaires si et seulement si : $ad - bc = 0$.*

Commentaire

Lien avec le déterminant d'un système de deux équations linéaires à deux inconnues.
Soit le système **(S)** d'inconnue, le couple $(x; y)$:

$$\begin{cases} a\,x + b\,y = k \\ c\,x + d\,y = k'. \end{cases}$$

Soit $(\text{O}; \vec{i}, \vec{j})$ un repère orthonormé.
Notons $\vec{u}$, $\vec{v}$, $\vec{w}$, les vecteurs qui dans ce repère ont pour coordonnées respectives $(a; c)$, $(b; d)$ et $(k; k')$.
Alors, dire que $(x; y)$ est solution de **(S)** équivaut à dire que l'on a : $x\vec{u} + y\vec{v} = \vec{w}$.
Cherchons donc les couples $(x; y)$ de réels tels que l'on ait : $x\vec{u} + y\vec{v} = \vec{w}$. Supposons $\vec{u}$ et $\vec{v}$ non colinéaires; alors on sait que $(\text{O}; \vec{u}, \vec{v})$ est un repère du plan, et donc que *tout* vecteur $\vec{t}$ s'écrira de manière unique : $\vec{t} = \alpha\vec{u} + \beta\vec{v}$; en particulier, il existe un couple unique $(x; y)$ tel que $\vec{w} = x\vec{u} + y\vec{v}$.

Dans le cas où $\vec{u}$ et $\vec{v}$ ne sont pas colinéaires, le système **(S)** a donc une solution et une seule. Or d'après le théorème **2**, dire que $\vec{u}$ et $\vec{v}$ ne sont pas colinéaires, équivaut à dire que $\text{dét}(\vec{u}\,;\vec{v}) \neq 0$; or $\text{dét}(\vec{u}\,;\vec{v}) = \begin{vmatrix} a & b \\ c & d \end{vmatrix} = ad - bc$, et nous retrouverons le résultat connu : si $ad - bc \neq 0$ le système **(S)** a une solution et une seule. Dans les classes antérieures, nous avons appelé $ad - bc$ le déterminant du système **(S).**
Nous vous laissons le soin de terminer la discussion.

EXERCICE résolu

Dans un repère orthonormé, A est le point de coordonnées (1; 4). Le vecteur $\vec{u}$ a pour coordonnées (2; 3).
Déterminez une équation de la droite $(A; \vec{u})$.

Solution ■■■

Un point M appartient à la droite $(A; \vec{u})$ *si et seulement si* les vecteurs $\overrightarrow{AM}$ et $\vec{u}$ sont colinéaires, c'est-à-dire *si et seulement si* $\text{dét}(\overrightarrow{AM}; \vec{u}) = 0$.
Si $(x; y)$ est le couple des coordonnées de M, cette condition s'écrit

$$\begin{vmatrix} x-1 & 2 \\ y-4 & 3 \end{vmatrix} = 0 \qquad \text{soit} \qquad 3(x-1) - 2(y-4) = 0.$$

Une équation de la droite $(A; \vec{u})$ est donc : $\mathbf{3x - 2y + 5 = 0.}$

■■■■■■■■■

2.4. Aire d'un triangle et aire d'un parallélogramme

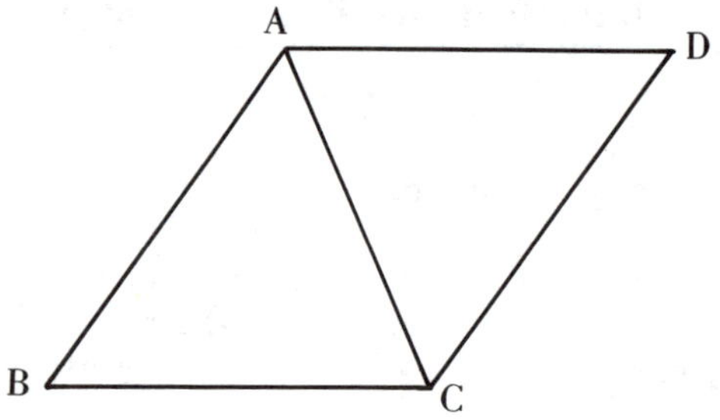

Nous avons vu en classe de Première que l'aire S d'un triangle ABC est telle que :

$$2S = bc \sin \widehat{A} = ca \sin \widehat{B} = ab \sin \widehat{C},$$

avec $a = BC$, $b = AC$, $c = AB$, $\widehat{A} = \widehat{BAC}$, $\widehat{B} = \widehat{CBA}$, $\widehat{C} = \widehat{BCA}$.
Il résulte directement de la définition du déterminant et de celle de la mesure d'un angle de vecteurs que :

$$\text{aire}(ABC) = \frac{1}{2}\left|\text{dét}(\overrightarrow{BC}; \overrightarrow{BA})\right| = \frac{1}{2}\left|\text{dét}(\overrightarrow{AB}; \overrightarrow{AC})\right| = \frac{1}{2}\left|\text{dét}(\overrightarrow{CA}; \overrightarrow{CB})\right|.$$

L'aire du parallélogramme ABCD est égale à 2S, où S est l'aire du triangle ABC ou ADC, soit

$$\text{aire}(ABCD) = \left|\text{dét}(\overrightarrow{BC}; \overrightarrow{BA})\right|.$$

2.5. Angles orientés directs ou indirects

$\vec{u}$ et $\vec{v}$ sont deux vecteurs **non nuls.**
On dit que l'angle $(\vec{u}\,;\vec{v})$ est **direct,** lorsque $\text{dét}(\vec{u}\,;\vec{v}) > 0$ et **indirect** lorsque $\text{dét}(\vec{u}\,;\vec{v}) < 0$.
Or, $\text{dét}(\vec{u}\,;\vec{v}) > 0$ *si et seulement si* $\sin(\vec{u}\,;\vec{v}) > 0$, donc *si et seulement si* la mesure principale de $(\vec{u}\,;\vec{v})$ est dans $]0; \pi[$.
Un angle est donc direct si sa mesure principale appartient à $]0; \pi[$ *et indirect si elle appartient à* $]-\pi; 0[$.
Nous admettrons le théorème suivant dont une démonstration est proposée dans le T.P.1 page 115.

Théorème 3

A et B sont deux points distincts du plan.
Pour tout point M d'un demi-plan de frontière (AB), l'angle $(\overrightarrow{MA}; \overrightarrow{MB})$ est direct; pour tout point N de l'autre demi-plan, l'angle $(\overrightarrow{NA}; \overrightarrow{NB})$ est indirect.

Dans le cas de la figure, pour tout point M du demi-plan P_1, l'angle $(\overrightarrow{MA}; \overrightarrow{MB})$ est direct (sa mesure principale est dans $]0; \pi[$), pour tout point N du demi-plan P_2, l'angle $(\overrightarrow{NA}; \overrightarrow{NB})$ est indirect (sa mesure principale est dans $]-\pi; 0[$).

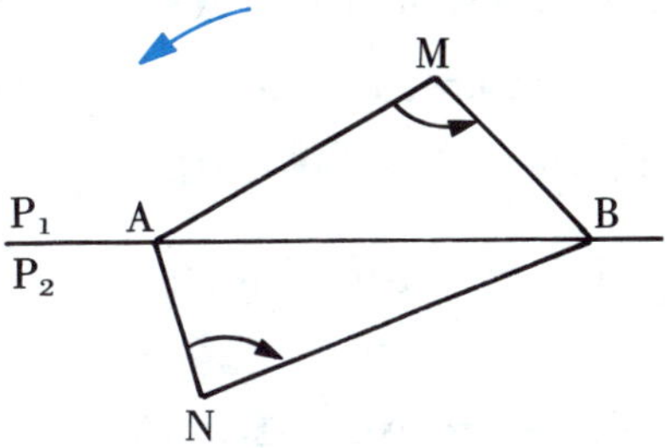

Remarque
Par définition, nous disons qu'**un triangle ABC est direct, lorsque l'angle $(\overrightarrow{AB}; \overrightarrow{AC})$ est direct,** c'est-à-dire lorsque la mesure principale de $(\overrightarrow{AB}; \overrightarrow{AC})$ est positive donc égale à $\widehat{BAC}$.
En d'autres termes, dire que le triangle ABC est direct c'est dire que sur le cercle circonscrit à ce triangle, les points A, B, C se succèdent dans le sens direct.
On définit de même un carré de sens direct, ...

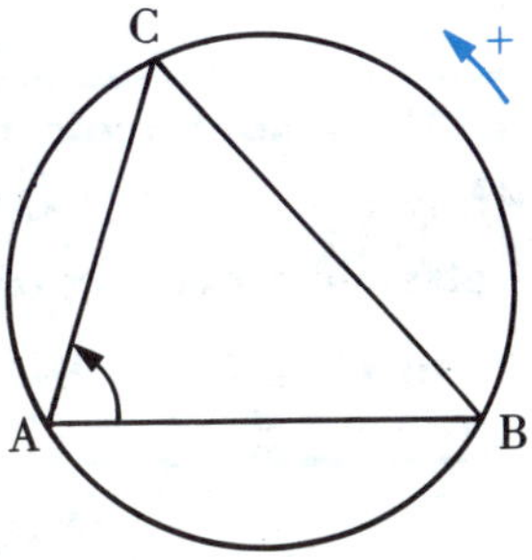

2.6. Théorème de l'angle inscrit

Il a été montré, en classe de Première, que si quatre points A, B, M, N distincts deux à deux sont sur un même cercle de centre O (comme sur la figure ci-contre) on a, pour les *angles géométriques :*

$$\widehat{AOB} = 2\,\widehat{AMB} \quad \text{et} \quad \widehat{AMB} + \widehat{ANB} = \pi.$$

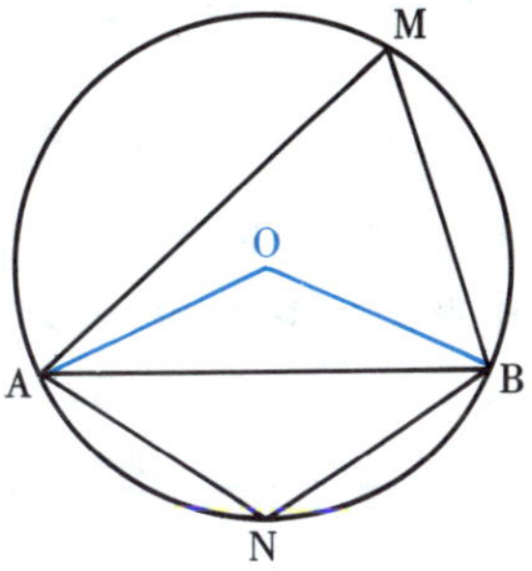

Maintenant A, M, B étant trois points distincts deux à deux d'un cercle de centre O, nous nous proposons d'établir une relation entre les *angles de vecteurs* $(\overrightarrow{OA}; \overrightarrow{OB})$ et $(\overrightarrow{MA}; \overrightarrow{MB})$.

D'après la relation de Chasles, nous avons :

$$(\overrightarrow{MA}; \overrightarrow{MB}) = (\overrightarrow{MA}; \overrightarrow{MO}) + (\overrightarrow{MO}; \overrightarrow{MB}).$$

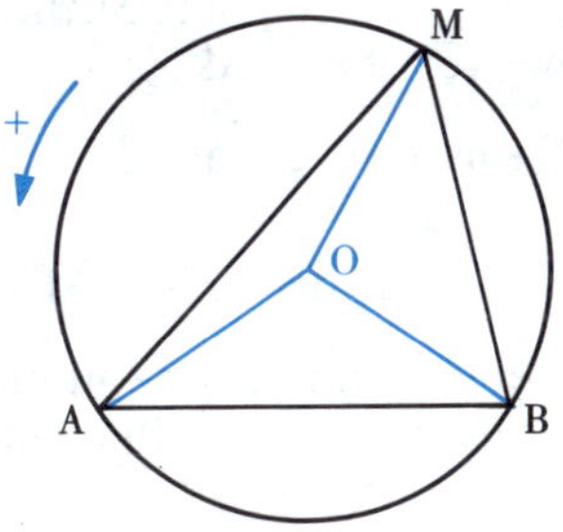

Les triangles AOM et BOM étant isocèles en O, nous avons (paragraphe **1.2.** ***e.***) :

$$(\overrightarrow{MA}; \overrightarrow{MO}) = (\overrightarrow{AO}; \overrightarrow{AM})$$

et

$$(\overrightarrow{MO}; \overrightarrow{MB}) = (\overrightarrow{BM}; \overrightarrow{BO})$$

et en remarquant par exemple que
$(\overrightarrow{AO}; \overrightarrow{AM}) = (-\overrightarrow{OA}; -\overrightarrow{MA}) = (\overrightarrow{OA}; \overrightarrow{MA})$, nous pouvons écrire :

$$\begin{aligned}
2(\overrightarrow{MA}; \overrightarrow{MB}) &= (\overrightarrow{MA}; \overrightarrow{MO}) + (\overrightarrow{MO}; \overrightarrow{MB}) + (\overrightarrow{MA}; \overrightarrow{MO}) + (\overrightarrow{MO}; \overrightarrow{MB}) \\
&= (\overrightarrow{MA}; \overrightarrow{MO}) + (\overrightarrow{MO}; \overrightarrow{MB}) + (\overrightarrow{AO}; \overrightarrow{AM}) + (\overrightarrow{BM}; \overrightarrow{BO}) \\
&= (\overrightarrow{OA}; \overrightarrow{MA}) + (\overrightarrow{MA}; \overrightarrow{MO}) + (\overrightarrow{MO}; \overrightarrow{MB}) + (\overrightarrow{MB}; \overrightarrow{OB}) \\
&= (\overrightarrow{OA}; \overrightarrow{MO}) + (\overrightarrow{MO}; \overrightarrow{OB}) \\
&= (\overrightarrow{OA}; \overrightarrow{OB})
\end{aligned}$$

Ce résultat signifie que si ω est une mesure de l'angle $(\overrightarrow{OA}; \overrightarrow{OB})$ et si α est une mesure de l'angle $(\overrightarrow{MA}; \overrightarrow{MB})$, alors :

$$2\alpha = \omega + 2k\pi, \quad \text{soit :} \quad \alpha = \frac{\omega}{2} + k\pi.$$

Si k est un entier pair, $k = 2k'$ avec $k' \in \mathbb{Z}$, alors on a : $\alpha = \frac{\omega}{2} + 2k'\pi$, et donc $\frac{\omega}{2}$ est aussi une mesure de $(\overrightarrow{MA}; \overrightarrow{MB})$.

Si k est un entier impair : $k = 2k'' + 1$, $k'' \in \mathbb{Z}$, alors : $\alpha = \frac{\omega}{2} + \pi + 2k''\pi$, et donc $\frac{\omega}{2} + \pi$ est une mesure de $(\overrightarrow{MA}; \overrightarrow{MB})$.

D'où le théorème suivant :

Théorème 4

A, M, B sont trois points distincts deux à deux d'un cercle de centre O.
Alors : $(\overrightarrow{OA}; \overrightarrow{OB}) = 2(\overrightarrow{MA}; \overrightarrow{MB})$ **(modulo 2π).**
Cette écriture signifie que si ω est une mesure de $(\overrightarrow{OA}; \overrightarrow{OB})$, alors une mesure de $(\overrightarrow{MA}; \overrightarrow{MB})$ est soit $\frac{\omega}{2}$ (modulo 2π), soit $\frac{\omega}{2} + \pi$ (modulo 2π).

Commentaire

En utilisant le théorème **3**, on voit que l'on a $(\overrightarrow{MA}; \overrightarrow{MB}) = \frac{\omega}{2}$ (modulo 2π) pour tous les points de $\mathcal{C}$ situés dans un même demi-plan de frontière (AB), et que l'on a $(\overrightarrow{MA}; \overrightarrow{MB}) = \frac{\omega}{2} + \pi$ (modulo 2π) pour tous les points M de l'autre arc de cercle.

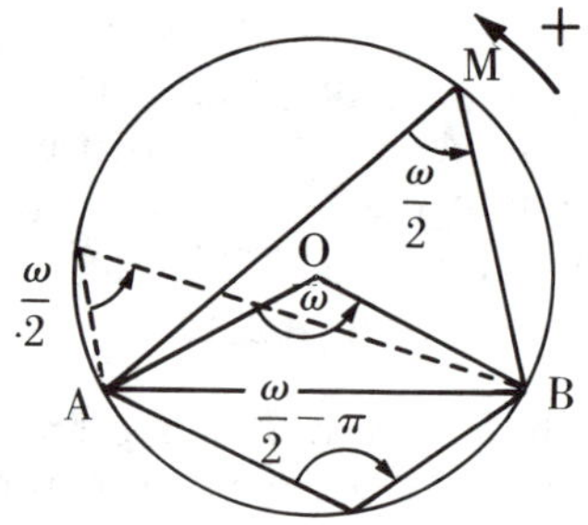

Si on suppose maintenant les deux points A et B choisis, le résultat précédent reste valable quel que soit le point M du cercle, distinct de A et de B. Ainsi, si M et N sont deux points du cercle, chacun d'eux étant distincts de A et de B, les deux angles $(\overrightarrow{MA}; \overrightarrow{MB})$ et $(\overrightarrow{NA}; \overrightarrow{NB})$ sont soit égaux, car chacun a une mesure égale à $\frac{\omega}{2}$ (M et N sont alors dans un même demi-plan de frontière (AB)), soit tels que l'un a pour mesure $\frac{\omega}{2}$ et l'autre $\frac{\omega}{2} + \pi$ (M et N sont alors dans des demi-plans différents de frontière (AB)).
Nous pouvons donc énoncer le théorème suivant :

Théorème 5

A et B sont deux points distincts d'un cercle de centre O.
***Alors,* pour tous points M et N du cercle, distincts de A et de B, on a :**
1. si M et N sont d'un même côté de (AB), $(\overrightarrow{MA}; \overrightarrow{MB}) = (\overrightarrow{NA}; \overrightarrow{NB})$
2. si M et N sont de part et d'autre de (AB), $(\overrightarrow{MA}; \overrightarrow{MB}) = (\overrightarrow{NA}; \overrightarrow{NB}) + \pi$.

Remarque
Soit α une mesure de $(\overrightarrow{MA}; \overrightarrow{MB})$ et soit β une mesure de $(\overrightarrow{NA}; \overrightarrow{NB})$.

L'égalité $(\overrightarrow{MA}; \overrightarrow{MB}) = (\overrightarrow{NA}; \overrightarrow{NB})$, signifie qu'il existe un entier k tel que :

$$\alpha = \beta + 2k\pi = \beta + k_1\pi \quad \text{avec} \quad k_1 = 2k.$$

L'égalité $(\overrightarrow{MA}; \overrightarrow{MB}) = (\overrightarrow{NA}; \overrightarrow{NB}) + \pi$, signifie qu'il existe un entier k' tel que :

$$\alpha = \beta + \pi + 2k'\pi = \beta + (2k'+1)\pi,$$

ce qui s'écrit : $\alpha = \beta + k''\pi \quad \text{avec} \quad k'' = 2k'+1.$

Dans les deux cas, il existe un entier k_2 tel que $\alpha = \beta + k_2\pi$.

Nous pouvons donc énoncer le théorème suivant :

> A et B sont deux points distincts d'un cercle de centre O.
> Pour tous points M et N du cercle, distincts de A et de B, *si* α est une mesure de $(\overrightarrow{MA}; \overrightarrow{MB})$ et β est une mesure de $(\overrightarrow{NA}; \overrightarrow{NB})$, *alors* il existe un entier k tel que $\alpha = \beta + k\pi$.

3. Travaux pratiques d'application

T.P.1. Expression de : dét$(\overrightarrow{MA}; \overrightarrow{MB})$

Condition pour que l'angle $(\overrightarrow{MA}; \overrightarrow{MB})$ soit direct.

A, B, M sont trois points du plan distincts deux à deux. On se propose de montrer analytiquement que l'angle $(\overrightarrow{MA}; \overrightarrow{MB})$ est direct si et seulement si M, appartient à l'un des demi-plans limités par la droite (AB).
O est le milieu de [AB] et $(O; \vec{i}, \vec{j})$ est le repère orthonormé direct de la figure ci-contre.

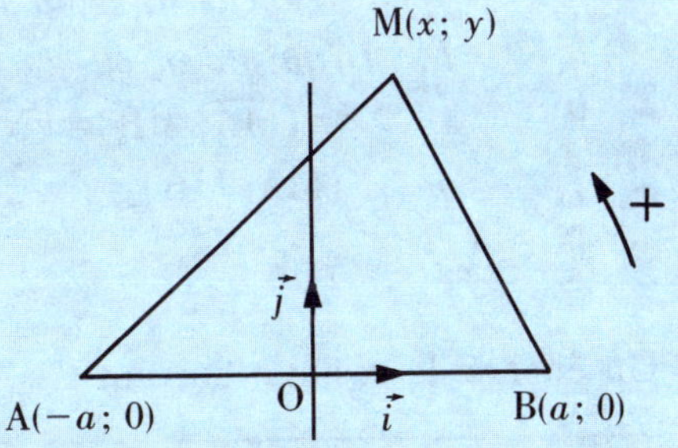

QUESTIONS

a. *Calculez* dét$(\overrightarrow{MA}; \overrightarrow{MB})$ *en fonction des coordonnées* $(x; y)$ *de* M.

b. *Concluez.*

Application

A, B, C sont trois points non alignés.
On se propose de montrer que tout point M intérieur au triangle ABC est barycentre des points A, B, C pondérés respectivement par les aires des triangles MBC, MCA et MAB.
La notion de barycentre est rappelée au chapitre **7**.

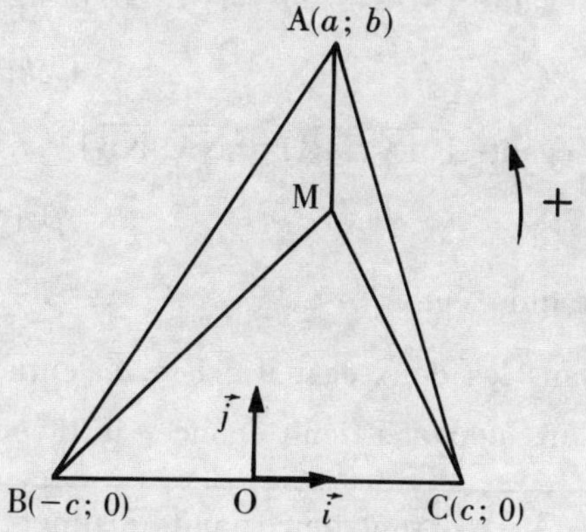

QUESTIONS

a. *Montrez que :*

$$[\text{dét}(\overrightarrow{MB}; \overrightarrow{MC})]\overrightarrow{MA} + [\text{dét}(\overrightarrow{MC}; \overrightarrow{MA})]\overrightarrow{MB} + [\text{dét}(\overrightarrow{MA}; \overrightarrow{MB})]\overrightarrow{MC} = \vec{0}.$$

Indication : *vous pouvez choisir un repère orthonormé direct, par exemple comme sur la figure précédente.*

b. *Démontrez la proposition initiale sachant que tout point* M *du plan peut être considéré comme barycentre de* A, B, C *pondérés par des masses convenables, ces masses pouvant être choisies positives dès que* M *est intérieur au triangle.*

T.P.2. Points cocycliques

Angles à côtés perpendiculaires

A, B, M, N sont quatre points du plan, distincts deux à deux, tels que les droites (MA) et (NA) d'une part, (MB) et (NB) d'autre part, soient perpendiculaires.
Les angles $(\overrightarrow{MA}; \overrightarrow{MB})$ et $(\overrightarrow{NA}; \overrightarrow{NB})$ sont dits à côtés perpendiculaires.

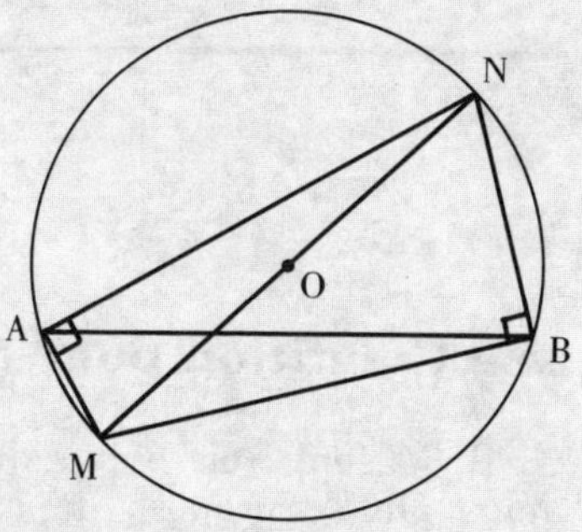

QUESTIONS

a. *Pourquoi les points* A, B, M, N *appartiennent-ils à un même cercle?*

b. *Déduisez-en que :*

$$(\overrightarrow{MA}; \overrightarrow{MB}) = (\overrightarrow{NA}; \overrightarrow{NB})$$

ou $$(\overrightarrow{MA}; \overrightarrow{MB}) = (\overrightarrow{NA}; \overrightarrow{NB}) + \pi.$$

On énonce le résultat suivant :

> Si les angles $(\overrightarrow{MA}; \overrightarrow{MB})$ et $(\overrightarrow{NA}; \overrightarrow{NB})$ sont à côtés perpendiculaires, alors :
> $(\overrightarrow{MA}; \overrightarrow{MB}) = (\overrightarrow{NA}; \overrightarrow{NB})$ ou $(\overrightarrow{MA}; \overrightarrow{MB}) = (\overrightarrow{NA}; \overrightarrow{NB}) + \pi.$

Application

$\mathcal{C}$ est un cercle de centre O; A et B sont deux points distincts de ce cercle. T est un point de la tangente en A à $\mathcal{C}$, et distinct de A. De plus I est le milieu de [AB].

QUESTIONS

a. *Pourquoi a-t-on :*

$$(\overrightarrow{AT};\overrightarrow{AB})=(\overrightarrow{OA};\overrightarrow{OI})$$

ou $(\overrightarrow{AT};\overrightarrow{AB})=(\overrightarrow{OA};\overrightarrow{OI})+\pi$?

b. *Déduisez-en que :*

$$2(\overrightarrow{AT};\overrightarrow{AB})=(\overrightarrow{OA};\overrightarrow{OB}).$$

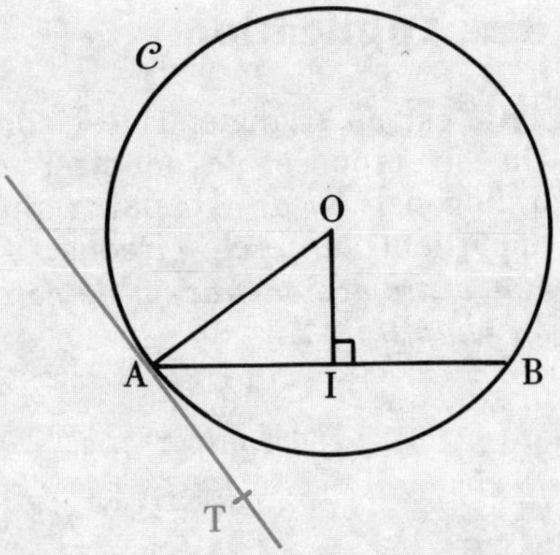

On énonce le résultat suivant :

> Quels que soient les points M, A, B distincts deux à deux d'un cercle $\mathcal{C}$ de centre O et le point T de la tangente en A à $\mathcal{C}$ (avec T distinct de A), on a :
> $$2(\overrightarrow{AT};\overrightarrow{AB})=(\overrightarrow{OA};\overrightarrow{OB})=2(\overrightarrow{MA};\overrightarrow{MB}).$$

Points cocycliques ou alignés

A, B, C, D sont quatre points distincts deux à deux du plan.
Supposons que les points A, B, C ne soient pas alignés. Nous savons, d'après le théorème **5** (de l'angle inscrit), que si D appartient au cercle passant par A, B, C, alors :

$$(\overrightarrow{CA};\overrightarrow{CB})=(\overrightarrow{DA};\overrightarrow{DB}) \quad \text{ou} \quad (\overrightarrow{CA};\overrightarrow{CB})=(\overrightarrow{DA};\overrightarrow{DB})+\pi.$$

Nous nous proposons d'étudier la proposition réciproque, à savoir : que peut-on dire d'un point D tel que

$$(\overrightarrow{CA};\overrightarrow{CB})=(\overrightarrow{DA};\overrightarrow{DB}) \quad \text{ou} \quad (\overrightarrow{CA};\overrightarrow{CB})=(\overrightarrow{DA};\overrightarrow{DB})+\pi$$

sachant que A, B et C ne sont pas alignés?

QUESTIONS

a. *Vérifiez que les points* A, B, D *ne sont pas alignés.*

b. T *est un point de la tangente en* A *au cercle* $\mathcal{C}$ *passant par* A, B, C, *avec* T *distinct de* A; T_1 *est un point de la tangente en* A *au cercle* $\mathcal{C}'$ *passant par* A, B, D, *avec* T_1 *distinct de* A.
Montrez que les points A, T *et* T_1 *sont alignés.*
Déduisez-en que les cercles $\mathcal{C}$ *et* $\mathcal{C}'$ *ont même centre, donc qu'ils sont confondus et donc que* D *appartient au cercle* $\mathcal{C}$.

On énonce le résultat :

> Quatre points A, B, C, D tels que trois d'entre eux ne soient pas alignés, sont sur un même cercle (on dit cocycliques) *si et seulement si*
> $$(\overrightarrow{CA};\overrightarrow{CB})=(\overrightarrow{DA};\overrightarrow{DB}) \quad \text{ou} \quad (\overrightarrow{CA};\overrightarrow{CB})=(\overrightarrow{DA};\overrightarrow{DB})+\pi.$$

En raisonnant, comme dans la remarque qui suit le théorème **5**, on peut énoncer :

> Quatre points A, B, C, D, tels que trois d'entre eux ne sont pas alignés, sont sur un même cercle *si, et seulement si,* pour toute mesure α de $(\overrightarrow{CA};\overrightarrow{CB})$ et toute mesure β de $(\overrightarrow{DA};\overrightarrow{DB})$, il existe un entier k tel que :
> $$\alpha=\beta+k\pi.$$

Application

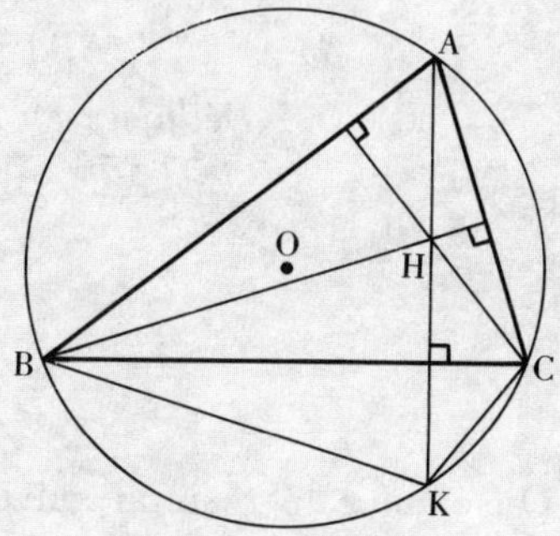

ABC est un triangle, H est son orthocentre.
On se propose de montrer que le symétrique orthogonal K de H par rapport au côté (BC), appartient au cercle circonscrit à ABC.
Une autre démonstration de ce résultat est proposée au chapitre **12.**

QUESTIONS

a. *Montrez que :*

$$(\overrightarrow{KB};\ \overrightarrow{KC})=(\overrightarrow{HC};\ \overrightarrow{HB}).$$

b. *Montrez que*

$$(\overrightarrow{HC};\ \overrightarrow{HB})=(\overrightarrow{AB};\ \overrightarrow{AC}).$$

ou $(\overrightarrow{HC};\ \overrightarrow{HB})=(\overrightarrow{AB};\ \overrightarrow{AC})+\pi.$

c. *Déduisez-en que les points* A, B, C *et* K *sont cocycliques.*

T.P.3. Ensemble des points M tels que $(\overrightarrow{MA};\ \overrightarrow{MB})=\alpha$ ou $(\overrightarrow{MA};\ \overrightarrow{MB})=\alpha+\pi$

A et B sont deux points distincts du plan, α est un réel.

- Supposons que l'on ait $\alpha=2k\pi$ avec $k\in\mathbb{Z}$ ou $\alpha=2k'\pi+\pi$ avec $k'\in\mathbb{Z}$.

QUESTION

Montrez que l'ensemble des points M *tels que :*

$$(\overrightarrow{MA};\ \overrightarrow{MB})=\alpha \qquad \text{ou bien} \qquad (\overrightarrow{MA};\ \overrightarrow{MB})=\alpha+\pi,$$

est la droite (AB) *privée des points* A *et* B.

- Supposons α différent de tout réel $k\pi$, avec $k\in\mathbb{Z}$.

QUESTIONS

a. *Montrez qu'il existe un cercle* $\mathcal{C}$, *et un seul, contenant tous les points* M *tels que* $(\overrightarrow{MA};\ \overrightarrow{MB})=\alpha$ *ou bien* $(\overrightarrow{MA};\ \overrightarrow{MB})=\alpha+\pi$.
On note E *l'ensemble de tous ces points* M.
Indication : *utilisez les résultats du* **T.P.2.**

b. *Déduisez-en que l'ensemble* E *est le cercle* $\mathcal{C}$ *privé des points* A *et* B.

c. *Construisez l'ensemble* E *lorsque :*

$$\alpha=\frac{\pi}{3}, \quad \alpha=-\frac{\pi}{2}, \quad \alpha=\frac{3\pi}{4}, \quad \alpha=\frac{\pi}{4}.$$

Dans chacun de ces cas, précisez l'ensemble E′ *des points* M *tels que*

$$(\overrightarrow{MA};\ \overrightarrow{MB})=\alpha.$$

T.P.4. Utilisation des nombres complexes

On rappelle (voir chapitre **1**) que si a, b, z sont les affixes des points A, B, M, un argument de $\dfrac{z-b}{z-a}$ est une mesure en radians de l'angle $(\overrightarrow{AM}; \overrightarrow{BM})$ donc de $(\overrightarrow{MA}; \overrightarrow{MB})$.

QUESTIONS

a. *Déterminez géométriquement l'ensemble* E *des points* M *d'affixe* z *tels que le nombre complexe* $\dfrac{z-3-i}{z-1-i}$ *soit un imaginaire pur?*

b. *Donnez une équation cartésienne de cet ensemble* E.

c. *Quel est l'ensemble des points* M *d'affixe* z *tels que* $\left(\dfrac{z-3-i}{z-1-i}\right)^2$ *soit réel?*

T.P.5. Pour aller plus loin : angles de droites, expression de la cocyclicité de quatre points par les angles de droites; application

Définitions

d et d' sont deux droites dans le plan orienté.
Par définition, nous disons que le couple $(d; d')$ est un angle orienté de droites, ou plus simplement un angle de droites.

Soit $\vec{u}$ un vecteur directeur de d et $\vec{v}$ un vecteur directeur de d'.

Par définition, l'ensemble des mesures (en radians) de l'angle $(d; d')$ est constitué de la réunion de l'ensemble des mesures (en radians) de $(\vec{u}\,;\vec{v})$ et de l'ensemble des mesures (en radians) de $(-\vec{u}\,;\vec{v})$.

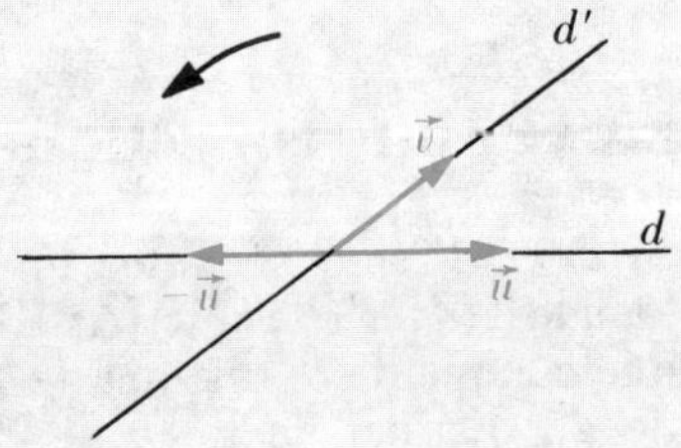

QUESTION

Montrez que cette définition est indépendante du choix de $\vec{u}$ *et de* $\vec{v}$.

Indication : *si* $\vec{u}\,'$ *est un autre vecteur directeur de* d, *et* $\vec{v}\,'$ *un autre vecteur directeur de* d', *alors il existe deux réels* λ *et* λ' *tels que :*

$$\vec{u}\,'=\lambda\vec{u},\quad \vec{v}\,'=\lambda'\vec{v},\quad \text{d'où } (\vec{u}\,';\vec{v}\,')=\ldots$$

Très souvent, selon l'usage, nous confondrons un angle de droites et l'une de ses mesures.

QUESTION

Montrez que d et d' sont parallèles (ou confondues) si et seulement si

$$(d;\ d')=0.$$

Propriétés des mesures de $(d;\ d')$

QUESTION

Démontrez que si α est une mesure de $(d;\ d')$, alors toute autre mesure est $\alpha+k\pi$ avec k entier.

Indication : *soit β une mesure de $(\vec{u}\ ;\ \vec{v})$; d'après la définition de $(d;\ d')$, α est une mesure de $(\vec{u}\ ;\ \vec{v})$ et alors $\alpha=\beta+2k'\pi$ avec k' entier, ou α est une mesure de $(-\vec{u}\ ;\ \vec{v})$ et alors $\alpha=\beta+\pi+2k''\pi$ avec k'' entier.*

Considérez une autre mesure α' de $(d;\ d')$ et la différence $\alpha-\alpha'$.

On dit qu'un angle de droites est « déterminé à $k\pi$ près » ou « modulo π ».

Relation de Chasles

QUESTION

d_1, d_2, d_3 étant trois droites, montrez que :

$$(d_1;\ d_2)+(d_2;\ d_3)=(d_1;\ d_3).$$

Points cocycliques

Si d et d' sont sécantes en un point I, nous noterons l'angle $(d;\ d')$ par (IA; IB), où A est un point quelconque de d, distinct de I, et B un point quelconque de d', distinct de I.

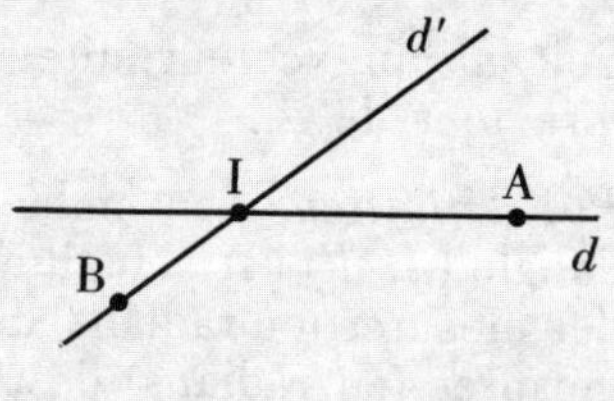

Et nous écrirons $(d;\ d')=(\mathrm{IA};\ \mathrm{IB})$.

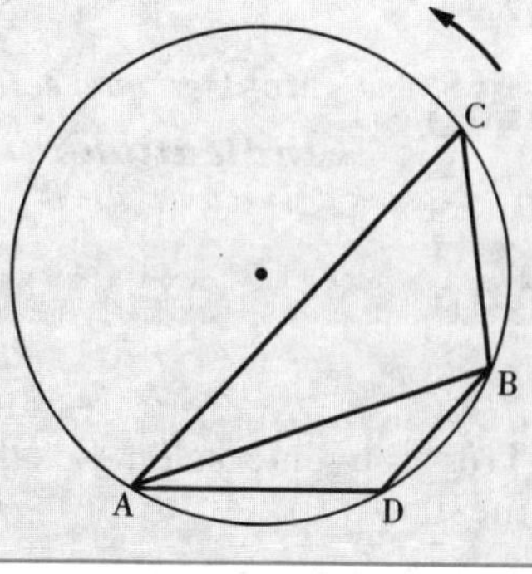

QUESTION

A, B, C *et* D *sont quatre points du plan et* A, B, C *ne sont pas alignés.*

Montrez en vous reportant au T.P.2., *que ces quatre points sont cocycliques (sur un même cercle) si et seulement si :*

$$\mathbf{(CA,\ CB)=(DA,\ DB).}$$

Application : droite de Simson

ABC est un triangle et M est un point du plan qui se projette orthogonalement sur (BC), (CA) et (AB) respectivement en P, Q et R.

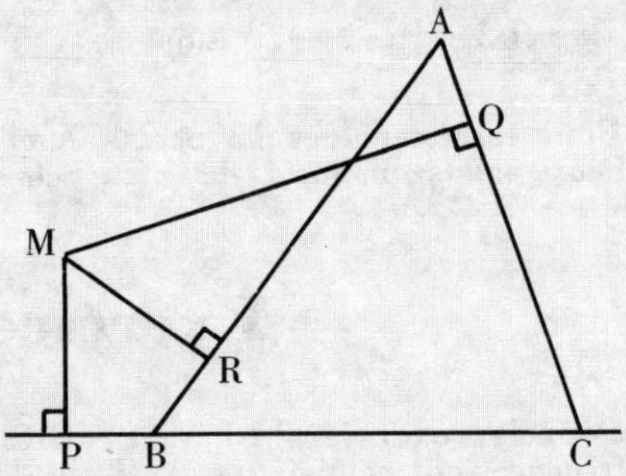

QUESTIONS

a. *Montrez que lorsque* M *est distinct de* P, Q *et* R, *alors :*

$$(\mathrm{MA}, \mathrm{MB}) = (\mathrm{CA}, \mathrm{BC}) + (\mathrm{PR}, \mathrm{QR}).$$

Indication : *écrivez*

$$(\mathrm{MA}, \mathrm{MB}) = (\mathrm{MA}, \mathrm{MR}) + (\mathrm{MR}, \mathrm{MB})$$

et montrez que

$$(\mathrm{MA}, \mathrm{MR}) = (\mathrm{CA}, \mathrm{QR}),$$
$$(\mathrm{MB}, \mathrm{MR}) = (\mathrm{CB}, \mathrm{PR}).$$

b. *Démontrez que les points* P, Q, R *sont alignés* si, et seulement si, M *est sur le cercle circonscrit au triangle* ABC.
On dit alors que la droite (PQR) *est la* droite de Simson de M *relativement au triangle* ABC.

EXERCICES

Exercices d'apprentissage

Pour les exercices 1 à 4, $\vec{u}$ et $\vec{v}$ sont donnés par leurs coordonnées dans la base orthonormale directe $(\vec{i}, \vec{j})$. Calculez $\text{dét}(\vec{u}\,;\vec{v})$.

1. $\vec{u} = 3\vec{i} - 4\vec{j}$;
$\vec{v} = -\vec{i} - 2\vec{j}$.

2. $\vec{u} = -2\vec{i} + \vec{j}$;
$\vec{v} = 2\vec{i} - \vec{j}$.

3. $\vec{u} = (1+\sqrt{2})\vec{i} + (\sqrt{2}-1)\vec{j}$;
$\vec{v} = (\sqrt{2}-1)\vec{i} + (\sqrt{2}+1)\vec{j}$.

4. $\vec{u} = (3-2\sqrt{2})\vec{i} + \vec{j}$;
$\vec{v} = (\sqrt{2}-1)\vec{i} + (\sqrt{2}+1)\vec{j}$.

Pour les exercices 5 à 7, trouvez les valeurs du réel a pour lesquelles les vecteurs $\vec{u}$ et $\vec{v}$ sont colinéaires.

5. $\vec{u} = 2\vec{i} - 2\vec{j}$;
$\vec{v} = (1+a)\vec{i} + (1-a)\vec{j}$.

6. $\vec{u} = (1+a)\vec{i} + (2-a)\vec{j}$;
$\vec{v} = a\vec{i} - 2a\vec{j}$.

7. $\vec{u} = (2-a)\vec{i} + (1+2a)\vec{j}$;
$\vec{v} = 3\vec{i} + (1-a)\vec{j}$.

Pour les exercices 8 et 9, en utilisant le déterminant d'un couple de vecteurs, déterminez une équation de la droite D.

8. D passe par A(2; −3) et B(−1; 5).

9. D passe par A(3; −1) et parallèle à la droite d'équation $4x - 5y + 1 = 0$.

Pour les exercices 10 à 12, calculez l'aire du triangle ABC connaissant les coordonnées des sommets dans un repère orthonormé direct.

10. A(1; −1), B(4; −5), C(0; −3).

11. A(2; −1), B(4; −5), C(−3; 2).

12. A(−2; −2), B(6; −1), C(0; 2).

Pour les exercices 13 et 14, A et B sont deux points distincts du plan; construisez l'ensemble des points M tels que

$$(\overrightarrow{MA}; \overrightarrow{MB}) = \alpha.$$

13. $\alpha = \frac{\pi}{4}$; puis $\alpha = -\frac{2\pi}{3}$.

14. $\alpha = -\frac{\pi}{3}$; puis $\alpha = \frac{3\pi}{4}$.

Exercices d'entraînement

Pour les exercices 15 à 18, ABC est un triangle; en centimètres : $AB = c$, $AC = b$, $BC = a$; α, β et γ sont des mesures en radians des angles $(\overrightarrow{AB}; \overrightarrow{AC})$, $(\overrightarrow{BC}; \overrightarrow{BA})$ et $(\overrightarrow{CA}; \overrightarrow{CB})$. Construisez un triangle correspondant aux données et calculez, parmi les réels a, b, c, α, β, γ, $\sin\alpha$, $\sin\beta$ et $\sin\gamma$, ceux qui manquent (donnez, si c'est possible des valeurs exactes, sinon des approximations).

15. $a = 2$, $b = 2\sqrt{3}$, $c = 4$.

16. $a = 8$, $\beta = \frac{\pi}{3}$, $\gamma = \frac{\pi}{4}$.

17. $a = 12$, $b = 9$, $c = 15$.

18. $a = 6$, $b = 14$, $c = 8$.

19. D_1 et D_2 sont deux droites distinctes parallèles; A est un point du plan. On note H_1 et H_2 les projetés orthogonaux de A sur les droites D_1 et D_2.

a) On suppose que B_1 et B_2 sont des points situés respectivement sur D_1 et D_2 et que le triangle AB_1B_2 est rectangle en A et isocèle. Comparez les triangles AH_1B_1 et B_2H_2A.

b) Trouvez tous les points M_1 de D_1 et M_2 de D_2 tels que le triangle AM_1M_2 soit rectangle en A et isocèle.

(D'après Bac C)

20.★ On donne un cercle $\mathcal{C}$, une droite D et un point I de D.
Construisez les cercles tangents à $\mathcal{C}$ et tangents en I à D.

21. ABC est un triangle rectangle isocèle de sommet A et H est le milieu de [BC]. Une droite D passant par A ne coupe pas le segment [BC]. On note B′ et C′ les projetés orthogonaux de B et C sur D.

a) Montrez que le triangle B′HC′ est rectangle isocèle.

b) Montrez que $B'C' = BB' + CC'$.

c) Reprenez les questions précédentes dans le cas où D coupe le segment [BC].

22. D_1 et D_2 sont deux droites distinctes parallèles; A est un point du plan.
On cherche les points M_1 de D_1 et M_2 de D_2 tels que AM_1M_2 soit rectangle en A et isocèle.
Choisissez un repère; notez a, m_1 et m_2 les affixes de A, M_1 et M_2, étudiez le quotient $\frac{m_2 - a}{m_1 - a}$ et résolvez le problème.

(D'après Bac C)

23. ABC est un triangle d'orthocentre H. On note A′, B′, C′ les symétriques de H par rapport aux côtés (BC), (CA) et (AB) et A″, B″, C″ les pieds des hauteurs issues de A, B et C.

a) Montrez que A′, B′ et C′ appartiennent au cercle circonscrit au triangle ABC.

b) Quelles sont les bissectrices du triangle A′B′C′?

c) Quelles sont les bissectrices du triangle A″B″C″?

24. On considère dans le plan complexe les points O d'affixe zéro, A d'affixe 1, B d'affixe −1.
A tout point M du plan complexe d'affixe $z \neq 1$, on associe le point M′ d'affixe

$$z' = \frac{z-1}{1-\bar{z}}.$$

1. ***a)*** Établissez que $|z'| = 1$.

b) Établissez que $\frac{z'-1}{z-1}$ est réel.

c) Établissez que $\frac{z'+1}{z-1}$ est imaginaire pur (c'est-à-dire est le produit de i par un réel).

2. ***a)*** Interprétez géométriquement, à l'aide des points M, M′, O, A, B les trois propriétés établies dans la question précédente.

b) Donnez une construction géométrique de M′ connaissant M.

(Bac C)

25. Bissectrices

a) Ox et Oy sont deux demi-droites d'origine O. Montrez qu'il existe deux demi-droites opposées, Oz et Oz' telles que :

$$(Ox\,;\,Oz) = (Oz\,;\,Oy)$$

et $$(Ox\,;\,Oz') = (Oz'\,;\,Oy).$$

Oz et Oz' sont les *bissectrices du couple de demi-droites* $(Ox\,;\,Oy)$.

b) Ox' et Oy' sont les demi-droites opposées à Ox et Oy; trouvez les bissectrices des couples de demi-droites $(Ox'\,;\,Oy')$, $(Ox\,;\,Oy')$, $(Oy\,;\,Ox')$.

c) d_1 et d_2 sont deux droites sécantes en O, de vecteurs directeurs $\vec{u}_1$ et $\vec{u}_2$ respectivement. On appelle *bissectrice du couple de droites* $(d_1\,;\,d_2)$ une droite δ passant par O, de vecteur directeur $\vec{v}$ tel que $2(\vec{u}_1\,;\,\vec{v}) = 2(\vec{v}\,;\,\vec{u}_2)$.
Montrez que le couple de droites $(d_1\,;\,d_2)$ admet deux bissectrices δ_1 et δ_2 perpendiculaires.

d) Vérifiez que δ_1 et δ_2 sont les axes de symétrie de $d_1 \cup d_2$.

e) Ox_1 et Ox_2 sont deux demi-droites de supports d_1 et d_2; montrez que toute bissectrice du couple de demi-droites $(Ox_1\,;\,Ox_2)$ a pour support une bissectrice du couple de droites $(d_1\,;\,d_2)$.

f) *Bissectrices d'un triangle* ABC.
Les bissectrices de l'angle $\widehat{A}$ sont les bissectrices du couple de droites (AB; AC). Celle de ces deux bissectrices qui coupe (resp. ne coupe pas) le segment [BC] est appelée la bissectrice intérieure (resp. extérieure) de l'angle $\widehat{A}$.

- Montrez que les trois bissectrices intérieures de ABC sont sécantes en un point I. I est le centre du cercle $\mathcal{C}$ inscrit à ABC. Montrez que $\mathcal{C}$ est tangent aux côtés du triangle.
- Montrez que la bissectrice intérieure de $\widehat{A}$ et les bissectrices extérieures de $\widehat{B}$ et $\widehat{C}$ sont sécantes en un point J_A.
J_A est le centre du cercle exinscrit à ABC. Montrez que ce cercle est tangent aux supports des côtés de ABC.

26. *L'objet du problème est d'étudier deux méthodes permettant de déterminer les pieds des bissectrices dans un triangle.*

1. ABC est un triangle; la bissectrice intérieure de l'angle $\widehat{A}$ coupe (BC) en A'.
A quelle condition la bissectrice extérieure de $\widehat{A}$ coupe-t-elle (BC)? Si cette condition est réalisée, on note A″ ce point d'intersection.

2. On note H le pied de la hauteur issue de A du triangle ABC, H' et K' les pieds des hauteurs issues de A' des triangles ABA' et ACA'.

a) Montrez que $BA' \times AH = AB \times A'H'$; établissez une relation analogue avec le point C.

b) Déduisez-en une relation entre AB, AC, A'B et A'C.

c) Par une méthode analogue, prouvez une relation entre AB, AC, A″B et A″C.

3. La parallèle à (AA') passant par C coupe (AB) en C'.

a) Démontrez que le triangle ACC' est isocèle.

b) Reprenez la question **2. *b*)**.

c) Reprenez la question **2. c)**.

27.★ *L'objet du problème est de déterminer les triangles dont trois droites données distinctes* D_1, D_2, D_3 *sont les hauteurs ou les médiatrices ou les bissectrices.*

1. *Examen du cas où deux des droites sont perpendiculaires.*

a) Montrez que deux hauteurs d'un triangle sont perpendiculaires si et seulement si ce triangle est rectangle.

b) Montrez que, si Δ est une bissectrice (intérieure ou extérieure) de l'angle $\widehat{A}$ d'un triangle non aplati ABC et si Δ' est une bissectrice de l'angle $\widehat{B}$, Δ et Δ' ne sont ni parallèles ni perpendiculaires.

c) D_1, D_2 et D_3 passent par H; D_1 et D_2 sont perpendiculaires.
Montrez que tout point A_1 de D_1 est sommet d'un triangle dont D_1, D_2 et D_3 sont les hauteurs.

2. *Problème des hauteurs.*

D_1, D_2 et D_3 passent par H et sont deux à deux non perpendiculaires.
Montrez que tout point A_1 de D_1 est sommet d'un triangle dont D_1, D_2 et D_3 sont les hauteurs.

3. *Problème des médiatrices.*

a) ABC est un triangle non aplati; A', B' et C' sont les milieux des côtés.
Montrez que les médiatrices de ABC sont les hauteurs de A'B'C'.

b) Trouvez un triangle dont D_1, D_2, D_3 sont les médiatrices; comment trouve-t-on les autres?

4. *Problème des bissectrices.*

a) ABC est un triangle; les bissectrices intérieures se coupent en I; la bissectrice intérieure de l'angle $\widehat{A}$ et les bissectrices extérieures de $\widehat{B}$ et $\widehat{C}$ se coupent en J_A; on définit de façon analogue les points J_B et J_C.
Précisez les hauteurs et l'orthocentre de chacun des triangles $J_AJ_BJ_C$, IJ_BJ_C, IJ_AJ_C, IJ_AJ_B.
Faites un dessin avec AB = 3 cm, BC = 6 cm, CA = 4 cm.

b) Construisez un triangle dont D_1, D_2, D_3 sont les bissectrices intérieures.

c) Construisez un triangle dont D_1 est une bissectrice intérieure, D_2 et D_3 sont deux bissectrices extérieures.

CHAPITRE
7

L'OUTIL VECTORIEL

Ce chapitre traite des sujets suivants : barycentre de n points massifs; caractérisation de segments, demi-droites, droites et plans; équations paramétriques de plans; équation cartésienne d'un plan dans un repère orthonormé; projections ponctuelles et vectorielles.

1. Pour prendre un bon départ

1.1. Produit scalaire dans l'espace

Trois points A, B, C de l'espace, sont toujours dans un plan P (ce plan étant unique lorsque A, B, C ne sont pas alignés); aussi avez-vous vu en classe de Première que le produit scalaire des vecteurs $\overrightarrow{AB}$ et $\overrightarrow{AC}$ se calcule comme dans le plan P.
Les règles de calcul du produit scalaire dans l'espace sont analogues à celles du produit scalaire défini en géométrie plane.
Dans *une base orthonormale* $(\vec{i}, \vec{j}, \vec{k})$ (c'est-à-dire $\vec{i}$, $\vec{j}$, $\vec{k}$ unitaires et deux à deux orthogonaux), si $\vec{u}$ et $\vec{v}$ sont deux vecteurs de coordonnées respectives $(a\,;\, b\,;\, c)$ et $(a'\,;\, b'\,;\, c')$, alors

$$\vec{u} \cdot \vec{v} = aa' + bb' + cc' \quad \text{et} \quad \|\vec{u}\|^2 = a^2 + b^2 + c^2.$$

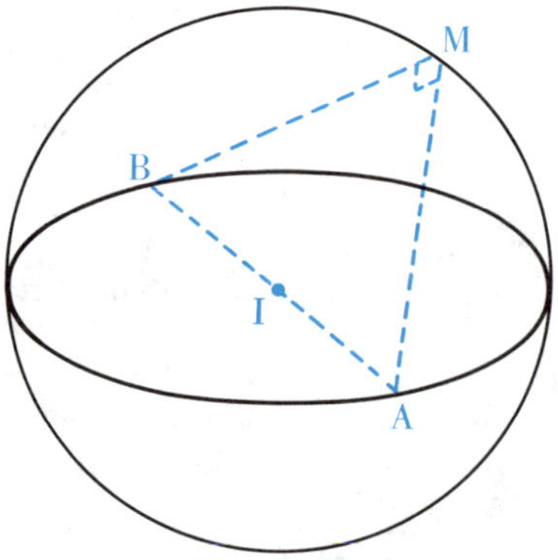

Application : sphère

La sphère de centre I et de rayon r est l'ensemble des points M de l'espace tels que $\mathbf{IM} = r$.

Propriété caractéristique : un point M appartient à la sphère de diamètre [AB] *si et seulement si* $\overrightarrow{MA} \cdot \overrightarrow{MB} = 0$.

La traduction de cette propriété, dans un repère orthonormé permet d'obtenir une équation de la sphère de diamètre [AB].

EXERCICE

Dans un repère orthonormé, A et B sont les points de coordonnées (1; 0; 0) et (0; 2; 4).
Donnez une équation de la sphère de diamètre [AB].

1.2. Plans et droites de l'espace

a. Détermination d'un plan dans l'espace

Un point A, et deux vecteurs **non colinéaires** $\vec{u}$ et $\vec{v}$, déterminent un plan et un seul; en effet, si $\vec{u} = \overrightarrow{AB}$ et $\vec{v} = \overrightarrow{AC}$, ce plan est **le** plan (ABC).
On dit que $\vec{u}$ et $\vec{v}$ forment un système de **vecteurs directeurs** de ce plan; plan qui est donc l'ensemble des points M tels que :

$$\overrightarrow{AM} = a\vec{u} + b\vec{v} \quad \text{avec} \quad a \text{ et } b \text{ réels.}$$

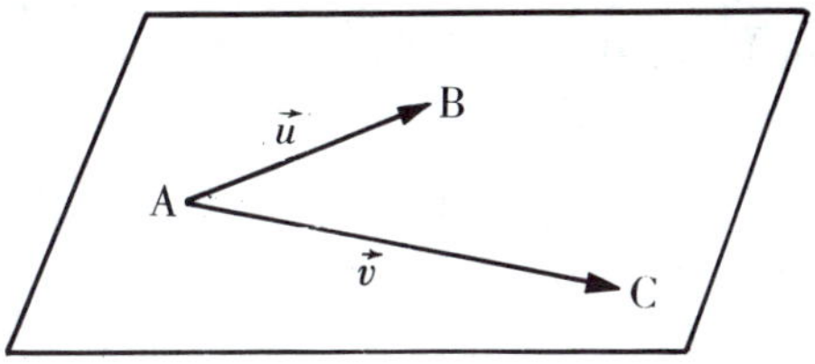

b. Parallélisme

Parallélisme d'une droite et d'un plan

Point de vue ponctuel

Dire qu'**une droite *d* est parallèle à un plan P** signifie que *d* est parallèle à une droite de P.

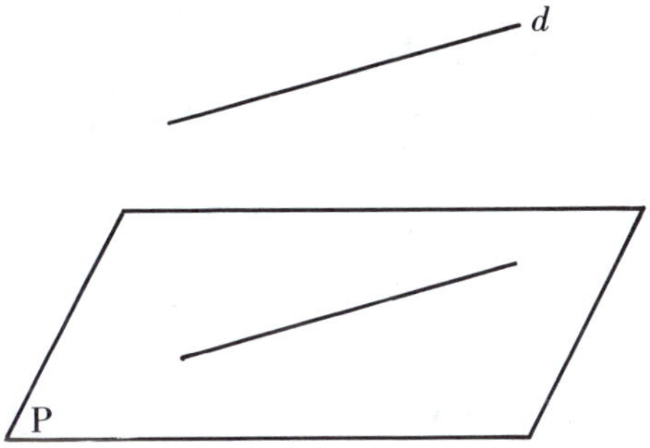

Point de vue vectoriel

Une droite *d* de vecteur directeur $\vec{u}$ est parallèle à un plan P *si, et seulement si,* il existe dans P, une droite de vecteur directeur $\vec{u}$.

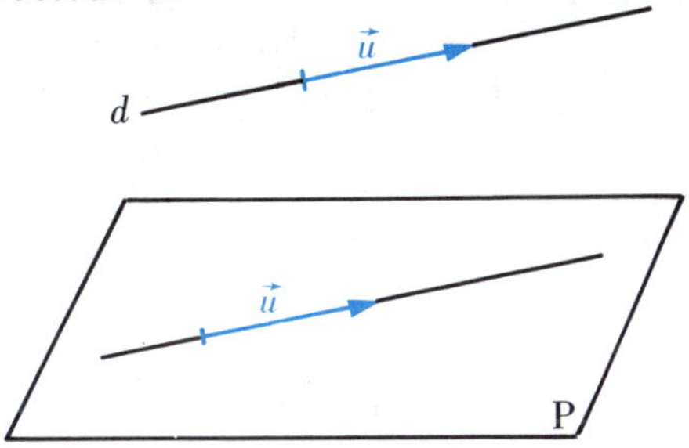

Parallélisme de deux plans

Point de vue ponctuel

Dire que **deux plans sont parallèles** signifie que l'un d'eux contient deux droites sécantes, qui sont parallèles à deux droites de l'autre plan.

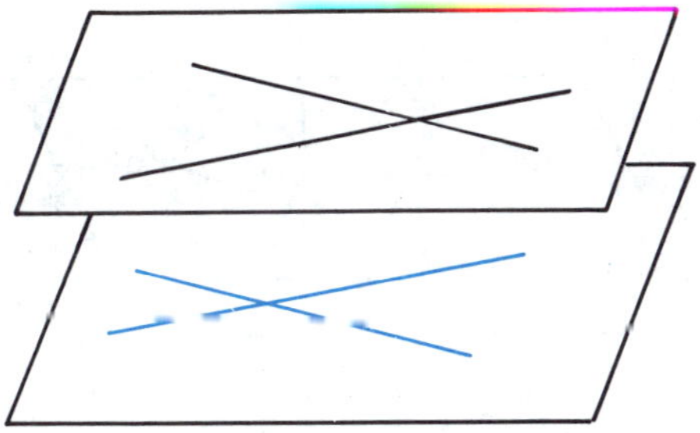

Point de vue vectoriel

Deux plans sont parallèles *si, et seulement si,* un système de vecteurs directeurs de l'un est un système de vecteurs directeurs de l'autre plan.

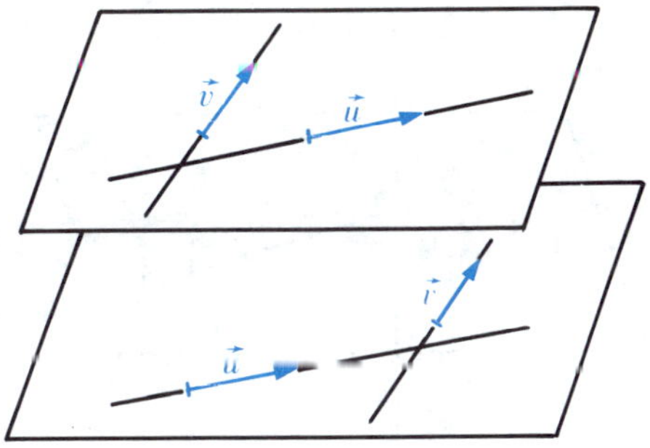

EXERCICES

a. Interprétez vectoriellement le fait que deux droites sont parallèles.

b. Interprétez vectoriellement le fait que deux plans distincts sont sécants et que leur intersection est une droite.

c. Orthogonalité

Point de vue ponctuel

• Dire qu'**une droite *d* est perpendiculaire à un plan** P signifie que *d* est orthogonale à toute droite de ce plan.

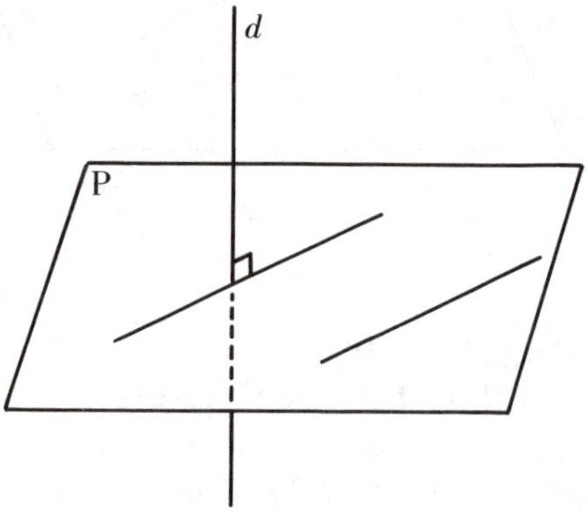

En fait, pour montrer qu'une droite *d* est perpendiculaire à un plan P, il suffit de montrer qu'elle est orthogonale à *deux* droites *sécantes* de P.

Point de vue vectoriel

• Dire qu'**une droite *d* est perpendiculaire à un plan P** signifie que tout vecteur directeur de *d* est orthogonal à tout vecteur du plan.

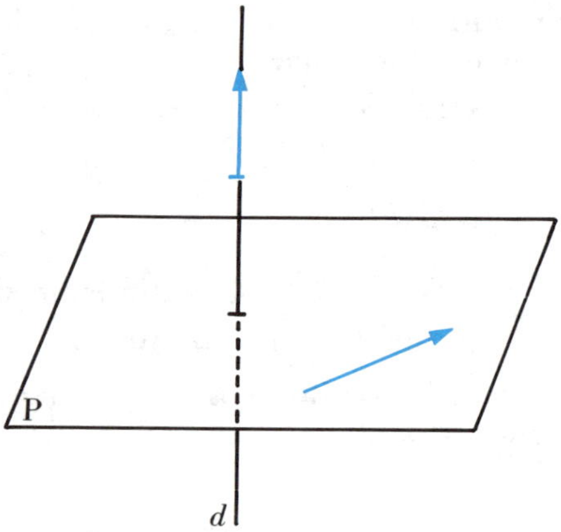

Un vecteur directeur de *d* est dit **normal** au plan P.

• *d* est une droite et A l'un de ses points.
Il existe un plan et un seul, perpendiculaire à *d* en A.
Ce plan est l'ensemble des points M tels que la droite (AM) soit perpendiculaire à *d*.

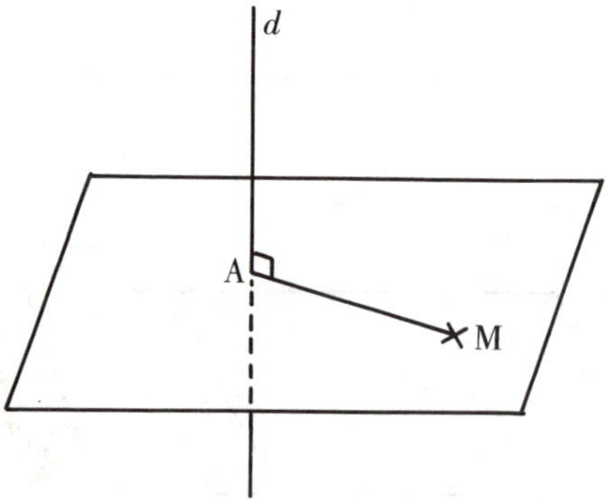

• $\vec{u}$ est un vecteur non nul, A est un point.
Il existe un plan, et un seul, contenant A et ayant $\vec{u}$ pour vecteur normal; c'est le plan perpendiculaire en A à la droite $(A; \vec{u})$.
Ce plan est l'ensemble des points M tels que $\overrightarrow{AM} \cdot \vec{u} = 0$.

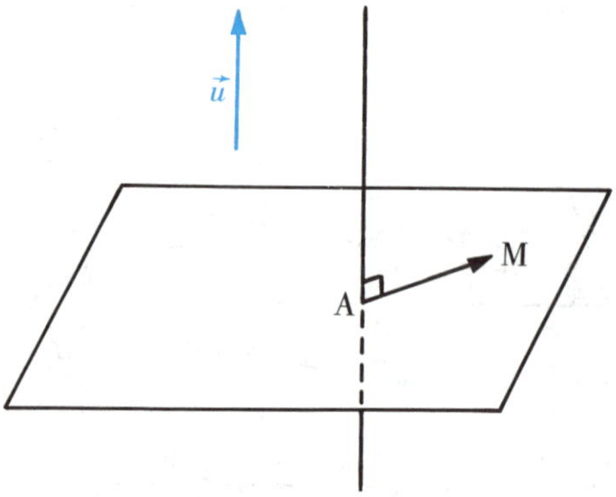

2. Cours

2.1. Barycentre de n points massifs

Vous avez déjà utilisé le barycentre dans les classes antérieures, soit en Mathématiques (géométrie, statistique), soit en Physique (mécanique, électrostatique). Le but, ici, est d'en faire l'étude dans un cas plus général, celui où l'on considère un nombre quelconque n de points massifs (en classe de Seconde l'étude a été faite pour $n=2$, $n=3$ ou $n=4$).
Les démonstrations et les résultats qui vont être donnés sont valables aussi bien en géométrie plane qu'en géométrie de l'espace; aussi, dans tout ce paragraphe, parlerons-nous de points sans préciser s'ils appartiennent au plan ou à l'espace; cette précision n'est nécessaire qu'au moment de l'emploi de coordonnées.

a. Existence et caractérisation

Considérons n points A_1, A_2, ..., A_n (distincts ou non), affectés respectivement des masses a_1, a_2, ..., a_n (réels quelconques), c'est-à-dire considérons n points massifs (ou pondérés) (A_1, a_1), (A_2, a_2), ..., (A_n, a_n).

Problème : **existe-t-il un point G et un SEUL, tel que**

$$a_1\overrightarrow{GA_1}+a_2\overrightarrow{GA_2}+\dots+a_n\overrightarrow{GA_n}=\vec{0}.$$

Pour résoudre ce problème, considérons la fonction f qui, à chaque point M, associe le vecteur, noté $f(M)$, tel que :

$$f(M)=a_1\overrightarrow{MA_1}+\dots+a_n\overrightarrow{MA_n}.$$

Le problème s'énonce alors : *l'ensemble des points* M *tels que* $f(M)=\vec{0}$ *contient-il un point et un seul?*
Fixons un point I. D'après la définition de f nous avons, *pour tout point* M :

$$\begin{aligned}f(I)-f(M)&=\left(a_1\overrightarrow{IA_1}+\dots+a_n\overrightarrow{IA_n}\right)-\left(a_1\overrightarrow{MA_1}+\dots+a_n\overrightarrow{MA_n}\right)\\&=a_1\left(\overrightarrow{IA_1}-\overrightarrow{MA_1}\right)+\dots+a_n\left(\overrightarrow{IA_n}-\overrightarrow{MA_n}\right).\end{aligned}$$

Or, pour tout point A_i : $\overrightarrow{IA_i}-\overrightarrow{MA_i}=\overrightarrow{IM}$; donc :

$$f(I)-f(M)=a_1\overrightarrow{IM}+\dots+a_n\overrightarrow{IM}=(a_1+\dots+a_n)\overrightarrow{IM}=\left(\sum_{i=1}^{n}a_i\right)\overrightarrow{IM}.$$

En posant $\alpha=\sum_{i=1}^{n}a_i$, nous avons, *pour tout point* M :

$$f(I)=f(M)+\alpha\overrightarrow{IM}.$$

Or $f(M)=\vec{0}$ équivaut à $f(I)=\alpha\overrightarrow{IM}$.
L'ensemble des points M *tels que* $f(M)=\vec{0}$, *est donc exactement l'ensemble des points* M *tels que* $f(I)=\alpha\overrightarrow{IM}$.

Deux cas se présentent alors :

Premier cas : $\boldsymbol{\alpha\neq 0}$.

Dans ce cas, $f(I)=\alpha\overrightarrow{IM}$ équivaut à $\overrightarrow{IM}=\frac{1}{\alpha}f(I)$; or, étant donné le vecteur $\vec{u}=\frac{1}{\alpha}f(I)$, et le point I, nous savons qu'il existe un point M et un seul, tel que $\vec{u}=\overrightarrow{IM}$.
L'ensemble des points M tels que $f(M)=\vec{0}$ contient donc un élément, et un seul; *le problème initialement posé reçoit donc une réponse positive.*

Deuxième cas : $\alpha = 0$.
Deux possibilités sont à envisager.

- *ou bien* $f(\mathrm{I}) = \vec{0}$, et alors *pour tout point* M nous avons bien $f(\mathrm{I}) = 0 \times \overrightarrow{\mathrm{IM}}$; l'ensemble des points M tels que $f(\mathrm{M}) = \vec{0}$ contient alors plus d'un point;
- *ou bien* $f(\mathrm{I}) \neq \vec{0}$, et alors il n'existe pas de point M tel que $f(\mathrm{I}) = 0 \times \overrightarrow{\mathrm{IM}}$; l'ensemble des points M tels que $f(\mathrm{M}) = \vec{0}$ est l'ensemble vide.

Dans les deux possibilités du cas $\alpha = 0$, le problème initialement posé reçoit une réponse négative.
Remarquez de plus que dans le cas « $\alpha = 0$ », la fonction f est constante; en effet, nous avons vu que *pour tout point* M : $f(\mathrm{I}) = f(\mathrm{M}) + \alpha \overrightarrow{\mathrm{IM}}$, soit $f(\mathrm{I}) = f(\mathrm{M})$ lorsque $\alpha = 0$.
En conclusion, nous pouvons énoncer les théorème et définition suivants :

Théorème et définition 1

$(\mathrm{A}_1, a_1), \ldots, (\mathrm{A}_n, a_n)$ sont n points massifs.

1. *Si* $\sum_{i=1}^{n} a_i \neq 0$, il existe un *unique* point G tel que $\sum_{i=1}^{n} a_i \overrightarrow{\mathrm{GA}_i} = \vec{0}$.

Ce point G est appelé *barycentre* des n points massifs $(\mathrm{A}_1, a_1), \ldots, (\mathrm{A}_n, a_n)$.

2. *Si* $\sum_{i=1}^{n} a_i = 0$, les points massifs $(\mathrm{A}_1, a_1), \ldots, (\mathrm{A}_n, a_n)$ n'ont pas de barycentre.
***Quels que soient les points* M et N, on a :**

$$\sum_{i=1}^{n} a_i \overrightarrow{\mathrm{MA}_i} = \sum_{i=1}^{n} a_i \overrightarrow{\mathrm{NA}_i}.$$

3. Ainsi, un point M est barycentre de $(\mathrm{A}_1, a_1), \ldots, (\mathrm{A}_n, a_n)$ *si et seulement si*,

$$\sum_{i=1}^{n} a_i \neq 0 \quad \text{et} \quad \sum_{i=1}^{n} a_i \overrightarrow{\mathrm{MA}_i} = \vec{0}.$$

Commentaire

Le barycentre G ne dépend évidemment pas, de l'ordre dans lequel on considère les points massifs $(\mathrm{A}_1, a_1), \ldots, (\mathrm{A}_n, a_n)$. On dit parfois que G est le barycentre du système $(\mathrm{A}_1, a_1), \ldots, (\mathrm{A}_n, a_n)$, et $\sum_{i=1}^{n} a_i$ est appelée la **masse totale** du système.

b. Autre caractérisation du barycentre

Au paragraphe ***a.***, ayant fixé un point I, nous avons vu que, pour tout point M, $f(\mathrm{I}) = f(\mathrm{M}) + \alpha \overrightarrow{\mathrm{IM}}$. Mais I ayant été arbitrairement choisi, nous pouvons dire que, pour *tout point* I et *tout point* M, $f(\mathrm{I}) = f(\mathrm{M}) + \alpha \overrightarrow{\mathrm{IM}}$.

Il en résulte que l'ensemble des points M tels que $f(\mathrm{M}) = \vec{0}$, est aussi l'ensemble des points M qui ont la propriété suivante : *pour tout point* I, $f(\mathrm{I}) = \alpha \overrightarrow{\mathrm{IM}}$.
Or, dans le cas où α est non nul, cet ensemble ne contient que le barycentre G des points massifs $(\mathrm{A}_1, a_1), \ldots, (\mathrm{A}_n, a_n)$; d'où :
G *est l'unique point tel que, pour tout point* I, $f(\mathrm{I}) = \alpha \overrightarrow{\mathrm{IG}}$, c'est-à-dire tel que, pour tout point I, $\sum_{i=1}^{n} a_i \overrightarrow{\mathrm{IA}_i} = \left(\sum_{i=1}^{n} a_i\right) \overrightarrow{\mathrm{IG}}$.

D'où le théorème suivant :

Théorème 2

(A_1, a_1), ..., (A_n, a_n) sont n points massifs et $\sum_{i=1}^{n} a_i \neq 0$.
***Alors,* dire que G est le barycentre des n points massifs (A_1, a_1), ..., (A_n, a_n), *équivaut* à dire que :**
***pour tout point* I,** $$\sum_{i=1}^{n} a_i\overrightarrow{IA_i} = \left(\sum_{i=1}^{n} a_i\right)\overrightarrow{IG}.$$

Commentaire

En particulier, en utilisant ce théorème avec $I = G$, on retrouve la définition **1** du barycentre G.
La possibilité de choisir I, comme l'on veut, est intéressante dans la résolution de problèmes.

EXERCICE résolu 1

ABC est un triangle du plan.
Déterminez l'ensemble des points M du plan tels que les vecteurs $2\overrightarrow{MA} + \overrightarrow{MB} - \overrightarrow{MC}$ et $2\overrightarrow{MA} - \overrightarrow{MB} - \overrightarrow{MC}$ soient colinéaires.

Solution ■ ■ ■

a. Notons G le barycentre des points massifs (A, 2), (B, 1), (C, −1).
D'après le théorème **2**, pour tout point M du plan :

$$2\overrightarrow{MA} + \overrightarrow{MB} - \overrightarrow{MC} = 2\overrightarrow{MG}.$$

D'après le théorème **1**, proposition **2.**, pour tout point M, le vecteur $2\overrightarrow{MA} - \overrightarrow{MB} - \overrightarrow{MC}$ est constant (car $2 - 1 - 1 = 0$); pour connaître un représentant de ce vecteur, prenons $M = I$, où I est le milieu du segment [BC]; alors :

$$2\overrightarrow{MA} - \overrightarrow{MB} - \overrightarrow{MC} = 2\overrightarrow{IA}.$$

Répondre à la question posée, c'est donc trouver l'ensemble des points M du plan tels que les vecteurs $\overrightarrow{MG}$ et $\overrightarrow{IA}$ soient colinéaires; cet ensemble est donc la droite d qui passe par G et qui est parallèle à la droite (IA).
Nous vous laissons le soin de dessiner un triangle ABC et de représenter la droite d.

■ ■ ■ ■ ■ ■ ■ ■ ■

c. Propriétés du barycentre

1. Si $A \neq B$, et $a + b \neq 0$, **le barycentre de (A, *a*), (B, *b*) est sur la droite (AB).**

2. A, B, C sont trois points de l'espace, *non alignés*; a, b, c sont trois réels tels que $a + b + c \neq 0$.
Alors le barycentre G de (A, *a*), (B, *b*), (C, *c*) est dans le plan (ABC).

EXERCICE

Démontrez les propositions **1.** et **2.**, en utilisant le théorème **2**, avec $I = A$.

3. Barycentre de (A_1, ka_1), ..., (A_n, ka_n)

G est le barycentre des n points massifs (A_1, a_1), ..., (A_n, a_n).

Nous avons donc : $\sum_{i=1}^{n} a_i \neq 0$ et $\sum_{i=1}^{n} a_i\overrightarrow{GA_i} = \vec{0}$.

Nous en déduisons que, pour tout réel k : $\sum_{i=1}^{n} ka_i\overrightarrow{GA_i} = \vec{0}$, et, si k est non nul, nous avons :

$$\sum_{i=1}^{n} ka_i \neq 0.$$

Il en résulte, d'après le théorème **1**, que G est le barycentre des points massifs (A_1, ka_1), ..., (A_n, ka_n). Ainsi :

pour tout réel *k non nul,* les points massifs (A_1, a_1), ..., (A_n, a_n) et les points massifs (A_1, ka_1), ..., (A_n, ka_n) ont le même barycentre.

Commentaires

- Le barycentre G des points massifs (A_1, a_1), ..., (A_n, a_n) est donc aussi le barycentre de $\left(A_1, \frac{a_1}{\alpha}\right)$, ..., $\left(A_n, \frac{a_n}{\alpha}\right)$ où $\alpha = \sum_{i=1}^{n} a_i$; et l'on a alors : $\frac{a_1}{\alpha} + \ldots + \frac{a_n}{\alpha} = 1$.
- Lorsque l'on a : $a_1 = a_2 = \ldots = a_n$, et $a_1 \neq 0$, le barycentre G des points massifs (A_1, a_1), ..., (A_n, a_n) est aussi le barycentre des points massifs $(A_1, 1)$, ..., $(A_n, 1)$.

G est alors appelé **isobarycentre** des points A_1, ..., A_n; il est tel que $\overrightarrow{GA_1} + \ldots + \overrightarrow{GA_n} = \vec{0}$.
Le **centre de gravité** d'un triangle ABC est l'isobarycentre des sommets. Le **milieu** d'un segment [AB] est l'isobarycentre de A, B.

4. Associativité

Considérons n points massifs (A_1, a_1), ..., (A_n, a_n) avec $n \geqslant 3$ et $\sum_{i=1}^{n} a_i \neq 0$; notons G leur barycentre.
Nous admettrons (voir exercice 38 page 149 pour une démonstration), que quel que soit le naturel p tel que $2 \leqslant p \leqslant n-1$, on peut, parmi les réels a_1, ..., a_n, en trouver p dont la somme n'est pas nulle. Quitte à revoir la numérotation des points massifs, nous pouvons supposer, sans restreindre le problème, que ce sont les p premiers dont la somme est non nulle : $\beta = a_1 + \ldots + a_p$ est donc non nul.
Alors les points massifs (A_1, a_1), ..., (A_p, a_p) ont un barycentre, notons-le H.
D'après le théorème **2**, pour tout point I :

$$a_1\overrightarrow{IA_1} + \ldots + a_p\overrightarrow{IA_p} = \beta\overrightarrow{IH}.$$

En particulier, pour $I = G$, nous avons :

$$a_1\overrightarrow{GA_1} + \ldots + a_p\overrightarrow{GA_p} = \beta\overrightarrow{GH}.$$

Or G est le barycentre des points massifs (A_1, a_1), ..., (A_n, a_n); donc

$$a_1\overrightarrow{GA_1} + \ldots + a_p\overrightarrow{GA_p} + a_{p+1}\overrightarrow{GA_{p+1}} + \ldots + a_n\overrightarrow{GA_n} = \vec{0}.$$

D'où :

$$\beta\overrightarrow{GH} + a_{p+1}\overrightarrow{GA_{p+1}} + \ldots + a_n\overrightarrow{GA_n} = \vec{0}.$$

D'après le théorème **1**, nous déduisons de cette égalité que G est le barycentre de (H, β), (A_{p+1}, a_{p+1}), ..., (A_n, a_n). D'où le théorème suivant :

Théorème 3 (dit du barycentre partiel)

(A_1, a_1), ..., (A_n, a_n) sont n points massifs $(n \geqslant 3)$ tels que $\sum_{i=1}^{n} a_i \neq 0$.
Si p de ces points massifs, $2 \leqslant p \leqslant n-1$, ont une masse totale β non nulle, et *si* H est le barycentre de ces p points massifs, *alors* le barycentre G de (A_1, a_1), ..., (A_n, a_n) est aussi le barycentre du système constitué par (H, β) et les $n-p$ points massifs restants.

Il résulte de ce théorème que, pour construire le barycentre de trois points massifs, ou plus, il suffit de savoir construire le barycentre de deux.

Application : utilisation du barycentre pour démontrer que des droites sont concourantes.

EXERCICE résolu 2

Bissectrices intérieures. Cercle inscrit

ABC est un triangle; on pose $BC = a$, $AC = b$, $AB = c$.
Démontrez que les bissectrices intérieures du triangle ABC sont concourantes en un point I qui est le barycentre des points massifs (A, a), (B, b), (C, c).

Solution

Rappelons que dans le triangle ABC, *la bissectrice intérieure* issue de A est la droite (AD), où D est le point du côté [BC] tel que $\widehat{BAD} = \widehat{DAC}$.
Il est équivalent de dire que cette bissectrice est l'axe de la réflexion qui échange les demi-droites Au et Av (notations de la figure).
La bissectrice extérieure issue de A est la droite perpendiculaire en A à la bissectrice intérieure; c'est donc l'axe de la réflexion qui échange les demi-droites Au et Ax (notations de la figure).
Considérons, sur Ax, le point B′ tel que $AB' = AB$ (c'est-à-dire que B′ est le symétrique orthogonal de B par rapport à cette bissectrice extérieure).
Les droites (BB′) et (AD) sont donc parallèles.
Il résulte alors du théorème de Thalès : $\dfrac{\overline{DB}}{\overline{DC}} = \dfrac{\overline{AB'}}{\overline{AC}}$;
or $\overline{AB'}$ et $\overline{AC}$ sont de signes contraires, et comme $AB' = |\overline{AB'}|$ et $AC = |\overline{AC}|$, nous déduisons que $\dfrac{\overline{AB'}}{\overline{AC}} = -\dfrac{AB'}{AC}$.
Mais $AB' = AB = c$; d'où

$$\frac{\overline{DB}}{\overline{DC}} = -\frac{c}{b}, \quad \text{soit} \quad b\overline{DB} + c\overline{DC} = 0,$$

et puisque les points B, C et D sont alignés, nous en déduisons que

$$b\overrightarrow{DB} + c\overrightarrow{DC} = \vec{0}.$$

Le point D *est donc le barycentre de* (B, b), (C, c).
Soit I le barycentre de (A, a), (B, b), (C, c).

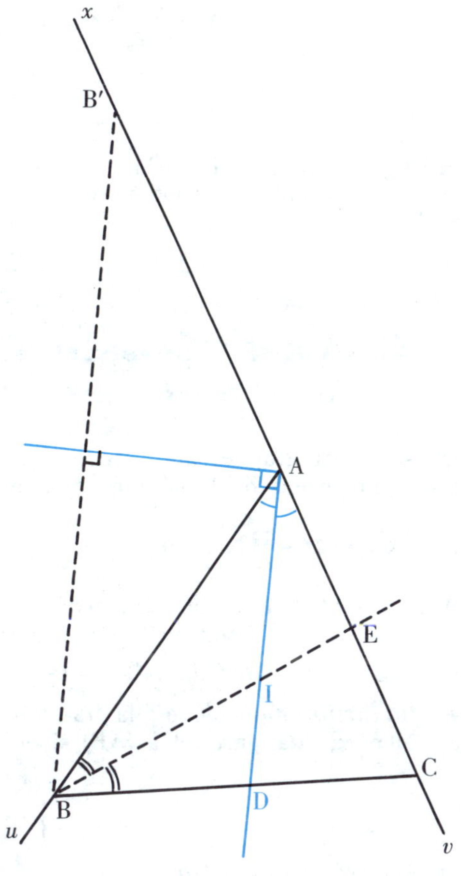

D'après le théorème **3**, et d'après ce qui précède, I est aussi le barycentre de (A, a), (D, $b + c$); donc I appartient à la droite (AD) qui est la bissectrice intérieure issue de A.

Nous montrerions de même que :

- I est barycentre de (B, b), (E, $a + c$), où E est l'intersection de (AC) avec la bissectrice intérieure issue de B, et donc que I appartient à cette bissectrice;
- I est barycentre de (C, c), (F, $a + b$), où F est l'intersection de (AB) avec la bissectrice intérieure issue de C, et donc que I appartient à cette bissectrice.

En conclusion, les bissectrices intérieures sont concourantes en I, barycentre de (A, a), (B, b), (C, c).

A l'exercice 25 du chapitre **6** vous pouvez montrer que : I est équidistant des trois côtés du triangle, donc **I est centre** d'un cercle tangent à ces trois côtés; ce **cercle est dit cercle inscrit au triangle.**

5. Coordonnées du barycentre

Nous travaillons cette fois dans l'espace muni d'un repère $(O; \vec{i}, \vec{j}, \vec{k})$.

Considérons n points massifs (A_1, a_1), ..., (A_n, a_n) avec $\sum_{i=1}^{n} a_i \neq 0$. Posons $\alpha = \sum_{i=1}^{n} a_i$, et notons G le barycentre de (A_1, a_1), ..., (A_n, a_n).

D'après le théorème **2,** utilisé avec I = O, nous avons $\overrightarrow{OG} = \frac{1}{\alpha} \sum_{i=1}^{n} a_i \overrightarrow{OA_i}$. Si l'on désigne par $(x_i; y_i; z_i)$ les coordonnées du point A_i, et par $(x; y; z)$ celles de G, l'égalité vectorielle écrite ci-dessus se traduit par :

$$\boldsymbol{x = \frac{1}{\alpha} \sum_{i=1}^{n} a_i x_i; \quad y = \frac{1}{\alpha} \sum_{i=1}^{n} a_i y_i; \quad z = \frac{1}{\alpha} \sum_{i=1}^{n} a_i z_i.}$$

Commentaire

Si les points A_i sont des points du plan muni d'un repère $(O; \vec{i}, \vec{j})$, les coordonnées du barycentre de (A_1, a_1), ..., (A_n, a_n) s'obtiennent par un raisonnement analogue; on travaille avec deux coordonnées au lieu de trois.

2.2. Caractérisation de droites, demi-droites, segments. Représentations paramétriques

Dans ce paragraphe, *nous travaillons dans l'espace;* les résultats suivants se transposent aisément au cas de la géométrie plane.

a. Cas des droites

A et B sont deux points *distincts.*
On peut traduire l'appartenance d'un point M à cette droite (AB) des trois façons suivantes :

- *traduction vectorielle :* il existe un réel t tel que $\boldsymbol{\overrightarrow{AM} = t\overrightarrow{AB}}$;
- *traduction analytique :* la traduction dans un repère de cette égalité vectorielle conduit à : $M(x; y; z)$ appartient à (AB) si et seulement s'il existe un réel E tel que :

$$\begin{cases} x = x_0 + ta \\ y = y_0 + tb \\ z = z_0 + tc \end{cases}$$

où $A(x_0; y_0; z_0)$ et $\overrightarrow{AB}(a; b; c)$.
Ce système est appelé **une représentation paramétrique** de la droite (AB) et on dit que t est le paramètre.
A chaque réel t on associe un point M_t $(x_0 + ta;\ y_0 + tb;\ z_0 + tc)$ et un seul;
réciproquement, à chaque point M de (AB) correspond un réel t et un seul tel que $\overrightarrow{AM} = t\overrightarrow{AB}$;

- *traduction barycentrique :* nous avons vu que le barycentre des points massifs (A, a), (B, b) est sur la droite (AB), quels que soient les réels a et b tels que $a + b \neq 0$.

Réciproquement, soit M un point de la droite (AB), alors il existe un réel t, et un seul, tel que $\overrightarrow{AM} = t\overrightarrow{AB}$; or $\overrightarrow{AB} = \overrightarrow{AM} + \overrightarrow{MB}$, et donc de $\overrightarrow{AM} = t\overrightarrow{AB}$, nous déduisons :

$$(1 - t)\overrightarrow{MA} + t\overrightarrow{MB} = \vec{0}.$$

Comme $1 - t + t = 1$, cette égalité prouve que M est le barycentre de $(A, 1 - t)$, (B, t).
Ainsi, **l'ensemble des barycentres de deux points distincts A et B est la droite (AB).**

M appartient à la droite (AB) *si et seulement si,*		
il existe un réel t tel que : $\overrightarrow{AM} = t\overrightarrow{AB}$	il existe un réel t tel que : $\begin{cases} x = x_0 + ta \\ y = y_0 + tb \\ z = z_0 + tc \end{cases}$ avec $A(x_0;\ y_0;\ z_0)$ $\overrightarrow{AB}(a;\ b;\ c)$ et $M(x;\ y;\ z)$	il existe un réel t tel que : **M soit le barycentre des points massifs** **(A, $1-t$), (B, t)**
Traduction vectorielle	**Traduction analytique**	**Traduction barycentrique**

EXERCICE
résolu 3

ABCD est un tétraèdre; G est l'isobarycentre des points A, B, C, D, et P est le point tel que $2\overrightarrow{PA} + \overrightarrow{PB} = \vec{0}$.
On se propose de préciser le point K où la droite (PG) coupe le plan (BCD).

a. On désigne par H l'isobarycentre des points B, C, D, par I et J les milieux des segments [AB] et [CD].
Montrez que $\overrightarrow{GA} + 3\overrightarrow{GH} = \vec{0}$ et que G est le milieu de [IJ].

b. Montrez que la droite (PG) est incluse dans le plan (ABJ) et que K est à l'intersection des droites (PG) et (BJ).

c. Considérons le repère $(B;\ \overrightarrow{BA},\ \overrightarrow{BC},\ \overrightarrow{BD})$.
Calculez les coordonnées des points P et G.
Donnez une représentation paramétrique de la droite (PG).

d. Déduisez-en que le point K est tel que $\overrightarrow{BK} = \dfrac{4}{5}\overrightarrow{BJ}$.

Solution ■ ■ ■

a. G est défini par :

$$\overrightarrow{GA} + \overrightarrow{GB} + \overrightarrow{GC} + \overrightarrow{GD} = \vec{0}.$$

En utilisant le théorème **3**, on a :

$$\overrightarrow{GA} + 3\overrightarrow{GH} = \vec{0},$$

donc le point G est sur la droite (AH).
En utilisant le théorème **3**, on a

$$2\overrightarrow{GI} + 2\overrightarrow{GJ} = \vec{0}$$

ou

$$\overrightarrow{GI} + \overrightarrow{GJ} = \vec{0}$$

donc G est le milieu du segment [IJ].

b. H est sur la médiane (BJ); la droite (AH) est donc dans le plan (ABJ), et le point G appartient à ce plan.
De même, P est dans le plan (ABJ) car il est sur la droite (AB).
Il en résulte que la droite (PG) est incluse dans le plan (ABJ). Le point K où la droite (PG) coupe le plan (BCD) appartient donc à l'intersection des plans (BCD) et (ABJ), c'est-à-dire à la droite (BJ). Le point K est donc le point d'intersection des droites (PG) et (BJ).

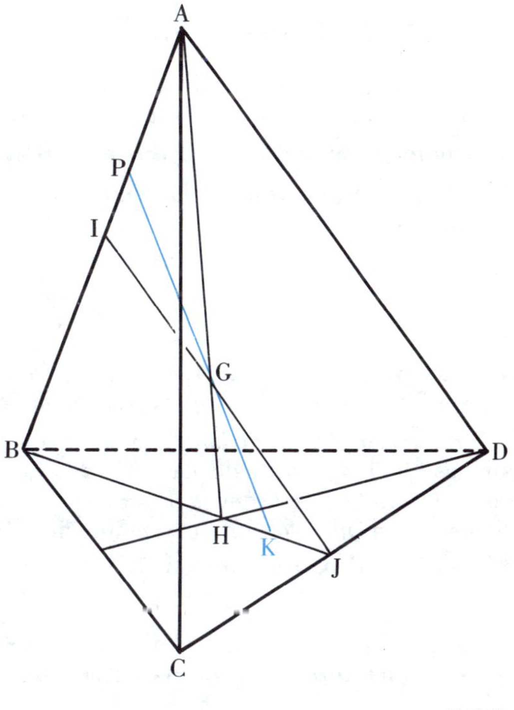

c. Nous vous laissons vérifier que le point G a pour coordonnées $\left(\frac{1}{4}; \frac{1}{4}; \frac{1}{4}\right)$ et que celles de P sont $\left(\frac{2}{3}; 0; 0\right)$, puis qu'une représentation paramétrique de la droite (PG) est :

$$\begin{cases} x = \frac{2}{3} - \frac{5}{12}\,t \\ y = \phantom{\frac{2}{3} -} \frac{1}{4}\,t \\ z = \phantom{\frac{2}{3} -} \frac{1}{4}\,t \end{cases} \qquad t \in \mathbb{R}.$$

d. Le point K commun à la droite (PG) et au plan (BCD) est le point de la droite (PG) dont l'abscisse, dans le repère $(B; \overrightarrow{BA}, \overrightarrow{BC}, \overrightarrow{BD})$, est nulle; la valeur du paramètre t associée à K est telle que : $\frac{2}{3} - \frac{5}{12}\,t = 0$ soit $t = \frac{8}{5}$.

Les coordonnées de K sont alors $\left(0; \frac{2}{5}; \frac{2}{5}\right)$.

On en déduit que :

$$\overrightarrow{BK} = \frac{2}{5}\,\overrightarrow{BC} + \frac{2}{5}\,\overrightarrow{BD} = \frac{2}{5}\,(\overrightarrow{BC} + \overrightarrow{BD}) = \frac{4}{5}\,\overrightarrow{BJ}.$$

b. Cas des demi-droites et des segments

Pour la demi-droite d'origine A contenant le point B, le fait que « M est un point de cette demi-droite » a des traductions vectorielle, analytique et barycentrique, identiques à celles obtenues au paragraphe ***a.*** page 132 à condition de prendre le réel t **positif ou nul :** $t \geqslant 0$.
Le fait que « M est un point du segment [AB] » a les mêmes traductions, à condition de prendre le réel t **dans l'intervalle [0; 1].**

c. Cas des plans

P est le plan déterminé par la donnée de trois points A, B, C non alignés.
On peut traduire l'appartenance d'un point M à ce plan P des trois façons suivantes :

- *traduction vectorielle :* il existe deux réels t et t' tels que $\overrightarrow{AM} = t\overrightarrow{AB} + t'\overrightarrow{AC}$;
- *traduction analytique :* la traduction dans un repère de cette égalité vectorielle conduit à : $M(x; y; z)$ appartient à P si et seulement s'il existe deux réels t et t' tel que :

$$\begin{cases} x = x_0 + ta + t'a' \\ y = y_0 + tb + t'b' \\ z = z_0 + tc + t'c' \end{cases} \qquad (t \in \mathbb{R},\ t' \in \mathbb{R})$$

où $A(x_0; y_0; z_0)$, $\overrightarrow{AB}(a; b; c)$ et $\overrightarrow{AC}(a'; b'; c')$.
Ce système est appelé **une représentation paramétrique** du plan P;

- *traduction barycentrique :* nous avons vu qu'étant donné trois points A, B, C non alignés, le barycentre de (A, a), (B, b), (C, c) est dans le plan (ABC), quels que soient les réels a, b, c tels que $a + b + c \neq 0$.

Réciproquement, soit M un point de P; alors il existe deux réels t et t' tels que $\overrightarrow{AM} = t\overrightarrow{AB} + t'\overrightarrow{AC}$; én écrivant $\overrightarrow{AB} = \overrightarrow{AM} + \overrightarrow{MB}$ et $\overrightarrow{AC} = \overrightarrow{AM} + \overrightarrow{MC}$, nous en déduisons que :

$$(1 - t - t')\overrightarrow{MA} + t\overrightarrow{MB} + t'\overrightarrow{MC} = \vec{0},$$

donc que M est barycentre de (A, $1 - t - t'$), (B, t), (C, t'), puisque $(1 - t - t') + t + t' = 1$.
Ainsi, l'ensemble des barycentres de trois points A, B, C, est le plan (ABC).

En résumé, si P est le plan déterminé par la donnée de trois points A, B, C non alignés (ou par la donnée de A et de deux vecteurs $\vec{u}$ et $\vec{u}\,'$ non colinéaires), alors l'appartenance d'un point M à P peut se traduire par :

M appartient au plan P *si et seulement si :*		
il existe deux réels t et t' tels que : $\overrightarrow{AM} = t\overrightarrow{AB} + t'\overrightarrow{AC}$ (ou $\overrightarrow{AM} = t\vec{u} + t'\vec{u}\,'$)	il existe deux réels t et t' tels que : $\begin{cases} x = x_0 + ta + t'a' \\ y = y_0 + tb + t'b' \\ z = z_0 + tc + t'c' \end{cases}$ avec $A(x_0;\, y_0;\, z_0)$ $\vec{u}\,(a;\, b;\, c)$ et $\vec{u}\,'(a';\, b';\, c')$ $M(x;\, y;\, z)$	il existe deux réels t et t' tels que : **M soit le barycentre des points massifs (A, $1-t-t'$), (B, t), (C, t').**
Traduction vectorielle	**Traduction analytique**	**Traduction barycentrique**

Vous trouverez une application de ces résultats au T.P.3. page 142.

2.3. Équation cartésienne d'un plan dans un repère orthonormé

Un plan P est aussi déterminé par un point A et un vecteur normal, non nul, $\vec{u}$; alors, un point M appartient à P *si et seulement si* $\vec{u} \cdot \overrightarrow{AM} = 0$.

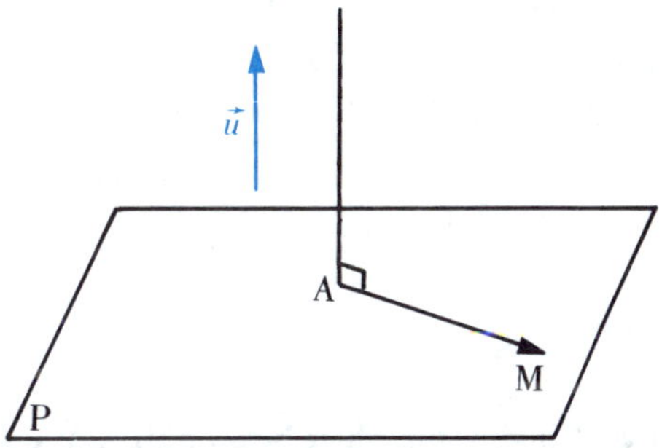

La traduction analytique dans un **repère orthonormé** *est la suivante :*
le point M de coordonnées $(x;\, y;\, z)$ appartient au plan P déterminé par un point A $(x_0;\, y_0;\, z_0)$ et un vecteur normal $\vec{u}\,(a;\, b;\, c)$, *si et seulement si* $\vec{u} \cdot \overrightarrow{AM} = 0$, soit :

$$a(x - x_0) + b(y - y_0) + c(z - z_0) = 0.$$

Cette équation est **une équation cartésienne du plan P.** On remarquera que le vecteur $\vec{u}$, normal à P, est non nul, et donc que *les réels a, b, c ne sont pas tous nuls.*

Réciproquement, notons a, b, c, d des réels tels que a, b, c ne soient pas tous nuls et considérons l'ensemble Q des points $M(x;\, y;\, z)$ tels que

$$ax + by + cz + d = 0.$$

Supposons $a \neq 0$; le point $M_0\left(-\frac{d}{a};\, 0;\, 0\right)$ appartient à Q.

Soit $\vec{u}$ le vecteur de coordonnées $(a;\, b;\, c)$ et M le point de coordonnées $(x;\, y;\, z)$ alors on a :

$$\vec{u} \cdot \overrightarrow{M_0M} = a\left(x + \frac{d}{a}\right) + by + cz = ax + by + cz + d.$$

Donc M appartient à Q *si et seulement si* $\vec{u} \cdot \overrightarrow{M_0M} = 0$; or l'ensemble des points M tels que $\vec{u} \cdot \overrightarrow{M_0M} = 0$ est le plan qui passe par M_0 et dont un vecteur normal est $\vec{u}$. Donc Q est ce plan.

Si $a=0$, on a $b \neq 0$ ou $c \neq 0$, vous pouvez montrer que Q est également un plan admettant le vecteur $\vec{u}$ $(a; b; c)$ comme vecteur normal (de même si $a=0$, $b=0$, $c \neq 0$).

Nous avons ainsi une caractérisation d'un plan dans un **repère orthonormé :**

Théorème 4

$(O; \vec{i}, \vec{j}, \vec{k})$ est un repère *orthonormé.*

1. *Une équation cartésienne* du plan passant par le point $A(x_0; y_0; z_0)$ et dont un vecteur normal (non nul) est le vecteur $\vec{u}$ $(a; b; c)$ est :

$$a(x-x_0)+b(y-y_0)+c(z-z_0)=0.$$

2. a, b, c, d sont des réels; a, b et c n'étant pas tous nuls.

$ax+by+cz+d=0$ est une équation d'un plan dont un vecteur normal est le vecteur $\vec{u}$ $(a; b; c)$.

EXERCICE résolu 4

$(O; \vec{i}, \vec{j}, \vec{k})$ est un repère orthonormé.

a. Donnez une équation cartésienne d'un plan admettant le vecteur $\vec{i}$ pour vecteur normal.

b. Vérifiez que les plans P_1 et P_2 d'équations cartésiennes respectives $2x-y+z+1=0$ et $-6x+3y-3z+2=0$ sont parallèles.

Solution

a. Choisissons M_0, un point de coordonnées $(x_0; y_0; z_0)$. Une équation cartésienne du plan P passant par M_0 et dont un vecteur normal est $\vec{i}$, est :

$$x-x_0=0 \quad \text{soit} \quad \boldsymbol{x=x_0}.$$

Tous les points de ce plan ont pour abscisse x_0.

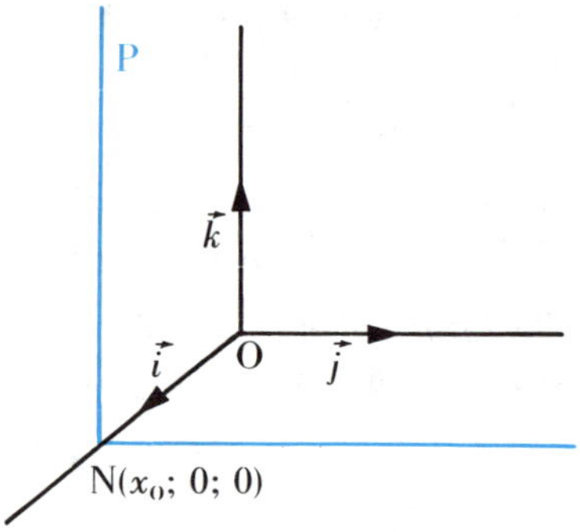

b. Le vecteur $\vec{u}_1(2; -1; 1)$ est un vecteur normal à P_1, le vecteur $\vec{u}_2$ $(-6; 3; -3)$ est un vecteur normal à P_2; or, on a $\vec{u}_2=-3\vec{u}_1$.

Les vecteurs $\vec{u}_1$ et $\vec{u}_2$ sont colinéaires, donc les plans P_1 et P_2 sont parallèles. Notez que P_1 et P_2 sont distincts, car le point de coordonnées $(0; 0; -1)$ est dans P_1, alors qu'il n'est pas dans P_2.

2.4. Projection ponctuelle et projection vectorielle associée

a. Théorème de Thalès

En utilisant deux fois le théorème de Thalès dans un plan, on obtient l'énoncé suivant, appelé théorème de Thalès en géométrie dans l'espace.

> Si trois plans parallèles coupent une droite d en A, B, C, et une droite d' en A′, B′, C′, on a :
> $$\frac{\overline{A'B'}}{\overline{A'C'}} = \frac{\overline{AB}}{\overline{AC}}.$$

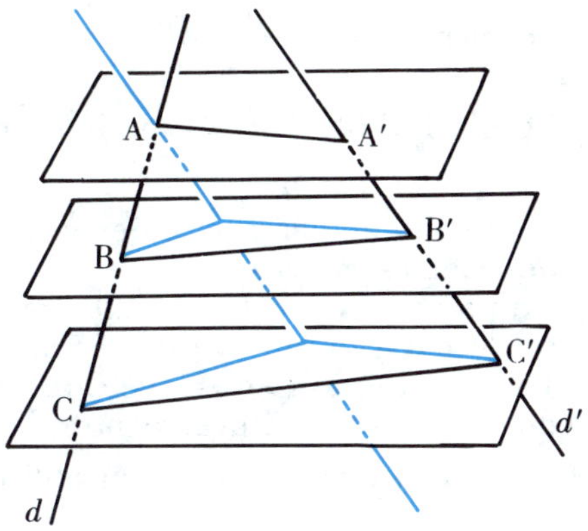

On déduit également, du théorème de Thalès énoncé en géométrie plane, le résultat suivant :

> A, B, C sont trois points d'une droite d; ils se projettent respectivement en A′, B′, C′ sur un plan, parallèlement à une droite Δ. On a alors :
> $$\frac{\overline{A'B'}}{\overline{A'C'}} = \frac{\overline{AB}}{\overline{AC}}.$$

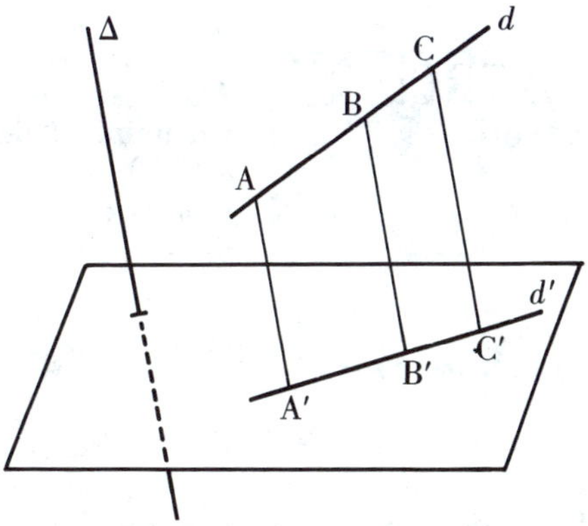

b. Conséquences

Dans ce paragraphe, le mot projection signifie : « projection sur un plan parallèlement à une droite » ou « projection sur une droite parallèlement à un plan ».
Il résulte directement des résultats énoncés au paragraphe précédent que :

▶ Si A′ et B′ sont les projetés respectifs de deux points A et B, **le milieu de [A′B′] est le projeté du milieu de [AB]** (fig. 1).
Il en résulte que deux bipoints équipollents se projettent en deux points équipollents; et que : si A, B, C et D se projettent en A′, B′, C′ et D′ et si $\overrightarrow{AD} = \overrightarrow{AB} + \overrightarrow{AC}$ alors $\overrightarrow{A'D'} = \overrightarrow{A'B'} + \overrightarrow{A'C'}$ (fig. 2).

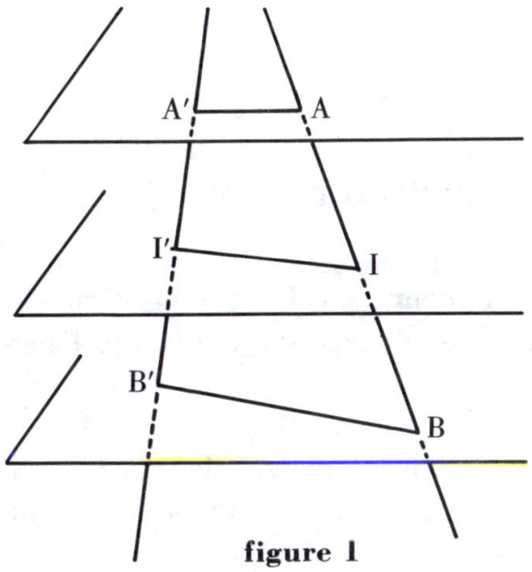

figure 1

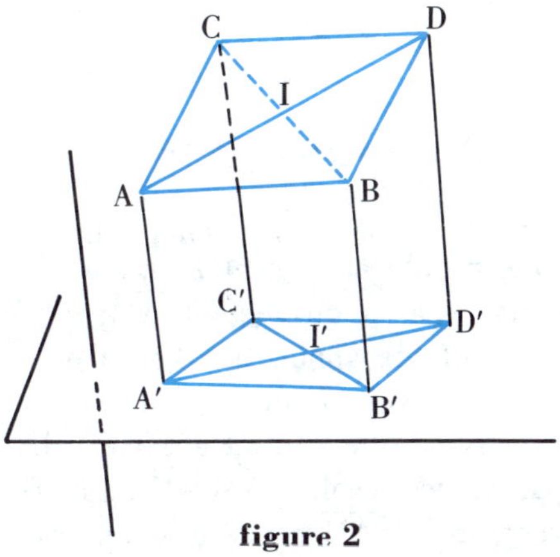

figure 2

▶ Si A′, B′, C′ sont les projetés respectifs des points A, B, C et si $\overrightarrow{AB} = k\overrightarrow{AC}$, alors $\overrightarrow{A'B'} = k\overrightarrow{A'C'}$, où k est un réel.

▶ (A, a) et (B, b) sont deux points massifs tels que $a + b \neq 0$; leur barycentre G est défini par $\overrightarrow{AG} = \dfrac{b}{a+b}\overrightarrow{AB}$.

Si A′, B′, G′ sont les projetés de A, B, C, on a $\overrightarrow{A'G'} = \dfrac{b}{a+b}\overrightarrow{A'B'}$; il en résulte que $a\overrightarrow{G'A'} + b\overrightarrow{G'B'} = \vec{0}$.
Le projeté du barycentre de deux points massifs est donc le barycentre des projetés affectés des mêmes masses.
De proche en proche, on montre que le projeté du barycentre de n points massifs ($n \geqslant 3$) est le barycentre des projetés affectés des mêmes masses.
Une projection conserve donc le barycentre; en particulier le projeté de l'isobarycentre de n points est l'isobarycentre des projetés.

Voici un exercice résolu qui utilise ces résultats.

EXERCICE résolu 5

ABC est un triangle isocèle : AB = AC.
Un point M de la droite (BC) se projette en E sur (AB) parallèlement à (AC) et en F sur (AC) parallèlement à (AB).
Montrez que la médiatrice de [EF] passe par un point fixe.

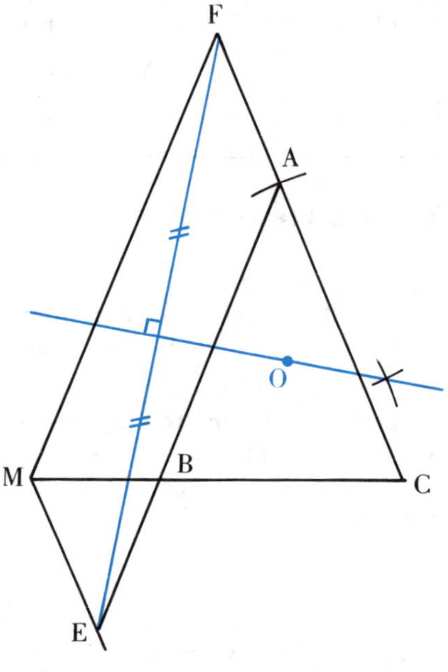

Solution ■ ■ ■

M est un point de la droite (BC); il existe donc un réel t tel que M soit le barycentre de (B, $1-t$) et (C, t).
La projection sur (AB), parallèlement à (AC) transforme M en E, C en A et laisse B invariant.
Une projection conserve le barycentre, donc E est le barycentre de (B, $1-t$) et (A, t).
On montre de la même manière que F est le barycentre de (A, $1-t$) et (C, t).
Le triangle ABC étant isocèle, AB = AC, il existe une rotation r qui transforme B en A et A en C; son centre O est le centre du cercle circonscrit au triangle ABC.
Une rotation conserve aussi le barycentre (chapitre **9**); la rotation r de centre O, transforme donc E en F et la médiatrice de [EF] passe par O.

■ ■ ■ ■ ■ ■ ■ ■ ■

c. Projection vectorielle associée à une projection ponctuelle

Soit p une projection ponctuelle; l'image d'un point par p est un point.
Si $A' = p(A)$ et $M' = p(M)$, *on ne peut pas dire*, en toute rigueur, que le vecteur $\overrightarrow{A'M'}$ est l'image par p du vecteur $\overrightarrow{AM}$; cependant, le vecteur $\overrightarrow{A'M'}$ est l'image du vecteur $\overrightarrow{AM}$ par une certaine application liée à p.
En effet, soit $\vec{u}$ un vecteur; A étant donné, il existe un seul point M tel que $\vec{u} = \overrightarrow{AM}$; supposons que l'on ait aussi $\vec{u} = \overrightarrow{IN}$, alors, si A′, M′, I′, N′ sont les images de A, M, I, N par p, de l'égalité $\overrightarrow{AM} = \overrightarrow{IN}$, on déduit $\overrightarrow{A'M'} = \overrightarrow{I'N'}$ puisque p conserve l'équipollence; au vecteur $\vec{u} = \overrightarrow{AM}$ on associe un *seul* vecteur $\vec{u}\,' = \overrightarrow{A'M'}$.

On définit ainsi une application, notée π, de l'ensemble des vecteurs dans lui-même, par $\pi(\overrightarrow{AM}) = \overrightarrow{A'M'}$.

Définition 2

p est une projection ponctuelle et A est un point donné d'image A' par p.
Notons M' l'image par p d'un point M quelconque.
On appelle *projection vectorielle associée à p*, l'application notée π, définie par $\pi(\overrightarrow{AM}) = \overrightarrow{A'M'}$.

Il résulte immédiatement de cette définition et du paragraphe **2.4.*b*.** que, pour tous points A, B, C et tout réel k,

$$\pi(\overrightarrow{AB} + \overrightarrow{AC}) = \pi(\overrightarrow{AB}) + \pi(\overrightarrow{AC}) \quad \text{et} \quad \pi(k\overrightarrow{AB}) = k\pi(\overrightarrow{AB}).$$

Pour tous vecteurs $\vec{u}$ et $\vec{v}$, pour tout réel k on a alors :

$$\pi(\vec{u} + \vec{v}) = \pi(\vec{u}) + \pi(\vec{v}) \quad \text{et} \quad \pi(k\vec{u}) = k\pi(\vec{u});$$

ce que l'on traduit en disant que **π est une application linéaire.**

Commentaire

Les manipulations sur les coordonnées des vecteurs et sur celles des points résultent implicitement de la linéarité d'une projection vectorielle : si les coordonnées des vecteurs $\vec{u}$ et $\vec{u}\,'$ sont $(x; y; z)$ et $(x'; y'; z')$ dans une base, alors les coordonnées de $\vec{u} + \vec{u}\,'$ sont $(x + x'; y + y'; z + z')$ et celles de $k\vec{u}$ sont $(kx; ky; kz)$, k étant un réel.

3. Travaux pratiques d'application

T.P.1. Lignes ou surfaces de niveau de $M \longmapsto \dfrac{MA}{MB}$

E désigne le plan ou l'espace.
A et B sont deux points distincts de E, O désigne le milieu de [AB] et k est un réel positif.
On se propose de déterminer l'ensemble $\mathcal{C}_k$ des points M de E tels que $\dfrac{MA}{MB} = k$.

QUESTIONS

a. *Supposons que* $\mathbf{k=1}$.
Montrez que M *appartient à* $\mathcal{C}_1$ *si et seulement si*
$$(\overrightarrow{MB}-\overrightarrow{MA})\cdot(\overrightarrow{MB}+\overrightarrow{MA})=0.$$
Déduisez-en que M *appartient à* $\mathcal{C}_1$ *si et seulement si* $\overrightarrow{AB}\cdot\overrightarrow{OM}=0$.

b. *Supposons* $\mathbf{k\neq 1}$.
Montrez que M *appartient à* $\mathcal{C}_k$ *si et seulement si*
$$(\overrightarrow{MA}-k\overrightarrow{MB}).\ (\overrightarrow{MA}+k\overrightarrow{MB})=0.$$
Déduisez-en que M *appartient à* $\mathcal{C}_k$ *si et seulement si* $\overrightarrow{MH}\cdot\overrightarrow{MK}=0$, *où* H *désigne le barycentre de* (A, 1), (B, $-k$) *et* K *celui de* (A, 1), (B, k).

Supposons que E *soit le plan.*

QUESTIONS

a. *Construisez la ligne de niveau* $\mathcal{C}_1$.

b. *Si* $k\neq 1$, $\mathcal{C}_k$ *est un cercle.*
Précisez-en les éléments caractéristiques. Construisez la ligne de niveau $\mathcal{C}_2$.

Supposons que E *soit l'espace.*
$(O;\ \vec{i}, \vec{j}, \vec{k})$ est **un repère orthonormé** tel que les coordonnées de A soient $(a;\ 0;\ 0)$ et celles de B soient $(-a;\ 0;\ 0)$, avec $a>0$.

QUESTIONS

a. *Montrez que la surface de niveau* $\mathcal{C}_1$ *est un plan; on l'appelle* plan médiateur du segment [AB].
Donnez une équation cartésienne de $\mathcal{C}_1$ *dans le repère* $(O;\ \vec{i}, \vec{j}, \vec{k})$.

b. *Si* $k\neq 1$, *montrez que la surface de niveau* $\mathcal{C}_k$ *est une sphère dont on précisera des éléments caractéristiques.*
Donnez une équation cartésienne de $\mathcal{C}_k$.

T.P.2. Transformations de $\sum_{i=1}^{n} a_i \mathrm{MA}_i^2$. Applications

A_1, A_2, ..., A_n sont n points, a_1, a_2, ..., a_n sont n réels.
A chaque point M, on peut associer le réel $a_1\mathrm{MA}_1^2+a_2\mathrm{MA}_2^2+\ldots+a_n\mathrm{MA}_n^2$.

QUESTIONS

a. *Vérifiez que, quels que soient les points* M *et* N *et l'indice* i, on a :
$$a_i\mathrm{MA}_i^2=a_i\mathrm{MN}^2+2\,\overrightarrow{MN}\cdot(a_i\overrightarrow{NA_i})+a_i\mathrm{NA}_i^2.$$

b. *Déduisez-en que :*
$$\sum_{i=1}^{n} a_i\mathrm{MA}_i^2=(a_1+\ldots+a_n)\mathrm{MN}^2+2\,\overrightarrow{MN}\cdot(a_1\overrightarrow{NA_1}+\ldots+a_n\overrightarrow{NA_n})$$
$$+a_1\mathrm{NA}_1^2+\ldots+a_n\mathrm{NA}_n^2.$$

Deux cas se présentent alors :

• $\sum_{i=1}^{n} a_i = 0$ **:** si I désigne un point fixé, alors pour tout point M on a,

$$\sum_{i=1}^{n} a_i \mathrm{MA}_i^2 = 2\,\overrightarrow{\mathrm{MI}} \cdot (a_1\overrightarrow{\mathrm{IA}_1} + \ldots + a_n\overrightarrow{\mathrm{IA}_n}) + a_1\mathrm{IA}_1^2 + \ldots + a_n\mathrm{IA}_n^2$$

où **le vecteur** $a_1\overrightarrow{\mathrm{IA}_1} + \ldots + a_n\overrightarrow{\mathrm{IA}_n}$ *est un vecteur constant* d'après le théorème **1.**

• $\sum_{i=1}^{n} a_i \neq 0$ **:** si G est le barycentre des points massifs $(\mathrm{A}_1, a_1), \ldots, (\mathrm{A}_n, a_n)$, alors, pour tout point M, on a,

$$\sum_{i=1}^{n} a_i \mathrm{MA}_i^2 = (a_1 + \ldots + a_n)\mathrm{MG}^2 + a_1\mathrm{GA}_1^2 + \ldots + a_n\mathrm{GA}_n^2.$$

Application 1 : calcul de distances

ABC est un triangle qui n'est pas équilatéral; notons $a = \mathrm{BC}$, $b = \mathrm{AC}$, $c = \mathrm{AB}$.
On se propose de calculer la distance du centre de gravité G au centre I du cercle inscrit, de ce triangle.

QUESTIONS

a. *Montrez que* $\mathrm{GA}^2 = \frac{1}{9}(2b^2 + 2c^2 - a^2)$.

b. *Modifiez l'écriture de* $a\,\mathrm{MA}^2 + b\,\mathrm{MB}^2 + c\,\mathrm{MC}^2$ *sachant que* I *est le barycentre des points massifs* (A, a), (B, b) *et* (C, c) (*voir* **exercice résolu 2**).

c. *En calculant* $a\,\mathrm{MA}^2 + b\,\mathrm{MB}^2 + c\,\mathrm{MC}^2$ *lorsque* M = A, *puis* M = B, *puis* M = C, *montrez que*

$$a\,\mathrm{IA}^2 + b\,\mathrm{IB}^2 + c\,\mathrm{IC}^2 = abc.$$

d. *En calculant* $a\,\mathrm{GA}^2 + b\,\mathrm{GB}^2 + c\,\mathrm{GC}^2$ *de deux manières, déduisez la distance* GI.

Application 2 :

ABC est un triangle équilatéral et D est le point tel que $\overrightarrow{\mathrm{BA}} + \overrightarrow{\mathrm{BC}} = \overrightarrow{\mathrm{BD}}$.
On se propose de déterminer l'ensemble d des points M tels que :

$$\mathrm{MA}^2 + \mathrm{MB}^2 - \mathrm{MC}^2 - \mathrm{MD}^2 = 3\,\mathrm{AB}^2.$$

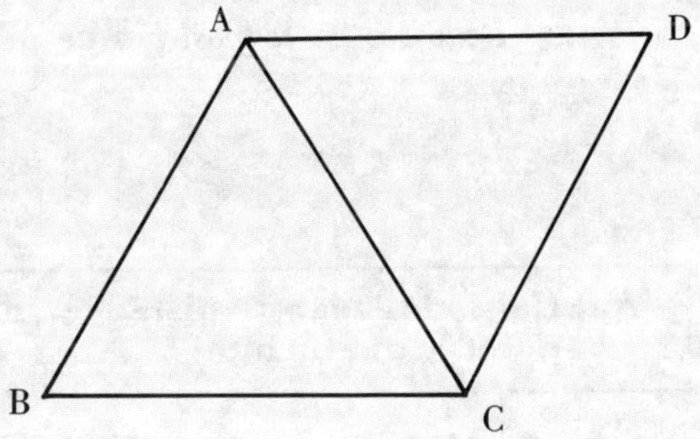

QUESTIONS

a. I *est un point quelconque.*
Déterminez le vecteur $\overrightarrow{\mathrm{IA}} + \overrightarrow{\mathrm{IB}} - \overrightarrow{\mathrm{IC}} - \overrightarrow{\mathrm{ID}}$.

b. *Vérifiez que, pour tout point* I :
$\mathrm{MA}^2 + \mathrm{MB}^2 - \mathrm{MC}^2 - \mathrm{MD}^2 = 2\overrightarrow{\mathrm{MI}} \cdot (\overrightarrow{\mathrm{IA}} + \overrightarrow{\mathrm{IB}} - \overrightarrow{\mathrm{IC}} - \overrightarrow{\mathrm{ID}}) + \mathrm{IA}^2 + \mathrm{IB}^2 - \mathrm{IC}^2 - \mathrm{ID}^2$.

c. *Déterminez un point particulier de l'ensemble d cherché.*

d. *Montrez que l'ensemble d est une droite ou un plan dont* $\overrightarrow{\mathrm{BC}}$ *est un vecteur normal.*

T.P.3. Recherche de minimum

(D'après *Exercices de géométrie, I.R.E.M. de Nantes.*)

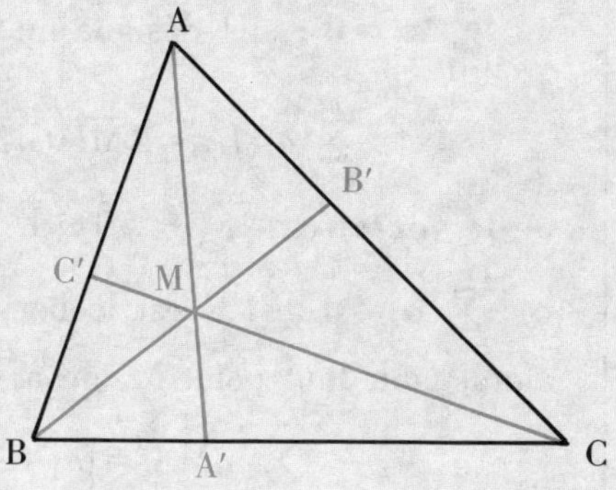

M est un point *intérieur* à un triangle ABC. La droite (MA) coupe (BC) en A′; la droite (MB) coupe (AC) en B′ et la droite (MC) coupe (AB) en C′.
On se propose de **déterminer un point M tel que la somme :**

$$s = \frac{\mathrm{MA}}{\mathrm{MA'}} + \frac{\mathrm{MB}}{\mathrm{MB'}} + \frac{\mathrm{MC}}{\mathrm{MC'}}$$

soit minimale.

QUESTIONS

a. *Montrez que* M *peut être considéré comme le barycentre des points massifs* (A, α), (B, β), (C, γ) *où* α, β, γ *sont des réels strictement positifs.*

b. *Déduisez-en que* :

$$\alpha\overrightarrow{\mathrm{MA}} + (\beta+\gamma)\overrightarrow{\mathrm{MA'}} = \vec{0}$$

et qu'alors $\dfrac{\mathrm{MA}}{\mathrm{MA'}} = \dfrac{\beta+\gamma}{\alpha}.$

c. *Déduisez-en que :*

$$s = \left(\frac{\beta}{\alpha} + \frac{\alpha}{\beta}\right) + \left(\frac{\gamma}{\alpha} + \frac{\alpha}{\gamma}\right) + \left(\frac{\beta}{\gamma} + \frac{\gamma}{\beta}\right).$$

d. *Étudiez les variations de la fonction f définie sur* $]0; +\infty[$ *par* $f(x) = x + \dfrac{1}{x}$.

Déduisez-en que :

- *pour tout* $x > 0$ *on a* $f(x) \geqslant 2$;
- *pour tout* $x > 0$, $f(x) = 2$ *si et seulement si* $x = 1$.

e. *Déduisez-en que s est minimale si et seulement si* $\dfrac{\alpha}{\beta} = \dfrac{\gamma}{\alpha} = \dfrac{\beta}{\gamma} = 1.$

Déduisez-en la position de M *pour que s soit minimale.*

T.P.4. Exemples de calculs de distances.

A. Dans le plan : distance d'un point à une droite

Par la suite, $(O; \vec{i}, \vec{j})$ est un repère orthonormé du plan.

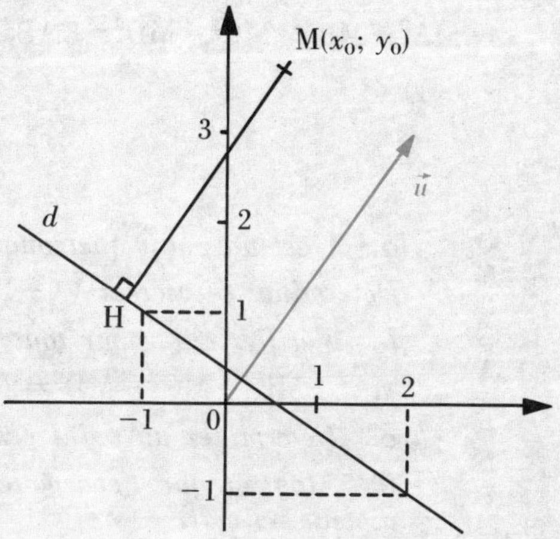

Étude d'un exemple

d est la droite d'équation $2x + 3y - 1 = 0$.
On se propose de calculer la distance d'un point M de coordonnées $(x_0; y_0)$ à la droite *d*; cette distance est égale à MH, où H est le projeté orthogonal de M sur *d*.

QUESTIONS

a. *Vérifiez que le vecteur* $\vec{u}$ (2; 3) *est un vecteur normal à la droite d.*

b. *Le vecteur* $\overrightarrow{MH}$ *est donc colinéaire à* $\vec{u}$, *il existe donc* λ *tel que* $\overrightarrow{MH} = \lambda\,\vec{u}$.
En écrivant que le point H *appartient à la droite d, montrez que :*

$$13\lambda = -2x_0 - 3y_0 + 1.$$

c. *Déduisez-en que*

$$MH = \frac{|2x_0 + 3y_0 - 1|}{\sqrt{13}}.$$

Étude du cas général

d est la droite d'équation $ax + by + c = 0$, les réels *a* et *b* n'étant pas tous les deux nuls.

QUESTION

Montrez que ***la distance d'un point*** $\mathbf{M(x_0; y_0)}$ ***à la droite d est égale à***

$$\frac{|ax_0 + by_0 + c|}{\sqrt{a^2 + b^2}}.$$

Vous pouvez retenir ce résultat.

Application

d et *d'* sont les droites d'équations respectives $2x - y - 1 = 0$ et $x + y + 1 = 0$.

QUESTION

Montrez que l'ensemble des points M *du plan, équidistants des droites d et d' est la réunion de deux droites perpendiculaires.*
Que sont ces droites pour les droites d et d'?

B. Dans l'espace : distance d'un point à un plan

Étude du cas général

$(O; \vec{i}, \vec{j}, \vec{k})$ est un **repère orthonormé** de l'espace.
P est le plan d'équation cartésienne

$$ax + by + cz + d = 0;$$

où *a*, *b*, *c*, *d* sont des réels donnés, et *a*, *b*, *c* non tous les trois nuls.
On se propose de calculer la distance d'un point M de coordonnées $(x_0; y_0; z_0)$ au plan P; cette distance est égale à MH, où H est le projeté orthogonal de M sur P.

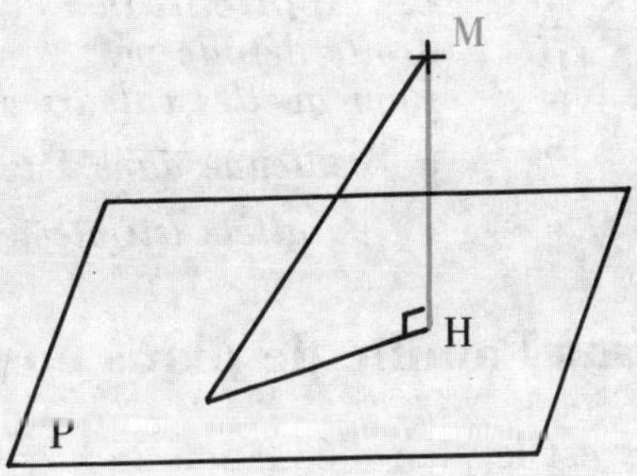

QUESTION

Le vecteur $\overrightarrow{MH}$ *étant colinéaire à un vecteur normal au plan* P, *montrez que :*

$$\mathbf{MH}=\frac{|ax_0+by_0+cz_0+d|}{\sqrt{a^2+b^2+c^2}}.$$

Vous pouvez retenir ce résultat.

Application : intersection d'un plan et d'une sphère

P est un plan, S est la sphère de centre I, de rayon R. Soit H le projeté orthogonal de I sur P. Le plan P et la sphère S sont sécants *si et seulement si* IH⩽R; dans le cas où IH=R, le plan P est tangent en H à S, il admet $\overrightarrow{IH}$ comme vecteur normal.

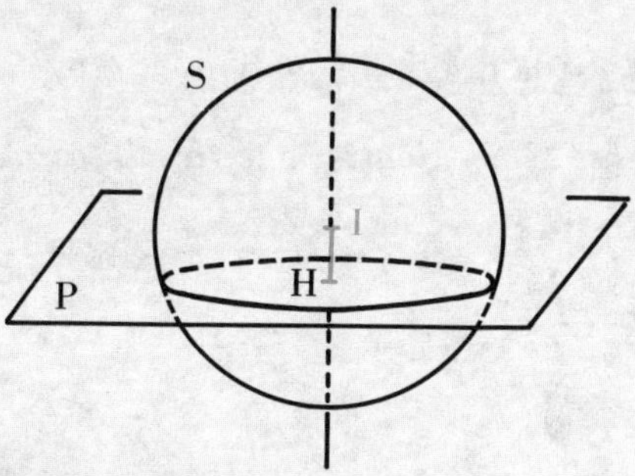

QUESTIONS

P *est le plan d'équation*

$$2x+y-z-1=0.$$

S *est la sphère de centre* I(1; 1; 1) *et de rayon* 1.

a. *Montrez que le plan* P *et la sphère* S *sont sécants.*

b. *Donnez une équation cartésienne d'un plan parallèle à* P *et tangent à* S.

T.P.5. Exemples d'emploi d'un repère orthonormé dans l'espace

Par la suite $(O; \vec{i}, \vec{j}, \vec{k})$ est **un repère orthonormé** de l'espace.

Condition pour qu'un plan et une droite soient sécants

P est le plan d'équation cartésienne $ux+vy+wz+h=0$ où u, v, w, h sont des réels donnés, avec $(u; v; w)\neq(0; 0; 0)$. D est la droite qui passe par le point donné $M_0(x_0; y_0; z_0)$ et de vecteur directeur donné $\vec{V}(a; b; c)$.

QUESTIONS

a. *Montrez que* D *coupe* P *en un point et un seul si et seulement si :*

$$au+bv+cw\neq0.$$

b. *Étudiez la position de* D *et* P *lorsque* $au+bv+cw=0$.

c. Application : P *est le plan d'équation* $3x+2y-z=0$ *et* D *est la droite définie par* $M(m; 5; 1)$ *et* $\vec{V}(n; 11; 2)$, *où* m *et* n sont des réels. *Pour quelles valeurs de* m *et* n *la droite* D *est-elle :*

- *contenue dans* P?
- *parallèle (strictement) à* P?

Famille de plans contenant une droite donnée

P est le plan d'équation $2x+3y-z-2=0$ et Q celui d'équation $3x+4y+2z-1=0$.

QUESTIONS

a. *Déterminez la droite* Δ *intersection de* P *et* Q.

b. λ *est un réel donné.*
Montrez que l'ensemble des points $M(x;\, y;\, z)$ *tels que*

(1) $$(2x+3y-z-2)+\lambda(3x+4y+2z-1)=0$$

est un plan, et que ce plan contient la droite Δ.

c. Réciproquement, *montrez que tout plan contenant* Δ, *admet une équation du type* **(1)** *sauf dans un cas que vous préciserez.*

d. *Application : déterminez une équation du plan contenant* Δ *et passant par le point* $A(-1;\, 2;\, 3)$.

Parallélépipède

P est le plan d'équation $ax+by+cz=0$ où a, b, c sont des réels tels que $(a;\, b;\, c)\neq(0;\, 0;\, 0)$.
Q est l'ensemble des points $M(x;\, y;\, z)$ tels que :

$$(c-b)\,x+(a-c)\,y+(a-7b)\,z+4a-8b-2c=0.$$

QUESTIONS

a. *Vérifiez que* Q *est un plan.*

b. *Notons* P_1 *et* Q_1 *les plans obtenus pour* $a=c$ *et* $b=0$.
Montrez que P_1 *et* Q_1 *sont parallèles.*

c. *Notons* P_2 *et* Q_2 *les plans obtenus pour* $a=-3b$ *et* $c=-5b$.
Montrez que P_2 *et* Q_2 *sont parallèles.*

d. *Notons* P_3 *et* Q_3 *les plans obtenus pour* $b=-2a$ *et* $c=-5a$. *Montrez que* P_3 *et* Q_3 *sont parallèles.*

e. *Ces six plans déterminent un parallélépipède. Déterminez les coordonnées de ses sommets.*

Tétraèdre et bissectrices

OABC est le tétraèdre dont les sommets ont pour coordonnées :

$$O(0;\, 0;\, 0), \quad A(1;\, 0;\, 0), \quad B(0;\, 1;\, 0), \quad C(0;\, 0;\, 1).$$

δ_1 et δ'_1 sont les droites du plan (OBC) qui passent par O et de vecteurs directeurs respectifs $\vec{j}+\vec{k}$ et $\vec{j}-\vec{k}$.
On dit que, δ_1 est *la bissectrice intérieure* de l'angle $\widehat{BOC}$ et que δ'_1 est la *bissectrice extérieure* de cet angle.
δ_2 et δ'_2 sont les droites du plan (OAC) qui passent par O et de vecteurs directeurs respectifs $\vec{i}+\vec{k}$ et $\vec{i}-\vec{k}$.
δ_3 et δ'_3 sont les droites du plan (OAB) qui passent par O et de vecteurs directeurs respectifs $\vec{i}+\vec{j}$ et $\vec{i}-\vec{j}$.

QUESTIONS

a. *Par la suite, nous notons* $(AO\delta_1)$ *le plan contenant les droites* (OA) *et* δ_1, ...
Démontrez analytiquement que les plans $(AO\delta_1)$, $(BO\delta'_2)$, $(CO\delta'_3)$ *sont sécants selon une droite* Δ_1.
Démontrez de même que les plans $(AO\delta'_1)$, $(BO\delta_2)$, $(CO\delta'_3)$ *sont sécants selon une droite* Δ_2.
Démontrez de même que les plans $(AO\delta'_1)$, $(BO\delta'_2)$, $(CO\delta_3)$ *sont sécants selon une droite* Δ_3.

b. *Démontrez analytiquement que les droites* δ'_1, δ'_2, δ'_3 *sont coplanaires; ainsi que les droites* δ'_1, δ_2, δ_3, *puis les droites* δ_1, δ'_2, δ_3, *et enfin les droites* δ_1, δ_2, δ'_3.

T.P.6. Applications de l'espace dans lui-même

Par la suite $(O; \vec{i}, \vec{j}, \vec{k})$ est **un repère orthonormé** de l'espace.

Expression analytique d'une projection

P est le plan d'équation $x+2y-z+1=0$ et D la droite qui passe par A(−1; 0; 2), de vecteur directeur $\vec{u}(-3; 4; 1)$.
f est la projection sur le plan P parallèlement à la droite D.

QUESTION

Déterminez les coordonnées de l'image par f d'un point M *de coordonnées* $(x; y; z)$.

g est la projection sur la droite D parallèlement au plan P.

QUESTION

Déterminez les coordonnées de l'image par g d'un point M *de coordonnées* $(x; y; z)$.

Reconnaître une application

f est l'application qui au point $M(x; y; z)$ associe le point $M'(x'; y'; z')$ tel que :

$$\begin{cases} x'=-y-z+1 \\ y'=-2x-y-2z+2 \\ z'=x+y+2z-1. \end{cases}$$

QUESTIONS

a. *Déterminez l'ensemble* P *des points invariants par f.*

b. *Démontrez que pour tout point* M *le vecteur* $\overrightarrow{MM'}$ *est colinéaire à un vecteur* $\vec{u}$ *que vous préciserez.*

c. *m est le point d'intersection de* P *avec la droite qui passe par* M *et de vecteur directeur* $\vec{u}$.

Montrez que $\overrightarrow{Mm} = \frac{1}{2}\overrightarrow{MM'}$.

Déduisez-en la nature de f.

T.P.7. Utilisation de nombres complexes

$(O; \vec{i}, \vec{j})$ est un repère orthonormé direct du plan orienté.
$A_1, A_2, \dots, A_n$ sont les points dont les affixes sont les racines n-ièmes de l'unité $(n \geqslant 2)$ (voir T.P. 2. page 29).

QUESTIONS

a. *Montrez que* O *est l'isobarycentre des points* A_1, A_2, ..., A_n.

b. *Déduisez-en l'ensemble des points* M *tels que :*

$$\|\overrightarrow{MA_1}+\overrightarrow{MA_2}+\ldots+\overrightarrow{MA_n}\| = n.$$

c. *Déduisez-en l'ensemble des points* M *tels que :*

$$MA_1^2+MA_2^2+\ldots+MA_n^2=2n.$$

EXERCICES

Exercices d'apprentissage

Pour les exercices 1 à 4, la base $(\vec{i}, \vec{j}, \vec{k})$ est orthonormale; calculez $\vec{u}\cdot\vec{v}$, $\vec{v}\cdot\vec{w}$ et $\vec{w}\cdot\vec{u}$.

1. $\vec{u}=\vec{0}$, $\quad \vec{v}=\vec{i}+\vec{j}$,
$\vec{w}=\vec{j}-\vec{k}$.

2. $\vec{u}=2\vec{i}-\vec{j}+\vec{k}$,
$\vec{v}=\vec{i}+2\vec{j}-\vec{k}$, $\quad \vec{w}=-\vec{i}-2\vec{j}+\vec{k}$.

3. $\vec{u}=(1+\sqrt{2})\vec{i}+\sqrt{3}\vec{j}$,
$\vec{v}=(1-\sqrt{2})\vec{i}-\vec{k}$, $\quad \vec{w}=\sqrt{3}\vec{j}+\vec{k}$.

4. $\vec{u}=\dfrac{2}{3}\vec{i}-\dfrac{1}{6}\vec{j}+\dfrac{1}{2}\vec{k}$,
$\vec{v}=\dfrac{1}{2}\vec{i}-2\vec{j}+\dfrac{2}{3}\vec{k}$; $\quad \vec{w}=\vec{i}+\vec{k}$.

Pour les exercices 5 à 8, deux vecteurs $\vec{u}$, $\vec{v}$ sont donnés par leurs coordonnées dans la base orthonormale $(\vec{i}, \vec{j}, \vec{k})$.
Trouvez un vecteur $\vec{u}\,'$ colinéaire à $\vec{u}$, un vecteur $\vec{v}\,'$ dans un plan dont un système de vecteurs directeurs est $(\vec{u}, \vec{v})$ et un vecteur $\vec{w}\,'$ tels que $(\vec{u}\,', \vec{v}\,', \vec{w}\,')$ forme une base orthonormale.

5. $\vec{u}=\vec{i}+\vec{j}$, $\quad \vec{v}=\vec{i}-\vec{j}$.

6. $\vec{u}=\vec{i}+\vec{k}$, $\quad \vec{v}=2\vec{i}+2\vec{j}$.

7. $\vec{u}=\vec{i}+\vec{j}+\vec{k}$, $\quad \vec{v}=2\vec{i}+\vec{j}$.

8. $\vec{u}=3\vec{i}-4\vec{j}$, $\quad \vec{v}=\vec{i}$.

Pour les exercices 9 à 11, donnez dans le repère orthonormé $(O; \vec{i}, \vec{j}, \vec{k})$, l'équation de la sphère de centre I et de rayon R.

9. I(2; −1; 3) $\quad$ R = 4.

10. I(−1; 1; 3) $\quad$ R = 2.

11. I(−2; −1; −1) $\quad$ R = 1.

Pour les exercices 12 à 14, trouvez le centre et le rayon de la sphère dont l'équation est donnée.

12. $x^2+y^2+z^2-2x+4y-6z=0$.

13. $x^2+y^2+z^2-4x+4y-6z-10=0$.

14. $x^2+y^2+z^2+2x-4y+5z=0$.

Pour les exercices 15 à 17, ABCD est un carré, E est le milieu de [DB]. Construisez le barycentre du système de point proposé.

15. (A, 2), (B, 2), (C, 4), (E, −4).

16. (A, 1), (B, −1), (C, 1), (E, −2).

17. (A, −1), (B, 2), (C, 4), (E, −2).

18. ABCD est un tétraèdre, E, F, G, H, J, K sont les milieux des arêtes [AB], [CD], [AC], [BD], [AD], [BC].

a) Démontrez que les droites (EF) et (GH) se coupent en un point I, isobarycentre de ABCD.

b) Montrez que le centre de gravité de la face ABC est aligné avec I et D.

c) Montrez que I est le milieu de [JK].

19. A, B, C, D sont quatre points de l'espace; k est un réel; I et J sont les milieux de [AB] et [CD]; E et F sont définis par $\overrightarrow{AE} = k\overrightarrow{AD}$ et $\overrightarrow{BF} = k\overrightarrow{BC}$; H est le milieu de [EF].
Montrez que H, I, J sont alignés.

Pour les exercices 20 et 21, donnez une représentation paramétrique de la droite D.

20. D passe par A(−2; 3; 5) et B(2; 1; 3).

21. D est parallèle à (BC) et passe par A :

A(1; 2; −4), B(0; 2; 3), C(−1; 2; 1).

22. Les points A(1; 0; 2), B(−2; 1; 2), C(1; 1; 1) étant donnés, trouvez des représentations paramétriques des droites (AB), (BC) et (CA).

Pour les exercices 23 à 27, donnez une représentation paramétrique et une équation cartésienne du plan P.

23. P passe par A(−1; 0; 1), B(2; 1; 1) et C(−1; 2; 2).

24. P passe par A(2; 1; 0) et est parallèle au plan d'équation $2x + y - z = 5$.

25. P passe par A(−1; 1; 1) et est orthogonal au vecteur $\vec{i} - 2\vec{j} + 3\vec{k}$.

26. P passe par A(−1; 2; 1) et est perpendiculaire à la droite d'intersection des plans d'équations

$$y + 3z + 1 = 0 \quad \text{et} \quad 2z - x + 3 = 0.$$

27. P passe par A(0; 2; 3), B(−1; −2; −1) et est perpendiculaire au plan d'équation $x + y + z = 1$.

Pour les exercices 28 à 30, calculez la distance de A à la droite D.

28. A(−2; 1), D : $y = 2x - 4$.

29. A(1; 2), D passe par B(−4; 1) et C(1; 3).

30. A(−2; 1), D passe par B(−2; 3) et C(1; 3).

Pour les exercices 31 à 33, calculez la distance de A au plan P.

31. A(1; 2; −3), P : $2x - y + z + 1 = 0$.

32. A(−1; 1; 1), P passe par B(0; 1; 0), C(−1; 1; 0) et D(−1; −2; −3).

33. A(0; 1; 0) et P a pour représentation paramétrique

$$\begin{cases} x = 2 - t + u \\ y = -1 + 2t - u \\ z = t - 2u \end{cases}$$

avec t et u réels.

Pour les exercices 34 et 35, D et Δ sont deux droites sécantes. Trouvez A sur D et B sur Δ vérifiant la condition.

34. I est un point donné, [AB] a pour milieu I.

35. $\vec{u}$ est un vecteur donné, $\overrightarrow{AB} = \vec{u}$.

Exercices d'entraînement

36. ABC est un triangle équilatéral; I est le milieu de [AB] et J est le point tel que $\overrightarrow{CJ} = \frac{1}{3}\overrightarrow{CA}$.
Les droites (CI) et (BJ) se coupent en E. Trouvez des réels a, b, c tels que E soit barycentre de (A, a), (B, b), (C, c).

37. A, B, C, D sont quatre points de l'espace et a, b, c, d quatre réels non nuls de *somme nulle;* O est un point de l'espace. On note $\vec{V}$ le vecteur

$$a\overrightarrow{OA} + b\overrightarrow{OB} + c\overrightarrow{OC} + d\overrightarrow{OD}.$$

a) On suppose $\vec{V} = \vec{0}$. Quel est le barycentre du système (A, a), (B, b), (C, c)?

b) Montrez que si les quatre points A, B, C, D ne sont pas coplanaires, alors $\vec{V} \neq \vec{0}$.

38. $(A_1, a_1), \ldots, (A_n, a_n)$ sont n points massifs avec $n \geqslant 3$ et $\sum_{i=1}^{i=n} a_i \neq 0$. Nous allons montrer que pour tout naturel p tel que $1 \leqslant p \leqslant n-1$, on peut trouver un sous-système de p points ayant un barycentre partiel.

a) Traitez le cas $p = 1$.

b) Pour $p \geqslant 2$, on suppose que chaque fois que l'on choisit p réels dans la liste a_1, a_2, ..., a_n la somme de ces p réels est nulle. Montrez que $a_1 = a_2$, puis que $a_1 = a_2 = \ldots = a_n$.

c) Concluez.

39. ABC est un triangle équilatéral dont la longueur du côté est 12 cm.

a) Représentez l'ensemble E des points M du plan tels que

$$\vec{V} = \overrightarrow{MA} + \overrightarrow{MB} + \overrightarrow{MC}$$

et

$$\vec{V}' = \overrightarrow{MA} + 2\overrightarrow{MB} + 3\overrightarrow{MC}$$

soient colinéaires.

b) Représentez l'ensemble E' des points M du plan tels que $\vec{V}$ et $\vec{V}'$ aient même norme.

40. ABCD est un tétraèdre; E est le point du segment [BD] tel que 5BE = 2BD et F le point du segment [AC] tel que AC = 3AF. J est le milieu du segment [EF].

a) On note P le plan passant par A, B et J, et Q le plan passant par C, D et J. Prouvez l'existence d'une droite Δ passant par J et coupant les droites (AB) et (CD).

b) Trouvez des coefficients α, β, γ, δ tels que J soit barycentre de (A, α), (B, β), (C, γ), (D, δ).
En utilisant les barycentres partiels de (A, α), (B, β) et (C, γ), (D, δ) montrez l'existence de la droite Δ en précisant la position des points communs à Δ, (AB) et (CD).

41. ABCD sont quatre points non coplanaires; E est le milieu de [AB], F est tel que $\overrightarrow{BF} = \frac{2}{3}\overrightarrow{BC}$ et G est le barycentre de (C, 1) et (D, 3).
Montrez qu'il existe un point H unique sur la droite (AD) tel que les droites (HF) et (EG) soient concourantes.

42. ABCD est un tétraèdre; E, F, G sont les points tels que :

$$\overrightarrow{AE} = 2\overrightarrow{EB}, \quad \overrightarrow{CF} = \overrightarrow{FD}, \quad \overrightarrow{BG} = 3\overrightarrow{GC}.$$

Trouvez le point H de la droite (AD) tel que les droites (GH) et (EF) soient concourantes.

43. Trouvez l'intersection de la sphère d'équation

$$x^2 + y^2 + z^2 - 6x + y - 3z + 2 = 0$$

et de la droite passant par A(0; 1; 2) et B(1; 2; −2).

44. ***a)*** Trouvez l'intersection des plans P et Q et de la sphère S sachant que :

- P passe par A(0; 1; 0), B(0; 0; 1) et C(1; 2; 3);
- Q passe par C et est perpendiculaire à la droite (AB);
- S a pour centre C et pour rayon 2.

b) Dessinez sans faire apparaître le repère.

45. ***a)*** Trouvez des représentations paramétriques des intersections deux à deux des plans P, Q, R donnés par leurs équations cartésiennes :

$$P : x + y + z - 3 = 0$$
$$Q : 2x - y + z - 2 = 0$$
$$R : x - y - 2z + 1 = 0.$$

b) Quelle est l'intersection des trois plans?

46. Deux triangles ABC et A'B'C de l'espace ont même centre de gravité.

a) Démontrez que $\overrightarrow{AA'} + \overrightarrow{BB'} + \overrightarrow{CC'} = \vec{0}$.

b) Étudiez la réciproque.

47. Les points A, B, C ne sont pas alignés. On note $\overline{A'}$ le barycentre de (B, AC) et (C, AB). Si $AB \neq AC$, on note $\overline{A''}$ le barycentre de (B, AC) et (C, $-$AB).

a) Montrez que $\overrightarrow{AA'}$ est la somme de deux vecteurs colinéaires à $\overrightarrow{AB}$ et $\overrightarrow{AC}$ et de même norme.
Déduisez-en que $\overline{A'}$ appartient à la bissectrice intérieure de l'angle $\widehat{A}$ du triangle ABC.

b) Procédez de manière analogue avec $\overline{A''}$.

c) Déduisez-en les relations entre les distances à B et C des pieds des bissectrices de $\widehat{A}$ et les longueurs AB et AC. (Voyez aussi l'exercice 26 du chapitre 6.)

48. ABC est un triangle; on pose $\overrightarrow{AD} = \frac{1}{3}\overrightarrow{AC}$ et $\overrightarrow{BE} = \frac{1}{3}\overrightarrow{BA}$. Les droites (BD) et (EC) se coupent en F.

a) Trouvez des réels a, b, c tels que F soit barycentre de (A, a), (B, b) et (C, c).

b) On suppose que ABC est équilatéral. Montrez que (ED) est perpendiculaire à (AC) et que (AF) est perpendiculaire à (CE).

49.★ On donne quatre points coplanaires situés sur un même cercle. Pour chaque couple de points, on considère la droite passant par son milieu et perpendiculaire à la droite passant par les deux autres points.
Montrez que les six droites que l'on peut ainsi définir ont un point commun.

50.★ A, B, C sont trois points non alignés de l'espace E; on donne un point P de E et trois réels x, y, z.
Trouvez les points M de E tels que

$$(M; \overrightarrow{MA}, \overrightarrow{MB}, \overrightarrow{MC})$$

soit un repère de E et que les coordonnées de P dans ce repère soient x, y, z.

(D'après Bac E)

Problème

51.★ Suites et barycentres
A_0 et B_0 sont deux points distincts; on désigne par A_1 le milieu de $[A_0B_0]$ et par B_1 le barycentre de (A_0, 1), (B_0, 2). Par itération, on définit deux suites de points $(A_n)_{n\in\mathbb{N}}$ et $(B_n)_{n\in\mathbb{N}}$ telles que, pour tout $n \in \mathbb{N}$, A_{n+1} soit le milieu de $[A_nB_n]$ et B_{n+1} soit le barycentre de (A_n, 1), (B_n, 2).

a) Prenez $A_0B_0 = 20$ cm et construisez A_1, B_1, A_2, B_2, A_3, B_3, A_4, B_4.

b) On pose $v_n = \overline{A_nB_n}$.
Démontrez que la suite $\boldsymbol{v}$ est une suite géométrique.
Trouvez un naturel n_0 tel que si $n \geqslant n_0$:

$$\overline{A_nB_n} \leqslant \overline{A_0B_0} \times 10^{-6}.$$

c) Calculez $\dfrac{\overline{A_nA_{n+1}}}{\overline{B_nB_{n+1}}}$. Montrez que si les points A_n et B_n se rapprochent arbitrairement d'un point fixe, celui-ci a une position précise, notée Ω dans les questions suivantes.

d) On pose $u_n = \overline{A_nA_{n+1}}$.
Démontrez que la suite $\boldsymbol{u}$ est une suite géométrique. Exprimez $\overline{A_0A_n}$ puis $\overline{\Omega A_n}$ en fonction de n.
Que pouvez-vous en déduire concernant la suite $(A_n)_{n\in\mathbb{N}}$.
Procédez de même pour la suite $(B_n)_{n\in\mathbb{N}}$.

e) Trouvez une homothétie h de centre Ω telle que, pour tout $n \in \mathbb{N}$, on ait $B_n = h(A_n)$.

f) A l'aide de ce qui précède, étudiez les variations et limites des suites numériques $(\boldsymbol{x_n})_{n\in\mathbb{N}}$ et $(\boldsymbol{y_n})_{n\in\mathbb{N}}$ définies par $x_0 = 0$, $y_0 = 1$ et pour tout $n \in \mathbb{N}$

$$x_{n+1} = \frac{x_n + y_n}{2} \quad \text{et} \quad y_{n+1} = \frac{x_n + 2y_n}{3}.$$

CHAPITRE
8

PRODUIT VECTORIEL

Le calcul vectoriel, maintenant étudié en mathématiques, a été conçu et utilisé d'abord par les physiciens, les mécaniciens et les ingénieurs. Son origine remonte aux travaux de Hamilton (1805; 1865) et, de Grassman (1809; 1877), mais son développement est essentiellement dû au physicien Maxwell (1831; 1879), au chimiste Gibbs (1839; 1903), à l'ingénieur Heaveside (1850; 1925). Plus tard, les mathématiciens, faisant abstraction de la nature physique des « vecteurs », ont développé la théorie des espaces vectoriels.
Le produit vectoriel est un outil essentiel en Mécanique et en Physique. Il sert par exemple à définir le moment d'une force en un point, la force magnétique qui s'exerce sur une particule électrique en mouvement dans un champ magnétique; pour un solide en rotation, le produit vectoriel permet de calculer la vitesse d'un point en utilisant le vecteur rotation.

1. Pour prendre un bon départ

Nous avons vu au chapitre **6** paragraphe **2.3.** les résultats suivants :

Aire d'un parallélogramme

ABCD est un parallélogramme et θ est la mesure en radians de l'angle $\widehat{ABC}$.

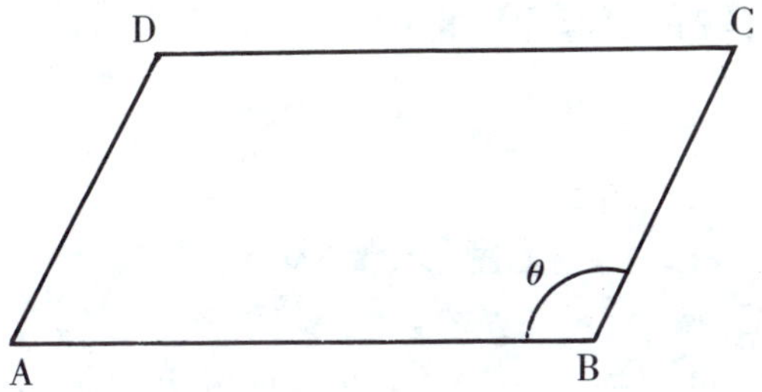

L'aire de ce parallélogramme est

$$S = |\text{dét}(\overrightarrow{BA}; \overrightarrow{BC})|$$
$$= AB \times BC \times \sin\theta.$$

Aire d'un triangle

L'aire S′ du triangle ABC est la moitié de l'aire du parallélogramme ABCD.

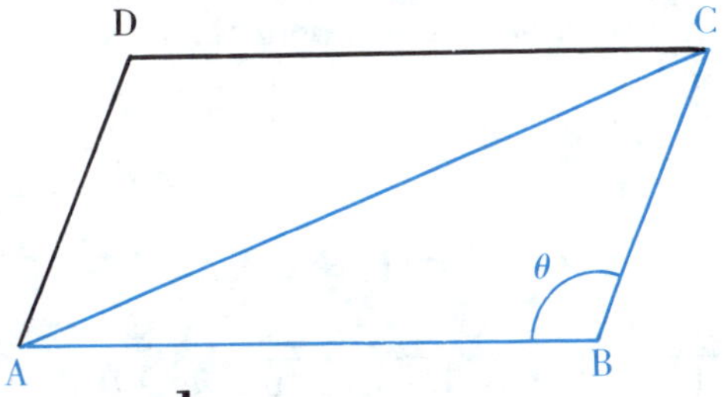

$$S' = \frac{1}{2}|\text{dét}(\overrightarrow{BA}; \overrightarrow{BC})|$$
$$= \frac{1}{2} \times AB \times BC \times \sin\theta.$$

EXERCICE

ABC est un triangle. A′ est tel que ABA′C soit un parallélogramme.

a. Expliquez pourquoi on peut écrire

$$\text{aire (ABC)} = \frac{1}{2} \times \text{aire (ABA'C)}.$$

Indication : considérez la symétrie de centre O, point de concours des diagonales de ABA′C.

b. Montrez que $\mathbf{aire\,(ABC)} = \frac{1}{2}\,\mathbf{AB \times AC \times \sin \widehat{A}}$.

2. Travaux pratiques d'approche

2.1. Comment orienter un plan dans l'espace?

On peut penser le faire selon les conventions habituelles (voir chapitre **6** paragraphe **1.**).
Mais faites l'expérience suivante :
sur une feuille de papier transparent, dessinez un cercle et une flèche indiquant le sens direct; soulevez cette feuille horizontalement à hauteur de vos épaules. Vous pouvez alors l'observer par-dessus ou par-dessous en baissant la tête.

QUESTION

Quel sens indique la flèche lorsque vous observez la feuille par-dessus?
Quel sens indique la flèche lorsque vous observez la feuille par-dessous?

Ainsi, *un sens d'orientation fixé dans le plan apparaît comme direct pour un observateur placé d'un côté du plan et indirect pour un observateur placé de l'autre côté.*
Le fait de dire que deux plans de l'espace ont même orientation ou des orientations opposées n'a donc aucune signification.
C'est en particulier, pour remédier à cette difficulté qu'on est conduit à orienter l'espace lui-même.

2.2. Repères directs et repères indirects

$(O; \overrightarrow{OA}, \overrightarrow{OB}, \overrightarrow{OC})$ est un repère de l'espace; notons O*x*, O*y* et O*z* les demi-droites d'origine O qui contiennent respectivement A, B et C.
Un « **observateur d'Ampère** », pour ce repère, est un personnage placé le long de O*z*, les pieds en O et qui regarde dans la direction de O*x*.

Le plan (xOz) partage l'espace en deux demi-espaces; l'un de ces demi-espaces est à gauche de l'observateur, l'autre est à sa droite.
Si Oy *est dans le demi-espace placé à gauche de l'observateur, on dit que le sens du repère est* **direct** *(ou positif).*
Si Oy est dans le demi-espace placé à droite de l'observateur, on dit que le sens du repère est **indirect** (ou *négatif*).

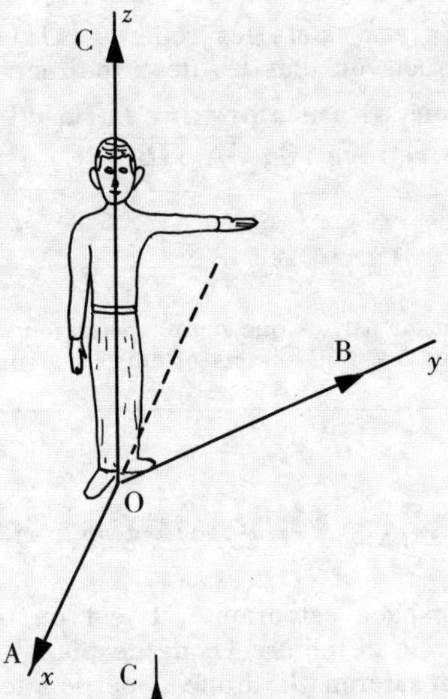

Remarques

1. L'ordre dans lequel sont donnés les vecteurs $\overrightarrow{OA}$, $\overrightarrow{OB}$ et $\overrightarrow{OC}$ est fondamental pour la détermination du sens du repère.

2. La figure ci-contre représente un **repère** $(O; \overrightarrow{OA}, \overrightarrow{OB}, \overrightarrow{OC})$ **orthonormé direct.**

QUESTIONS

1. *Pour le cas de la figure ci-contre, chacun des repères suivants est-il direct ou indirect?*
$(O; \overrightarrow{OB}, \overrightarrow{OA}, \overrightarrow{OC})$; $(O; \overrightarrow{OA}, \overrightarrow{OC}, \overrightarrow{OB})$;
$(O; \overrightarrow{OC}, \overrightarrow{OA}, \overrightarrow{OB})$; $(O; \overrightarrow{OB}, \overrightarrow{OC}, \overrightarrow{OA})$;
$(O; \overrightarrow{OC}, \overrightarrow{OB}, \overrightarrow{OA})$.

2. P *est un plan de l'espace et* $(O; \overrightarrow{OA}, \overrightarrow{OB})$ *est un repère orthonormé du plan.*
Vérifiez que l'on peut trouver un point C *de l'espace tel que* $(O; \overrightarrow{OA}, \overrightarrow{OB}, \overrightarrow{OC})$ *soit un repère orthonormé direct.*

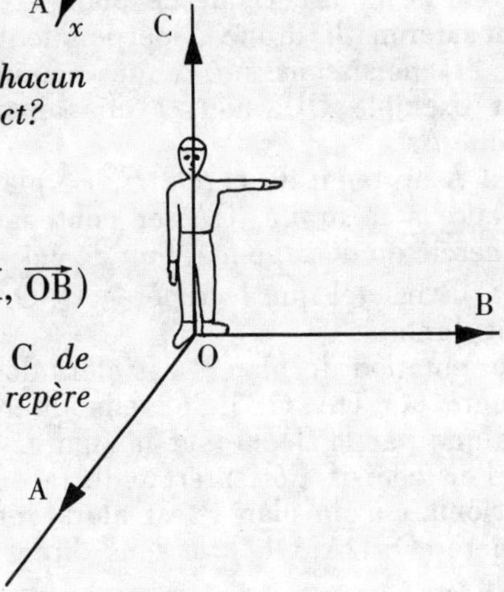

3. Cours

Par la suite, nous dirons que l'espace est orienté pour exprimer que l'on a décidé, comme cela a été exposé au paragraphe **2.2.**, de distinguer deux types de repères, les repères directs et les repères indirects, et nous dirons que l'on travaille dans l'espace orienté dans le sens direct pour indiquer que nous n'utilisons que des repères directs.

3.1. Bases directes (ou positives)

$(\vec{i}, \vec{j}, \vec{k})$ est une base de l'ensemble des vecteurs de l'espace; O, A, B, C sont quatre points tels que $\overrightarrow{OA} = \vec{i}$, $\overrightarrow{OB} = \vec{j}$ et $\overrightarrow{OC} = \vec{k}$.
$(O; \overrightarrow{OA}, \overrightarrow{OB}, \overrightarrow{OC})$ est alors un repère de l'espace.

Nous admettrons que si O′, A′, B′, C′ sont quatre autres points tels que $\overrightarrow{O'A'} = \vec{i}$, $\overrightarrow{O'B'} = \vec{j}$, $\overrightarrow{O'C'} = \vec{k}$, alors les repères $(O; \overrightarrow{OA}, \overrightarrow{OB}, \overrightarrow{OC})$ et $(O'; \overrightarrow{O'A'}, \overrightarrow{O'B'}\ \overrightarrow{O'C'})$ sont tous les deux directs ou tous les deux indirects.

Nous **disons alors que la base $(\vec{i}, \vec{j}, \vec{k})$ est directe (ou positive) si pour tout point O, le repère $(O; \overrightarrow{OA}, \overrightarrow{OB}, \overrightarrow{OC})$ est direct, avec $\overrightarrow{OA} = \vec{i}$, $\overrightarrow{OB} = \vec{j}$, $\overrightarrow{OC} = \vec{k}$.**

Commentaire

On dit parfois que *deux repères* (ou *deux bases*) *sont de même sens* pour dire qu'ils (ou qu'elles) sont tous les deux directs ou tois les deux indirects.

3.2. Orientation d'un plan dans l'espace orienté

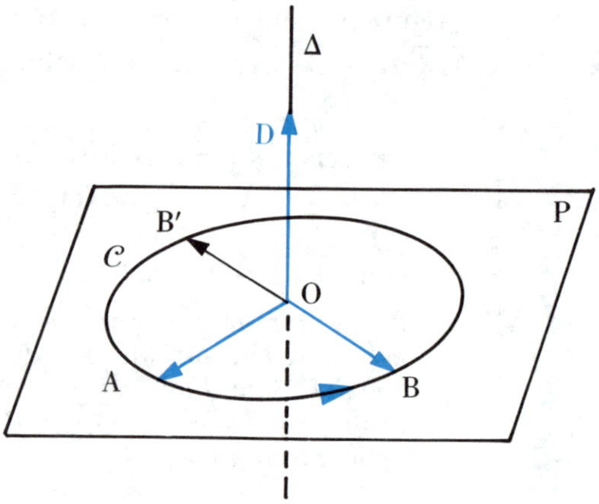

L'espace est orienté; P est un plan et $\mathcal{C}$ un cercle de centre O, de ce plan.
Considérons la droite Δ perpendiculaire à P en O, et choisissons sur Δ un vecteur directeur, par exemple $\overrightarrow{OD}$; nous avons ainsi orienté la droite Δ.
Soit A un point du cercle $\mathcal{C}$. Le plan perpendiculaire à la droite (OA) et contenant D coupe le cercle en deux points; l'un de ces deux points, noté B est tel que le repère $(O; \overrightarrow{OA}, \overrightarrow{OB}, \overrightarrow{OD})$ soit direct.
L'orientation du plan P est alors donnée par le repère $(O; \overrightarrow{OA}, \overrightarrow{OB})$; le sens direct est celui indiqué par la flèche sur la figure.
Si l'on choisit d'orienter Δ de façon contraire, l'orientation du plan P est alors donnée par le repère $(O; \overrightarrow{OA}; \overrightarrow{OB'})$; le sens direct est le sens contraire à celui indiqué par la flèche sur la figure.
***En résumé*, dans l'espace orienté, orienter un plan, c'est orienter une normale à ce plan.** On dit que l'orientation d'un plan est donnée par une normale orientée.

3.3. Définition du produit vectoriel de deux vecteurs

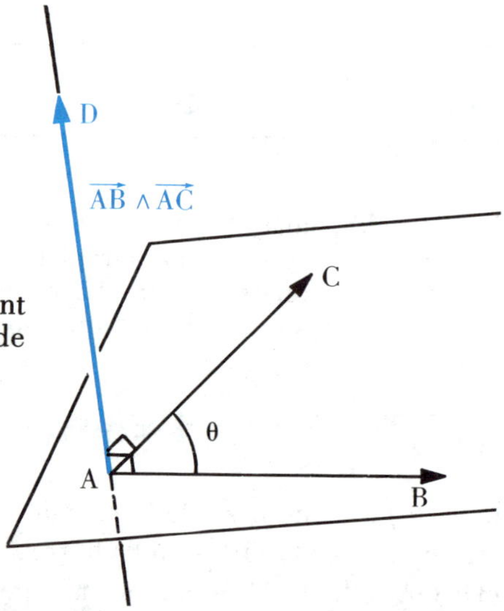

a. Cas de trois points non alignés

A, B, C sont trois points non alignés; ils déterminent donc un plan. On désigne par θ la mesure en radians de l'angle géométrique $\widehat{BAC}$.

Définition 1

Si A, B, C sont trois points non alignés de l'espace orienté, le produit vectoriel de $\overrightarrow{AB}$ par $\overrightarrow{AC}$, dans cet ordre, noté $\overrightarrow{AB} \wedge \overrightarrow{AC}$, est le *vecteur* $\overrightarrow{AD}$ défini par les conditions suivantes :

1. la droite (AD) est perpendiculaire au plan (ABC);
2. le repère $(A; \overrightarrow{AB}, \overrightarrow{AC}, \overrightarrow{AD})$ est direct;
3. la longueur AD est égale à $AB \times AC \times \sin \theta$.

Commentaires

- Ces trois conditions déterminent le point D sans ambiguïté : la première dit que D est sur la perpendiculaire Δ en A au plan (ABC); la deuxième permet de dire sur quelle demi-droite d'origine A de Δ se trouve le point D; la troisième donne la distance de A à D.
- Vous noterez que $\|\overrightarrow{AB} \wedge \overrightarrow{AC}\| = |\text{dét}(\overrightarrow{AB}; \overrightarrow{AC})|$, et aussi que cette norme est égale à l'aire du parallélogramme formé sur les côtés [AB] et [AC].
- Notez que (AD) est perpendiculaire à (AB) et à (AC).

b. Cas de trois points alignés

Définition 2

Si A, B et C sont trois points alignés de l'espace, le produit vectoriel de $\overrightarrow{AB}$ par $\overrightarrow{AC}$ est le vecteur nul.
Dans ce cas : $$\overrightarrow{AB} \wedge \overrightarrow{AC} = \vec{0}.$$

Vous noterez que, dans cette définition, parmi les points A, B, C, deux d'entre eux, ou les trois, peuvent être confondus. Notez en particulier que **pour tout vecteur $\overrightarrow{AB}$ on a $\overrightarrow{AB} \wedge \overrightarrow{AB} = \vec{0}$.**

c. Définition de $\vec{u} \wedge \vec{v}$

Considérons maintenant deux vecteurs $\vec{u}$ et $\vec{v}$ de l'espace; on peut toujours trouver trois points A, B et C tels que $\vec{u} = \overrightarrow{AB}$ et $\vec{v} = \overrightarrow{AC}$.
Nous admettrons que si A′, B′ et C′ sont trois autres points tels que $\vec{u} = \overrightarrow{A'B'}$ et $\vec{v} = \overrightarrow{A'C'}$ alors : $\overrightarrow{AB} \wedge \overrightarrow{AC} = \overrightarrow{A'B'} \wedge \overrightarrow{A'C'}$.
Aussi posons-nous la définition suivante :

Définition 3

$\vec{u}$ et $\vec{v}$ sont deux vecteurs de l'espace orienté.
Si A, B, C sont trois points tels que $\vec{u} = \overrightarrow{AB}$ et $\vec{v} = \overrightarrow{AC}$, le produit vectoriel de $\vec{u}$ par $\vec{v}$, dans cet ordre, noté $\vec{u} \wedge \vec{v}$, est le produit vectoriel $\overrightarrow{AB} \wedge \overrightarrow{AC}$ tel qu'il a été défini dans les définitions 1 et 2.

$$\vec{u} \wedge \vec{v} = \overrightarrow{AB} \wedge \overrightarrow{AC}.$$

Commentaires

- **Vous noterez que $\vec{u} \wedge \vec{v}$ est orthogonal à $\vec{u}$ et à $\vec{v}$.** Cela est clair si $\vec{u} \wedge \vec{v} = \vec{0}$. Et dans le cas contraire, nous avons vu, dans la définition **1**, que $\overrightarrow{AD} = \vec{u} \wedge \vec{v}$, est un vecteur directeur de la perpendiculaire en A au plan (ABC); d'autre part $\vec{u}$ et $\vec{v}$ forment un système de vecteurs directeurs de (ABC).

On a donc dans tous les cas : $\vec{u} \cdot (\vec{u} \wedge \vec{v}) = 0$ et $\vec{v} \cdot (\vec{u} \wedge \vec{v}) = 0$.

- Par conséquent, **si $\vec{u}$ et $\vec{v}$ sont des vecteurs orthogonaux et unitaires, alors $(\vec{u}, \vec{v}, \vec{u} \wedge \vec{v})$ est une base orthonormale directe.** En effet, on a alors $\vec{u} \wedge \vec{v} = \|\vec{u}\| \|\vec{v}\| \sin \theta \vec{k}$ et $\theta = \frac{\pi}{2}$, donc $\sin \theta = 1$ et $\|\vec{u} \wedge \vec{v}\| = 1$.

EXERCICE

$(\vec{i}, \vec{j}, \vec{k})$ est une base orthonormale directe.
Déterminez $\vec{i} \wedge \vec{j}$, $\vec{j} \wedge \vec{k}$, et $\vec{k} \wedge \vec{i}$.

3.4. Propriétés du produit vectoriel

a. Comparaison de $\vec{u} \wedge \vec{v}$ et $\vec{v} \wedge \vec{u}$

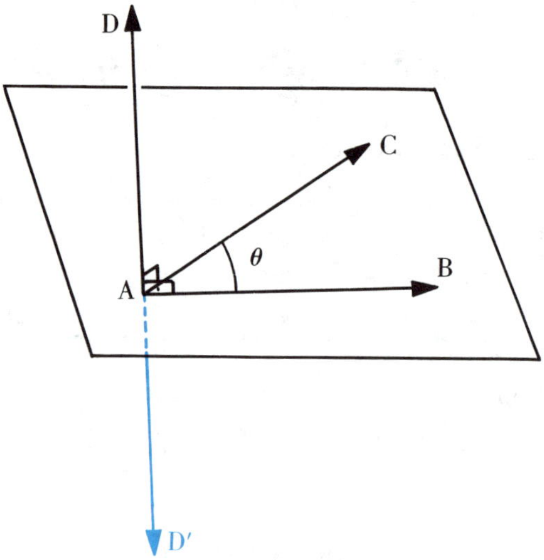

Reprenons la situation de la définition **1**.
Nous avions $\overrightarrow{AB} \wedge \overrightarrow{AC} = \overrightarrow{AD}$; notons :

$$\overrightarrow{AD'} = \overrightarrow{AC} \wedge \overrightarrow{AB}.$$

Les conditions de la définition **1** montrent que D′ est symétrique de D par rapport à A, donc $\overrightarrow{AD'} = -\overrightarrow{AD}$.

Si A, B et C sont alignés, alors $\overrightarrow{AB} \wedge \overrightarrow{AC} = \vec{0}$ et aussi $\overrightarrow{AC} \wedge \overrightarrow{AB} = \vec{0}$, d'après la définition **2**.

Compte tenu de ce qui précède et de la définition **3**, nous avons le théorème suivant :

Théorème 1

Pour tous vecteurs $\vec{u}$ et $\vec{v}$ de l'espace orienté on a :

$$\vec{u} \wedge \vec{v} = -(\vec{v} \wedge \vec{u}).$$

Commentaires

- On traduit le résultat du théorème **1** en disant que le produit vectoriel est anticommutatif.
- Ce résultat contrarie les habitudes de calcul et doit inciter à la prudence.

b. Autres règles de calcul du produit vectoriel

Nous admettrons le théorème suivant :

Théorème 2

Pour tous vecteurs $\vec{u}$, $\vec{v}$, $\vec{w}$ et pour tous réels a et b,

$$(a\vec{u}) \wedge (b\vec{v}) = ab(\vec{u} \wedge \vec{v})$$
$$\vec{u} \wedge (\vec{v} + \vec{w}) = (\vec{u} \wedge \vec{v}) + (\vec{u} \wedge \vec{w}).$$

Exemple

Pour deux vecteurs $\vec{u}$ et $\vec{v}$, on a :

$$(\vec{u} + \vec{v}) \wedge (\vec{u} - \vec{v}) = \vec{u} \wedge (\vec{u} - \vec{v}) + \vec{v} \wedge (\vec{u} - \vec{v})$$
$$= \vec{u} \wedge \vec{u} - \vec{u} \wedge \vec{v} + \vec{v} \wedge \vec{u} - \vec{v} \wedge \vec{v}.$$

Mais : $\vec{u} \wedge \vec{u} = \vec{v} \wedge \vec{v} = \vec{0}$ et : $\vec{u} \wedge \vec{v} = -(\vec{v} \wedge \vec{u})$, d'où : $-(\vec{u} \wedge \vec{v}) = \vec{v} \wedge \vec{u}$.

Donc : $(\vec{u} + \vec{v}) \wedge (\vec{u} - \vec{v}) = 2(\vec{v} \wedge \vec{u})$.

c. Condition de nullité d'un produit vectoriel

• D'après la définition **2,** si A, B, C sont trois points alignés, c'est-à-dire si $\overrightarrow{AB}$ et $\overrightarrow{AC}$ sont colinéaires, alors :

$$\overrightarrow{AB} \wedge \overrightarrow{AC} = \vec{0}.$$

Donc, d'après la définition **3,** si $\vec{u}$ et $\vec{v}$ sont deux vecteurs colinéaires, alors : $\vec{u} \wedge \vec{v} = \vec{0}$.

• Supposons que $\vec{u}$ et $\vec{v}$ soient deux vecteurs *non* colinéaires; alors si $\vec{u} = \overrightarrow{AB}$ et $\vec{v} = \overrightarrow{AC}$, les trois points, A, B, C sont *non* alignés.
D'après la définition **1,** il existe un point D unique tel que $\overrightarrow{AD} = \overrightarrow{AB} \wedge \overrightarrow{AC}$, et $\overrightarrow{AD} \neq \vec{0}$. En effet, la longueur AD, qui est égale à $AB \times AC \times \sin\theta$, n'est pas nulle, puisqu'aucun des réels AB, AC, $\sin\theta$ n'est nul.
Donc, si deux vecteurs $\vec{u}$ et $\vec{v}$ sont non colinéaires, on a : $\vec{u} \wedge \vec{v} \neq \vec{0}$.
Nous résumons cette discussion par le théorème suivant :

Théorème 3

Le produit vectoriel de deux vecteurs est nul *si et seulement si* ces deux vecteurs sont colinéaires.

3.5. Expression analytique du produit vectoriel dans une base orthonormale directe $(\vec{i}, \vec{j}, \vec{k})$

$(\vec{i}, \vec{j}, \vec{k})$ est une base orthonormale directe. Il résulte directement de la définition d'une telle base et de la définition du produit vectoriel (exercice du paragraphe **3.3. c.**) que :

$$\vec{i} \wedge \vec{j} = \vec{k}, \quad \vec{j} \wedge \vec{k} = \vec{i}, \quad \vec{k} \wedge \vec{i} = \vec{j} \qquad (1)$$

D'après le théorème **1,** on déduit que :

$$\vec{j} \wedge \vec{i} = -\vec{k}, \quad \vec{k} \wedge \vec{j} = -\vec{i}, \quad \vec{i} \wedge \vec{k} = -\vec{j}.$$

$\vec{u}$ et $\vec{v}$ sont deux vecteurs de l'espace ayant pour coordonnées respectives $(x; y; z)$ et $(x'; y'; z')$ dans la base $(\vec{i}, \vec{j}, \vec{k})$:

$$\vec{u} = x\vec{i} + y\vec{j} + z\vec{k} \quad \text{et} \quad \vec{v} = x'\vec{i} + y'\vec{j} + z'\vec{k}.$$

Alors : $\vec{u} \wedge \vec{v} = (x\vec{i} + y\vec{j} + z\vec{k}) \wedge (x'\vec{i} + y'\vec{j} + z'\vec{k})$.

D'après les règles de calcul du produit vectoriel, il vient :

$$\begin{aligned}\vec{u} \wedge \vec{v} &= xx'(\vec{i} \wedge \vec{i}) + xy'(\vec{i} \wedge \vec{j}) + xz'(\vec{i} \wedge \vec{k}) + yx'(\vec{j} \wedge \vec{i}) + yy'(\vec{j} \wedge \vec{j}) + yz'(\vec{j} \wedge \vec{k}) \\ &\quad + zx'(\vec{k} \wedge \vec{i}) + zy'(\vec{k} \wedge \vec{j}) + zz'(\vec{k} \wedge \vec{k}). \\ &= (xy' - yx')\vec{i} \wedge \vec{j} + (yz' - zy')\vec{j} \wedge \vec{k} + (zx' - xz')\vec{k} \wedge \vec{i},\end{aligned}$$

soit, compte tenu de **(1)** :

$$\boldsymbol{\vec{u} \wedge \vec{v} = (yz' - zy')\vec{i} + (zx' - xz')\vec{j} + (xy' - yx')\vec{k}.}$$

Commentaire

Pratiquement, pour obtenir les coordonnées de $\vec{u} \wedge \vec{v}$, on procède de la façon suivante : on écrit sur une première ligne les coordonnées de $\vec{u}$ en répétant la première après la dernière, puis de même les coordonnées de $\vec{v}$ sur une seconde ligne :

$$\begin{matrix} x & y & z & x \\ x' & y' & z' & x'. \end{matrix}$$

Pour calculer la *première* coordonnée de $\vec{u} \wedge \vec{v}$, on calcule le déterminant qui suit la *première* colonne, ce déterminant dans le cas présent est

$$\begin{vmatrix} y & z \\ y' & z' \end{vmatrix}.$$

Pour calculer la *deuxième* coordonnée de $\vec{u} \wedge \vec{v}$, on calcule le déterminant qui suit la *deuxième* colonne, donc ici

$$\begin{vmatrix} z & x \\ z' & x' \end{vmatrix},$$

et pour calculer la *troisième* coordonnée, on calcule le *premier* déterminant

$$\begin{vmatrix} x & y \\ x' & y' \end{vmatrix}.$$

3.6. Applications en géométrie

a. Dans l'espace, distance d'un point à une droite

d est une droite déterminée par un point A et un vecteur directeur $\vec{u} = \overrightarrow{AB}$.

M est un point de l'espace, H est le projeté orthogonal de M sur d.

Par définition **la distance de M à *d* est MH.**

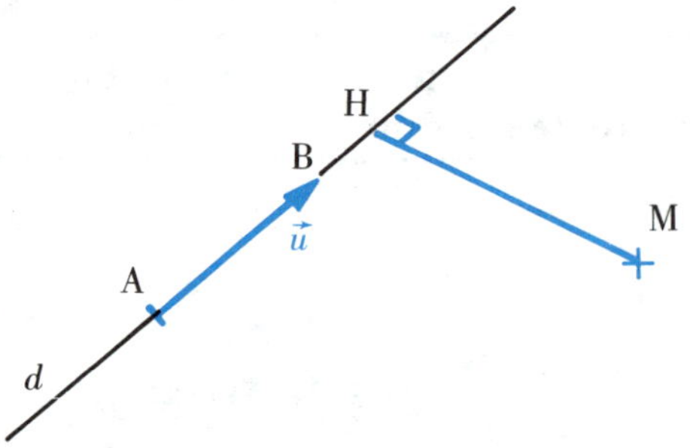

Nous avons : $\overrightarrow{MA} = \overrightarrow{MH} + \overrightarrow{HA}$, donc :

$$\begin{aligned}\overrightarrow{MA} \wedge \overrightarrow{AB} &= (\overrightarrow{MH} + \overrightarrow{HA}) \wedge \overrightarrow{AB} \\ &= \overrightarrow{MH} \wedge \overrightarrow{AB} + \overrightarrow{HA} \wedge \overrightarrow{AB}.\end{aligned}$$

$\overrightarrow{HA} \wedge \overrightarrow{AB} = \vec{0}$ car les points A, B, H sont alignés.

Par ailleurs $\widehat{MHB} = \frac{\pi}{2}$ d'où : $\sin \widehat{MHB} = 1$.

Donc on a : $\|\overrightarrow{MA} \wedge \overrightarrow{AB}\| = \|\overrightarrow{MH} \wedge \overrightarrow{AB}\| = MH \times AB \times \sin(\widehat{MHB}) = MH \times AB$.

D'où :

$$\mathbf{MH} = \frac{\|\overrightarrow{\mathbf{MA}} \wedge \overrightarrow{\mathbf{AB}}\|}{\mathbf{AB}}.$$

Commentaire

Il est clair, que cette distance d'un point à une droite, ne dépend pas de l'orientation choisie pour calculer *le produit vectoriel.*

EXERCICE

Dans un repère orthonormé direct, on donne les points A(1; 0; 0), B(0; 0; 1) et M(1; 1; 1).
Calculez la distance de M à la droite (AB).

b. Calcul de l'aire d'un triangle

L'aire d'un triangle ABC est la moitié de l'aire du parallélogramme ayant pour côtés [AB] et [BC].
Or, cette aire (voir paragraphe **1.**) est la norme du produit vectoriel $\overrightarrow{BA} \wedge \overrightarrow{BC}$.

D'où : $$\textbf{aire (ABC)} = \frac{1}{2} \left\| \overrightarrow{BA} \wedge \overrightarrow{BC} \right\|.$$

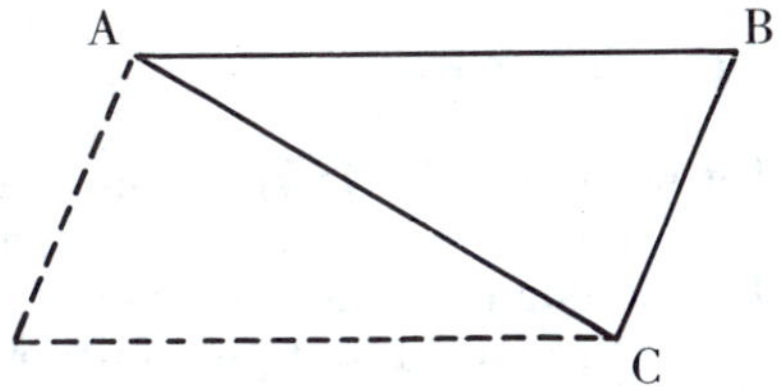

c. Détermination d'un vecteur normal à un plan et en conséquence : équation cartésienne d'un plan

Rappelons qu'un plan P est déterminé par la connaissance d'un vecteur normal $\vec{u}$ et d'un point A lui appartenant (chapitre **7**, page 126); un point M appartient à P *si et seulement si* $\overrightarrow{AM} \cdot \vec{u} = 0$.
Par ailleurs, pour trouver un vecteur normal à un plan, il suffit de choisir le vecteur $\vec{u} = \overrightarrow{AB} \wedge \overrightarrow{AC}$, lorsque A, B, C sont trois points non alignés du plan; en effet, $\vec{u}$ est alors orthogonal aux deux vecteurs directeurs du plan $\overrightarrow{AB}$ et $\overrightarrow{AC}$ et ceci quelle que soit l'orientation choisie de l'espace (commentaire page 156).
Lorsqu'on travaille en géométrie analytique, ces remarques permettent de trouver une **équation cartésienne d'un plan lorsqu'on connaît les coordonnées de trois de ses points non alignés.**

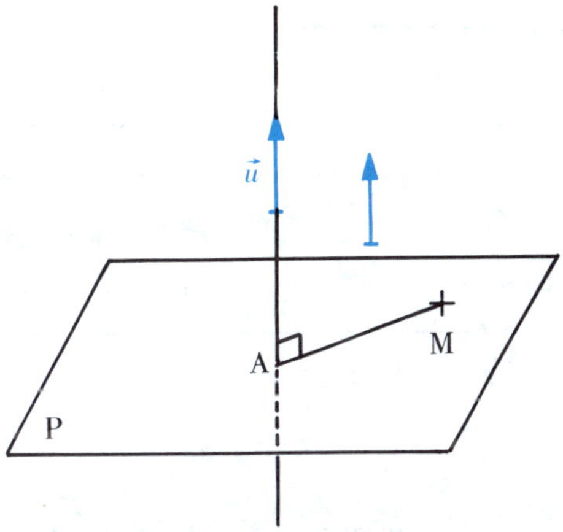

EXERCICE résolu 1

$(O; \vec{i}, \vec{j}, \vec{k})$ est un repère orthonormé.
A, B, C sont les points de coordonnées :

$$A(-1; 1; 3); \quad B(2; 1; 0); \quad C(4; -1; 5).$$

Existe-t-il un plan unique contenant ces trois points? Si oui, donnez une équation de ce plan.

Solution ■■■

Il est facile de voir que par exemple les vecteurs $\overrightarrow{AB}$ et $\overrightarrow{AC}$ ne sont pas colinéaires ($\overrightarrow{AB} \wedge \overrightarrow{AC} \neq \vec{0}$), donc les points A, B, C ne sont pas alignés et par conséquent il existe un plan P et un seul qui contient ces trois points.
Pour trouver une équation du plan P, déterminons d'abord un vecteur normal à ce plan; choisissons le vecteur $\overrightarrow{AB} \wedge \overrightarrow{AC}$, que nous noterons $\vec{u}$.
Alors, d'après le paragraphe **3.5.**, on trouve que $\vec{u}$ a pour coordonnées $(-6; -21; -6)$.

Soit M un point de coordonnées $(x; y; z)$. Alors M appartient à P si et seulement si $\overrightarrow{AM}$ est orthogonal à $\vec{u}$, donc si et seulement si $\overrightarrow{AM} \cdot \vec{u} = 0$, ce qui donne :

$$-6(x+1) - 21(y-1) - 6(z-3) = 0,$$

soit
$$\mathbf{-6x - 21y - 6z + 33 = 0.}$$

■■■■■■■■■■

EXERCICE résolu 2

$(O; \vec{i}, \vec{j}, \vec{k})$ est un repère orthonormé.
P et Q sont deux plans d'équations respectives :

$$P : x + y + z = 0 \qquad \text{et} \qquad Q : x - y + 2z - 2 = 0.$$

Déterminez si elle existe, la droite d'intersection de P et Q.

Solution ■■■

Le vecteur $\vec{u}$ (1; 1; 1) est normal à P.
Le vecteur $\vec{v}$ (1; −1; 2) est normal à Q.
Le vecteur $\vec{u} \wedge \vec{v}$ a pour coordonnées (3; −1; −2); il n'est pas nul, donc $\vec{u}$ et $\vec{v}$ ne sont pas colinéaires (on aurait pu montrer cela directement : une égalité $\vec{u} = k\vec{v}$, $k \in \mathbb{R}$, est impossible), donc P et Q sont sécants selon une droite Δ. Notons $\vec{w}$ un vecteur directeur de Δ.
$\vec{w}$ est orthogonal à $\vec{u}$ et $\vec{v}$, donc $\vec{w}$ est colinéaire à $\vec{u} \wedge \vec{v}$; comme $\vec{u} \wedge \vec{v} \neq \vec{0}$, le vecteur $\vec{u} \wedge \vec{v}$ est aussi un vecteur directeur de Δ.
Pour déterminer entièrement Δ, il suffit maintenant d'en connaître un point. En prenant $z = 0$ dans chacune des équations, et en résolvant le système obtenu, on trouve que le point B(1; −1; 0) est sur Δ.

■■■■■■■■■■

4. Travaux pratiques d'application

Étude de quelques systèmes de forces

En Mécanique et en Physique en général on a l'habitude de représenter les forces par des vecteurs. Néanmoins, les forces ne sont pas des vecteurs au sens mathématique.

Le vocabulaire des forces

On note une force par le symbole vectoriel $\vec{F}$, mais il ne faut jamais oublier que cette force n'est pas complètement caractérisée par la seule donnée du vecteur $\vec{F}$. Le point d'application, ou origine de la force, joue un rôle que nous allons examiner.

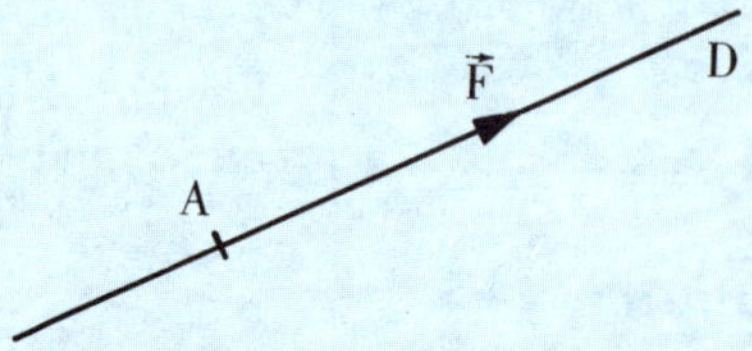

$\vec{F}$ est une force d'origine A.
Si le vecteur représentant la force est non nul, la droite passant par A et telle que ce vecteur en soit un vecteur directeur, est appelée **support** de la force $\vec{F}$. Si le vecteur représentant la force est nul toute droite passant par A est un support.
La norme du vecteur de la force que l'on note $\|\vec{F}\|$, est appelée **intensité** de la force (dans le système universel d'unités, l'unité d'intensité est le newton).

Moment d'une force par rapport à un point

O est un point de l'espace et $\vec{F}$ une force d'origine A. On appelle **moment de la force $\vec{F}$ au point O,** et on note $\mathcal{M}_O(\vec{F})$, le vecteur, $\overrightarrow{OA} \wedge \vec{F}$.

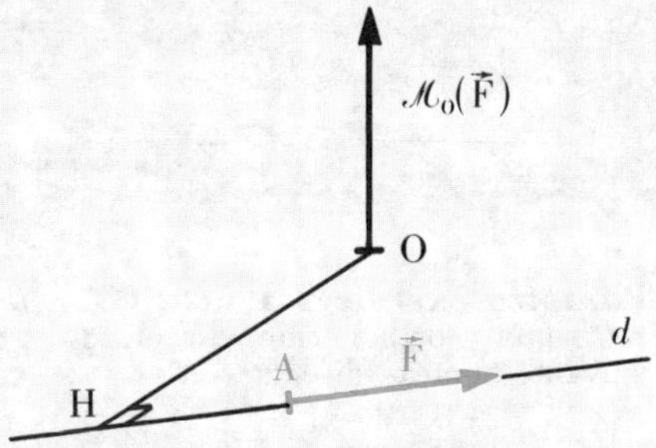

QUESTIONS

1. *$\vec{F}$ est une force d'origine A et de support d.*
O est un point de l'espace et H est le projeté orthogonal de O sur D.

a. *Montrez que*

$$\|\mathcal{M}_O(\vec{F})\| = OH \times \|\vec{F}\|.$$

Donc l'intensité du moment de la force $\vec{F}$ au point O, est égal au produit de l'intensité de la force par la distance de O au support de la force.

b. *Montrez que deux forces de même vecteur et de même support (seules les origines de ces forces sur le support sont différentes) ont même moment en tout point de l'espace. (En particulier pour cette raison, on dit que les forces sont des vecteurs « glissants »).*

2. *On considère un vecteur $\vec{M}$, un point O et un vecteur $\vec{F} \neq \vec{0}$ orthogonal à $\vec{M}$.*
Montrez qu'il existe une seule droite d pouvant servir de support à $\vec{F}$ telle que $\mathcal{M}_O(\vec{F}) = \vec{M}$; que pouvez-vous dire du support si $\vec{M} = \vec{0}$?

En Mécanique du solide indéformable, une force est caractérisée par son vecteur et son support; les résultats obtenus ci-dessous montrent qu'une force est aussi caractérisée par son vecteur et son moment en un point de l'espace.

Système de forces

$\vec{F}_1, \vec{F}_2, \ldots, \vec{F}_n$ sont des forces de supports $d_1, \ldots, d_n$; on dit que cela constitue *un système de forces.*
La **résultante générale** du système de forces est la somme vectorielle de tous les vecteurs associés aux forces; on la note $\vec{F}_1 + \vec{F}_2 + \ldots + \vec{F}_n$.
Le **moment du système des forces** en un point O est la somme vectorielle $\mathcal{M}_O(\vec{F}_1) + \mathcal{M}_O(\vec{F}_2) + \ldots + \mathcal{M}_O(\vec{F}_n)$.
Par la suite supposons que $\vec{F}_1, \vec{F}_2, \vec{F}_3$ soient trois forces de résultante générale nulle ($\vec{F}_1 + \vec{F}_2 + \vec{F}_3 = \vec{0}$); on ne précise pas le point d'application de chacune d'elles, ni le support. A est un point de l'espace et on suppose que le moment du système de ces trois forces au point A est nul.

QUESTIONS

1. *Montrez que dans ces conditions le moment du système est nul en tout autre point A' de l'espace.*

Indication : *démontrez d'abord le résultat suivant : « $\vec{F}$ est une force de support la droite d, de point d'application B. Notons O et O' deux points de l'espace; alors : le moment en O de $\vec{F}$ est égal à la somme du moment en O' de $\vec{F}$ et du vecteur $\vec{F} \wedge \overrightarrow{OO'}$ ». Puis appliquez ce résultat pour calculer le moment du système en A'.*

2. *Démontrez le résultat suivant :*
« Si trois forces ont une résultante générale nulle, si le système formé par ces trois forces a un moment nul par rapport à un point de l'espace, alors les supports des forces sont des droites coplanaires, concourantes ou parallèles. »

EXERCICES

Exercices d'apprentissage

Pour les exercices 1 à 6, $(O; \vec{i}, \vec{j}, \vec{k})$ est un repère orthonormé direct. Les repères suivants sont-ils directs?

1. $(O; -\vec{i}, \vec{j}, \vec{k})$.

2. $(O; \vec{i}, -\vec{j}, \vec{k})$.

3. $(O; \vec{i}, -\vec{k}, \vec{j})$.

4. $(O; \vec{j}, \vec{k}, \vec{i})$.

5. $(O; \vec{i}+\vec{j}, \vec{j}+\vec{k}, \vec{k}+\vec{i})$.

6. $(O; \vec{i}, \vec{j}, \vec{i}+\vec{j})$.

Pour les exercices 7 à 9, $(O; \vec{i}, \vec{j}, \vec{k})$ est un repère orthonormé direct. En est-il de même pour les repères proposés?

7. $(O; \vec{i}+\vec{j}, \vec{j}+\vec{k}, \vec{k}+\vec{i})$.

8. $(O; \vec{i}-\vec{j}, \vec{j}-\vec{k}, \vec{k}-\vec{i})$.

9. $\left(O; \frac{1}{\sqrt{2}}(\vec{i}+\vec{j}), \frac{1}{\sqrt{2}}(\vec{i}-\vec{j}), -\vec{k}\right)$.

Pour les exercices 10 à 13, $(\vec{i}, \vec{j}, \vec{k})$ est une base orthonormale directe; calculez $\vec{u} \wedge \vec{v}$.

10. $\vec{u} = \vec{j} - 2\vec{k}$,
$\vec{v} = \vec{i} + \vec{j} - \vec{k}$.

11. $\vec{u} = \vec{i} - 2\vec{k}$,
$\vec{v} = \vec{i} + \vec{j}$.

12. $\vec{u} = \vec{i} - 2\vec{j} - \frac{5}{2}\vec{k}$,
$\vec{v} = 2\vec{i} - 4\vec{j} + \vec{k}$.

13. $\vec{u} = \vec{i} + \frac{2}{3}\vec{j} + \frac{1}{2}\vec{k}$,
$\vec{v} = \frac{1}{3}\vec{i} - \frac{4}{9}\vec{j} + \frac{1}{6}\vec{k}$.

Pour les exercices 14 à 18, $(\vec{i}, \vec{j}, \vec{k})$ est une base orthonormale directe.
Sans calculer les coordonnées de $\vec{u} \wedge \vec{v}$, donnez une preuve du fait que $\vec{w} \neq \vec{u} \wedge \vec{v}$.

14. $\vec{u} = 2\vec{i} - 3\vec{j}$,
$\vec{v} = \vec{i} + 2\vec{j}$,
$\vec{w} = \vec{i} - 3\vec{k}$.

15. $\vec{u} = \vec{i} - \vec{k}$,
$\vec{v} = \vec{i} + 2\vec{k}$,
$\vec{w} = \vec{0}$.

16. $\vec{u} = \vec{i} - \vec{j} + \vec{k}$,
$\vec{v} = 2\vec{i} - 2\vec{j} + 2\vec{k}$,
$\vec{w} = \vec{i} - 4\vec{j}$.

17. $\vec{u} = \vec{j} - 2\vec{k}$,
$\vec{v} = \vec{i} + \vec{k}$,
$\vec{w} = \vec{i} + \vec{j}$.

18. $\vec{u} = 2\vec{i} + \vec{j} - \vec{k}$,
$\vec{v} = 4\vec{i} + 3\vec{j} - 2\vec{k}$,
$\vec{w} = \vec{i} - \vec{j} + 2\vec{k}$.

Pour les exercices 19 à 22, $\vec{u}$, $\vec{v}$, $\vec{w}$ sont trois vcteurs de l'espace; $\vec{u}$ et $\vec{v}$ ne sont pas colinéaires. On considère $\vec{t} = (\vec{u} \wedge \vec{v}) \wedge \vec{w}$.

19. Montrez que si $\vec{t} = \vec{0}$, alors
$\vec{u} \cdot \vec{w} = \vec{v} \cdot \vec{w} = 0$.

20. Montrez que si $\vec{t} = \vec{u}$, alors
$\vec{u} \cdot \vec{w} = 0$.

21. On suppose $\vec{u} \cdot \vec{v} = 0$ et $\vec{w} = \vec{u}$. Calculez $\vec{t}$.

22. Montrez que si $\vec{t} = \vec{w}$, alors
$\vec{u} \cdot \vec{w} = \vec{v} \cdot \vec{w} = 0$.

Pour les exercices 23 à 26, calculez la distance du point M à la droite passant par A et B. Les coordonnées de M, A, B sont données dans un repère orthonormé $(O; \vec{i}, \vec{j}, \vec{k})$.

23. M(0; −1; 2);
A(3; 1; −4); B(1; 1; 1).

24. M(1; −1; 2);
A(0; 1; 0); $\overrightarrow{AB} = 2\vec{i} - \vec{j}$.

25. M(0; −1; 1);
B(−2; 1; 0); $\overrightarrow{AB} = \vec{i} - 2\vec{k}$.

26. M(1; −1; 1);
A(3; −2; 4); B(−3; 1; −5).

Pour les exercices 27 à 31, donnez une équation du plan déterminé par les points A, B et C, un repère orthonormé direct ayant été choisi; après avoir vérifié que ces points ne sont pas alignés.

27. A(1; 2; 0), B(0; 0; 1), C(1; 5; 5).

28. A(−2; −3; 0),
B(−4; 16; 10),
C(6; 3; 9).

29. $A\left(-\frac{3}{2}; 2; 7\right)$, $B\left(-1; \frac{2}{3}; \frac{2}{3}\right)$,
$C\left(8; -4; -\frac{2}{5}\right)$.

30. $A(2\sqrt{2}, 1; 3)$,
$B(2\sqrt{5}; 0; 2)$,
$C(1; 3\sqrt{3}; -2)$.

31. A(5; 2; 0),
B(3; 5; −1),
C(−2; −3; 1).

Pour les exercices 32 à 35, dans un repère orthonormé direct, le point A et les vecteurs $\vec{u}$ et $\vec{v}$ ont les coordonnées suivantes.
Écrivez, dans chacun des cas, une équation du plan passant par A et dont $\vec{u}$ et $\vec{v}$ forment un système de vecteurs directeurs.

32. A(1; 0; 1), $\vec{u}$(1; 2; 3), $\vec{v}$(2; 3; 0).

33. $A(1; \sqrt{2}; \sqrt{3})$,
$\vec{u}(\sqrt{2}; \sqrt{3}; 2)$,
$\vec{v}(\sqrt{3}; \sqrt{2}; \sqrt{5})$.

34. A(0; 0; 0), $\vec{u}$(1; 1; 1),
$\vec{v}$(1; −1; 1).

35. $A\left(-\frac{2}{3}; 0; \frac{1}{4}\right)$,
$\vec{u}\left(\frac{\sqrt{3}}{2}; \frac{\sqrt{2}}{3}; \sqrt{6}\right)$, $\vec{v}\left(\frac{1}{3}; \frac{1}{6}; \frac{1}{2}\right)$.

Pour les exercices 36 à 39, déterminez l'intersection des plan P et Q qui ont respectivement pour équations dans le repère orthonormé $(O; \vec{i}, \vec{j}, \vec{k})$:

36. $2x + 3y - z = 4$
et $3x - 2y + 5z = 6$.

37. $x - y + 2z = 1$ et $2x - y + z = 5$.

38. $2x - 5y + z = 2$
et $-4x + 10y - 2z = 4$.

39. $x - y - 2z = 1$ et $2x - y - z = 5$.

Exercices d'entraînement

40. On considère deux vecteurs $\vec{u}$ et $\vec{v}$ dont les coordonnées respectives dans une base orthonormale directe sont respectivement :

$$\vec{u}\left(\frac{2}{3}; \frac{2}{3}; \frac{1}{3}\right) \quad \text{et} \quad \vec{v}\left(\frac{-3}{\sqrt{29}}; \frac{4}{\sqrt{29}}; \frac{-2}{\sqrt{29}}\right).$$

a) Vérifiez que $\vec{u}$ et $\vec{v}$ sont unitaires et orthogonaux.

b) Déterminez les coordonnées du vecteur $\vec{w}$ tel que la base $(\vec{u}, \vec{v}, \vec{w})$ soit orthonormale directe (voir commentaire page 156).

41.★ On considère quatre points A, B, C, D de l'espace.
Déterminez l'ensemble des points M de l'espace tels que l'on ait :

$$\overrightarrow{MA} \wedge \overrightarrow{MB} = \overrightarrow{MC} \wedge \overrightarrow{MD}.$$

42. Cube et produit vectoriel.
ABCDEFGH est le cube dessiné ci-dessous. On prend la longueur de son arête pour unité de longueur.

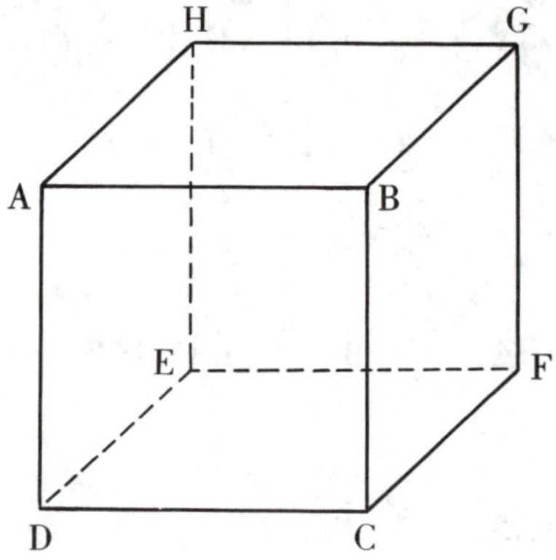

a) $(\overrightarrow{AB}, \overrightarrow{AD}, \overrightarrow{AH})$ est-elle une base orthonormale directe?

b) Trouvez un représentant des vecteurs suivants : $\overrightarrow{FE} \wedge \overrightarrow{FG}$, $\overrightarrow{DC} \wedge \overrightarrow{CB}$.

c) A quoi est égal $\overrightarrow{DB} \wedge \overrightarrow{DC}$? $\overrightarrow{AB} \wedge \overrightarrow{AI}$ (avec I milieu de [BG])?

d) Comparez les vecteurs $\overrightarrow{AC}$ et $\overrightarrow{DB} \wedge \overrightarrow{AH}$.

e) Trouvez une équation cartésienne du plan (EAI) dans le repère $(A; \overrightarrow{AB}, \overrightarrow{AD}, \overrightarrow{AH})$.

f) La droite (AF) appartient-elle à ce plan?

43. Recherche d'ensembles.
A, B, C sont trois points donnés non alignés.

a) Quel est l'ensemble des points M tels que

$$\overrightarrow{AM} \wedge \overrightarrow{AB} = \vec{0}?$$

b) Quel est l'ensemble des points M tels que

$$\overrightarrow{AB} \wedge \overrightarrow{AM} = \overrightarrow{AC}?$$

c) Vérifiez ce que vous avez trouvé en utilisant la géométrie analytique (choisir un repère adapté).

44. $(\vec{i}, \vec{j}, \vec{k})$ est une base orthonormale directe, $\vec{u}$, $\vec{v}$, $\vec{w}$ sont trois vecteurs de coordonnées respectives $(1; -1; 0)$, $(0; 1; -1)$ et $(-1; 0; 1)$.
Calculez les coordonnées des deux vecteurs :

$$(\vec{u} \wedge \vec{v}) \wedge \vec{w} \quad \text{et} \quad u \wedge (\vec{v} \wedge \vec{w}).$$

Qu'en déduisez-vous?

45. ***a)*** Les vecteurs $\vec{u}$ et $\vec{v}$ sont orthogonaux.

Démontrez que $\vec{u} \wedge (\vec{u} \wedge \vec{v}) = -\|\vec{u}\|^2 \vec{v}$.

b) Les vecteurs $\vec{u}$ et $\vec{v}$ sont quelconques. Démontrez que :

$$\vec{u} \wedge (\vec{u} \wedge \vec{v}) = (\vec{u} \cdot \vec{v})\vec{u} - \|\vec{u}\|^2 \vec{v}.$$

Pour les exercices 46 et 47, $(\vec{i}, \vec{j}, \vec{k})$ est une base orthonormale directe.
Montrez que la base $(\vec{u}, \vec{v}, \vec{w})$ est orthonormale et déterminez son sens (voir commentaire page 156).

46. $\vec{u}\left(\frac{8}{9}; \frac{1}{9}; -\frac{4}{9}\right)$; $\vec{v}\left(\frac{1}{9}; \frac{8}{9}; \frac{4}{9}\right)$;

$\vec{w}\left(\frac{4}{9}; -\frac{4}{9}; \frac{7}{9}\right)$.

47. $\vec{u}\left(-\frac{\sqrt{3}}{3}; \frac{\sqrt{3}}{3}; -\frac{\sqrt{3}}{3}\right)$;

$\vec{v}\left(-\frac{\sqrt{2}}{2}; 0; \frac{\sqrt{2}}{2}\right)$;

$\vec{w}\left(-\frac{\sqrt{6}}{6}; -\frac{\sqrt{6}}{3}; -\frac{\sqrt{6}}{6}\right)$.

48. $(\vec{i}, \vec{j}, \vec{k})$ est une base orthonormale directe.

On pose :

$\vec{u} = \frac{1}{3}(2\vec{i} + 2\vec{j} - \vec{k})$; $\vec{v} = \frac{1}{3}(-\vec{i} + 2\vec{j} + 2\vec{k})$;

$$\vec{w} = \frac{1}{3}(2\vec{i} - \vec{j} + 2\vec{k})?$$

Calculez les produits vectoriels

$$\vec{u} \wedge \vec{v}, \quad \vec{v} \wedge \vec{w} \quad \text{et} \quad \vec{w} \wedge \vec{u}.$$

49. Reprenez les énoncés des exercices **37** et **39,** recherchez une analogie et traitez l'exercice **39** en exploitant la réponse donnée pour l'autre.

50. A, B, C, O sont quatre points de l'espace; on note

$$\vec{v} = \overrightarrow{OA} \wedge \overrightarrow{OB} + \overrightarrow{OB} \wedge \overrightarrow{OC} + \overrightarrow{OC} \wedge \overrightarrow{OA}.$$

a) Montrez que $\vec{v} = \overrightarrow{AB} \wedge \overrightarrow{AC}$.

b) Montrez que $\vec{v} = \overrightarrow{BC} \wedge \overrightarrow{BA}$.

c) Montrez que $\vec{v} = \overrightarrow{CA} \wedge \overrightarrow{CB}$.

51. $(O; \vec{i}, \vec{j}, \vec{k})$ est un repère orthonormé direct.

A(1; −2; 3), B(3; 1; 0); C(−2; 1; 1).

Déterminez une équation du plan qui passe par A et B et dont un vecteur normal est $\overrightarrow{AC}$.

52. $(O; \vec{i}, \vec{j}, \vec{k})$ est un repère orthonormé direct.

D est la droite intersection des plans d'équations $x = 1$ et $y + 2x = 4$.
Δ est la droite intersection des plans d'équations $z = 3$ et $x + 2y - 5 = 0$.

a) Déterminez la perpendiculaire commune à D et Δ.

b) Calculez la distance entre ces deux droites.

Problèmes

53.★ La division vectorielle.
Le problème est le suivant : $\vec{A}$ et $\vec{B}$ sont des vecteurs donnés de l'espace; soit à trouver tous les vecteurs $\vec{X}$ tels que $\vec{A} \wedge \vec{X} = \vec{B}$.

1. $\vec{A}$ et $\vec{B}$ peuvent-ils être quelconques?

2. *Étude d'un exemple.*
Soit $\vec{A}(1; 2; 3)$ et $\vec{B}(-3; 0; 1)$ dans un repère orthonormé *direct.*

a) Vérifiez que $\vec{A}$ est orthogonal à $\vec{B}$.

b) Écrivez le système d'équations vérifié par les coordonnées $(x; y; z)$ de $\vec{X}$?

c) Trouvez au moins deux vecteurs solutions du problème. Combien en existe-t-il?

d) Combien existe-t-il de vecteurs solutions du problème et orthogonaux à $\vec{A}$ et $\vec{B}$? Les expliciter.

e) Démontrez que tout vecteur solution du problème peut s'écrire : $\vec{X}_0 + \lambda\vec{A}$ où λ est un réel et où $\vec{X}_0$ est un vecteur particulier solution du problème.

f) Déterminez l'ensemble des points M tels que $\vec{X} \wedge \overrightarrow{HM} = \vec{B}$ où H est le point de coordonnées (1; 1; 1).

3. *Cas général.*

a) Prouvez que si $\vec{X}_0$ est une solution particulière, alors : $\vec{A} \wedge (\vec{X} - \vec{X}_0) = \vec{0}$.

b) Déduisez-en l'expression des solutions du problème en fonction de $\vec{X}_0$ et $\vec{A}$.

c) Démontrez qu'il existe une solution $\vec{X}_0$ orthogonale à $\vec{A}$ et à $\vec{B}$. Donnez l'expression de $\vec{X}_0$ en fonction de $\vec{A}$ et $\vec{B}$.

d) Déduisez-en l'expression des solutions du problème en fonction de $\vec{A}$ et $\vec{B}$.

e) Déduisez-en l'ensemble des points M tels que

$$\overrightarrow{HK} \wedge \overrightarrow{HM} = \overrightarrow{HL}$$

où H, K et L sont des points donnés.

54.★ $\vec{u}, \vec{v}, \vec{w}$ sont trois vecteurs de l'espace; on pose $\vec{t} = (\vec{u} \wedge \vec{v}) \wedge \vec{w}$. Dans le cas où $\vec{u}$ et $\vec{v}$ ne sont pas colinéaires, on pose $\vec{i} = \dfrac{\vec{u}}{\|\vec{u}\|}$, on choisit $\vec{j}$ de façon à ce que $(\vec{i}, \vec{j})$ soit une base orthonormale du plan dont un système de vecteurs directeurs est $(\vec{u}, \vec{v})$ et on pose $\vec{k} = \vec{i} \wedge \vec{j}$.
On a alors

$$\vec{u} = a\vec{i} + b\vec{j} + c\vec{k}, \quad \vec{v} = a'\vec{i} + b'\vec{j} + c'\vec{k}$$

et $$\vec{w} = a''\vec{i} + b''\vec{j} + c''\vec{k}.$$

1. Dans ces conditions, certains des coefficients précédents sont nuls; lesquels?

2. Démontrez que $(\vec{w} \cdot \vec{u})\vec{v} - (\vec{w} \cdot \vec{v})\vec{u} = \vec{t}$.

3. A l'aide de la formule précédente, calculez

$$\vec{t}\,' = \vec{u} \wedge (\vec{v} \wedge \vec{w}).$$

4. On suppose que $\vec{t} = \vec{t}\,'$.
Montrez que $\vec{u}, \vec{v}$ et $\vec{w}$ sont coplanaires ou que $\vec{t}$ est colinéaire à $\vec{v}$.

5. Montrez que si $\vec{u}, \vec{v}$ et $\vec{w}$ sont coplanaires et $\vec{t} = \vec{t}\,'$, alors $\vec{u}$ et $\vec{w}$ sont colinéaires ou $\vec{v} = \vec{0}$.

CHAPITRE
9

PANORAMA SUR LES TRANSFORMATIONS USUELLES

Les translations, les réflexions, les homothéties, les rotations sont des outils essentiels de la géométrie.
Dans ce chapitre, nous rappelons à leur propos, les résultats essentiels établis en classe de Première.
Nous vous proposons également une suite **d'exercices résolus,** qui montrent comment utiliser ces transformations dans l'étude de configurations.
Ce chapitre, étant essentiellement un chapitre de révisions, ne présente pas la structure habituelle.

1. Ce qu'il faut savoir sur les transformations usuelles

TRANSLATIONS

▶ La translation de vecteur $\vec{u}$, notée $t_{\vec{u}}$, associe à chaque point M du plan, le point M′ tel que $\overrightarrow{MM'} = \vec{u}$.

▶ Pour tous points M et N d'images respectives M′ et N′ par $t_{\vec{u}}$, on a $\overrightarrow{M'N'} = \overrightarrow{MN}$.
La réciproque de cette proposition vous est proposée au chapitre **11** paragraphe **2.1.**

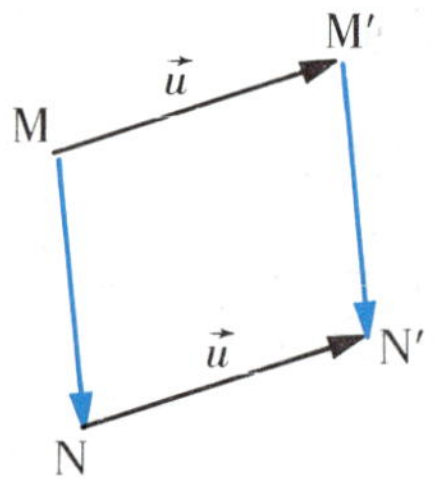

▶ A et B étant deux points donnés du plan, **il existe une translation et une seule qui transforme A en B,** c'est la translation de vecteur $\overrightarrow{AB}$.

HOMOTHÉTIES

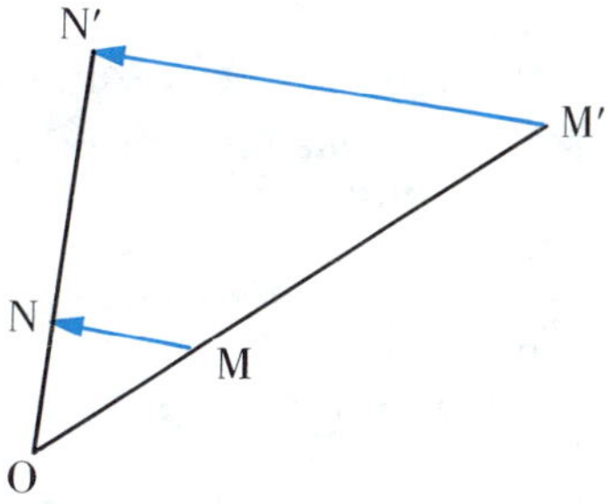

▶ O est un point et k un réel non nul. L'homothétie de centre O et de rapport k, notée $h(\mathrm{O}, k)$, associe à chaque point M du plan, le point M' tel que $\overrightarrow{\mathbf{OM'}} = k\overrightarrow{\mathbf{OM}}$.

▶ Le centre O, un point et son image sont trois points **alignés.**

▶ Pour tous points M et N d'images respectives M' et N', on a $\overrightarrow{\mathbf{M'N'}} = k\overrightarrow{\mathbf{MN}}$.
La réciproque de cette proposition vous est proposée au chapitre **11** paragraphe **2.2.**

▶ A, B, C sont trois points distincts et *alignés;* **il existe une homothétie de centre A, et une seule, qui transforme B en C,** c'est celle dont le rapport est $\dfrac{\overline{\mathrm{AC}}}{\overline{\mathrm{AB}}}$.

▶ k est un réel, $k \neq 0$ et $k \neq 1$.
A, B, A', B' sont des points tels que **A, B, A' ne sont pas alignés et $\overrightarrow{\mathbf{A'B'}} = k\overrightarrow{\mathbf{AB}}$.**
Alors, **il existe une homothétie et une seule qui transforme A en A' et B en B';** c'est l'homothétie de centre O, intersection de (AA') et (BB'), et de rapport k.

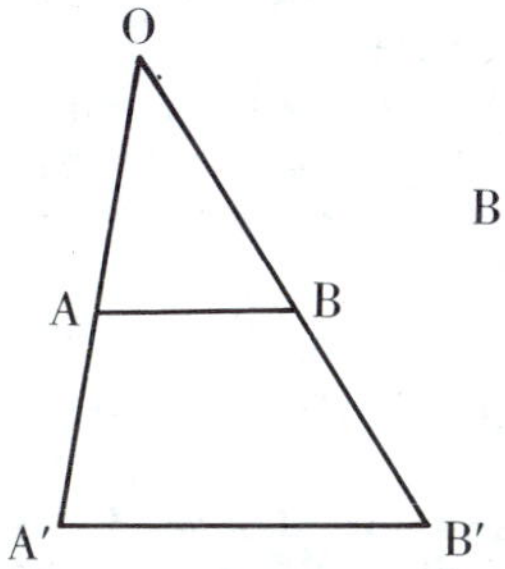

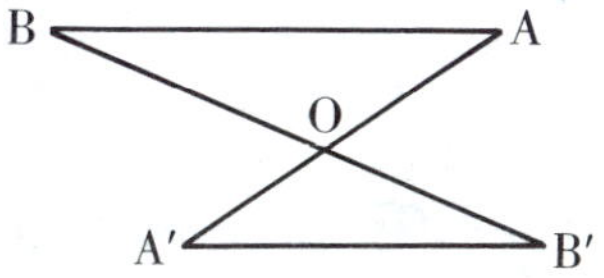

RÉFLEXIONS

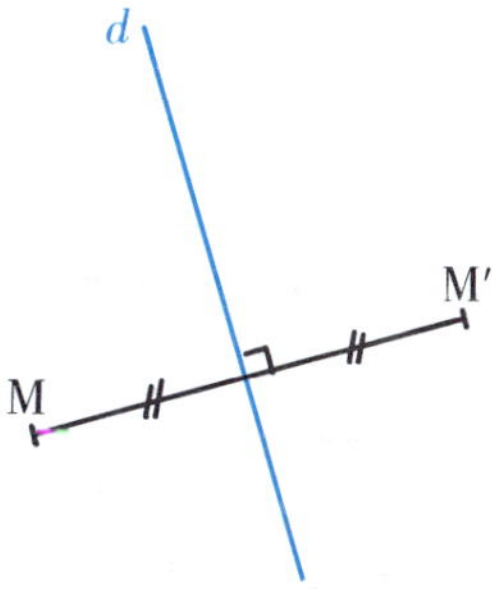

▶ d est une droite.
La réflexion d'axe d (ou symétrie orthogonale par rapport à d), notée s_d, **laisse les points de d invariant,** et associe, à chaque point M qui n'est pas sur d, le point M' tel que **d soit la médiatrice du segment [MM'].**

▶ Les points de d sont les seuls points *invariants* par s_d.

▶ A et B sont deux points distincts du plan.
Il existe une réflexion et une seule qui transforme A en B; c'est celle dont l'axe est la médiatrice de [AB].

ROTATIONS

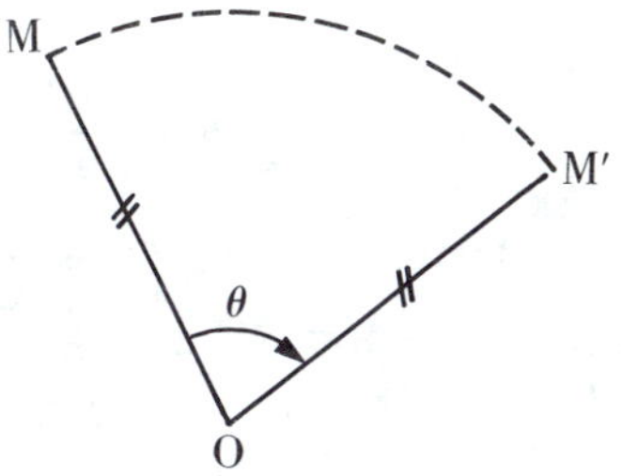

▶ Le plan est orienté; O est un point et θ un réel.
La rotation de centre O et d'angle θ, notée $r(\mathrm{O}, \theta)$, **laisse le point O invariant,** et associe, à tout point M distinct de O, le point M' tel que

$$\mathbf{OM} = \mathbf{OM'} \quad \text{et} \quad (\overrightarrow{\mathbf{OM}}; \overrightarrow{\mathbf{OM'}}) \equiv \boldsymbol{\theta} \quad [2\pi].$$

▶ Pour tous points M et N distincts, d'images respectives M' et N' on a: $(\overrightarrow{\mathbf{MN}}; \overrightarrow{\mathbf{M'N'}}) = \boldsymbol{\theta}$.

PROPRIÉTÉS COMMUNES

aux translations, homothéties, réflexions et rotations

▶ Pour chacune de ces transformations :

— **l'image d'une droite est une droite;** en outre pour la translation et l'homothétie, l'image d'une droite est une droite parallèle;

— **l'image d'un cercle $\mathcal{C}$ est un cercle $\mathcal{C}'$** et le centre de $\mathcal{C}'$ est l'image du centre de $\mathcal{C}$,

— **l'image d'un segment [AB] est le segment [A'B'],** où A' est l'image de A et B' celle de B.

▶ Chacune de ces transformations **conserve :**
le parallélisme, l'orthogonalité, le barycentre, l'équipollence, le contact.

▶ **Les translations, les réflexions, les rotations conservent la distance et l'aire.**
Les homothéties de rapport k multiplient la distance par $|k|$ et l'aire par k^2.

▶ **Les homothéties, les translations, les rotations conservent la mesure des angles orientés.**
Les réflexions changent ces mesures en leurs opposées.

Commentaire

Les propriétés rappelées ci-dessus seront démontrées ou redémontrées dans le cadre plus général des isométries (chapitre **13**) et des similitudes (chapitre **14**).

2. Cercles homothétiques

SAVOIR

$\mathcal{C}$ et $\mathcal{C}'$ sont des cercles *non concentriques,* de centres respectifs O et O', de rayons respectifs R et R', avec $R \neq R'$.

1. *Alors,* **il existe deux homothéties, et deux seulement, transformant $\mathcal{C}$ en $\mathcal{C}'$:**

— l'une a pour rapport $\frac{\mathbf{R'}}{\mathbf{R}}$ et pour centre le point I de (OO') tel que $\overrightarrow{IO'} = \frac{R'}{R}\overrightarrow{IO}$;

— l'autre a pour rapport $-\frac{\mathbf{R'}}{\mathbf{R}}$ et pour centre le point J de (OO') tel que $\overrightarrow{JO'} = -\frac{R'}{R}\overrightarrow{JO}$.

On peut dire que I est le barycentre des points massifs (O; R'), (O'; −R), et J celui de (O; R'), (O'; R).

2. Chacune des tangentes communes à $\mathcal{C}$ et $\mathcal{C}'$, passe par l'un des points I ou J.

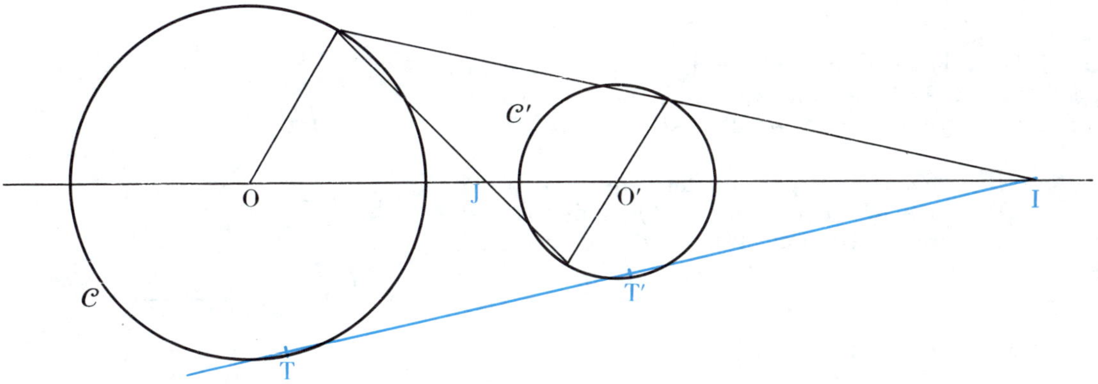

EXERCICE

1. ***a.*** Démontrez chacun des résultats de la proposition **1.** du cadre ci-dessus.

b. Indiquez et justifiez, la façon dont ont été construits I et J sur la figure ci-dessus.

c. Comment a-t-on construit la tangente (IT) au cercle $\mathcal{C}$? Pourquoi cette droite est-elle aussi tangente au cercle $\mathcal{C}'$?
Dans le cas de la figure ci-dessus, combien y a-t-il de tangentes communes à $\mathcal{C}$ et $\mathcal{C}'$?

2. Déterminez les homothéties transformant $\mathcal{C}$ en $\mathcal{C}'$ dans chacun des cas suivants :

a. $\mathcal{C}$ et $\mathcal{C}'$ ont des rayons distincts et sont tangents extérieurement, puis intérieurement.

b. $\mathcal{C}$ et $\mathcal{C}'$ ont des rayons distincts et sont concentriques.

c. $\mathcal{C}$ et $\mathcal{C}'$ ont même rayon.

3. Études de configuration : exercices résolus

EXERCICE résolu 1

Une configuration importante liée à l'homothétie.
ABB'A' est un trapèze avec (AB) parallèle à (A'B'); ses diagonales (AB') et (A'B) se coupent en I' et les droites (AA') et (BB') en I.
Démontrez les résultats suivants :

a. l'homothétie h de centre I qui transforme A en A' transforme aussi B en B' (notons k son rapport);

b. l'homothétie h' de centre I' et de rapport $-k$, transforme A en B' et B en A'.

c. la droite (II') passe par le milieu E de [AB] et par le milieu E' de [A'B'].

Solution ■ ■ ■

a. L'homothétie h transforme la droite (AB), qui passe par A, en une droite parallèle passant par A′ puisque $A' = h(A)$; cette droite est donc la droite (A′B′).
Notons B″ l'image de B par h; alors, puisque B est sur (AB), son image B″ est sur (A′B′); mais elle est aussi sur la droite (IB); donc $B'' = B'$; d'où le résultat.
Nous avons en outre $k = \frac{\overline{IA'}}{\overline{IA}}$ et $\overrightarrow{A'B'} = k\overrightarrow{AB}$.

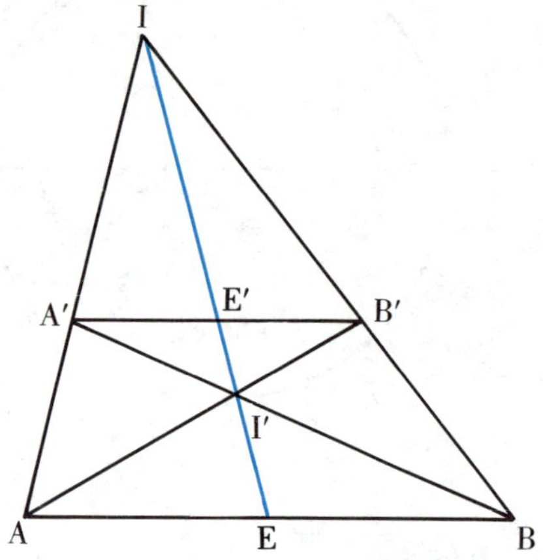

b. Par un raisonnement analogue, on montre que l'homothétie h' de centre I′, qui transforme A en B′, transforme aussi B en A′; si k' est le rapport de cette homothétie, nous avons

$$\overrightarrow{B'A'} = k'\overrightarrow{AB}, \text{ soit } \overrightarrow{A'B'} = -k'\overrightarrow{AB}.$$

Mais nous avions $\overrightarrow{A'B'} = k\overrightarrow{AB}$, d'où $k' = -k$.

c. L'image par h du segment [AB] est le segment [A′B′]; or une homothétie conserve le barycentre, donc, en particulier h transforme le milieu E de [AB] en le milieu E′ de [A′B′]. Par conséquent, le centre I de h, les points E et E′ sont alignés.
De même, nous avons $h'(E) = E'$ d'où I′, E et E′ sont alignés : la droite (II′) passe donc par E et par E′.

■ ■ ■ ■ ■ ■ ■ ■ ■

Les résultats de cet exercice sont souvent utiles lors de l'étude d'autres configurations, aussi **nous vous conseillons de visualiser la figure ci-dessus et de retenir l'énoncé de cet exercice** comme un théorème avec ses hypothèses et ses conclusions.

EXERCICE résolu 2

d_1, d_2 et d_3 sont trois droites parallèles. Une droite Δ coupe d_1 en A, d_2 en B et d_3 en C.
M est un point de d_2 distinct de B.
La parallèle à (MA) passant par B coupe d_3 en P; la parallèle à (MC) passant par B coupe d_1 en Q.
Démontrez que M, P et Q sont alignés.

Solution ■ ■ ■

Notons R l'intersection de (MC) avec d_1 et K l'intersection de (AM) avec d_3.
Considérons l'homothétie h de centre A qui transforme B en C. Puisque A est le point d'intersection des côtés non parallèles du trapèze BCKM, on sait que h transforme M en K (voir exercice résolu 1), soit $h(M) = K$.
De même, grâce au trapèze BCRQ, on sait que $h(Q) = R$.
Par conséquent l'image par h de la droite (MQ) est la droite (KR), et donc ces deux droites sont parallèles.

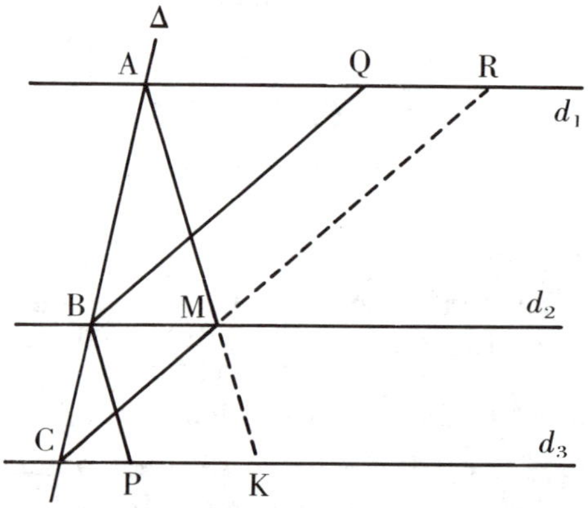

Considérons l'homothétie h' de centre C qui transforme B en A; nous vous laissons le soin de montrer, par un raisonnement analogue au précédent, que (MP) et (KR) sont parallèles.
Donc **M, P et Q sont alignés.**

■ ■ ■ ■ ■ ■ ■ ■ ■

Commentaire

Une solution plus rapide consiste à utiliser l'homothétie h précédente et la translation t de vecteur $\overrightarrow{MB}$. Alors la transformation $t \circ h$ transforme (MQ) en (PQ), et nous verrons au chapitre **11** que $h \circ t$ est une homothétie, donc (PQ) et (MQ) sont parallèles, d'où le résultat.

EXERCICE résolu 3

D'après *Exercices de géométrie, I. R. E. M. de Nantes.*
Le plan est orienté.
OAA′ et OBB′ sont deux triangles isocèles, rectangles en O, avec $(\overrightarrow{OA}; \overrightarrow{OA'}) = \frac{\pi}{2}$ et $(\overrightarrow{OB}; \overrightarrow{OB'}) = -\frac{\pi}{2}$.
I est le milieu de [A′B′].
Démontrez que les droites (OI) et (AB) sont perpendiculaires.

Solution ■ ■ ■

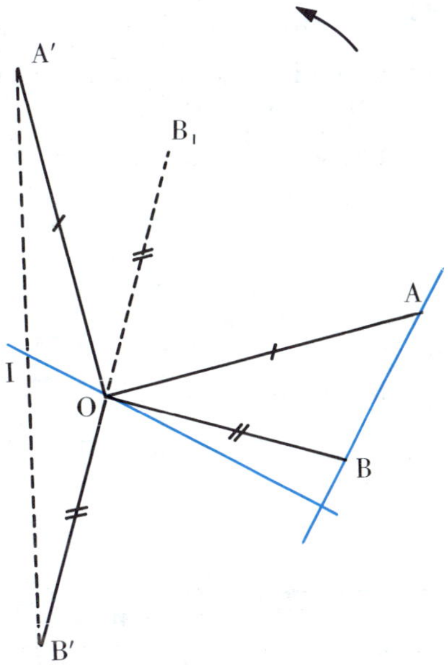

Considérons la rotation r de centre O et d'angle $\frac{\pi}{2}$.
Par hypothèse, on a $r(A) = A'$. Notons B_1 le point tel que $r(B) = B_1$, alors : $OB_1 = OB$ et $(\overrightarrow{OB}; \overrightarrow{OB_1}) = \frac{\pi}{2}$.

Nous avons $(\overrightarrow{AB}; \overrightarrow{A'B_1}) = \frac{\pi}{2}$, donc les droites (AB) et $(A'B_1)$ sont perpendiculaires.

Comme $OB' = OB$ et $(\overrightarrow{OB}; \overrightarrow{OB'}) = -\frac{\pi}{2}$, le point B_1 est le symétrique de B′ par rapport à O.
Par ailleurs, puisque I est le milieu de [A′B′] et O celui de $[B_1B']$, les droites (OI) et (B_1A') sont donc parallèles, et comme (B_1A') est perpendiculaire à (AB), **nous en déduisons que (OI) et (AB) sont perpendiculaires.**

■ ■ ■ ■ ■ ■ ■ ■ ■

EXERCICE résolu 4

ABC est un triangle isocèle tel que AB = AC.
O est le centre de son cercle circonscrit et M est un point du segment [BC].
La parallèle à (AC) passant par M coupe (AB) en E, et la parallèle à (AB) passant par M coupe (AC) en D.
Démontrez que la médiatrice de [DE] passe par O.

Solution ■ ■ ■

(AO) est un axe de symétrie du triangle ABC. Notons s la réflexion d'axe (AO); alors :

$$s(A) = A, \quad s(O) = O, \quad s(B) = C.$$

Nous savons que la réflexion s change, en leurs opposées, les mesures des angles orientés, donc :

$$(\overrightarrow{OB}; \overrightarrow{OA}) = -(\overrightarrow{OC}; \overrightarrow{OA}) = (\overrightarrow{OA}; \overrightarrow{OC}).$$

Si nous considérons la rotation r de centre O et d'angle $(\overrightarrow{OB}; \overrightarrow{OA})$, nous avons :

$$r(B) = A \quad \text{et} \quad r(A) = C$$

r transforme donc le segment [AB] en le segment [CA]; comme E est sur [AB] et D sur [AC], l'idée est de démontrer que $r(E) = D$, ce qui permettra d'affirmer que OE = OD, et donc que **O est sur la médiatrice de [ED].**

Or MEAD est un parallélogramme, d'où

$$AD = ME.$$

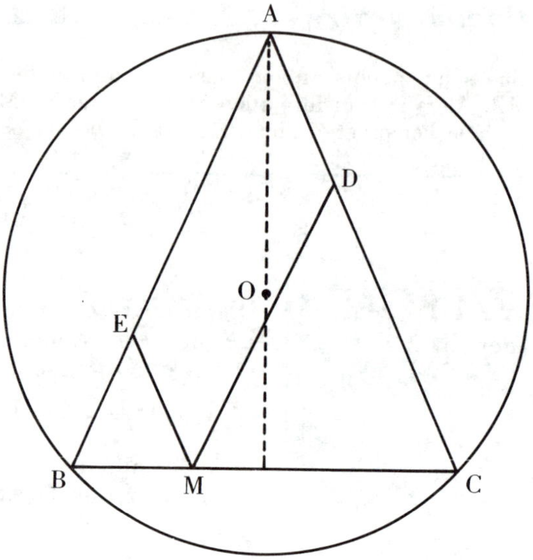

Et en utilisant l'homothétie de centre B qui transforme M en C, nous avons, puisque (EM) et (AC) sont parallèles :

$$\frac{EM}{AC} = \frac{BE}{BA} = \frac{BM}{BC}$$

(d'après exercice résolu 1).

Or AC = BA, d'où ME = BE et donc AD = BE.

Or la rotation r conserve la distance, et si l'on note E′ l'image de E par r, on a BE = AE′, car $r(B) = A$ et $r(A) = C$.

Puisque E′ appartient au segment [AC] et que AD = BE, nous avons E′ = D, d'où le résultat.

■■■■■■■■■

Commentaire

Au chapitre **14,** nous verrons une autre solution pour cet exercice.

EXERCICE résolu 5

Un problème de lieu géométrique.

A, B, C sont des points distincts d'une droite d, et B est entre A et C.
Δ est une droite variable passant par A.
B′ et C′ sont les projetés orthogonaux respectifs de B et C sur Δ.
I est le point d'intersection des droites (BC′) et (B′C).
Quel est l'ensemble des points I lorsque Δ varie?

Solution ■■■

Dans un problème de lieu géométrique, il est utile de distinguer les éléments fixes des éléments variables; les éléments fixes sont la droite d et les points A, B, C; les éléments variables sont la droite Δ, les points B′, C′, et I.

Remarquons que C′ et B′ restent sur des éléments fixes : en effet, l'angle $\widehat{AC'C}$ étant droit, C′ est sur le cercle Γ de diamètre [AC]; de même B′ est sur le cercle de diamètre [AB].

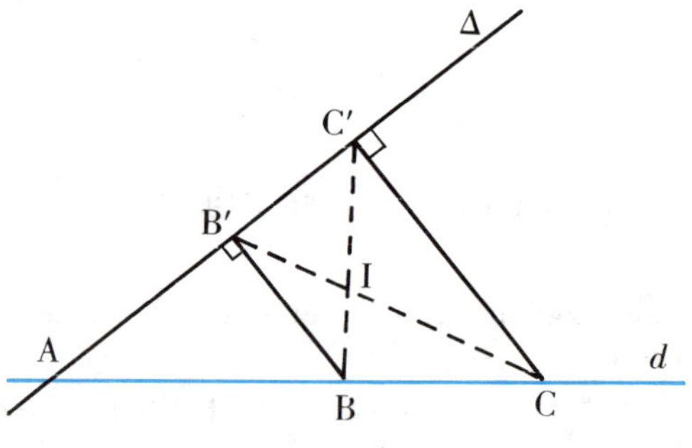

Par ailleurs, nous reconnaissons dans le trapèze BB′C′C une configuration essentielle liée à l'homothétie (reportez-vous à l'exercice résolu 1); d'après le résultat de cet exercice, l'homothétie de centre I et de rapport $-k$ transforme B en C′, où k est égal au rapport de l'homothétie de centre A qui transforme B en C, donc égal à $\frac{\text{AC}}{\text{AB}}$; k ne dépend donc pas de la position de Δ.

Nous avons donc $\overrightarrow{\text{IC}'} = -k\overrightarrow{\text{IB}}$, or $\overrightarrow{\text{IC}'} = \overrightarrow{\text{IB}} + \overrightarrow{\text{BC}'}$ donc

$$\overrightarrow{\text{IB}} + \overrightarrow{\text{BC}'} = -k\overrightarrow{\text{IB}}.$$

Vu les hypothèses faites sur les points A, B, C, nous pouvons affirmer que $k \neq -1$, d'où :

$$\overrightarrow{\text{BI}} = \frac{1}{1+k}\,\overrightarrow{\text{BC}'}.$$

Cette égalité montre que I est l'image de C′ dans l'homothétie h de centre B et de rapport $\frac{1}{1+k}$.

Comme C′ appartient au cercle fixe Γ, le point I appartient au cercle Γ′ image de Γ par h, donc Γ′ est un élément fixe de la figure.

Reste à savoir si I décrit tout le cercle Γ′; l'étude de cette question constitue le problème réciproque qui s'énonce ainsi :

I *étant un point de* Γ′, *existe-t-il une droite* Δ, *telle que* B′ *et* C′ *étant les projetés orthogonaux de* B *et* C *sur* Δ, I *soit l'intersection de* (BC′) *et* (B′C)?

La réponse est oui : soit I un point de Γ′, et C′ son antécédent dans l'homothétie h; alors C′ appartient à Γ et donc l'angle $\widehat{\text{AC}'\text{C}}$ est droit.

Appelons Δ′ la droite (AC′); il ne reste plus qu'à appliquer à Δ′ la construction initiale. Le point I′ obtenu étant l'image de C′ par l'homothétie de centre B et rapport $k+1$, on a I′ = I.

■■■■■■■■■

EXERCICE résolu 6

Droite et cercle d'Euler.

ABC est un triangle de centre de gravité G, d'orthocentre H; les milieux de [BC], [CA] et [AB] sont respectivement A′, B′, C′; le cercle circonscrit $\mathcal{C}$ à ABC a pour centre O; le cercle circonscrit $\mathcal{C}'$ à A′B′C′ a pour centre ω.

En considérant les homothéties transformant $\mathcal{C}$ en $\mathcal{C}'$, montrez :

a. que les points G, H, O, ω sont alignés, que $\overrightarrow{\text{GO}} = -\frac{1}{2}\overrightarrow{\text{GH}}$ et que ω est le milieu de [OH];

b. que le cercle $\mathcal{C}'$ contient les pieds des hauteurs du triangle ABC et les milieux de [AH], [BH], [CH];

c. que les symétriques de l'orthocentre par rapport aux côtés de ABC sont sur le cercle $\mathcal{C}$.

Solution ■■■

L'homothétie h de centre G et de rapport $-\frac{1}{2}$ transforme A en A′, B en B′ et C en C′; elle transforme donc le cercle $\mathcal{C}$ en le cercle $\mathcal{C}'$.

L'autre homothétie h' qui transforme $\mathcal{C}$ en $\mathcal{C}'$, a pour rapport $\frac{1}{2}$.

a. Une homothétie transforme une droite en une droite parallèle, donc h transforme la droite (AH) qui est perpendiculaire à (BC), en la perpendiculaire à (BC) qui passe par A′, soit en la médiatrice de [BC].
Il en est de même pour les autres hauteurs. Donc l'orthocentre H de ABC a pour image par h le point d'intersection des médiatrices de ABC, soit $h(H)=O$.

D'où : $\overrightarrow{GO} = -\frac{1}{2}\overrightarrow{GH}$.

D'autre part, h transforme le centre de $\mathcal{C}$ en le centre de $\mathcal{C}'$, donc $h(O)=\omega$ d'où :

$$\overrightarrow{G\omega} = -\frac{1}{2}\overrightarrow{GO}.$$

On vérifie que $\overrightarrow{\omega O} + \overrightarrow{\omega H} = \vec{0}$; par conséquent ω est le milieu de [OH], et $\overrightarrow{H\omega} = \frac{1}{2}\overrightarrow{HO}$.

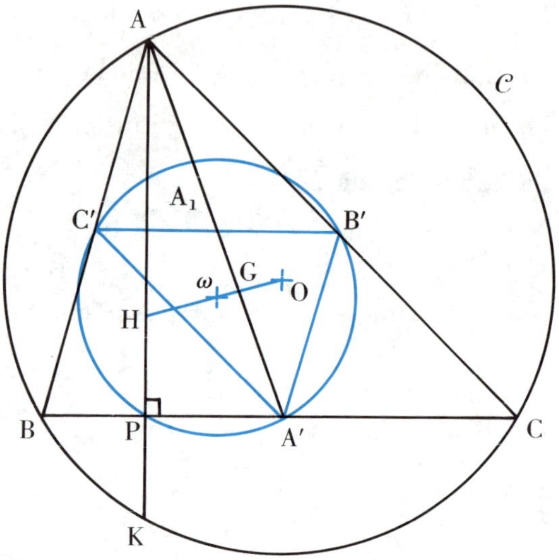

b. L'homothétie h' de rapport $\frac{1}{2}$, qui transforme $\mathcal{C}$ en $\mathcal{C}'$, transforme donc O en ω; son centre est par conséquent H car $\overrightarrow{H\omega} = \frac{1}{2}\overrightarrow{HO}$.

L'image A_1 de A par h' est le milieu de [AH], et A_1 appartient à $\mathcal{C}'$.

Notons P le pied de la hauteur issue de A du triangle ABC. Le trapèze OA′PH est rectangle en P et A′, donc ω appartient à la médiatrice de [A′P], ce qui permet d'affirmer que P appartient à $\mathcal{C}'$. Le cercle $\mathcal{C}'$ circonscrit au triangle A′B′C′ contient donc les milieux des segments [AH], [BH], [CH] et les pieds des hauteurs du triangle ABC.

c. L'homothétie de centre H et de rapport 2 transforme $\mathcal{C}'$ en $\mathcal{C}$; elle transforme donc le point P en un point K du cercle $\mathcal{C}$ tel que $\overrightarrow{HK} = 2\overrightarrow{HP}$.

La droite (HP) étant perpendiculaire à (BC), on peut dire que K est le symétrique de H par rapport à (BC). En d'autres termes, le symétrique de H par rapport à (BC) appartient à $\mathcal{C}$.

Le cercle $\mathcal{C}$ contient donc les symétriques de H par rapport aux côtés du triangle ABC.

EXERCICES

Exercices d'apprentissage

Pour les exercices 1 à 5, les cercles $\mathcal{C}$ et $\mathcal{C}'$ ont pour rayons respectifs $R = 10$ et $R' = 4$. La distance de leurs centres est d. Construisez les centres des homothéties transformant $\mathcal{C}$ en $\mathcal{C}'$ et les tangentes communes à $\mathcal{C}$ en $\mathcal{C}'$:

1. $d = 4$ (unité 1 cm).

2. $d = 6$ (unité 1 cm).

3. $d = 8$ (unité 0,5 cm).

4. $d = 14$ (unité 0,5 cm).

5. $d = 18$ (unité 0,5 cm).

6. ABDC est un trapèze croisé; [AD] est perpendiculaire à [CD] et les côtés [AB] et [CD] sont parallèles; $AB = 4$ cm, $BC = 6$ cm, $CD = 8$ cm; les côtés [BC] et [AD] se coupent en J; les diagonales (AC) et (BD) se coupent en I.

a) Dessinez.

b) Précisez l'intersection de la droite (IJ) avec les côtés (AB) et (CD).

7. Soit ABC un triangle rectangle isocèle d'hypoténuse [BC]; H est le milieu de [BC]; M est un point variable du segment [BC] se projetant orthogonalement en P et Q sur les droites (AB) et (AC).
Démontrez que HPQ est rectangle isocèle.

C **8.** Dans le plan, soit D et Δ deux droites sécantes et I un point.
Trouvez A sur D et B sur Δ tels que I soit le milieu de [AB].

9. Dans le plan, soit D et Δ deux droites sécantes et $\vec{u}$ un vecteur.
Trouvez A sur D et B sur Δ tels que $\overrightarrow{AB} = \vec{u}$.

Exercices d'entraînement

10. $\mathcal{C}$ est un cercle, D et Δ sont deux droites sécantes en I; I est à l'intérieur du cercle $\mathcal{C}$.
Trouvez M sur D et M' sur $\mathcal{C}$ tels que Δ soit la médiatrice de [MM'].

11. $\mathcal{C}$ est un cercle de centre O et A un point de $\mathcal{C}$; B est le point tel que $\overrightarrow{OB} = \frac{3}{2}\overrightarrow{OA}$ et D la perpendiculaire à (OB) passant par B.
Trouvez un point M de D et un point N de $\mathcal{C}$ tels que OAMN soit un parallélogramme.

12. O_1AO_2 est un triangle rectangle en A avec $O_1A = 2$ cm, $O_2A = 6$ cm. $\mathcal{C}_1$ est le cercle de centre O_1 et de rayon 2 cm, $\mathcal{C}_2$ est le cercle de centre O_2 et de rayon 3 cm.
Trouvez une droite Δ parallèle à (O_2A) sur laquelle $\mathcal{C}_1$ et $\mathcal{C}_2$ découpent des cordes de même longueur.

13. D_1 et D_2 sont deux droites sécantes; A_1 et A_2 sont deux points fixes n'appartenant ni à D_1 ni à D_2.
Déterminez l'ensemble des centres des homothéties h pour lesquelles $h(A_1) \in D_1$ et $h(A_2) \in D_2$.

14. On donne deux droites d_1 et d_2 et des points A_1 sur d_1 et A_2 sur d_2 n'appartenant pas à $d_1 \cap d_2$. A chaque point M de d_1, on associe son projeté N sur d_2 parallèlement à (A_1A_2), puis le point P intersection des droites (A_1N) et (A_2M).
Trouvez l'ensemble des points P lorsque M décrit d.

15. Soit un triangle isocèle OAB ($OA = OB$) et un point P variable du segment [AB], $P \neq A$ et $P \neq B$. La parallèle menée de P à la droite (OB) coupe la droite (OA) en A' et la parallèle menée de P à la droite (OA) coupe la droite (OB) en B'.

a) Démontrez que $OA' = BB'$.

b) Déduisez-en qu'il existe une rotation r telle que $r(O) = B$ et $r(A') = B'$ dont on déterminera l'angle en fonction de l'angle des vecteurs $(\overrightarrow{OA}; \overrightarrow{OB})$.
Démontrez que $r(A) = O$. Déterminez alors le centre Ω de cette rotation.

c) Montrez que les quatre points O, A', B', Ω sont cocycliques.

(Bac C)

16. Dans le plan, on considère le parallélogramme KMLN et le point de concours O de ses diagonales [MN] et [KL].
Soit A un point de la droite (KN), distinct de K et de N; soit B le point d'intersection de la droite (MA) et de la droite (LN). P et Q sont respectivement les projetés, parallèlement à la droite (MN), de A sur la droite (KM) et de B sur la droite (LM).

1. Faites une figure.

2. *a)* On note h l'homothétie de centre K et de rapport $\dfrac{\overline{KA}}{\overline{KN}}$. Démontrez que $h(M) = P$.
Déduisez-en que le milieu I du segment [AP] appartient à la droite (KL).

b) Indiquez l'homothétie qui permettrait de démontrer que le milieu J du segment [BQ] appartient à la droite (KL).

3. Montrez que les points N, P, Q sont alignés.

(Bac C)

17. Soit k un réel différent de 0 et de 1. On considère trois points A, B et C deux à deux distincts tels que $\overrightarrow{AC} = k\overrightarrow{AB}$ et les cercles Γ_1 et Γ_2 de diamètres respectifs [AB] et [AC].
Une droite Δ non perpendiculaire à (AB) et distincte de (AB), passant par A, recoupe les cercles Γ_1 et Γ_2 respectivement en M et N.

1. *a)* Quelle est la position relative des droites (BM) et (CN)?

b) Pour quelle valeur de k les droites (BN) et (CM) sont-elles parallèles?

2. On suppose désormais k fixé et différent de -1. Soit P le point d'intersection des droites (BN) et (CM).

a) Soit h l'homothétie de centre P telle que $h(B) = N$. Démontrez que $h(M) = C$. Calculez le rapport de l'homothétie h en fonction du réel k.

b) Déterminez le réel α tel que : $\overrightarrow{BP} = \alpha\overrightarrow{BN}$.
Quel est le lieu géométrique du point P lorsque Δ varie?
En se plaçant dans le cas où $k = 2$ et où la distance AB est égale à 6 cm, donnez les éléments géométriques remarquables du lieu géométrique L de P, et faire une figure soignée.

(Bac C)

18. Dans le plan orienté rapporté à un repère orthonormé direct $(O; \vec{i}, \vec{j})$, on donne le point A de coordonnées (0; 1) et le cercle C de centre A et de rayon 1. Soit B un point de l'axe des abscisses, distinct de O. Soit C' le cercle de centre B passant par A.

1. On appelle φ la mesure de l'angle $(\overrightarrow{AO}; \overrightarrow{AB})$, appartenant à l'intervalle

$$\left]-\frac{\pi}{2}; +\frac{\pi}{2}\right[.$$

Exprimez en fonction de φ l'abscisse de B et le rayon du cercle C'.

2. *a)* Déterminez les 2 homothéties qui transforment C en C' : on déterminera le rapport et les coordonnées du centre de chacune de ces homothéties.

b) Montrez que l'ensemble des centres de ces homothéties, lorsque B parcourt l'axe des abscisses (en restant distinct de O), est inclus dans une parabole que l'on demande de construire.

(Bac C)

CHAPITRE
10

GÉNÉRALITÉS SUR LES TRANSFORMATIONS

Jusqu'à présent, nous avons utilisé le mot *transformation* pour désigner une translation, ou une homothétie, ou une réflexion (symétrie orthogonale) ou une rotation. L'étude de la composition de transformations, des isométries, qui seront menées plus loin, nécessite de parler des *transformations* en toute généralité.
Nous montrons aussi comment lier transformations et fonctions de $\mathbb{C}$ dans $\mathbb{C}$.
Nous n'avons pas donné à ce court chapitre la structure habituelle.

1. Qu'est-ce qu'une transformation du plan?

Définition

***Une transformation du plan* est une bijection du plan sur lui-même.**

Ainsi, dire que f est une transformation du plan signifie que **les deux propriétés** suivantes sont réalisées :

- *tout point* M *a pour image un point, et un seul, noté* f(M);
- tout point N a pour antécédent un point, et un seul, autrement dit :
  pour tout point N, *il existe un unique point* M *tel que* $f(\text{M}) = \text{N}$.

EXERCICE Expliquez pourquoi une projection sur une droite D, parallèlement à une droite Δ, n'est pas une transformation du plan.

2. Propriétés des transformations

a. Égalité de deux transformations

Par définition, dire que deux transformations f et g sont **égales** signifie que, **pour *tout* point M du plan,** on a :

$$f(M) = g(M).$$

b. Composition de transformations

Rappelons que si f et g sont deux transformations, alors $f \circ g$ est *la composée de g suivie de f.*

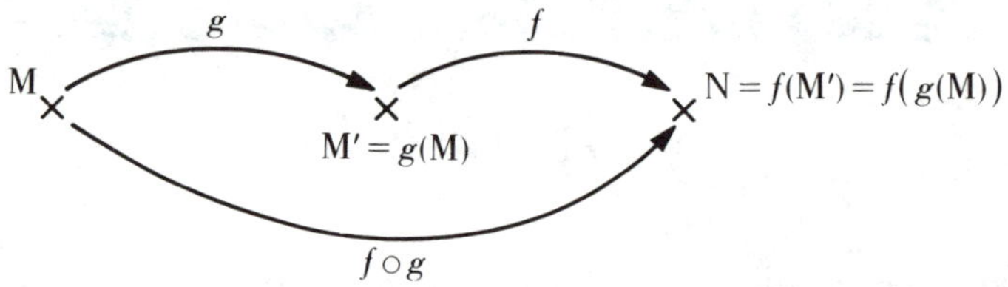

▶ ***Si f* et *g* sont des transformations, *alors* $f \circ g$ est aussi une transformation.**

EXERCICE Démontrez cette proposition.

▶ La composition des transformations **n'est pas commutative.** Vous avez vu en classe de Première des exemples où : $f \circ g \neq g \circ f$.

▶ La composition des transformations **est associative.**
Pour toutes transformations f, g, h on a : $(f \circ g) \circ h = f \circ (g \circ h)$; aussi noterons-nous sans parenthèses le résultat d'une telle composition : $f \circ g \circ h$.

▶ Notons ***id*** la transformation qui, à chaque point M, associe le même point M; on l'appelle *l'identité du plan.*
Pour toute transformation f on a : $\boldsymbol{f \circ id = id \circ f = f}$.

c. Transformation réciproque d'une transformation

▶ **Définition et propriétés**

• f est une transformation.
A chaque point N on peut associer l'unique point M tel que $f(M) = N$.
On définit ainsi une transformation du plan, appelée **transformation réciproque de *f*,** et notée $\boldsymbol{f^{-1}}$.

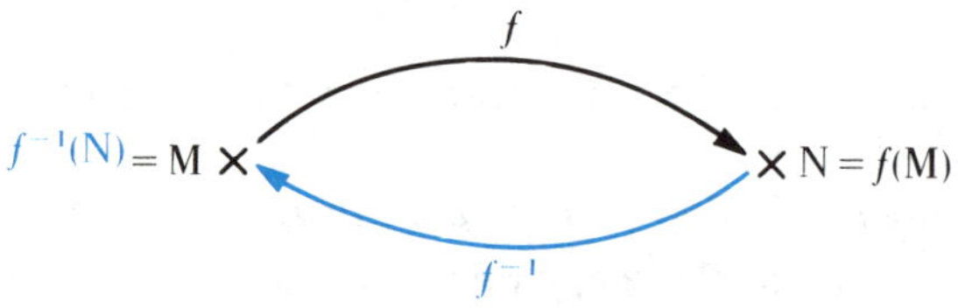

EXERCICE Montrez que f^{-1} est effectivement une bijection du plan sur lui-même.

- **Dire que $M=f^{-1}(N)$ équivaut à dire que $N=f(M)$.** Il est immédiat de vérifier que la transformation réciproque de f^{-1} est f, aussi dit-on que **f et f^{-1} sont des transformations réciproques.**
- Pour toute transformation f on a : $\boldsymbol{f \circ f^{-1}=f^{-1} \circ f=id}$.

EXERCICE Démontrez cette proposition.

▶ Transformations réciproques de transformations usuelles

Vous pouvez vérifier facilement les résultats suivants :

- La translation de vecteur $\vec{u}$ et la translation de vecteur $-\vec{u}$ sont réciproques :

$$(t_{\vec{u}})^{-1}=t_{-\vec{u}}.$$

- O étant un point et k un réel non nul, l'homothétie de centre O et de rapport k, et l'homothétie de centre O et de rapport $\frac{1}{k}$ sont réciproques :

$$[h(O, k)]^{-1}=h\left(O, \frac{1}{k}\right).$$

- O étant un point et θ un réel, la rotation de centre O et d'angle θ, et la rotation de centre O et d'angle $-\theta$ sont réciproques :

$$[r(O, \theta)]^{-1}=r(O, -\theta).$$

- La réciproque d'une réflexion s est la réflexion s elle-même : $\boldsymbol{s^{-1}=s}$.

▶ Résultats utiles sur la transformation réciproque.

Propriété 1

> *Nous admettrons* que pour toutes transformations f et g,
> *si* $f \circ g=g \circ f=id$ *alors* $g=f^{-1}$.

Propriété 2

> *Nous admettrons* que pour toutes transformations f et g,
> $$(f \circ g)^{-1}=g^{-1} \circ f^{-1}.$$

Si f, g, h sont des transformations telles que $h=f \circ g$, alors on peut exprimer f (resp. g) en fonction de h et g^{-1} (resp. f^{-1}).
En effet, **si** $\boldsymbol{h=f \circ g}$ alors $h \circ g^{-1}=f \circ g \circ g^{-1}=f \circ id=f$, d'où $\boldsymbol{f=h \circ g^{-1}}$.

Propriété 3

> Pour toutes transformations f, g, h,
> si $\boldsymbol{h=f \circ g}$ alors $\boldsymbol{f=h \circ g^{-1}}$.

EXERCICE Montrez que si $h=f \circ g$ alors $g=f^{-1} \circ h$.

Conséquences

En particulier, pour toutes transformations g et h,

1. si s est une réflexion, alors de $\boldsymbol{h = s \circ g}$ on déduit $\boldsymbol{g = s \circ h}$ car $s^{-1} = s$;

2. si $t_{\vec{u}}$ est la translation de vecteur $\vec{u}$, alors de $\boldsymbol{h = t \circ g}$ on déduit $\boldsymbol{g = t_{-\vec{u}} \circ h}$.

3. Traduction complexe d'une transformation

a. Définition

Considérons une application f du plan dans lui-même : tout point du plan a pour image un point, et un seul, du plan.

Nous pouvons lui associer une fonction F de $\mathbb{C}$ dans $\mathbb{C}$, de la manière suivante.

Choisissons un repère orthonormé *direct* $(O; \vec{i}, \vec{j})$; alors à *tout* point est associé un complexe et un seul, à savoir son *affixe*. La fonction F de $\mathbb{C}$ dans $\mathbb{C}$ associée à f est alors ainsi définie : ***si z* est l'affixe de M *alors* F(*z*) est l'affixe de *f*(M).**

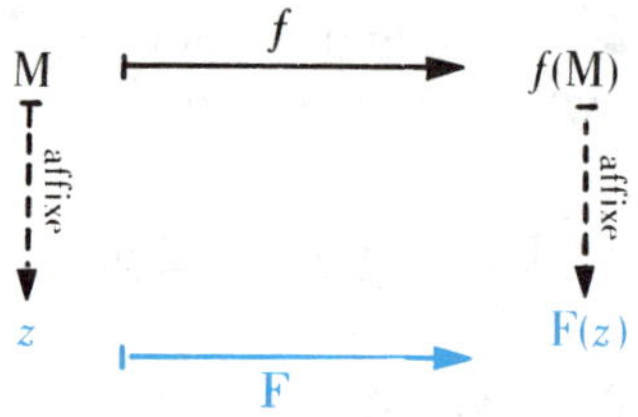

Il est clair que F *dépend du repère choisi* (car l'affixe d'un point en dépend).

Réciproquement, considérons une fonction F de $\mathbb{C}$ dans $\mathbb{C}$: tout complexe a pour image un complexe et un seul.

Nous pouvons lui associer une application f du plan dans lui-même, de la manière suivante : un repère orthonormé direct ayant été *choisi,* l'application f, associée à F, est alors ainsi définie : ***si* M est le point d'affixe *z alors f*(M) est le point d'affixe F(*z*).**

Il est clair que f *dépend du repère choisi.*

Ainsi, nous pourrons, dans certains cas, trouver des propriétés caractéristiques de f en étudiant les propriétés d'une fonction F *de* $\mathbb{C}$ *dans* $\mathbb{C}$, *qui lui est associée.*
En particulier, ***f* est une transformation du plan** *si et seulement si* **F est une bijection de $\mathbb{C}$ sur $\mathbb{C}$.**

EXERCICE Démontrez cette dernière proposition.

b. Exemples

Le plan est muni d'un repère orthonormé direct.

1. Fonction de $\mathbb{C}$ dans $\mathbb{C}$ associée à une translation.
t est la translation de vecteur $\vec{u}$ d'affixe z_0.
Nous avons vu, chapitre **1** page 10, que si M a pour affixe z, alors son image M′ par t a pour affixe $z + z_0$.
Donc, la fonction F de $\mathbb{C}$ dans $\mathbb{C}$ associée à t est définie par :

$$\mathbf{F}(z) = z + z_0.$$

2. Fonction de $\mathbb{C}$ dans $\mathbb{C}$ associée à une homothétie.
h est l'homothétie de centre le point I d'affixe z_0 et de rapport le réel $k \neq 0$.
L'image par h d'un point M, est le point M′ tel que $\overrightarrow{IM'} = k\overrightarrow{IM}$.
Si M et M′ ont pour affixes respectives z et z', on doit avoir $z' - z_0 = k(z - z_0)$.
Donc la fonction F de $\mathbb{C}$ dans $\mathbb{C}$ associée à h est définie par :

$$\mathbf{F(z) - z_0 = k(z - z_0).}$$

3. Fonction de $\mathbb{C}$ dans $\mathbb{C}$ associée à une rotation.

EXERCICE résolu

Fonction de $\mathbb{C}$ dans $\mathbb{C}$ associée à une rotation.
$(O; \vec{i}, \vec{j})$ est un repère orthonormé direct du plan orienté.
r est la rotation de centre le point I d'affixe ω et d'angle θ.

a. M est le point distinct de I et d'affixe z; M′ est l'image de M par r et z' est son affixe. Montrez que $\dfrac{z' - \omega}{z - \omega} = e^{i\theta}$.

b. Déduisez-en que la fonction F de $\mathbb{C}$ dans $\mathbb{C}$ associée à r est définie par

$$F(z) - \omega = e^{i\theta}(z - \omega).$$

Solution ■ ■ ■

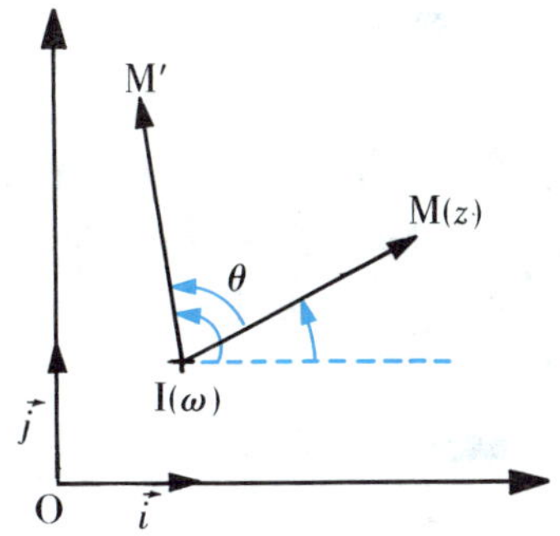

a. Si M ≠ I, M′ = r(M) si et seulement si IM′ = IM et $(\overrightarrow{IM}; \overrightarrow{IM'}) = \theta$.
Au chapitre **1** page 26, nous avons vu qu'une mesure de $(\overrightarrow{IM}; \overrightarrow{IM'})$ est un argument de $\dfrac{z' - \omega}{z - \omega}$; donc :

$$\arg\left(\frac{z' - \omega}{z - \omega}\right) = \theta.$$

De plus $$\left|\frac{z' - \omega}{z - \omega}\right| = \frac{\|\overrightarrow{IM'}\|}{\|\overrightarrow{IM}\|} = 1.$$

Par conséquent $\dfrac{z' - \omega}{z - \omega}$ est le complexe de module 1 et dont un argument est θ; nous avons vu (chapitre 1, tome 2, paragraphe **2.6. *b.***) qu'un tel complexe se note $e^{i\theta}$.

Donc : $$\frac{z' - \omega}{z - \omega} = e^{i\theta}.$$

b. Si M est distinct de I, soit si $z \neq \omega$, on déduit que

$$z' - \omega = e^{i\theta}(z - \omega).$$

Or si on remplace z par ω dans cette égalité, on trouve $z' = \omega$, ce qui est cohérent avec le fait que l'image de I par r est le point I lui-même.
Donc la fonction F de $\mathbb{C}$ dans $\mathbb{C}$ associée à la rotation r est définie par :

$$\mathbf{F(z) - \omega = e^{i\theta}(z - \omega).}$$

■ ■ ■ ■ ■ ■ ■ ■ ■

EXERCICES

Exercices d'apprentissage

Pour les exercices 1 à 8, donnez la fonction $F : \mathbb{C} \longrightarrow \mathbb{C}$ qui, à l'affixe de M, associe l'affixe de $f(M)$.

1. f est la translation de vecteur $2\vec{i} - \vec{j}$.

2. f est la translation de vecteur $\vec{i}$.

3. f est l'homothétie de centre I d'affixe $2-3i$ et de rapport -2.

4. f est l'homothétie de centre I d'affixe $-1-i$ et de rapport $\sqrt{2}$.

5. f est l'homothétie de centre I d'affixe $1-i$ et de rapport $-\frac{1}{2}$.

6. f est la rotation de centre I d'affixe $1-2i$ et d'angle $\frac{\pi}{2}$.

7. f est la rotation de centre I d'affixe $2+i$ et d'angle $-\frac{\pi}{6}$.

8. f est la rotation de centre I d'affixe $6-5i$ et d'angle $\frac{2\pi}{3}$.

Pour les exercices 9 à 14, identifiez la transformation qui au point d'affixe z associe le point d'affixe Z.

9. $Z = -z + 2i.$

10. $Z = -2z - 3 + 2i.$

11. $Z = iz + 1.$

12. $Z = \left(\frac{1+i\sqrt{3}}{2}\right) z.$

13. $Z = \frac{1}{\sqrt{2}}(1-i)z + 2i\sqrt{2}.$

14. $Z = -iz - 1 + 3i.$

Exercices d'entraînement

15. La droite D a pour équation $y = 2x + 1$ dans le repère orthonormé $(O; \vec{i}, \vec{j})$. Au point M de coordonnées $(x; y)$ on associe son affixe $z = x + iy$.
Calculez en fonction de z l'affixe du symétrique orthogonal de M par rapport à D.

16. Dans le plan rapporté à un repère orthonormé direct $(O; \vec{u}, \vec{v})$, on considère les points A, B, C deux à deux distincts dont les affixes respectives sont les nombres complexes a, b, c.

1. M étant le point du plan d'affixe le nombre complexe z, exprimez, en fonction de z :

a) l'affixe z' du point M′ image de M par la rotation de centre A et d'angle de mesure $+\frac{\pi}{3}$ (en radians);

b) l'affixe z'' du point M″ image de M par la rotation de centre A et d'angle de mesure $-\frac{\pi}{3}$ (en radians).

2. Que peut-on dire du triangle ABC si les nombres complexes a, b, c vérifient :

a) $\frac{c-a}{b-a} = \cos\frac{\pi}{3} + i\sin\frac{\pi}{3}$;

b) $\frac{c-a}{b-a} = \cos\frac{\pi}{3} - i\sin\frac{\pi}{3}$.

3. Établissez que le triangle ABC est un triangle équilatéral si, et seulement si,

$$a^2 + b^2 + c^2 = ab + bc + ca.$$

(Bac C)

17. Au point M d'affixe z on associe M' d'affixe Z par une rotation f d'angle $\frac{\pi}{2}$; on sait que $f(A)=B$ où A et B ont pour affixe les nombres complexes $1+i$ et $-2+2i$. Calculez Z en fonction de z.

18. Les points A et B ont pour affixes les nombres complexes a et b.

a) Déterminez les affixes des points C et D tels que ABCD soit un carré de sens direct.

b) Déterminez les affixes des points E et F tels que AEBF soit un carré.

19. On note $j=e^{\frac{2i\pi}{3}}$ et $j^2=\bar{j}=e^{\frac{4i\pi}{3}}$. Les points A, B et C ont pour affixes ℓ, ℓj et ℓj^2 où ℓ est un réel strictement positif. M est un point du plan d'affixe m. On note E l'image de M par la rotation de centre B et d'angle $-\frac{\pi}{3}$ et F l'image de M par la rotation de centre C et d'angle $\frac{\pi}{3}$. Enfin G_1 et G_2 sont les centres de gravité des triangles BME et CMF et g_1, g_2 leurs affixes.
Calculez les affixes de G_1 et G_2 en fonction de ℓ et m et montrez que OG_1G_2 est un triangle équilatéral.

20. a et b sont deux nombres complexes; on considère l'application f qui au point d'affixe z associe le point d'affixe $az+b$.

a) Montrez que f est une translation si et seulement si $a=1$.

b) Montrez que f est une rotation d'angle non nul si et seulement si $|a|=1$ et $a\neq 1$.

c) Montrez que f est une homothétie si et seulement si $a\in\mathbb{R}^*$.

21. D_1 et D_2 sont deux droites parallèles et A un point du plan.
Choisissez un repère dans le plan et utilisez la forme complexe des rotations d'angle droit pour trouver les triangles isocèles AB_1B_2 rectangles en A tels que $B_1\in D_1$ et $B_2\in D_2$.

(D'après Bac C)

22. Dans le plan orienté rapporté au repère orthonormé direct $(O; \vec{u}, \vec{v})$, on considère les points distincts A, B, C d'affixes respectives a, b, $-b$.

1. Donnez une condition nécessaire et suffisante vérifiée par a et b pour que les points A, B, C soient alignés.
On suppose dans la suite que les points A, B, C **ne sont pas alignés et que la base $(\overrightarrow{AB}, \overrightarrow{AC})$ est directe.**

2. Sur les droites (AB) et (AC), à l'extérieur du triangle ABC, on construit les carrés AFGB et ACDE, et le parallélogramme AEHF de façon que les bases $(\overrightarrow{AF}, \overrightarrow{AB})$ et $(\overrightarrow{AC}, \overrightarrow{AE})$ soient directes.

a) En considérant la rotation de centre A qui transforme C en E, montrez que l'affixe e du point E est

$$e=-ib+a(1-i).$$

b) Calculez les affixes f, h, d des points respectifs F, H, D en fonction de a et b.

3. Déduisez du **2.** que :

a) $FE=2OA$ et que les droites (EF) et (OA) sont perpendiculaires.

b) $BD=CH$ et que les droites (BD) et (CH) sont perpendiculaires.

(Bac C)

Problème

23. Forme complexe d'une réflexion

1. Exemple

La droite D a pour équation $y=\frac{x}{\sqrt{3}}+1$. On note I le point d'affixe i, M un point du plan d'affixe z, M' son symétrique par rapport à D, M_1 le milieu de [MM'] et M_2 le point tel que $\overrightarrow{IM_2}=2\overrightarrow{IM_1}$.
Calculez les affixes de M', M_1 et M_2 en fonction de z.

2. Étude du cas général
La droite Δ passe par J d'affixe z_0; un de ses vecteurs directeurs a pour affixe $e^{i\theta_0}$. Au point M d'affixe z, la réflexion d'axe Δ associe le point M' d'affixe Z.
Démontrez que $Z-z_0=e^{2i\theta_0}\,(\overline{z-z_0})$.

3. Réciproque
Montrez que l'application qui au point M d'affixe z associe le point d'affixe $Z=i\bar{z}-1+i$ est une réflexion d'axe une droite D_1 que vous préciserez.

4. On considère la fonction qui au point M d'affixe z associe le point M' d'affixe $z'=-\bar{z}+2-3i$.

a) Montrez que f est la composée de la réflexion par rapport à l'axe imaginaire suivie d'une translation que vous préciserez.

b) Montrez que $g=f\circ f$ est une translation dont vous préciserez le vecteur $\vec{u}$.

c) Montrez que $t_{-\frac{\vec{u}}{2}}\circ f$ est une réflexion s dont vous préciserez l'axe.

d) Montrez que $f=s\circ t_{\frac{\vec{u}}{2}}$.

CHAPITRE
11

COMPOSÉES D'HOMOTHÉTIES ET DE TRANSLATIONS

Nous étudions, *en vue d'applications à la résolution de problèmes de géométrie,* la composition de deux homothéties, d'une homothétie et d'une translation. Les résultats utiles à la compréhension de ce chapitre ont été donnés au chapitre **9.**

1. Travaux pratiques d'approche

1.1. Composition de deux homothéties de même centre

I est un point du plan; k_1 et k_2 sont deux réels non nuls.
h_1 est l'homothétie de centre I et de rapport k_1.
h_2 est l'homothétie de centre I et de rapport k_2.

QUESTIONS

a. *Démontrez que* $h_2 \circ h_1$ *est l'homothétie de centre* I *et de rapport* $k_1 k_2$.
Indication : *notez h cette homothétie et démontrez que pour tout point* M,

$$(h_2 \circ h_1)(\mathrm{M}) = h(\mathrm{M}).$$

b. *Démontrez que* $h_1 \circ h_2 = h_2 \circ h_1$.

c. *Examinez le cas où* k_1 *et* k_2 *sont des réels inverses l'un de l'autre.*

1.2. Composition de deux homothéties de centres distincts

Exemple 1

I_1 et I_2 sont deux points *distincts.*

h_1 est l'homothétie de centre I_1 et de rapport $\frac{3}{2}$.

h_2 est l'homothétie de centre I_2 et de rapport $\frac{1}{2}$.

Nous nous proposons de déterminer la transformation $h_2 \circ h_1$.

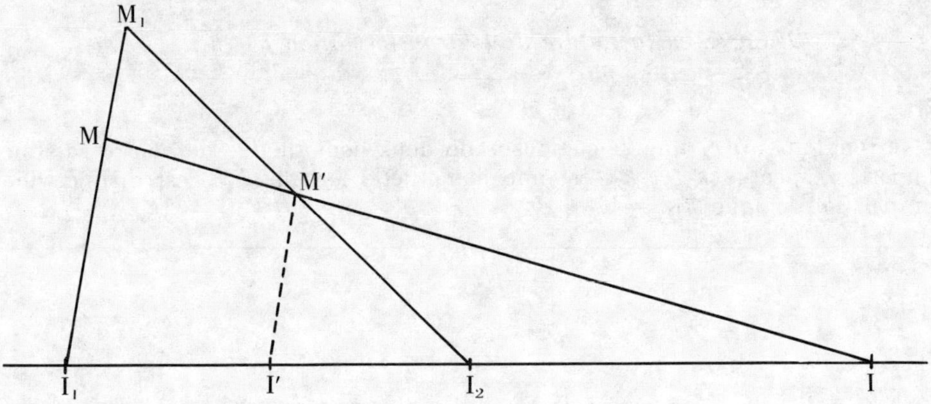

QUESTIONS

a. *Posons* $I' = (h_2 \circ h_1)(I_1)$.
Montrez que I' *est le milieu de* $[I_1I_2]$.

b. M *est un point non situé sur la droite* (I_1I_2).
Posons $M_1 = h_1(M)$ *et* $M' = h_2(M_1)$.
Montrez que $(I'M')$ *et* (I_1M) *sont parallèles et plus précisément que* $\overrightarrow{I'M'} = \frac{3}{4}\,\overrightarrow{I_1M}$.

c. I *est l'intersection des droites* (I_1I_2) *et* (MM').
Montrez que $\overrightarrow{II'} = \frac{3}{4}\,\overrightarrow{II_1}$ *et* $\overrightarrow{IM'} = \frac{3}{4}\,\overrightarrow{IM}$.

En utilisant la question ***a.****, déduisez que :* $\frac{1}{2}\,\overrightarrow{II_2} - \frac{1}{4}\,\overrightarrow{II_1} = \vec{0}$.

I est le barycentre des points massifs $\left(I_1, -\frac{1}{4}\right)$, $\left(I_2, \frac{1}{2}\right)$; c'est donc un point uniquement déterminé par la donnée de I_1, I_2, et des rapports $\frac{3}{2}$ et $\frac{1}{2}$. Il ne dépend pas de la droite (MM').

QUESTION

Montrez que $h_2 \circ h_1$ *est l'homothétie* h *de centre* I *et de rapport* $\frac{3}{4}$.

En conclusion, $h_2 \circ h_1$ est une homothétie de rapport $\frac{3}{2} \times \frac{1}{2}$.

Exemple 2

Reprenons la situation précédente, mais avec cette fois pour h_2 l'homothétie de centre I_2 et de rapport $\frac{2}{3}$.

Q U E S T I O N S

a. *Prenez un point* M *non situé sur la droite* (I_1I_2). *Construisez* $M_1 = h_1(M)$ *et* $M_2 = h_2(M_1)$.

b. *Montrez que* $\overrightarrow{MM_2} = \frac{1}{3}\overrightarrow{I_1I_2}$.

c. *Déduisez-en la nature de la transformation* $h_2 \circ h_1$.

Nous verrons en **Cours** que la composée de deux homothéties de centres distincts et de rapports respectifs k_1 et k_2, est une homothétie lorsque k_1k_2 est distinct de 1, et une translation lorsque $k_1k_2 = 1$.

2. Cours

2.1. Caractérisation d'une translation

t est une translation; alors, pour tous points M et N d'images respectives M′ et N′, on a : $\overrightarrow{M'N'} = \overrightarrow{MN}$.

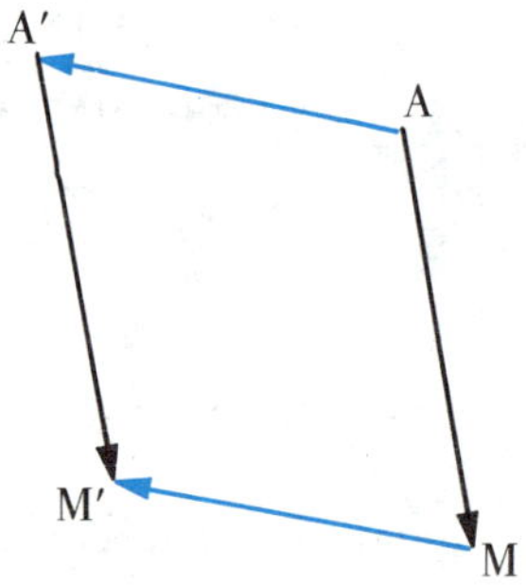

Réciproquement, soit t une transformation du plan telle que, pour tous points M et N d'images respectives M′ et N′, on ait $\overrightarrow{M'N'} = \overrightarrow{MN}$; alors t est une translation.
En effet : *choisissons* un point A et notons A′ son image par t; soit M un point d'image M′ par t. Alors $\overrightarrow{A'M'} = \overrightarrow{AM}$.
Nous en déduisons que $\overrightarrow{MM'} = \overrightarrow{AA'}$ et donc que M′ est aussi l'image de M par la translation t' de vecteur $\overrightarrow{AA'}$. Par conséquent $t(M) = t'(M)$ et comme cela est vrai quel que soit le point M, nous avons $t = t'$.

Théorème 1

t est une transformation du plan.
Les deux propositions suivantes sont équivalentes :

1. t est une translation;

2. pour tous points M et N d'images respectives M′ et N′ on a $\overrightarrow{M'N'} = \overrightarrow{MN}$.

2.2. Caractérisation d'une homothétie

h est une homothétie de rapport k (avec $k \neq 0$); alors, pour tous points M et N d'images respectives M′ et N′, on a :

$$\overrightarrow{M'N'} = k\overrightarrow{MN}.$$

Réciproquement, soit h une transformation du plan telle que, pour tous points M et N d'images respectives M′ et N′, on ait $\overrightarrow{M'N'} = k\overrightarrow{MN}$, où k est un réel non nul.
Remarquons que si $k = 1$, alors le théorème **1** indique que h *est une translation.*
Dans le cas où $\boldsymbol{k \neq 1}$, h est *une homothétie de rapport k.*
En effet : *choisissons* un point A et notons A′ son image par h; soit M un point d'image M′ par h. Alors $\overrightarrow{A'M'} = k\overrightarrow{AM}$.
Considérons le point I, barycentre des points massifs (A′, 1), (A, $-k$) (car $k-1 \neq 0$), alors $\overrightarrow{IA'} - k\overrightarrow{IA} = \vec{0}$.
Notons h' l'homothétie de centre I et de rapport k; elle transforme A en A′ et le point M en un point M_1, donc $\overrightarrow{A'M_1} = k\overrightarrow{AM}$. D'après l'hypothèse, on déduit que $M_1 = M'$, soit $h'(M) = h(M)$; comme cela est vrai quel que soit M, nous avons $h = h'$.

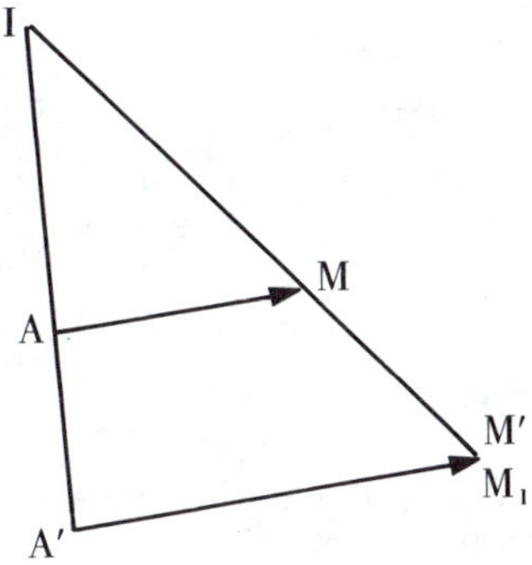

Théorème 2

> **k est un réel non nul et distinct de 1 et h est une transformation du plan. Les deux propositions suivantes sont équivalentes :**
> 1. **h est une homothétie de rapport k;**
> 2. **quels que soient les points M et N d'images respectives M′ et N′, on a**
>
> $$\overrightarrow{M'N'} = k\overrightarrow{MN}.$$

2.3. Composée de deux homothéties de même centre

h_1 et h_2 sont deux homothéties de même centre I, le rapport de h_1 est k_1, celui de h_2 est k_2 et $k_1k_2 \neq 0$.
M est un point; notons $M_1 = h_1(M)$ et $M' = h_2(M_1)$, soit $M' = (h_2 \circ h_1)(M)$.
On a alors les égalités :

$$\overrightarrow{IM_1} = k_1\overrightarrow{IM} \quad \text{et} \quad \overrightarrow{IM'} = k_2\overrightarrow{IM_1},$$

d'où l'on déduit que $\overrightarrow{IM'} = k_2k_1\overrightarrow{IM}$.

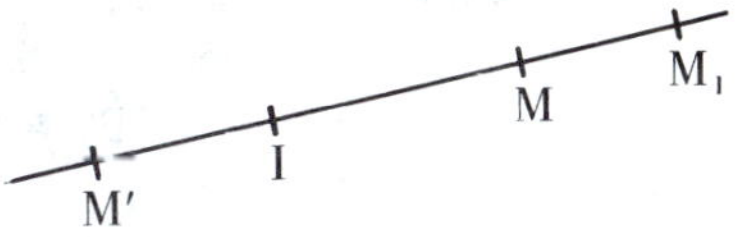

(ici $k_1 > 0$ et $k_2 < 0$)

M′ est donc l'image de M par l'homothétie h de centre I et de rapport k_1k_2; comme cela est vrai pour tout point M, on a :

$$h_2(I, k_2) \circ h_1(I, k_1) = h(I, k_1k_2).$$

Il est immédiat de voir que l'on a aussi :

$$h_1(I, k_1) \circ h_2(I, k_2) = h(I, k_1k_2).$$

Théorème 3

> **h_1 et h_2 sont deux homothéties de *même* centre I, de rapports respectifs k_1 et k_2.**
> **Alors $h_1 \circ h_2$ est l'homothétie de centre I et de rapport k_1k_2.**
> **En outre** $\boldsymbol{h_1 \circ h_2 = h_2 \circ h_1}$.

EXERCICE
résolu 1

ABCD est un quadrilatère convexe; O est l'intersection des diagonales [AC] et [BD].
La parallèle à (BC) passant par A coupe (BD) en I; la parallèle à (AD) passant par B coupe (AC) en J.
Montrez que les droites (IJ) et (CD) sont parallèles.

Solution ■■■

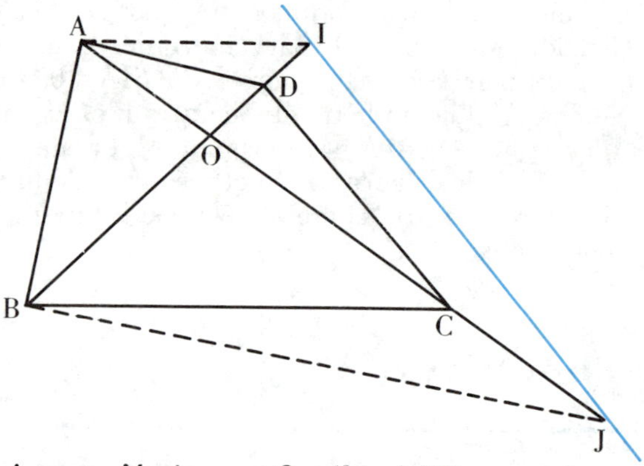

Soit h_1 l'homothétie de centre O qui transforme A en C; alors puisque ABCI est un trapèze, l'exercice résolu 1 chapitre **9**, permet d'affirmer que $h_1(\text{I}) = \text{B}$.
Considérons l'homothétie h_2 de centre O qui transforme B en D; à l'aide du trapèze ABJD, on montre que $h_2(\text{J}) = \text{A}$.
Nous avons donc :

- d'une part $\text{D} = h_2(\text{B})$ et $\text{B} = h_1(\text{I})$,

ce qui peut s'écrire : $\text{D} = (h_2 \circ h_1)(\text{I})$,

- et d'autre part $\text{C} = h_1(\text{A})$ et $\text{A} = h_2(\text{J})$, ce qui peut s'écrire : $\text{C} = (h_1 \circ h_2)(\text{J})$.

Or h_1 et h_2 sont des homothéties de même centre O donc $h_2 \circ h_1 = h_1 \circ h_2$, et nous savons que $h_2 \circ h_1$ (ou $h_1 \circ h_2$) est aussi une homothétie h de centre O.
Il en résulte que $h(\text{J}) = \text{C}$ et $h(\text{I}) = \text{D}$; les droites (IJ) et (CD) sont donc parallèles, car par une homothétie l'image d'une droite est une droite parallèle.

■■■■■■■■■■

2.4. Composée de deux homothéties de centres distincts

h_1 et h_2 sont deux homothéties de centres respectifs I_1 et I_2, avec $\text{I}_1 \neq \text{I}_2$, de rapports respectifs k_1 et k_2 (avec $k_1 \neq 0$ et $k_2 \neq 0$).
M et N sont deux points; posons $\text{M}_1 = h_1(\text{M})$, $\text{N}_1 = h_1(\text{N})$ et $\text{M}' = h_2(\text{M}_1)$, $\text{N}' = h_2(\text{N}_1)$; ainsi :

$$\text{M}' = (h_2 \circ h_1)(\text{M}) \quad \text{et} \quad \text{N}' = (h_2 \circ h_1)(\text{N}).$$

Nous avons : $\overrightarrow{\text{M}_1\text{N}_1} = k_1 \overrightarrow{\text{MN}}$ et $\overrightarrow{\text{M}'\text{N}'} = k_2 \overrightarrow{\text{M}_1\text{N}_1}$.

D'où $\overrightarrow{\text{M}'\text{N}'} = k_2 k_1 \overrightarrow{\text{MN}}$, et cela est vrai pour tous points M et N.
Deux cas se présentent alors.

Premier cas : $k_1 k_2 = 1$

Le théorème **1** indique que **$h_2 \circ h_1$ est une translation.**
Pour déterminer le vecteur $\vec{u}$ de cette translation, il suffit de connaître l'image d'un point quelconque, par exemple celle de I_1 :

$$(h_2 \circ h_1)(\text{I}_1) = h_2\big(h_1(\text{I}_1)\big) = h_2(\text{I}_1);$$

en posant $\text{I}'_1 = h_2(\text{I}_1)$, nous avons $\vec{u} = \overrightarrow{\text{I}_1\text{I}'_1}$.
Remarquez que les points I_1, I_2 et I'_1 sont alignés et donc que $\vec{u}$ est colinéaire à $\overrightarrow{\text{I}_1\text{I}_2}$.

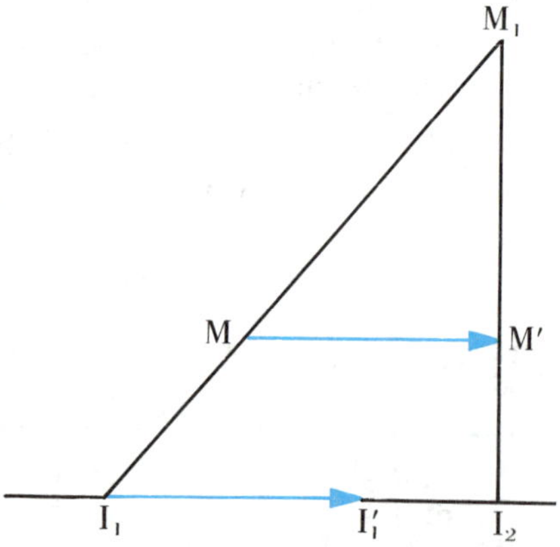

$\left(\text{ici } k_1 = 3 \text{ et } k_2 = \frac{1}{3}\right)$

EXERCICE

Montrez que $\vec{u} = (1 - k_2)\overrightarrow{\text{I}_1\text{I}_2}$.

Deuxième cas : $k_1k_2 \neq 1$

Le théorème **2** indique que **$h_2 \circ h_1$ est une homothétie de rapport k_1k_2.**
Pour déterminer le centre I de cette homothétie, il suffit de connaître les images de deux points distincts.
Cherchons l'image I_1' de I_1 :

$$(h_2 \circ h_1)(I_1) = h_2\left(h_1(I_1)\right) = h_2(I_1)$$

et donc $I_1' = h_2(I_1)$.

Comme I_2 est le centre de h_2, les points I_1, I_2, I_1' sont alignés; comme I est le centre de h, les points I_1, I_1' et I doivent être alignés. Donc I est un point de la droite (I_1I_2).
Choisissons un point M n'appartenant pas à la droite (I_1I_2), construisons son image M' par $h_2 \circ h_1$; alors le point I est à l'intersection de (MM') et (I_1I_2).
Nous pouvons aussi placer le point I à l'aide du résultat de l'exercice suivant.

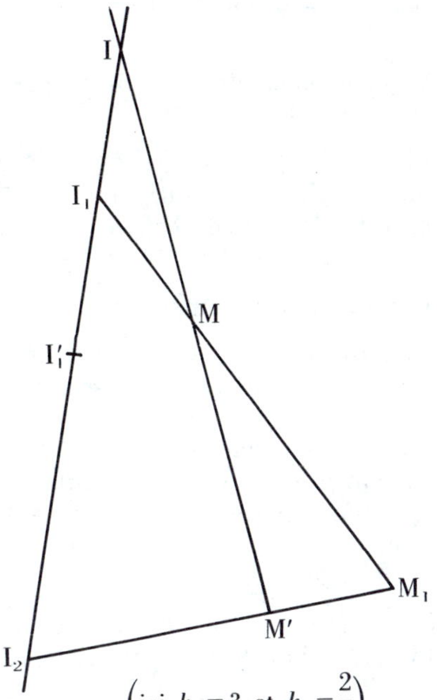

$\left(\text{ici } k_1 = 3 \text{ et } k_2 = \dfrac{2}{3}\right)$

EXERCICE

En écrivant que $\overrightarrow{II_1'} = k_1k_2\overrightarrow{II_1}$ et que $\overrightarrow{I_2I_1'} = k_2\overrightarrow{I_2I_1}$, puis en utilisant la relation de Chasles, montrez que :

$$\mathbf{(1 - k_2)\overrightarrow{II_2} + (k_2 - k_1k_2)\overrightarrow{II_1} = \vec{0}.}$$

En conclusion, nous pouvons énoncer le théorème suivant.

Théorème 4

I_1 et I_2 sont deux points *distincts*, k_1 et k_2 sont des réels *non nuls*. h_1 et h_2 sont les homothéties de centres respectifs I_1 et I_2, de rapports k_1 et k_2.

1. Si $k_1k_2 = 1$, alors $h_2 \circ h_1$ est une translation dont le vecteur est colinéaire à $\overrightarrow{I_1I_2}$.

2. Si $k_1k_2 \neq 1$, alors $h_2 \circ h_1$ est une homothétie de rapport k_1k_2, dont le centre est sur la droite (I_1I_2).

Commentaires

- Dans ce cas, nous n'avons pas $h_2 \circ h_1 = h_1 \circ h_2$.
- Une symétrie centrale de centre O est l'homothétie de centre O et de rapport −1. **La composée de deux symétries centrales est donc une translation.**

EXERCICE résolu 2

Un problème de construction

$\mathcal{C}_1$ et $\mathcal{C}_2$ sont deux cercles de centres O_1 et O_2 distincts, de rayon R_1 et R_2 distincts.
A est un point donné de $\mathcal{C}_1$, n'appartenant pas à la droite (O_1O_2).
Comment construire un cercle $\mathcal{C}$ tangent en A à $\mathcal{C}_1$ et tangent à $\mathcal{C}_2$?

Solution ■ ■ ■

Supposons la construction réalisée et **analysons** la figure ci-contre.

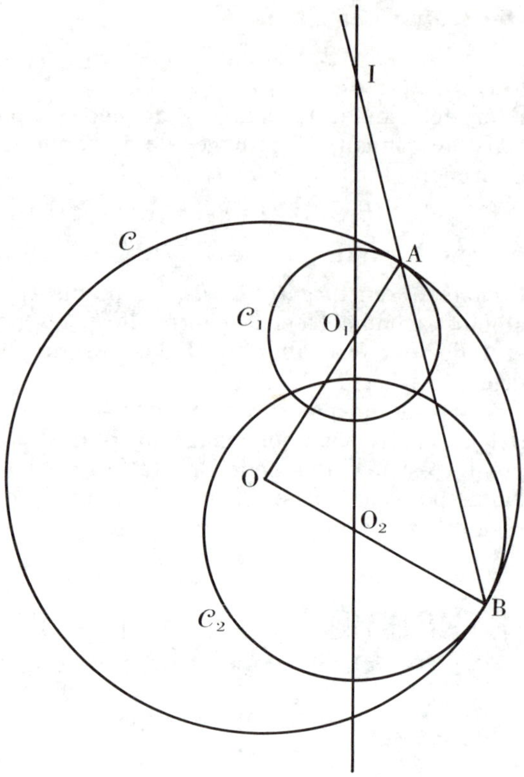

Pour effectuer une telle construction, il suffit de connaître le point B de contact de $\mathcal{C}$ et $\mathcal{C}_2$: en effet le centre O de $\mathcal{C}_1$ est l'intersection de (O_1A) et de (O_2B).

Comment déterminer B?

Remarquons que A est le centre d'une homothétie h_1 qui transforme $\mathcal{C}_1$ en $\mathcal{C}$, et que B est le centre d'une homothétie h_2 qui transforme $\mathcal{C}$ en $\mathcal{C}_2$ (voir chapitre **9,** page 168). Alors $h_2 \circ h_1$ transforme $\mathcal{C}_1$ en $\mathcal{C}_2$; d'autre part $h_2 \circ h_1$ est une homothétie (en effet $R_1 \neq R_2$, donc ce ne peut être une translation) de centre un point I de la droite (AB).

Si l'on connaît le point I, alors B est à l'intersection de la droite (AI) et du cercle $\mathcal{C}_2$.

On sait qu'il existe deux homothéties qui transforment $\mathcal{C}_1$ en $\mathcal{C}_2$. Il y a donc deux choix possibles pour le point I.

Utilisons ces renseignements pour effectuer la construction.

Désignons par I_1 l'un des centres des homothéties transformant $\mathcal{C}_1$ en $\mathcal{C}_2$. La droite (AI_1) coupe en général $\mathcal{C}_2$ en deux points B_0 et B_1. Le point B_0 de la figure ci-dessous ne convient pas puisque les droites (AO_1) et (B_0O_2) sont parallèles. Les droites (AO_1) et (B_1O_2) se coupent en O.

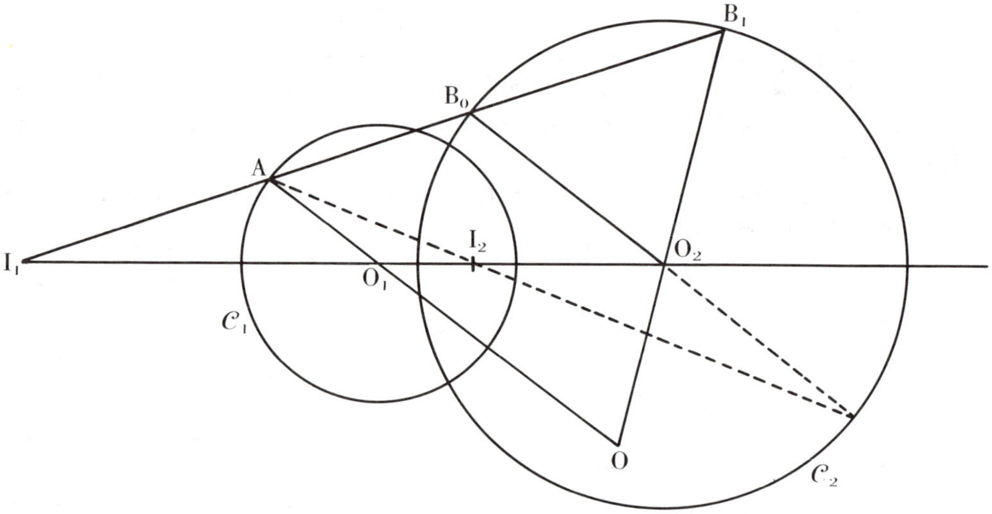

Il reste à montrer que $OA = OB_1$ et le cercle $\mathcal{C}$ de centre O, de rayon OA conviendra. Le triangle $B_1B_0O_2$ est isocèle $(O_2B_1 = O_2B_0)$ et une homothétie de centre B_1 le transforme en le triangle B_1AO qui est donc isocèle; d'où $OB_1 = OA$. Pour compléter cette étude, vous pouvez effectuer la construction à l'aide du centre I_2, et étudier le cas particulier où par exemple la droite (AI_1) est tangente à $\mathcal{C}_1$.

■ ■ ■ ■ ■ ■ ■ ■ ■ ■

2.5. Composée d'une homothétie et d'une translation

En utilisant les propriétés caractéristiques d'une homothétie et d'une translation, on prouve le théorème suivant :

Théorème 5

> ***h* est l'homothétie de centre I et de rapport *k*, avec $k \neq 0$, $k \neq 1$; *t* est la translation de vecteur $\vec{u}$, avec $\vec{u} \neq \vec{0}$.**
> **Alors $h \circ t$ et $t \circ h$ sont des homothéties de rapport *k* dont les centres sont sur la droite passant par I et de vecteur directeur $\vec{u}$.**

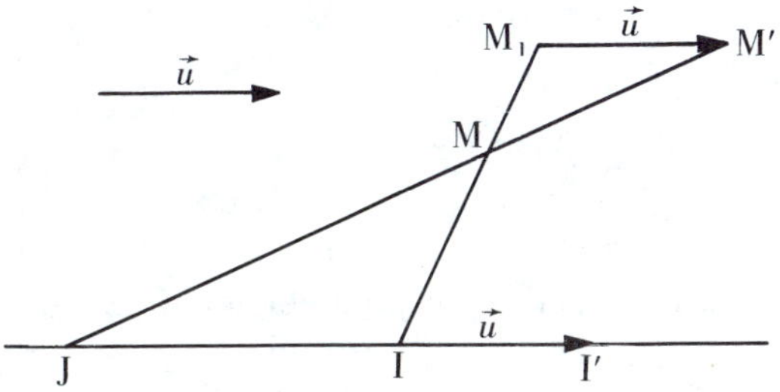

$k = \frac{3}{2}$; $M' = (t \circ h)(M)$

$I' = (t \circ h)(I)$

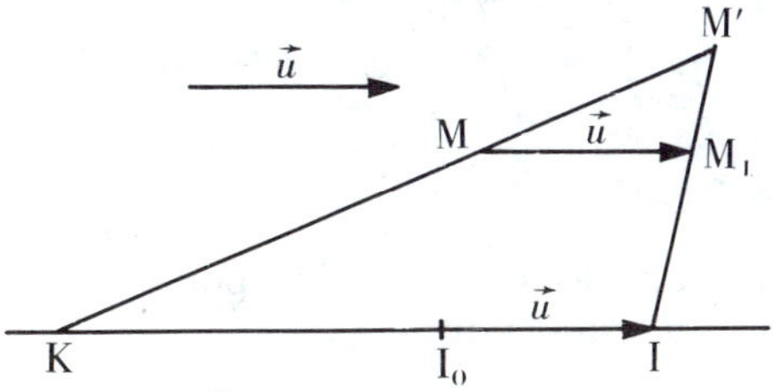

$k = \frac{3}{2}$; $M' = (h \circ t)(M)$

$I = (h \circ t)(I_0)$

EXERCICE

Les notations sont celles du théorème précédent.

a. Démontrez que $t \circ h$ et $h \circ t$ sont des homothéties.

b. Construisez les centres J et K des homothéties $t \circ h$ et $h \circ t$.

c. Montrez que $\overrightarrow{IJ} = \frac{1}{1-k}\vec{u}$ et que $\overrightarrow{IK} = \frac{k}{1-k}\vec{u}$.

Commentaire

On dit que l'ensemble $\mathcal{F}$ constitué de toutes les homothéties et de toutes les translations, est stable par composition pour indiquer que la composée de deux éléments de $\mathcal{F}$ est un élément de $\mathcal{F}$.

4. Travaux pratiques d'application

Exemples d'emploi des transformations pour l'étude de configurations.

T.P.1. Utilisation de la composée de symétries centrales

QUESTIONS

a. *Pourquoi la composée de trois symétries centrales est-elle une symétrie centrale?*

b. *Pourquoi la composée de quatre symétries centrales est-elle une translation?*

Utilisons ces résultats pour étudier les trois situations ci-dessous, indépendantes les unes des autres.

QUESTIONS

1. ABC *est un triangle et* $f = s_C \circ s_B \circ s_A$ *est la composée des symétries de centres* A, B *et* C.
I *est le centre de la symétrie* f.
On pose $J = s_A(I)$, $K = s_B(J)$.
Que pouvez-vous dire des triangles IJK *et* ABC; *déduisez-en une construction du point* I.

2. On donne cinq points A, B, C, D, E et on cherche un pentagone IJKLM tel que A, B, C, D et E soient les milieux respectifs de [IJ], [JK], [KL], [LM] et [MI].

a. *Si on a une solution, que pouvez-vous dire de l'image de* I *par la composée* $f = s_E \circ s_D \circ s_C \circ s_B \circ s_A$?

b. *Construisez alors le pentagone* IJKLM.

3. On donne quatre points A, B, C, D et on cherche un quadrilatère IJKL tel que A, B, C, D soient les milieux respectifs de [IJ], [JK], [KL] et [IL]. *Montrez que cela n'est possible que si* ABCD *est un parallélogramme et qu'alors il y a une infinité de solutions.*

T.P.2. Utilisation de la composé de deux homothéties

Théorème de Ménélaüs

On se propose de déterminer une condition nécessaire et suffisante pour que trois points pris sur les côtés d'un triangle soient alignés.

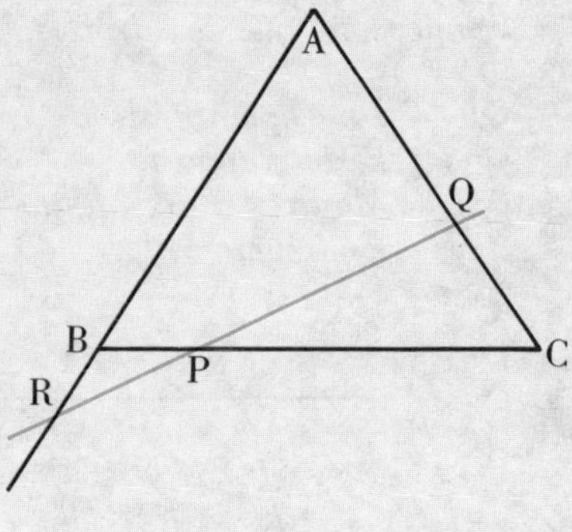

▶ Une droite coupe les côtés d'un triangle ABC en P, Q, R, comme sur la figure.
h_1 est l'homothétie de centre P qui transforme C en B; h_2 est l'homothétie de centre R qui transforme B en A; h_3 est l'homothétie de centre Q qui transforme A en C.

QUESTIONS

1. *Montrez que le rapport de l'homothétie h_1 est $\frac{\overline{PB}}{\overline{PC}}$ et que celui de l'homothétie h_2 est $\frac{\overline{RA}}{\overline{RB}}$.*

2. *Quelle est l'image de C par $h_2 \circ h_1$? La composé $h_2 \circ h_1$ est soit une translation, soit une homothétie.*

a. *Pourquoi $h_2 \circ h_1$ n'est-elle pas une translation?*

b. *$h_2 \circ h_1$ est donc une homothétie. Quel est son centre? son rapport?*

c. *Déduisez-en que :*

$$\frac{\overline{PB}}{\overline{PC}} \times \frac{\overline{QC}}{\overline{QA}} \times \frac{\overline{RA}}{\overline{RB}} = 1.$$

▶ *Étude du problème réciproque*
P, Q, R sont des points pris sur les droites (BC), (CA) et (AB) tels que :

$$\frac{\overline{PB}}{\overline{PC}} \times \frac{\overline{QC}}{\overline{QA}} \times \frac{\overline{RA}}{\overline{RB}} = 1.$$

QUESTIONS

a. *Les points* P, Q, R *ne sont pas confondus avec les sommets du triangle. Pourquoi?*

b. *En considérant les homothéties h_1 et h_2 définies précédemment et la composée $h_2 \circ h_1$, montrez que les droites* (AC) *et* (PR) *sont sécantes.*

c. *Déduisez-en que les points* P, Q, R *sont alignés.*

En conclusion : ABC est un triangle P, Q et R sont des points pris sur les droites (BC), (CA) et (AB), distincts des points A, B, C.

Ces points P, Q, R sont alignés *si et seulement si* $\frac{\overline{PB}}{\overline{PC}} \times \frac{\overline{QC}}{\overline{QA}} \times \frac{\overline{RA}}{\overline{RB}} = 1.$

Cet énoncé constitue **le théorème de Ménélaüs.**

Application du théorème de Ménélaüs

ABCD est un parallélogramme; E et F sont des points pris sur (AB) et (DC) tels que (EF) et (AD) soient parallèles; I et J sont des points pris sur (AD) et (BC) tels que (IJ) et (AB) soient parallèles.
On se propose de montrer que les droites (EJ), (AC) et (FI) sont parallèles ou concourantes.

▶ *Supposons que les droites* (EJ) *et* (AC) *soient parallèles (figure 1).*

QUESTIONS

Une homothétie de centre B *transforme* A *en* E *et* C *en* J; *on désigne par* k *son rapport.*
Montrez alors qu'une homothétie de centre D *transforme* C *en* F *et* A *en* I. *Concluez.*

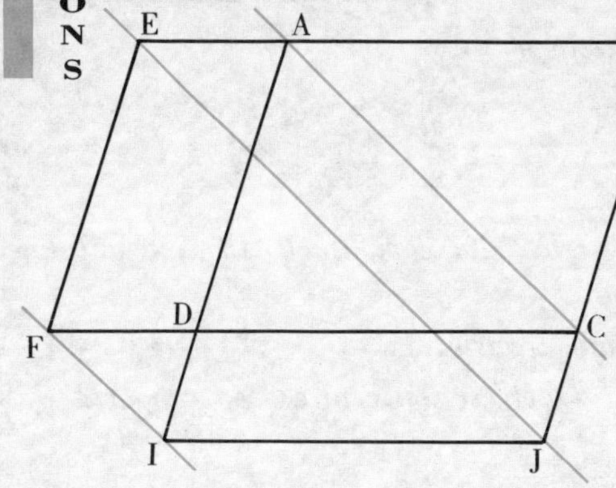

figure 1

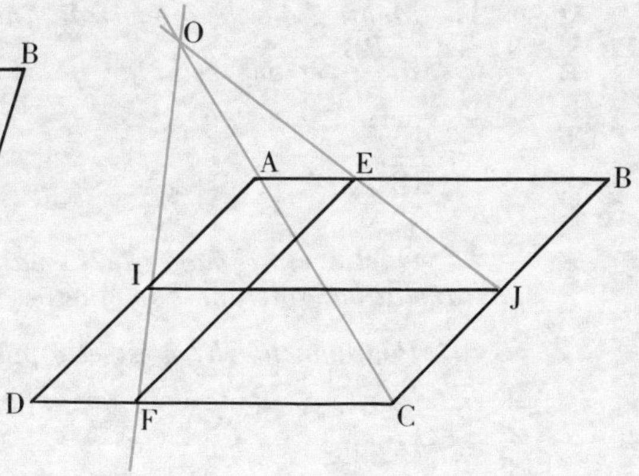

figure 2

▶ *Supposons que les droites* (EJ) *et* (AC) *soient sécantes en* O *(figure 2).*

QUESTIONS

a. *En appliquant le théorème de Ménélaüs au triangle* ABC *et à la sécante* (EJ), *montrez que* $\frac{\overline{JB}}{\overline{JC}} \times \frac{\overline{OC}}{\overline{OA}} \times \frac{\overline{EA}}{\overline{EB}} = 1.$

b. *Déduisez-en que :* $\frac{\overline{IA}}{\overline{ID}} \times \frac{\overline{FD}}{\overline{FC}} \times \frac{\overline{OC}}{\overline{OA}} = 1.$

c. *Qu'en résulte-t-il pour les points* I, F *et* O? *Concluez.*

T.P.3. Étude d'une configuration

Δ et Δ' sont deux droites *parallèles*.
A, B, C sont trois points de Δ et A′, B′, C′ trois points de Δ' tels que :

- (AB′) et (BA′) soient sécantes en O_1;
- (BC′) et (CB′) soient sécantes en O_2;
- (AC′) et (CA′) soient sécantes en O_3.

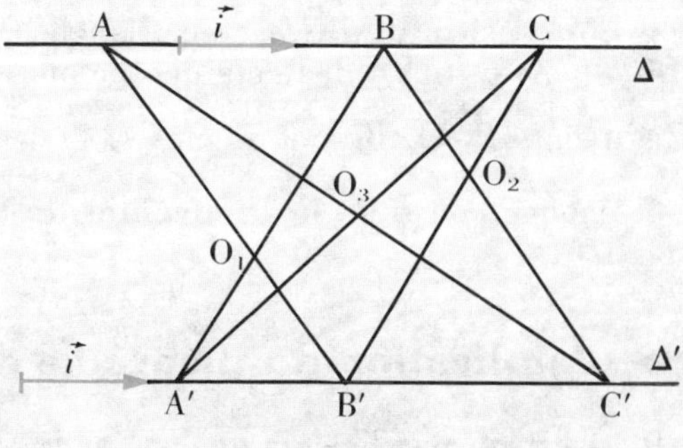

On se propose de montrer que les points O_1, O_2 *et* O_3 *sont alignés.*
h_1 est l'homothétie de centre O_1 qui transforme A en B′ (et B en A′);
h_2 est l'homothétie de centre O_2 qui transforme B′ en C (et C′ en B);
h_3 est l'homothétie de centre O_3 qui transforme A en C′ (et C en A′).

QUESTIONS

On suppose que les droites Δ et Δ' sont orientées par le même vecteur $\vec{i}$.

1. *Montrez que les rapports des homothéties h_1, h_2 et h_3 sont respectivement*

$$\frac{\overline{B'A'}}{\overline{AB}}, \quad \frac{\overline{CB}}{\overline{B'C'}} \quad et \quad \frac{\overline{C'A'}}{\overline{AC}}.$$

2. *Quelles sont les images du point A par chacune des composées $h_2 \circ h_1$ et $h_2 \circ h_3$?*

On sait que la composée de deux homothéties est soit une translation soit une homothétie.

▶ Supposons que la composée $f = h_2 \circ h_1$ soit *une translation.*

QUESTIONS

a. *Quel est le vecteur de cette translation?*

b. *Déduisez-en que les droites Δ et (O_1O_2) sont parallèles.*

c. *Pourquoi a-t-on* $\frac{\overline{B'A'}}{\overline{AB}} \times \frac{\overline{CB}}{\overline{B'C'}} = 1$?

Déduisez-en que $\frac{\overline{BC}}{\overline{B'C'}} = \frac{\overline{BA}}{\overline{B'A'}} = \frac{\overline{CA}}{\overline{C'A'}}$.

d. *Montrez alors que $h_2 \circ h_3$ est une translation.*
Quel est le vecteur de cette translation?
Que peut-on alors dire des droites Δ et (O_2O_3)?

e. *Concluez : les points O_1, O_2 et O_3 sont alignés.*

▶ Supposons que la composée $f = h_2 \circ h_1$ soit *une homothétie.*

QUESTIONS

a. *Quel est le rapport de cette homothétie?*

b. *Pourquoi peut-on dire que le centre J de cette homothétie est à l'intersection des droites Δ et (O_1O_2)?*

c. *Montrez que :* $(\overline{BA} \times \overline{B'C'})\overrightarrow{JC} - (\overline{B'A'} \times \overline{BC})\overrightarrow{JA} = \vec{0}$.

d. *Pour montrer que les points O_1, O_2 et O_3 sont alignés, pourquoi suffit-il de montrer que $h_2 \circ h_3$ est une homothétie de centre J?*

e. *Pourquoi la composée $g = h_2 \circ h_3$ est-elle une homothétie? Pourquoi le centre K de cette homothétie est-il à l'intersection des droites Δ et (O_2O_3)?*

f. *Montrez que :*

$$(\overline{CA} \times \overline{B'C'})\overrightarrow{KB} - (\overline{C'A'} \times \overline{BC})\overrightarrow{KA} = \vec{0}.$$

g. *Vérifiez alors que les points J et K sont confondus.*

Indication : *vous pouvez comparer les vecteurs $\overrightarrow{AK}$ et $\overrightarrow{AJ}$.*

h. *Concluez : les points O_1, O_2, O_3 sont alignés.*

T.P.4. Problème de construction

Problème : **ABC étant un triangle donné, comment construire un triangle A′B′C′ tel que A′, B′, C′ soient les *milieux* respectifs des segments [B′C′], [AC′], [A′B]?**
(D'après *Exercices de géométrie. I.R.E.M. de Nantes.*)

Dans un premier temps, supposons que la construction demandée soit réalisée et **analysons** la figure ci-contre.
Pour cela, notons h_1, h_2, h_3 les homothéties de rapport 2 et de centres respectifs A, B, C.

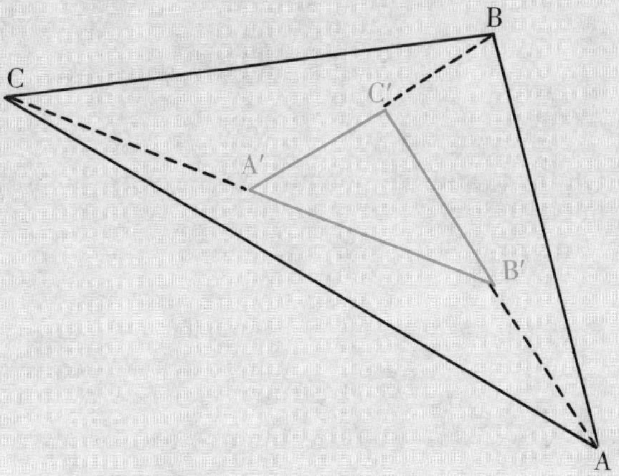

QUESTIONS

a. *Montrez que l'image de* B′ *par la transformation* $h_3 \circ h_2 \circ h_1$ *est* B′.

b. *Montrez que* $h_3 \circ h_2 \circ h_1$ *est une homothétie, dont vous préciserez le centre et le rapport.*

Utilisons les remarques précédentes pour réaliser la construction demandée.
Donnons-nous un triangle ABC.
Remarquez que le point B′ que l'on doit construire es nécessairement le centre de l'homothétie $h_3 \circ h_2 \circ h_1$; notons h cette homothétie.
Comment construire le centre de h?

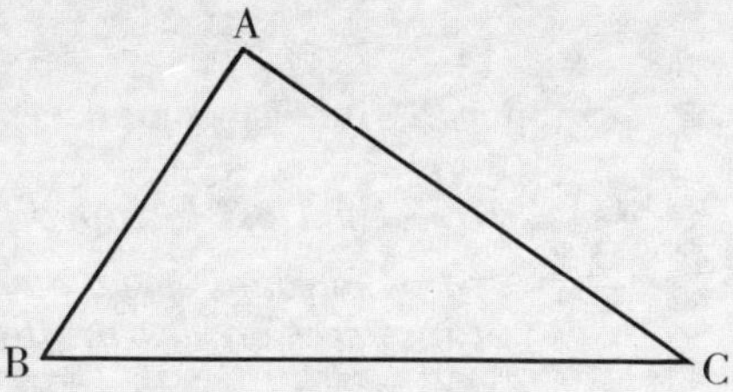

QUESTIONS

a. *Sur la figure précédente, choisissez deux points distincts* M *et* N *et construisez leurs images* M′ *et* N′ *par l'homothétie h.*
Expliquez pourquoi le centre B′ *de h est l'intersection des droites* (MM′) *et* (NN′).

b. *Posez* $h_1(B') = C'$ *et* $h_2(C') = A'$.
Pourquoi le triangle A′B′C′ *ainsi obtenu répond-il à la question?*

EXERCICES

Exercices d'apprentissage

Pour les exercices 1 à 7, ABCD est un carré; déterminez $h = g \circ f$; construisez $h(\text{ABCD})$.

1. f est l'homothétie de centre A et de rapport 2;
g est l'homothétie de centre A et de rapport -2.

2. f est l'homothétie de centre A et de rapport $\frac{3}{2}$;
g est la translation de vecteur $\overrightarrow{AB}$.

3. f est la translation de vecteur $\overrightarrow{AB}$;
g est l'homothétie de centre A et de rapport $\frac{3}{2}$.

4. f est l'homothétie de centre A et de rapport 2;
g est l'homothétie de centre B et de rapport $-\frac{3}{2}$.

5. f est l'homothétie de centre A et de rapport $\frac{1}{2}$;
g est l'homothétie de centre B et de rapport 2.

6. f est l'homothétie de centre A et de rapport -2;
g est l'homothétie de centre B et de rapport $\frac{1}{2}$.

7. f est l'homothétie de centre A et de rapport $\frac{3}{2}$;
g est l'homothétie de centre B et de rapport $-\frac{3}{2}$.

Pour les exercices 8 à 11, le plan est muni d'un repère orthonormé; déterminez la forme complexe de f et g, puis de $h = g \circ f$; identifiez h.

8. f est la translation de vecteur d'affixe $3+4i$;
g est l'homothétie de centre $\text{I}(2-i)$ et de rapport 2.

9. f est l'homothétie de centre $\text{I}(1-i)$ et de rapport -3;
g est l'homothétie de centre $\text{J}(2+i)$ et de rapport $-\frac{1}{3}$.

10. f est l'homothétie de centre $\text{I}(1+3i)$ et de rapport -2;
g est l'homothétie de centre $\text{J}(-2-i)$ et de rapport 2.

11. f est l'homothétie de centre $\text{I}(-2-2i)$ et de rapport 2;
g est l'homothétie de centre $\text{J}(1-5i)$ et de rapport $-\frac{3}{2}$.

Exercices d'entraînement

12. Démontrez les théorèmes **3, 4** et **5** en utilisant la forme complexe des homothéties et translations.

13. On considère dans un plan $\mathscr{P}$ un triangle ABC non aplati. B′ désigne le milieu de [AC], C′ le milieu de [AB] et D le barycentre du système (A, 3), (B, 2).
Soit I le barycentre du système (A, 2), (B, 2), (A, 1), (C, 1).

1. Montrez que I est le barycentre du système (B′, 1), (C′, 2) et également du système (D, 5), (C, 1).
Déduisez-en que I est le point d'intersection des droites (B′C′) et (CD).

2. La droite (AI) coupe la droite (BC) en E. Déterminez la position de E sur la droite (BC). (On pourra utiliser le fait que I est le barycentre du système (B′, 1), (C′, 2).)

3. B et C restent fixes. Le point A se déplace dans $\mathcal{T}$, le segment [AE], où E est le point défini dans la question **2**, conservant une longueur constante.
Déterminez les lieux géométriques des points I et D. (On pourra faire intervenir des homothéties.)

(Bac C)

14. On considère dans le plan P deux points fixes A et O distincts, une droite D ne passant pas par A et non parallèle à (OA). Soit d la droite parallèle à D passant par A. On note P* le plan P privé de d.
f est l'application de P* dans P définie de la manière suivante :
— si $M \in D$, $f(M) = M$,
— si $M \notin D$, $f(M)$ est l'image de O par l'homothétie h_M de centre M qui transforme A en un point de D.

1. Construisez l'image $M' = f(M)$ d'un point M de P* n'appartenant pas à D dans chacun des cas :

a) $M \notin (OA)$;

b) $M \in (OA)$.

2. Soit 2 points M_1 et M_2 de P*, fixés, distincts, non situés sur D, M_1' et M_2' leurs images par f, N_1 et N_2 les points d'intersection des droites (AM_1) et (AM_2) avec D.
Démontrez que le couple $(N_2; M_2')$ est l'image du couple $(N_1; M_1')$ par une homothétie ou une translation que l'on précisera, et vérifiez que c'est une translation si, et seulement si, les droites (M_1M_2) et D sont parallèles. (On pourra composer deux homothéties.)

(Bac E)

15. Le cercle $\mathcal{C}_1$ est tangent intérieurement au cercle $\mathcal{C}$ en A. Le cercle $\mathcal{C}_2$ est tangent intérieurement au cercle $\mathcal{C}$ en B. Les cercles $\mathcal{C}_1$ et $\mathcal{C}_2$ sont tangents extérieurement en C. La droite (BC) recoupe le cercle $\mathcal{C}$ en D et la droite (AC) recoupe le cercle $\mathcal{C}$ en E. Démontrez que les points D et E sont diamétralement opposés sur le cercle $\mathcal{C}$.

16. *Problème des médianes.*
D_1, D_2 et D_3 sont trois droites distinctes concourantes en G. Il s'agit de déterminer les triangles dont ces droites sont les médianes.
1. Si $A_1A_2A_3$ est une solution, on note A_1', le milieu de $[A_2A_3]$.

a) Trouvez l'homothétie de centre A_1 qui transforme G en A_1';

b) Trouvez l'homothétie de centre A_1' qui transforme A_2 en A_3.

2. Montrez que tout point A_1 de D_1 autre que G est sommet d'une triangle solution dont vous expliquerez la construction.

CHAPITRE
12

COMPOSÉES DE RÉFLEXIONS, DE ROTATIONS

1. Cours

1.1. Composée de deux réflexions d'axes sécants

d et d' sont deux droites sécantes en I. $s_{d'}$ et s_d sont respectivement les réflexions d'axe d et d' (c'est-à-dire les symétries orthogonales par rapport à d et d').

On a établi en classe de Première que **la transformation $s_{d'} \circ s_d$ est la rotation de centre I et d'angle $2(\vec{u}\,;\vec{u}\,')$**, où $\vec{u}$ est n'importe quel vecteur directeur de d, et où $\vec{u}\,'$ est n'importe quel vecteur directeur de d'.

Réciproquement, une rotation r de centre I et d'angle α peut être considérée d'une infinité de manières comme la composée de deux réflexions d'axes sécants en I. Pour obtenir une telle composée, il suffit de choisir n'importe quelle droite d passant par I, et de construire la droite d', image de d dans la rotation de centre I et d'angle $\frac{\alpha}{2}$. On a alors $r = s_{d'} \circ s_d$.

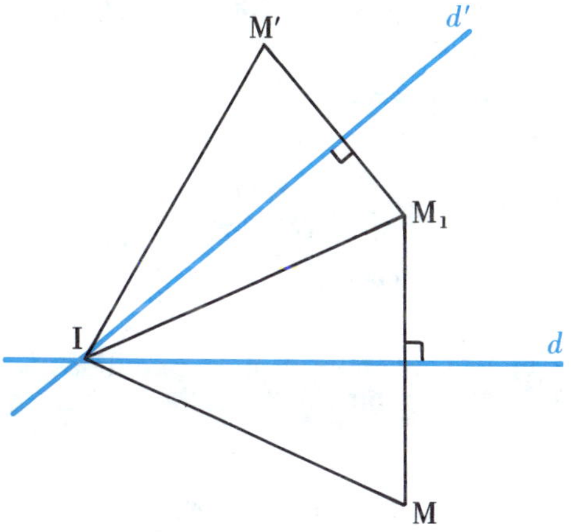

EXERCICE résolu 1

d_1 et d_2 sont deux droites sécantes en O. M_1 et M_2 sont les images respectives d'un point M par les réflexions d'axes d_1 et d_2.

a. Pourquoi peut-on considérer M_2 comme l'image de M_1 par une rotation de centre O?

b. On suppose que M décrit une droite D.
Montrez que la distance M_1M_2 est minimale lorsque M est le projeté orthogonal de O sur D.

Solution ■■■

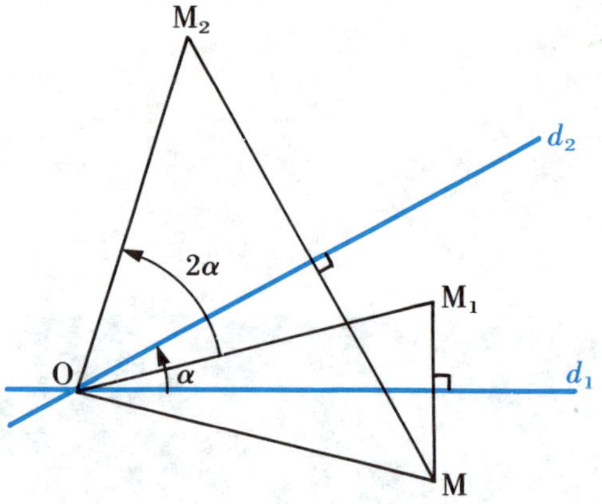

a. Par construction M_1 est l'image de M par la réflexion s_{d_1} d'axe d_1, soit $s_{d_1}(M) = M_1$. Or nous savons que la transformation réciproque de s_{d_1} est s_{d_1} elle-même (voir page 179), donc $M = s_{d_1}(M_1)$.
M_2 est l'image de M par la réflexion s_{d_2} d'axe d_2 donc $M_2 = s_{d_2}(M)$.
Par conséquent : $M_2 = (s_{d_2} \circ s_{d_1})(M_1)$.
La transformation $s_{d_2} \circ s_{d_1}$ est une rotation r de centre O, et M_2 est l'image de M_1 par cette rotation r.

b. Quand M décrit la droite D, M_1 décrit la droite D_1 image de D par s_{d_1} et M_2 décrit la droite D_2 image de D par s_{d_2}.
On peut dire que D_2 est l'image de D_1 par la rotation r puisque $M_2 = r(M_1)$.
Quel que soit M_1 appartenant à D_1, le triangle OM_1M_2 est isocèle ($OM_1 = OM_2$) et l'angle $(\overrightarrow{OM_1}; \overrightarrow{OM_2})$ est constant (égal à l'angle de la rotation r); la distance M_1M_2 est donc minimale lorsque la distance OM_1, est minimale, c'est-à-dire lorsque M_1 est en H_1, projeté orthogonal de O sur D_1 (remarquez qu'alors M_2 est en H_2 projeté orthogonal de O sur D_2, car une rotation conserve l'orthogonalité).
Par ailleurs, on sait que H_1 est l'image par s_{d_1} du projeté orthogonal H de O sur D et comme une réflexion conserve la distance on a : $OH_1 = OH$.
Par conséquent, la distance M_1M_2 est minimale lorsque M est en H, projeté orthogonal de O sur D.

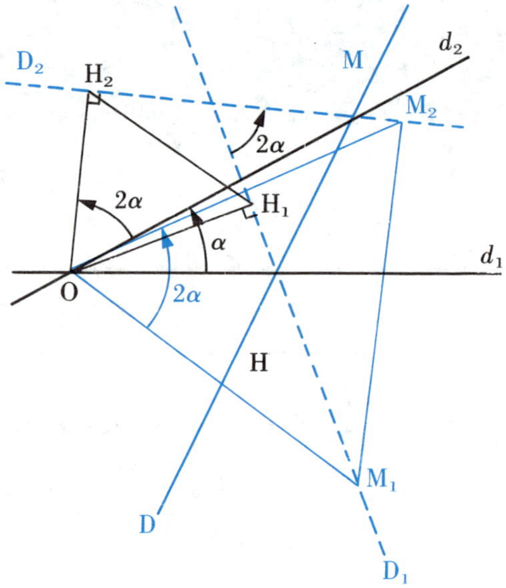

■■■■■■■■■■

1.2. Composée de deux réflexions d'axes parallèles

d et d' sont deux droites parallèles.
A_1 est un point de d; A_2 le projeté orthogonal de A_1 sur d'.
Nous vous laissons vérifier que $s_{d'} \circ s_d$ est la translation de vecteur $2\overrightarrow{A_1A_2}$. Vous remarquerez que le vecteur de la translation est normal à d et d'.

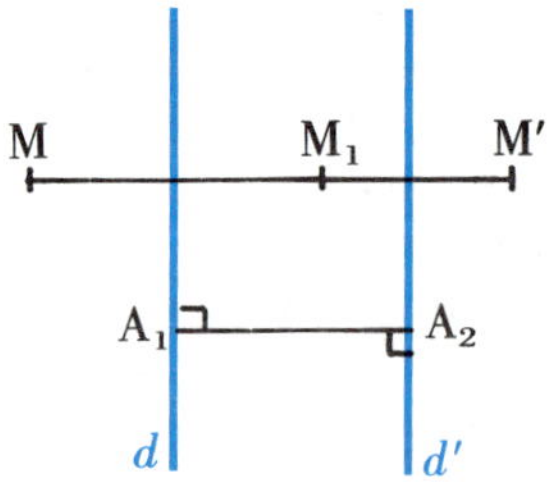

Réciproquement, la translation de vecteur $\vec{u}$ peut être considérée d'une infinité de manières comme la composée $s_{d'} \circ s_d$ de deux réflexions d'axes d et d' parallèles.
Pour obtenir une telle décomposition, il suffit de choisir une droite d orthogonale à $\vec{u}$ et de construire la droite d' image de d par la translation de vecteur $\frac{1}{2}\vec{u}$ (on aurait pu choisir d' orthogonale à $\vec{u}$ et déduire d par la translation de vecteur $-\frac{1}{2}\vec{u}$).

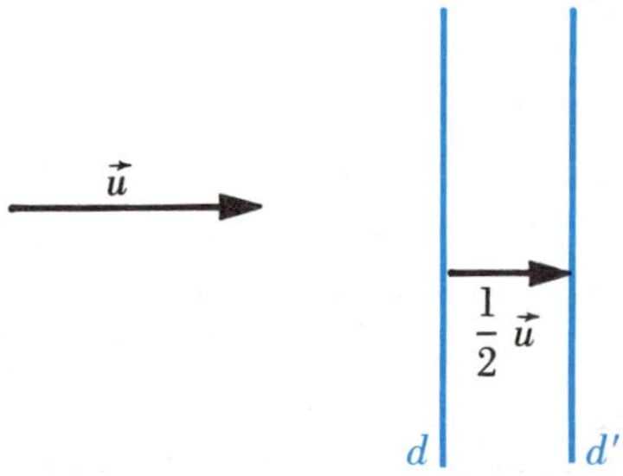

Théorème 1

1. La composée de deux réflexions d'axes d et d' parallèles, est une translation de vecteur $\vec{u}$ normal à d et d'.

2. La translation de vecteur $\vec{u}$ peut être considérée comme la composée de deux réflexions d'axes parallèles, l'axe d'une des réflexions pouvant être choisi arbitrairement parmi les droites orthogonales à $\vec{u}$.

EXERCICE résolu 2

ABC est un triangle. H est l'orthocentre de ce triangle, O est le centre de cercle $\mathcal{C}$ circonscrit au triangle ABC et A′ est le milieu de [BC].

a. Notons P le point défini par $\overrightarrow{OP} = \overrightarrow{OA} + \overrightarrow{OB} + \overrightarrow{OC}$.
Montrez que P est confondu avec l'orthocentre H de ABC.
Déduisez-en que $\overrightarrow{AH} = -2\overrightarrow{OA'}$.

b. En considérant la translation de vecteur $\overrightarrow{AH}$ comme la composée $s_{(BC)} \circ s_d$ de deux réflexions, d étant une droite que vous déterminerez, montrez que le symétrique K de H par rapport à (BC) appartient au cercle $\mathcal{C}$.

Solution ■ ■ ■

a. De $\overrightarrow{OP} = \overrightarrow{OA} + \overrightarrow{OB} + \overrightarrow{OC}$ on déduit que $\overrightarrow{OP} = \overrightarrow{OA} + 2\overrightarrow{OA'}$, puisque $\overrightarrow{OB} + \overrightarrow{OC} = 2\overrightarrow{OA'}$.
On a donc $\overrightarrow{AP} = 2\overrightarrow{OA'}$ et les droites (AP) et (OA′) sont parallèles. La droite (OA′) étant la médiatrice de [BC], elle lui est perpendiculaire et la droite (AP) est donc une hauteur du triangle ABC. On montrerait de la même manière que (BP) et (CP) sont des hauteurs du triangle ABC, autrement dit que P est l'orthocentre H du triangle ABC.
On a donc $\mathbf{\overrightarrow{AH} = 2\overrightarrow{OA'}}$.

b. La translation t de vecteur $\overrightarrow{AH}$ peut être considérée comme la composée $s_{(BC)} \circ s_d$ où d est l'image de (BC) par la translation de vecteur $-\frac{1}{2}\overrightarrow{AH}$.

Or, $-\frac{1}{2}\overrightarrow{AH} = \overrightarrow{A'O}$, donc d est parallèle à (BC) et passe par O.

Cherchons l'image du cercle $\mathcal{C}$ par la translation t.

Nous avons $t = s_{(BC)} \circ s_d$, or d passe par O, donc l'image de $\mathcal{C}$ par s_d est le cercle $\mathcal{C}$ lui-même; l'image de $\mathcal{C}$ par $s_{(BC)}$ est le symétrique $\mathcal{C}'$ de $\mathcal{C}$ par rapport à (BC), donc $t(\mathcal{C}) = \mathcal{C}'$. Comme $A \in \mathcal{C}$ et que $H = t(A)$, H est un point de $\mathcal{C}'$.

Le symétrique K de H par rapport à (BC) appartient alors au symétrique de $\mathcal{C}'$ par rapport à (BC), c'est-à-dire à $\mathcal{C}$.

En conclusion, les symétriques de l'orthocentre par rapport aux côtés d'un triangle appartiennent au cercle circonscrit à ce triangle.

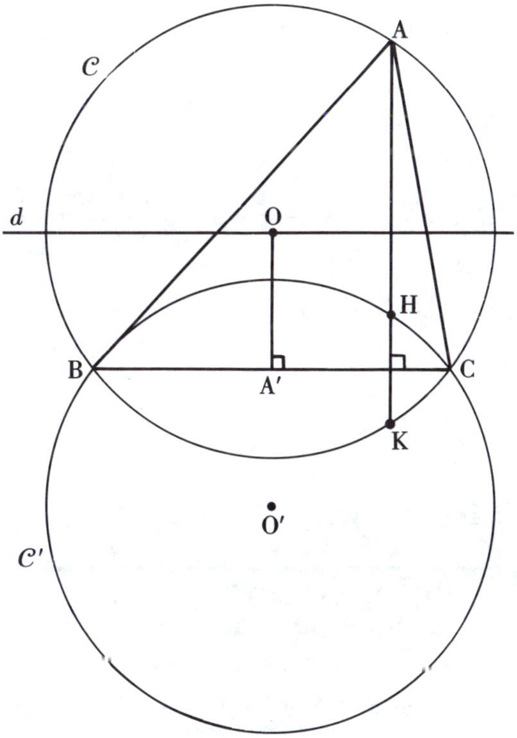

■ ■ ■ ■ ■ ■ ■ ■ ■ ■

1.3. Composées de deux rotations, d'une rotation et d'une translation

a. Composée de deux rotations de centres distincts

$r_1 = r(O_1, \theta_1)$ et $r_2 = r(O_2, \theta_2)$ sont deux rotations de centres O_1 et O_2 **distincts,** d'angles θ_1 et θ_2 non nuls. On se propose d'étudier $r_2 \circ r_1$.

Appelons s la réflexion d'axe (O_1O_2).

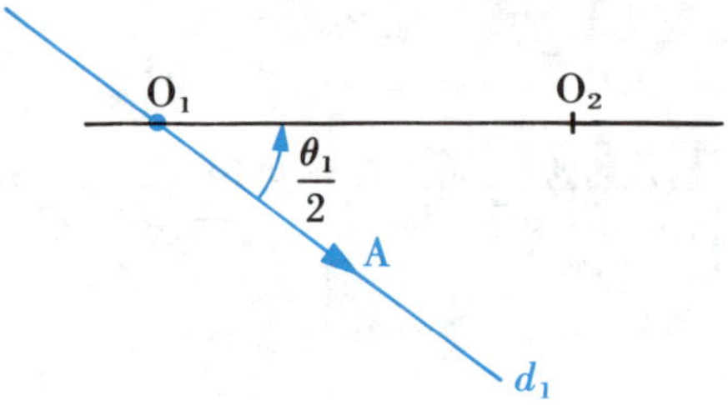

Considérons un vecteur $\vec{u}_1 = \overrightarrow{O_1A}$ tel que $(\overrightarrow{O_1A}; \overrightarrow{O_1O_2}) = \frac{\theta_1}{2}$, et notons s_1 la réflexion d'axe la droite (O_1A). Par la suite, nous noterons d_1 cette droite.

Alors, d'après le résultat rappelé au paragraphe **1.1.,** nous avons : $s \circ s_1 = r_1$.

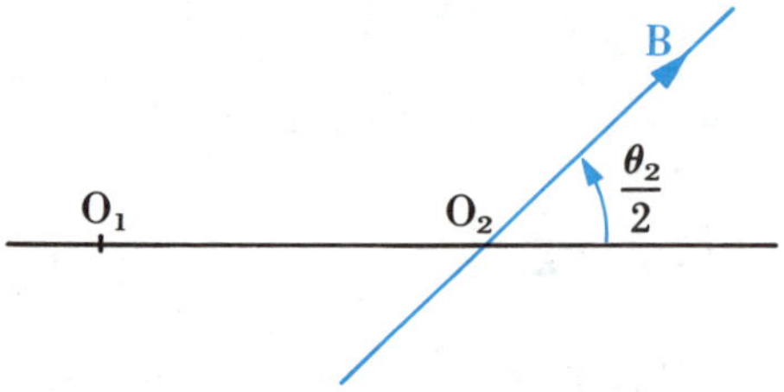

Considérons un vecteur $\vec{u}_2 = \overrightarrow{O_2B}$, tel que $(\overrightarrow{O_1O_2}; \overrightarrow{O_2B}) = \frac{\theta_2}{2}$, et notons s_2 la réflexion d'axe la droite (O_2B); par la suite, nous noterons d_2 cette droite.

Alors nous avons : $s_2 \circ s = r_2$.

Nous pouvons donc écrire :

$r_2 \circ r_1 = (s_2 \circ s) \circ (s \circ s_1) = s_2 \circ s \circ s \circ s_1$, et puisque $s \circ s = id$, et que $s_2 \circ id = s_2$, nous avons :

$$r_2 \circ r_1 = s_2 \circ s_1.$$

Deux cas se présentent alors, suivant que d_1 et d_2 sont parallèles ou non parallèles.

D'après la relation de Chasles : $(\vec{u}_1; \vec{u}_2) = (\vec{u}_1; \overrightarrow{O_1O_2}) + (\overrightarrow{O_1O_2}; \vec{u}_2) = \frac{\theta_1 + \theta_2}{2}$.

Les vecteurs $\vec{u}_1$ et $\vec{u}_2$ sont colinéaires *si, et seulement si :* $\frac{\theta_1 + \theta_2}{2} = 2k\pi$, ou $\frac{\theta_1 + \theta_2}{2} = \pi + 2k'\pi$ avec k et k' entiers (chapitre **6**, paragraphe **1.2. *d.***).

Or, dire que $\frac{\theta_1 + \theta_2}{2} = 2k\pi$ ou $\frac{\theta_1 + \theta_2}{2} = \pi + 2k'\pi$ équivaut à dire que $\theta_1 + \theta_2 = 2k''\pi$, avec k'' entier.

Donc les droites d_1 et d_2 sont parallèles *si et seulement si* $\theta_1 + \theta_2$ est un multiple de 2π; alors dans ce cas $s_2 \circ s_1$ est une translation (d'après le théorème **1**).

Dans le cas contraire, $s_2 \circ s_1$ est une rotation d'angle $\theta_1 + \theta_2$ (d'après le paragraphe **1.1.**).

D'où le théorème suivant :

Théorème 2

$r_1(O_1, \theta_1)$ et $r_2(O_2, \theta_2)$ sont deux rotations de centres O_1 et O_2 distincts, d'angles θ_1 *et* θ_2 non nuls.

(1) *Si* $\theta_1 + \theta_2 = 2k\pi$ (avec $k \in \mathbb{Z}$), *alors* $r_2 \circ r_1$ est une translation.

(2) *Si* $\theta_1 + \theta_2 \neq 2k\pi$ (avec $k \in \mathbb{Z}$), *alors* $r_2 \circ r_1$ est une rotation d'angle $\theta_1 + \theta_2$.

Commentaire

Pour déterminer **le vecteur de la translation $r_2 \circ r_1$,** lorsque $\theta_1 + \theta_2 = 2k\pi$ (avec $k \in \mathbb{Z}$), il suffit de connaître l'image d'un point par $r_2 \circ r_1$; si l'on choisit le point O_1, centre de la rotation r_1, l'image O'_1 de O_1 par $r_2 \circ r_1$ est $r_2(O_1)$ et $r_2 \circ r_1$ est la translation de vecteur $\overrightarrow{O_1O'_1}$ (on remarquera, en outre, que $O'_1 = r_2(O_1)$) (voir **figure 1**).
Lorsque $\theta_1 + \theta_2 \neq 2k\pi$ (avec $k \in \mathbb{Z}$), **le point d'intersection des droites d_1 et d_2 est le centre O de la rotation $r_2 \circ r_1$** d'après le résultat du paragraphe **1.1.** (voir **figure 2**).

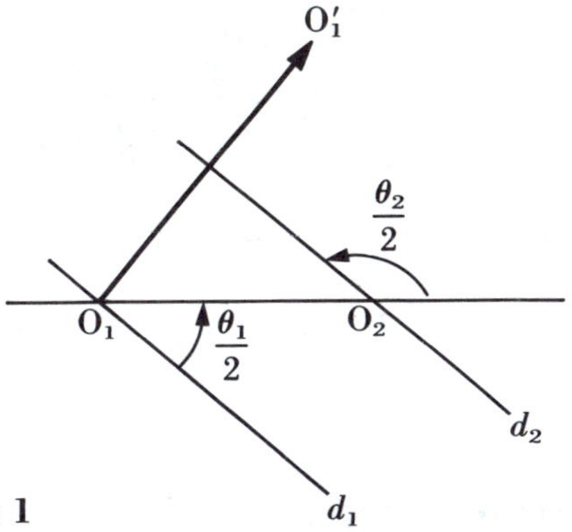

figure 1

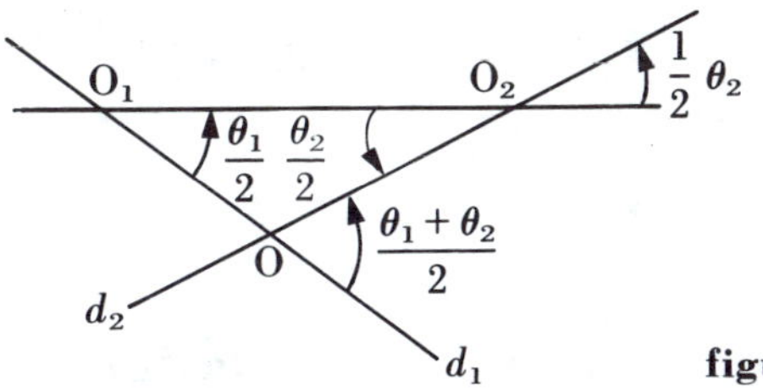

figure 2

EXERCICE
résolu 3

A l'extérieur d'un quadrilatère convexe direct ABCD, on construit les triangles équilatéraux AI_1B, BI_2C, CI_3D, DI_4A.
r_1, r_2, r_3, r_4 sont les rotations de centres I_1, I_2, I_3 et I_4, d'angle $-\frac{\pi}{3}$, l'orientation étant celle de la figure.

a. Montrez que la transformation $r_4 \circ r_3 \circ r_2 \circ r_1$ est la rotation de centre A et d'angle $-\frac{4\pi}{3}$.

b. Montrez que $r_2 \circ r_1$ est une rotation; soit P son centre; montrez que $r_4 \circ r_3$ est une rotation, soit Q son centre.

c. Déduisez-en que le triangle APQ est équilatéral.

Solution ■ ■ ■

a. Il résulte du théorème **2** que $r_4 \circ r_3 \circ r_2 \circ r_1$ en une rotation d'angle $-\frac{4\pi}{3}$, cette rotation laisse A invariant puisque $r_1(A) = B$, $r_2(B) = C$, $r_3(C) = D$ et $r_4(D) = A$.
A est donc le centre de cette rotation.

b. Du théorème **2,** il résulte également que $r_2 \circ r_1$ et $r_4 \circ r_3$ sont des rotations d'angle $-\frac{2\pi}{3}$.
Posons $r = r_2 \circ r_1$ et construisons le centre P de cette rotation.
Pour cela décomposons r_2 et r_1 à l'aide de réflexions et écrivons

$$r = s_{d_2} \circ s_{(I_1I_2)} \circ s_{(I_1I_2)} \circ s_{d_1}$$
$$= s_{d_2} \circ s_{d_1}$$

où d_1 et d_2 sont les demi-droites d'origines I_1 et I_2, dessinées sur la figure ci-contre. Le point P est l'intersection de d_1 et d_2.

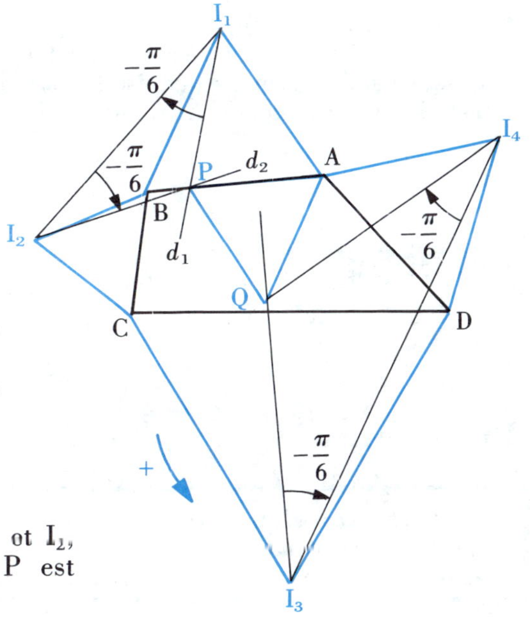

De la même façon, posons $r' = r_4 \circ r_3$ et construisons le centre Q de cette rotation.

c. On a $r_4 \circ r_3 \circ r_2 \circ r_1 = r' \circ r$.

$r' \circ r$ est la rotation de centre A et d'angle $-\frac{4\pi}{3}$ d'après la question ***a***. Si l'on construit le centre de cette rotation en utilisant la décomposition de r et r' à l'aide de réflexions, on obtient :

$$r' \circ r = s_{(AQ)} \circ s_{(PQ)} \circ s_{(PQ)} \circ s_{(AP)}$$

avec $(\overrightarrow{PA}; \overrightarrow{PQ}) = -\frac{\pi}{3}$ et $(\overrightarrow{QP}; \overrightarrow{QA}) = -\frac{\pi}{3}$.

Donc le triangle APQ est équilatéral car il a deux angles géométriques de mesures $\frac{\pi}{3}$.

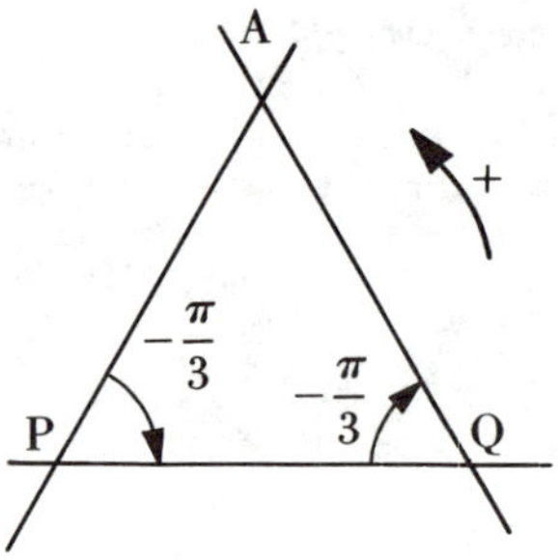

b. Composée d'une rotation et d'une translation

$r = r(O, \theta)$ est la rotation de centre O, d'angle θ non nul, et t est la translation de vecteur $\vec{u}$ avec $\vec{u} \neq \vec{0}$. On se propose d'étudier $t \circ r$.
La rotation r peut être considérée comme la composée de deux réflexions d'axes sécants en O, l'un de ces axes pouvant être choisi arbitrairement; choisissons pour l'un des axes la droite d, passant par O, de vecteur normal $\vec{u}$ et appelons s la réflexion d'axe d.
Nous avons alors $r = s \circ s_1$ où s_1 est la réflexion d'axe d_1 passant par O et de vecteur directeur $\overrightarrow{OA}$ tel que la figure l'indique.
Nous pouvons aussi considérer t comme la composée $s_2 \circ s$ de deux réflexions, où s_2 est la réflexion d'axe d_2 image de d par la translation de vecteur $\frac{1}{2}\vec{u}$.
On a alors $t \circ r = (s_2 \circ s) \circ (s \circ s_1) = s_2 \circ s_1$.
Les droites d_1 et d_2 sont sécantes en I et comme d et d_2 sont parallèles, nous déduisons que la transformation $s_2 \circ s_1$ est donc la rotation de centre I, d'angle θ.

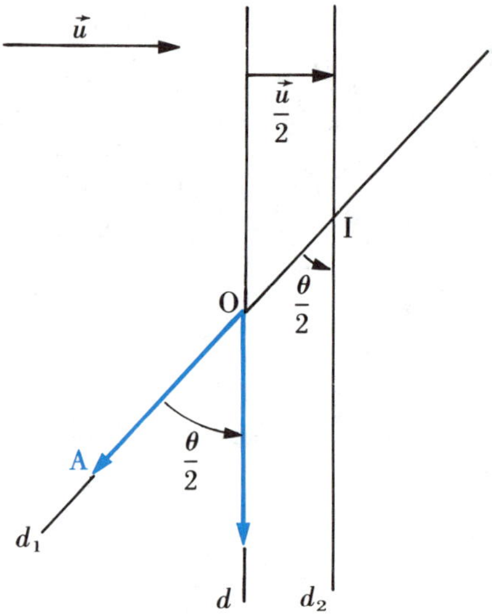

EXERCICE

Vérifiez que $r \circ t$ est aussi une rotation d'angle θ; construisez son centre.

Théorème 3

> ***t* est une translation de vecteur $\vec{u}$, $\vec{u} \neq 0$, *r* est une rotation d'angle θ avec $\theta \neq 2k\pi$ (avec $k \in \mathbb{Z}$).**
> **Alors $t \circ r$ et $r \circ t$ sont des rotations d'angle θ.**

EXERCICE résolu 4

OABC est un parallélogramme. On considère des triangles isocèles (non aplatis) AIB et CJB tels que

$$AI = AB, \quad CJ = CB \quad \text{et} \quad (\overrightarrow{AI}; \overrightarrow{AB}) = (\overrightarrow{CB}; \overrightarrow{CJ}).$$

Montrez que J est l'image de I par la rotation de centre O, d'angle α où α est une mesure de $(\overrightarrow{AI}; \overrightarrow{AB})$.

Solution

Notons :
r la rotation de centre O et d'angle α;
t la translation de vecteur $\overrightarrow{CJ}$;
t' la translation de vecteur $\overrightarrow{AO}$.
Considérons la transformation $t \circ r \circ t'$, elle transforme I en J puisque $t'(I) = L$, $r(L) = C$ et $t(C) = J$.

D'après le théorème précédent, c'est une rotation d'angle α.
L est le point tel que $\overrightarrow{AO} = \overrightarrow{IL}$ et K est le point tel que $\overrightarrow{CJ} = \overrightarrow{OK}$.
α est alors une mesure de chacun des angles $(\overrightarrow{OL}; \overrightarrow{OC})$ et $(\overrightarrow{OA}; \overrightarrow{OK})$. On a $OA = OK$ et $OL = OC$, et la rotation r transforme A en K et L en C.
La rotation $t \circ r \circ t'$ transforme A en K; en effet : $t'(A) = O$, $r(O) = O$ et $t(O) = K$.
Nous vous laissons expliquer pourquoi $t \circ r \circ t'$ et r étant deux rotations d'angle α et qui transforment toutes deux A en K, ont même centre. Donc $t \circ r \circ t'$ est la rotation de centre O et d'angle α.

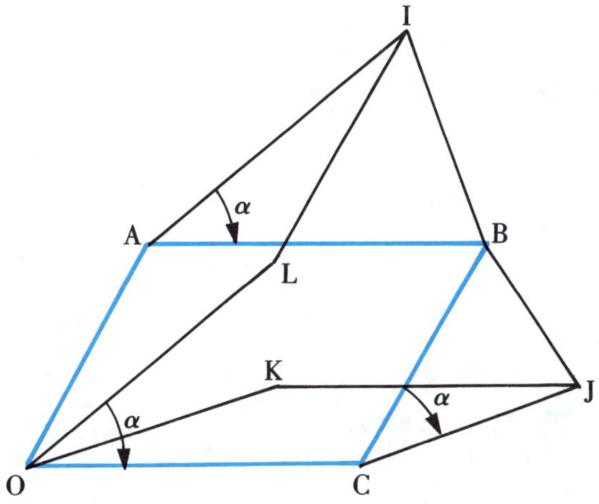

J est donc l'image de I par la rotation $r(O, \alpha)$.

2. Travaux pratiques d'application

T.P.1. Utilisation de la composée de deux rotations

Premier exemple

Sur les côtés [BC], [CA] et [AB] d'un triangle direct ABC, à l'extérieur de celui-ci, on construit les triangles équilatéraux BCA′, CAB′ et ABC′ et on désigne par I, J, K les centres de gravité respectifs de ces triangles.

Q U E S T I O N S

1. ***a.*** *Pourquoi la transformation*

$r\left(K, -\frac{2\pi}{3}\right) \circ r\left(J, -\frac{2\pi}{3}\right) \circ r\left(I, -\frac{2\pi}{3}\right)$

est-elle une translation?

b. *Quelle est l'image de* B *par cette translation?*

c. *Déduisez-en que :*

$r\left(J, -\frac{2\pi}{3}\right) \circ r\left(I, -\frac{2\pi}{3}\right) = r\left(K, \frac{2\pi}{3}\right).$

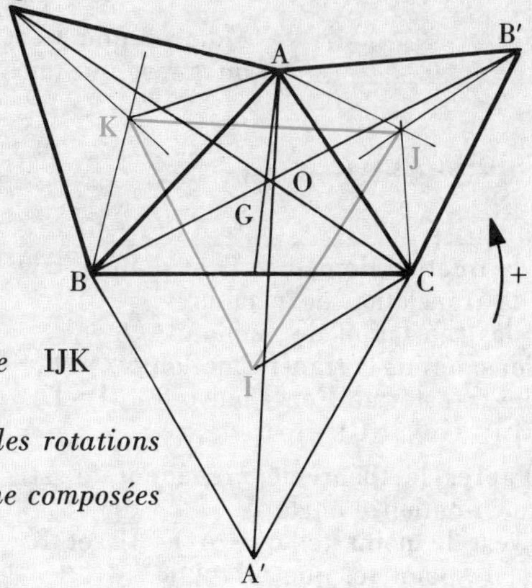

2. *Montrez alors que le triangle* IJK *est équilatéral.*
Indication : *vous pourrez considérer les rotations de centres* I *et* J *et d'angle* $-\frac{2\pi}{3}$ *comme composées de réflexions convenables.*

3. *En considérant la rotation de centre* A *et d'angle* $-\frac{\pi}{3}$, *montrez que les segments* [BB′] *et* [CC′] *ont même longueur.*

4. *On désigne par* O *le point commun aux droites* (BB′) *et* (CC′).

a. *Donnez une mesure de l'angle* $(\overrightarrow{BB'}; \overrightarrow{CC'})$.

b. *Déduisez-en que les points* O, B, C *et* A′ *sont cocycliques.*

c. *Donnez une mesure de l'angle* $(\overrightarrow{OA'}; \overrightarrow{OC})$, *puis de l'angle* $(\overrightarrow{OA}; \overrightarrow{OC})$.

d. *Déduisez-en que* O *appartient à la droite* (AA′).

En conclusion : les droites (AA′), (BB′) et (CC′) sont concourantes et les segments [AA′], [BB′] et [CC′] ont même longueur.

Q U E S T I O N S

G *est le centre de gravité du triangle* ABC.

a. *Montrez que* $\overrightarrow{AA'} = 3\,\overrightarrow{GI}$.

b. *Déduisez-en que* G *est le centre de gravité du triangle* IJK.
Indication : *le centre de gravité d'un triangle équilatéral est équidistant des sommets du triangle.*

Deuxième exemple

ABCD est un quadrilatère convexe direct. On construit, sur les côtés du quadrilatère, alternativement à l'extérieur et à l'intérieur, les triangles équilatéraux ABa, BCb, CDc et DAd.
On se propose de montrer que le quadrilatère $abcd$ est un parallélogramme.
Le plan est orienté comme sur la figure.

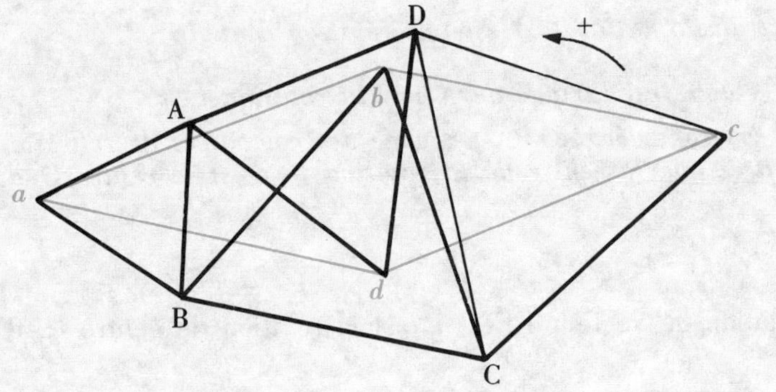

QUESTIONS

r_1 est la rotation de centre A, *d'angle* $\frac{\pi}{3}$ et r_2 *est la rotation de centre* C, *d'angle* $-\frac{\pi}{3}$.

a. *Vérifiez que* $r_2 \circ r_1$ *est la translation de vecteur* $\overrightarrow{ab}$.

b. *Quelle est l'image de d par* $r_2 \circ r_1$?

c. *Concluez.*

T.P.2. Utilisation de la composée d'une rotation et d'une translation

ABC est un triangle, à l'extérieur de celui-ci, on construit les carrés BAHI, BDEC, CFGA et les parallélogrammes BIJD et CEKF.
On se propose de montrer que le triangle AJK est isocèle et rectangle en A.
L'orientation est celle de la figure. r est la rotation de centre B, d'angle $\frac{\pi}{2}$ et t est la translation de vecteur $\overrightarrow{BD}$.

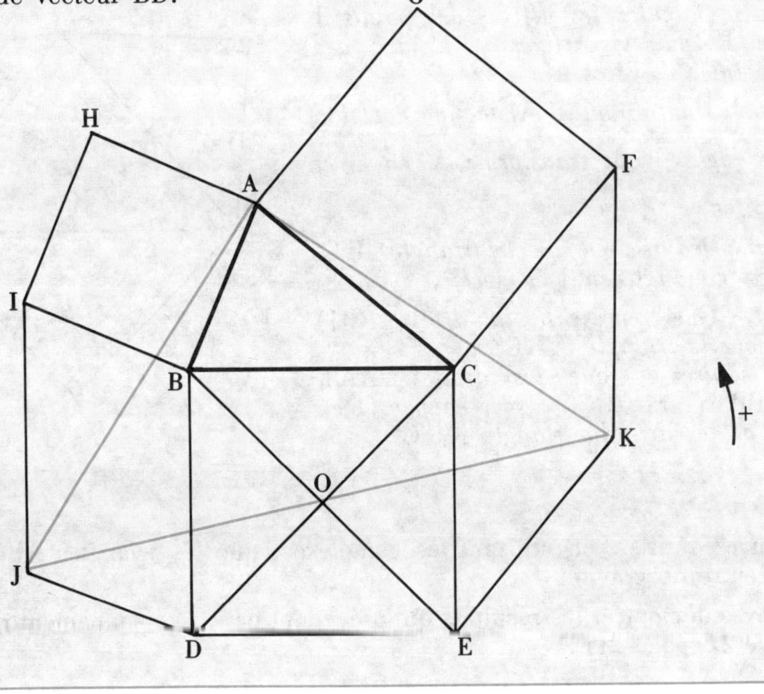

QUESTIONS

La transformation $t \circ r$ *est une rotation d'angle* $\frac{\pi}{2}$.

a. *Quelle est l'image de* A *par la rotation* $t \circ r$?

b. *En considérant* r et t *comme des composées de réflexions bien choisies, montrez que le centre de la rotation* $t \circ r$ *est le centre* O *du carré* BDEC.

t' est la translation de vecteur $\overrightarrow{KF}$ et r' est la rotation de centre C, d'angle $\frac{\pi}{2}$.

QUESTIONS

La transformation $r' \circ t'$ *est une rotation d'angle* $\frac{\pi}{2}$.

a. *Quelle est l'image de* K *par* $r' \circ t'$?

b. *En considérant* t' *et* r' *comme des composées de réflexions bien choisies, montrez que le centre de rotation* $r' \circ t'$ *est également* O.

c. *Déduisez-en que le triangle* AJK *est isocèle et rectangle en* A. *Que représente le point* O *pour ce triangle?*

T.P.3. Emploi des nombres complexes

Sur les côtés [BC], [CA] et [AB] d'un triangle, on construit, à l'extérieur de celui-ci, les triangles isocèles BCA', CAB' et ABC' rectangles en A', B' et C'; I, J et K sont les milieux des côtés [BC], [CA] et [AB].
On considère le repère orthonormé direct $(I; \vec{u}, \vec{v})$, indiqué sur la figure; les affixes des points B et C sont les réels $-b$ et b, l'affixe de A est le complexe a.

QUESTIONS

a. *Calculez les affixes des points* J *et* K, *puis les affixes* a', b' *et* c' *des points* A', B' *et* C'.

b. *Montrez qu'il existe une rotation d'angle* $\frac{\pi}{2}$ *qui transforme* A' *en* C *et* B' *en* C'.

c. *Déduisez-en que le triangle* IB'C' *est rectangle en* I *et isocèle.*

d. *Que représente la droite* (CC') *pour le triangle* A'B'C'?
Déduisez-en que les droites (AA'), (BB') *et* (CC') *se coupent en l'orthocentre du triangle* A'B'C'.

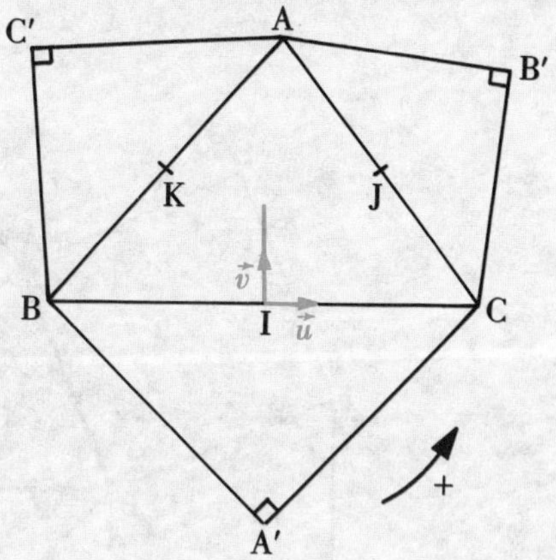

Remarques :

- vous pouvez vérifier, en utilisant les complexes, que les triangles ABC et A'B'C' ont même centre de gravité.
- vous pouvez démontrer les résultats qui précèdent par un raisonnement géométrique (voir exercice **26** page 211).

EXERCICES

Exercices d'apprentissage

Pour les exercices 1 à 6, ABCD est un carré de sens direct; dans chaque cas déterminez $h = g \circ f$ et construisez h(ABCD).

1. f est la réflexion d'axe (AB); g est la réflexion d'axe (AC).

2. f est la réflexion d'axe (AB); g est la réflexion d'axe (CD).

3. f est la réflexion d'axe (AC); g est la réflexion d'axe (BD).

4. f est la rotation de centre A et d'angle $\frac{\pi}{2}$; g est la rotation de centre C et d'angle $\frac{\pi}{2}$.

5. f est la rotation de centre A et d'angle $\frac{\pi}{4}$; g est la rotation de centre C et d'angle $-\frac{\pi}{4}$.

6. f est la rotation de centre A et d'angle $\frac{\pi}{2}$; g est la réflexion d'axe (AC).

Pour les exercices 7 à 9, ABC est un triangle équilatéral de sens direct et de centre O; dans chaque cas déterminez $h = g \circ f$ et construisez h(ABC).

7. f est la rotation de centre A et d'angle $\frac{\pi}{3}$; g est la rotation de centre B et d'angle $\frac{\pi}{3}$.

8. f est la rotation de centre A et d'angle $\frac{\pi}{3}$; g est la réflexion d'axe (AO).

9. f est la rotation de centre O et d'angle $\frac{2\pi}{3}$; g est la réflexion d'axe (AO).

Pour les exercices 10 à 13, trouvez la forme complexe de f, g et $h = g \circ f$; identifiez h.

10. f est la rotation de centre A$(2-i)$ et d'angle $\frac{\pi}{2}$; g est la translation de vecteur $\vec{u}\,(1-i)$.

11. f est la translation de vecteur $\vec{u}\,(1-i)$; g est la rotation de centre A$(2-i)$ et d'angle $\frac{\pi}{2}$.

12. f est la rotation de centre A$(1-i)$ et d'angle $-\frac{\pi}{4}$; g est la rotation de centre B$(2+i)$ et d'angle $\frac{3\pi}{4}$.

13. f est la rotation de centre A$(2+i)$ et d'angle $\frac{2\pi}{3}$; g est la rotation de centre B$(-1+2i)$ et d'angle $\frac{2\pi}{3}$.

Pour les exercices 14 à 16, ABCD est un carré de sens direct.
Décomposez la rotation h en deux réflexions $h = g \circ f$. Construisez les images de ABCD par f et h.

14. h est la rotation de centre A et d'angle plat; f est la réflexion d'axe (AB).

15. h est la rotation de centre A et d'angle $\frac{\pi}{2}$; g est la réflexion d'axe (AB).

16. h est la rotation de centre A et d'angle $\frac{\pi}{2}$; f est la réflexion d'axe (AB).

Exercices d'entraînement

17. ABCD désigne un rectangle du plan orienté, tel que

$$AB = BC = a \quad \text{et} \quad AB = CD = 2a,$$

et tel que $(\overrightarrow{AB}; \overrightarrow{AD}) = \frac{\pi}{2}$. O est le point d'intersection des diagonales du rectangle. Soit r la rotation de centre O et d'angle $\frac{\pi}{2}$, et t la translation de vecteur $\frac{1}{4}\overrightarrow{AB}$.

1. Dessinez le rectangle ABCD et son image A'B'C'D' par $f = t \circ r$ (avec $a = 4$ cm).
2. Expliquez pourquoi f est une rotation. Déterminez son angle. Donnez une construction de son centre Ω.
[Remarque : ce point Ω est utilisé par les ébénistes lorsqu'ils construisent une table rectangulaire que l'on peut faire pivoter autour de Ω puis déplier pour en doubler la surface, la table restant centrée sur son rectangle d'assiette.]

(Bac C)

18. O_1 et O_2 sont deux points distincts du plan.
Notons M_1 l'image d'un point M par la rotation de centre O_1 et d'angle θ_1, et M_2 l'image de M par la rotation de centre O_2 et d'angle θ_2.

a) Montrez que la médiatrice de $[M_1M_2]$ passe par un point fixe O.

b) l est un réel positif donné.
Quel est le lieu géométrique des points M tels que $M_1M_2 = l$?

19. Dans le plan orienté, on donne trois points A, B, C, non alignés, se succédant dans le sens direct sur le cercle circonscrit au triangle qu'ils déterminent (on dit que le triangle ABC est « direct »).

1. On appelle O et O' les points tels que :
— le triangle BAO soit isocèle, rectangle en O et direct,
— le triangle ACO' soit isocèle, rectangle en O' et direct.
Faites la figure, en justifiant la construction des points O et O'.

2. Soit r la rotation de centre O dont l'angle a pour mesure $+\frac{\pi}{2}$.
Soit r' la rotation de centre O' dont l'angle a pour mesure $+\frac{\pi}{2}$.

a) Déterminez l'image de B par $r' \circ r$.

b) Déterminez la nature et les éléments caractéristiques de $r' \circ r$.

(Bac C)

20. ABCD est un parallélogramme de sens direct.

a) On construit des carrés de sens direct ADD_1A_1, DCC_2D_2, CBB_1C_1 et BAA_2B_2.
Quelle est la nature du quadrilatère dont les sommets sont les centres de ces carrés?

b) On construit des carrés de sens indirect $ADD_1'A_1'$, $DCC_2'D_2'$, $CBB_1'C_1'$ et $BAA_2'B_2'$.
Quelle est la nature du quadrilatère dont les sommets sont les centres de ces carrés?

21.★ ABC est un triangle; D et E sont deux points du segment [BC].
Trouvez les points M sur [AB] et N sur [AC] tels que la somme DM + MN + NE soit minimale.

Indication : traitez d'abord le cas où l'angle $\hat{A}$ est le plus petit des trois angles du triangle.

22. Problème des médiatrices
D_1, D_2 et D_3 sont trois droites distinctes sécantes en O.
a) S_1, S_2 et S_3 sont les réflexions d'axes respectifs D_1, D_2 et D_3.
Trouvez la composée $S_3 \circ S_2 \circ S_1$.

b) Trouvez l'ensemble des points B_1 tels que D_1, D_2 et D_3 soient les médiatrices des côtés $[B_2B_3]$, $[B_3B_1]$ et $[B_1B_2]$ d'un triangle $B_1B_2B_3$.

23. ABC est équilatéral et M est un point du segment [BC]. On construit à l'extérieur de ABC les triangles équilatéraux BME et CMF. On note G, G_1, G_2 les centres de gravité des triangles ABC, BME et CMF.

a) On note R_1 la rotation de centre G_1 et d'angle $-\frac{2\pi}{3}$ et R_2 la rotation de centre G_2 et d'angle $-\frac{2\pi}{3}$.
Montrez que $R_2 \circ R_1$ est la rotation de centre G et d'angle $\frac{2\pi}{3}$.

b) En décomposant R_1 et R_2 en réflexions montrez que le triangle GG_1G_2 est équilatéral.

24. Dans le plan orienté P, on considère un triangle équilatéral ABC direct, c'est-à-dire tel que l'angle $(\overrightarrow{AB}; \overrightarrow{AC})$ ait pour mesure $\frac{\pi}{3}$.
On désigne par r_1 la rotation de centre A et d'angle de mesure $\frac{\pi}{3}$ et par r_2 la rotation de centre B et d'angle de mesure $\frac{2\pi}{3}$.
Pour tout point M du plan, on pose $N = r_1(M)$, $M' = r_2(N)$. On pose $r = r_2 \circ r_1$.

1. ***a)*** Soit D le symétrique de C par rapport à la droite (AB). Déterminez $r(D)$ et $r(B)$.

b) Montrez que r est la symétrie centrale par rapport au milieu Ω de [BD].

2. ***a)*** Montrez que l'ensemble Γ des points M du plan tels que M, N et M′ soient alignés est un cercle passant par les points A et Ω (on pourra considérer l'angle $(\overrightarrow{M\Omega}; \overrightarrow{MA})$).

b) Prouvez que Γ admet [AD] pour diamètre et que le milieu I de [AB] appartient à Γ. Construisez le cercle Γ.

(Bac C)

25. Dans P, plan orienté muni d'un repère orthonormé direct $(O; \vec{u}, \vec{v})$ deux points A et B ont pour coordonnées respectives $(-a; 0)$ et $(a; 0)$ (a réel strictement positif.)
r_A est la rotation de centre A, d'angle de mesure $\frac{\pi}{3}$.
r_B est la rotation de centre B, d'angle de mesure $-\frac{2\pi}{3}$.
Pour tout point M du plan P, on note $M_A = r_A(M)$ et $M_B = r_B(M)$.

1. M étant un point donné de P, construisez les points M_A et M_B; justifiez la construction.

2. Démontrez que le milieu du segment $[M_AM_B]$ est un point fixe indépendant du choix de M :

a) en composant les applications r_A^{-1} puis r_B;

b) en utilisant les nombres complexes.

(D'après Bac C)

26. Le plan orienté P est rapporté à un repère orthonormé direct $(O; \vec{i}, \vec{j})$. Soient A, B, C et D les points de coordonnées respectives (1; 0), (0; 1), (−1; 0) et (0; −1).
On appelle R_1 la rotation de centre D et d'angle de mesure $\frac{\pi}{2}$, R_2 la rotation de centre B et d'angle de mesure π, R_3 la rotation de centre C et d'angle de mesure $\frac{\pi}{2}$.
On pose $T = R_1 \circ R_2 \circ R_3$.

1. Quelle est la nature de T? Déterminez complètement T.

2. On pose $\varphi = R_3 \circ T$.
Quelle est la nature de φ? Déterminez complètement φ.

(Bac C)

27. Dans le plan orienté, ABC est un triangle direct. A′, B′, C′ sont les milieux des segments [BC], [CA], [AB]. P, Q, R sont tels que BPC, CQA et ARB soient des triangles rectangles isocèles en P, Q, R et directs.

a) Démontrez que RA′Q est un triangle rectangle isocèle en A′.

Indication : utilisez les rotations $r\left(R, \frac{\pi}{2}\right)$ et $r\left(Q, \frac{\pi}{2}\right)$.

b) Déterminez l'image du triangle A′PQ par la rotation de centre A′ et d'angle $\frac{\pi}{2}$.
Déduisez-en que les segments [PQ] et [CR] sont perpendiculaires et de même longueur.

c) Démontrez que les droites (AP), (BQ), (CR) sont concourantes.

CHAPITRE
13

ISOMÉTRIES PLANES

Les rotations, translations, réflexions sont des transformations du plan qui **conservent la distance.** Pour certains auteurs, une **isométrie** est une *application* qui conserve la distance, mais l'étude montre alors qu'une telle application est bijective. Pour cette raison, nous appellerons isométrie toute transformation du plan qui conserve la distance.
Nous allons étudier les isométries du plan dans leur généralité, le premier problème étant de savoir s'il existe d'autres isométries que celles que nous venons de citer.
Le second problème est d'établir les propriétés des isométries qui découlent de leur spécificité, qui est de conserver la distance.
Vous verrez dans ce chapitre, que toute isométrie s'obtient en composant des rotations, des réflexions, des translations; ce sont donc toujours ces transformations « usuelles » qui interviendront dans les problèmes d'études de figures ou de lieux géométriques.

1. Pour prendre un bon départ

• Les résultats utiles à la compréhension de ce chapitre se trouvent essentiellement dans le chapitre **10** et le chapitre **12.**

• Rappelons aussi que si $(x; y)$ sont les coordonnées d'un point M dans un repère **orthonormé** $(O; \vec{i}, \vec{j})$, alors on a :

$$x = \overrightarrow{OM} \cdot \vec{i} \qquad \text{et} \qquad y = \overrightarrow{OM} \cdot \vec{j}.$$

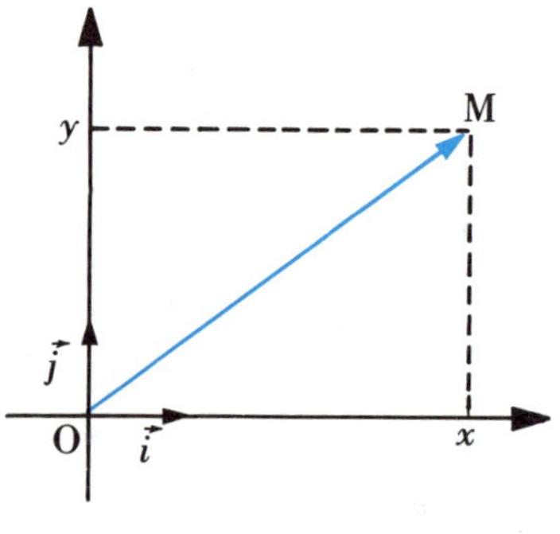

Réciproquement, si pour un point N on a $x = \overrightarrow{ON} \cdot \vec{i}$ et $y = \overrightarrow{ON} \cdot \vec{j}$, alors $(x; y)$ sont les coordonnées de N.
En effet, écrivons $\overrightarrow{ON} = x'\vec{i} + y'\vec{j}$; alors $x' = \overrightarrow{ON} \cdot \vec{i}$ et $y' = \overrightarrow{ON} \cdot \vec{j}$, donc $x' = x$ et $y' = y$.

2. Travaux pratiques d'approche

2.1. Comment fabriquer une isométrie?

Dans les questions qui suivent, on se propose de fabriquer une transformation *f*, du plan qui conserve la distance; autrement dit, pour tous points M et N d'images respectives M′ et N′, on doit avoir M′N′ = MN.
Une telle transformation est appelée une isométrie.

QUESTIONS

A, B, C *sont trois points non alignés du plan.*

a. *Donnons-nous l'image* A′ *de* A *par f.*
Sur quel ensemble peut-on choisir l'image B′ *de* B *par f?*
Dessinez cet ensemble.

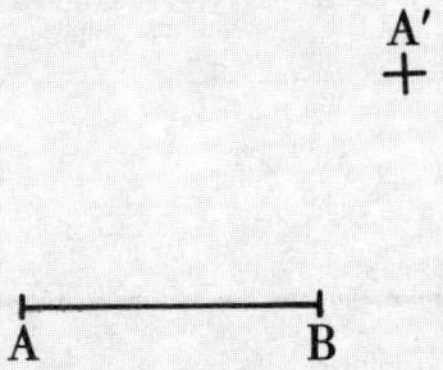

b. *Donnons-nous les images* A′ *et* B′ *de* A *et* B *par f.*

Sur quel ensemble peut-on choisir l'image C′ *de* C *par f?*

Dessinez cet ensemble.

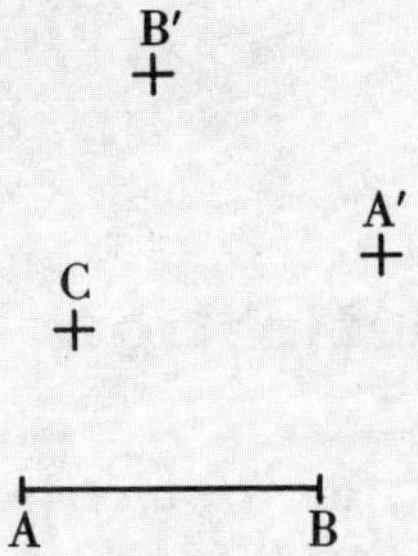

c. *Donnons-nous les images* A′, B′ *et* C′ *de* A, B, C *par f.*

Reproduisez le dessin ci-contre.

Placez un point M *sur ce dessin; construisez son image* M′ *par f.*

Pourquoi M′ *est-il déterminé de façon unique?*

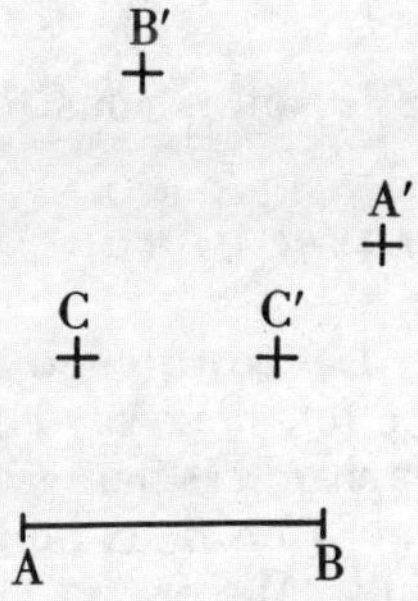

En conclusion, l'exercice précédent permet d'affirmer que si l'on connaît trois points non alignés A, B, C et leurs images A′, B′, C′ par une isométrie *f*, alors on connaît parfaitement l'image M′ de n'importe quel autre point M.

Pour cette raison, on dit qu'*une isométrie est déterminée par la donnée de trois points non alignés et de leurs images.*

2.2 Une isométrie conserve l'alignement

f est une isométrie; A et B sont deux points distincts du plan.

QUESTIONS

1. *Nous savons qu'un point* M *appartient au segment* [AB] *si et seulement si* $MA+MB=AB$.
A', B', M' *désignent les images respectives de* A, B, M *par* f.
Montrez que M *appartient à* [AB] *si et seulement si* M' *appartient à* $[A'B']$.

2. a. *Écrivez la condition reliant les distances* AM, AB *et* BM, *et qui traduit le fait que* M *appartienne à la demi-droite d'origine* A, *de support* (AB), *ne contenant pas* B.

b. *Déterminez l'image de cette demi-droite par* f.

3. *Déterminez l'image de la droite* (AB) *par* f.

3. Cours

3.1. Définition d'une isométrie. Premières conséquences

Définition 1

Une *isométrie plane* est une transformation du plan qui *conserve la distance*, ce qui signifie que :
pour *tous* points M et N d'images respectives M' et N', on a $M'N'=MN$.

Par la suite, nous dirons souvent *isométries* au lieu d'isométries planes.

Conséquences

1. La composée de deux isométries est une isométrie
En effet, nous savons que la composée de deux transformations f et g est une transformation (chapitre **10** paragraphe **2. *b.***); en outre, l'isométrie f transforme deux points quelconques M et N en deux points M_1 et N_1 et $MN=M_1N_1$; l'isométrie g transforme M_1 et N_1 en deux points M' et N', et $M'N'=M_1N_1$; et par ailleurs $M'=(g\circ f)(M)$, $N'=(g\circ f)(N)$, donc **$M'N'=MN$.**

2. La transformation réciproque d'une isométrie est une isométrie
En effet, nous savons que la bijection réciproque f^{-1} d'une transformation f, est une transformation; en outre, pour tous points M et N du plan, d'images respectives M' et N' par f, on a vu (chapitre **10** paragraphe **2. *c.***) que :

$$M'=f(M) \quad \text{équivaut à} \quad M=f^{-1}(M')$$
$$N'=f(N) \quad \text{équivaut à} \quad N=f^{-1}(N').$$

Donc, si f est une isométrie, on a $M'N'=MN$, soit $MN=M'N'$ et f^{-1} est aussi une isométrie.

3.2. Description des isométries

a. Énoncé du problème

Rappelons qu'un point A est dit **invariant** par une transformation f lorsque $f(A)=A$.
L'identité du plan, notée ***id*** (chapitre **10** paragraphe **2. *b.***), est une isométrie qui laisse invariant tous les points du plan.
Une rotation d'angle non nul est une isométrie qui laisse un seul point invariant, son centre; **une réflexion** laisse invariants tous les points d'une droite, donc, en particulier, deux points distincts; **une translation** de vecteur non nul ne laisse aucun point invariant.

Posons-nous *le problème* suivant : **existe-t-il d'autres isométries que celles indiquées ci-dessus?**

b. Remarques préliminaires

Pour résoudre le problème précédent, nous utiliserons les deux remarques suivantes.

Remarque 1 : **si f est une isométrie qui laisse un point A invariant, si M et M′ sont deux points distincts tels que M′ = f(M) alors A appartient à la médiatrice de [MM′].**
En effet, si $f(A)=A$ et $f(M)=M'$, alors $AM=AM'$ car f est une isométrie.

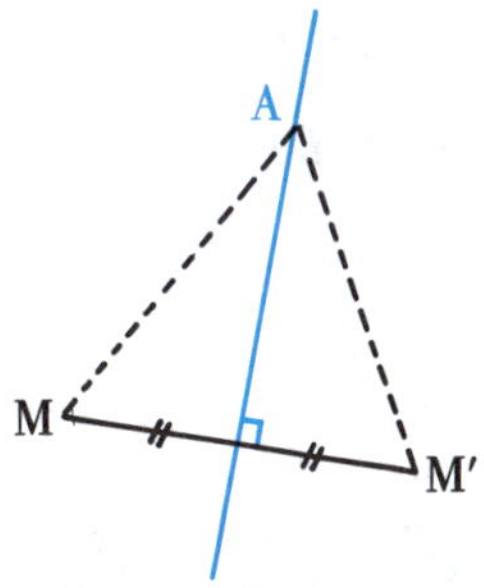

Remarque 2 : **si f est une isométrie qui laisse deux points distincts A et B invariants, alors tout point de (AB) est invariant par f.**
En effet, soit N un point et N′ son image par f.
Alors A et B étant invariants, on a : $AN=AN'$ et $BN=BN'$.
Donc N′ est sur le cercle de centre A et de rayon AN, mais aussi sur le cercle de centre B et de rayon BN.
Si l'on prend N *sur la droite* (AB), ces deux cercles n'ont que le point N en commun (car ils sont tangents en N) et donc $N'=N$, autrement dit N est invariant par f.

c. Résolution du problème

Pour résoudre le problème précédent, nous allons utiliser les remarques ci-dessus et envisager les différents cas d'invariance pour une isométrie f.

1. f est une isométrie qui laisse invariants au moins trois points *non alignés.*
Notons A, B, C trois points tels que $f(A)=A$, $f(B)=B$, $f(C)=C$.
S'il existe un point M *distinct de son image* M′, d'après la **remarque 1,** les points A, B et C sont tous trois sur la médiatrice de [MM′]; ces points étant non alignés, cela n'est pas possible. Ainsi, tout point est invariant, et donc **f est l'identité du plan.**

2. f est une isométrie qui laisse invariants deux points distincts A et B, et f n'est pas l'identité.
D'après la **remarque 2,** tout point de la droite (AB) est invariant par f.
Soit M un point n'appartenant pas à la droite (AB); si M est invariant, alors f admet trois points invariants non alignés, et donc f est l'identité; or cela est exclu; donc *tout point* M *n'appartenant pas à* (AB) *est distinct de son image* M′.
En outre, d'après les **remarques 1 et 2,** (AB) est la médiatrice de [MM′], donc : **f est la réflexion d'axe (AB).**

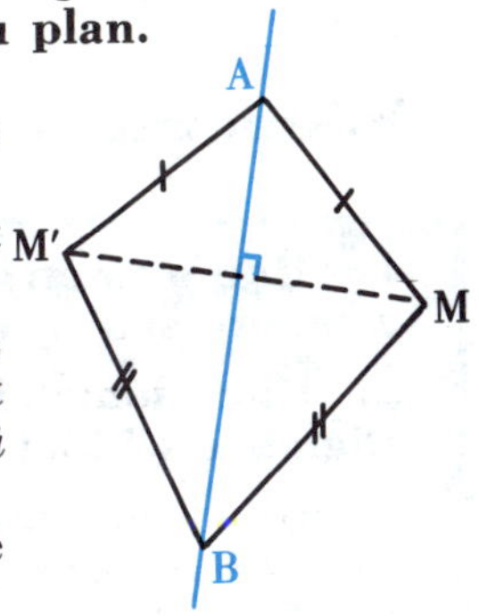

3. ***f*** **est une isométrie qui laisse invariant un seul point A.**
Choisissons un point B distinct de A et notons $B' = f(B)$. D'après la **remarque 1,** la médiatrice d de [BB'] passe par A.
Désignons par s la réflexion d'axe d et par g l'isométrie $s \circ f$. Alors :

$$g(A) = s\left(f(A)\right) = s(A)$$

et comme A est sur d, on a $s(A) = A$ donc A est invariant par g.

Par ailleurs : $g(B) = s\left(f(B)\right) = s(B') = B$.

Donc, d'après ce qui précède, g est, soit l'identité, soit la réflexion d'axe la droite (AB).

De l'égalité $g = s \circ f$, nous déduisons : $s^{-1} \circ g = s^{-1} \circ s \circ f = f$, et comme $s^{-1} = s$, nous avons : $\boldsymbol{s \circ g = f}$.

Si g est l'identité, alors $s = f$; or cela est impossible puisque f n'a qu'un seul point invariant. *g est donc la réflexion d'axe la droite* (AB). La droite (AB) et la droite d étant sécantes en A, on sait que la composée des deux réflexions s et g est une rotation de centre A (chapitre **12** page 199).

Donc ***f*** **est une rotation de centre A.**

4. ***f*** **est une isométrie qui n'admet pas de point invariant.**
Choisissons un point A, notons A' son image par f, d la médiatrice de [AA'] (qui existe, car $A' \neq A$), s la réflexion d'axe d et g l'isométrie $s \circ f$ (soit $g = s \circ f$).
g laisse le point A invariant , et donc, d'après ce qui précède, g est soit l'identité, soit une réflexion d'axe d', avec A sur d', soit une rotation de centre A.

Comme expliqué plus haut, nous écrivons $f = s \circ g$.

Si g est l'identité, on a $f = s$; or cela est impossible, f n'ayant pas de point invariant.

De même, il est impossible que g soit une réflexion dont l'axe d' rencontre d, car alors f serait une rotation.

Donc g est, soit une réflexion d'axe d' parallèle à d, soit une rotation de centre A et d'angle non nul.

Dans le premier cas, $\boldsymbol{f = s \circ g}$ **est alors une translation** (chapitre **12,** page 200); dans le second cas, g peut elle-même s'écrire comme la composée de deux réflexions, et donc f **est la composée de trois réflexions.**

Nous résumons l'essentiel des résultats ci-dessus dans le théorème suivant :

Théorème 1

1. Une isométrie plane est soit une réflexion, soit une translation ou une rotation, soit la composée de trois réflexions.

2. Une isométrie plane qui laisse invariants au moins trois points non alignés est l'identité.

3. Une isométrie plane qui laisse *au moins* un point invariant est une rotation ou une réflexion.

Commentaires

- On peut dire aussi qu'une isométrie est une réflexion ou la composée de deux réflexions, ou la composée de trois réflexions, puisqu'une rotation ou une translation est une composée de deux réflexions.
- Dans les points **1.** et **2.** du théorème **1**, la rotation peut-être d'angle nul et c'est alors l'identité.
- O est un point du plan. Si f est une isométrie qui transforme O en O′ et t la translation de vecteur $\overrightarrow{O'O}$, alors l'isométrie g égale à $t \circ f$ laisse le point O invariant; de $g = t \circ f$, on déduit $f = t^{-1} \circ g$, et t^{-1} est la translation de vecteur $\overrightarrow{OO'}$. f est alors la composée d'une isométrie laissant au moins le point O invariant et d'une translation.

3.3. Propriétés des isométries

a. Image d'un cercle

L'image d'un cercle de centre O par une isométrie *f*, est le cercle de même rayon et de centre *f*(O).

EXERCICE Démontrez ce résultat.

b. Isométries et produit scalaire

f est une isométrie transformant les points A, B, C en A′, B′, C′.

Puisque $\overrightarrow{BC} = \overrightarrow{AC} - \overrightarrow{AB}$, on a : $BC^2 = AC^2 - 2\,\overrightarrow{AB} \cdot \overrightarrow{AC} + AB^2$.

De même, on a : $B'C'^2 = A'C'^2 - 2\,\overrightarrow{A'B'} \cdot \overrightarrow{A'C'} + A'B'^2$;

Puisque $BC = B'C'$, $AC = A'C'$ et $AB = A'B'$, on obtient : $\overrightarrow{A'B'} \cdot \overrightarrow{A'C'} = \overrightarrow{AB} \cdot \overrightarrow{AC}$.
D'où le théorème suivant :

Théorème 2

***Une isométrie conserve le produit scalaire*, ce qui signifie que : pour tous points A, B, C d'images respectives A′, B′ et C′, on a**

$$\overrightarrow{A'B'} \cdot \overrightarrow{A'C'} = \overrightarrow{AB} \cdot \overrightarrow{AC}.$$

Conséquence : isométries et repères orthonormés

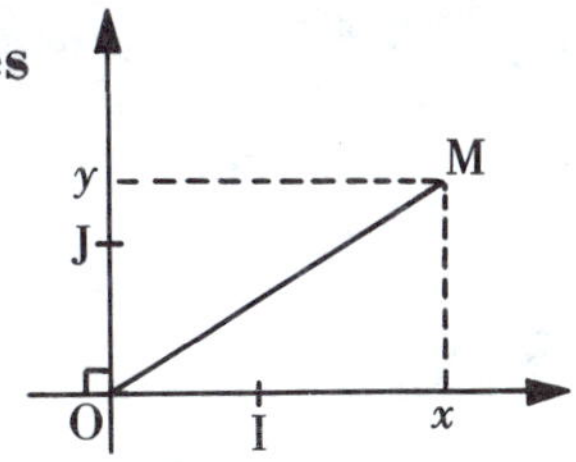

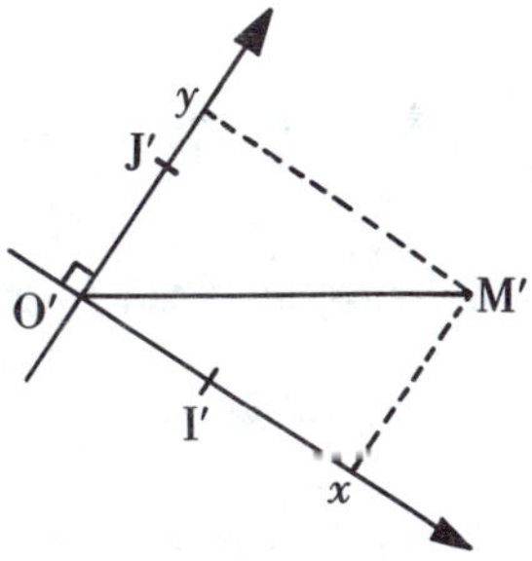

f est une isométrie; $(O; \vec{i}, \vec{j})$ est un repère orthonormé; I et J sont les points tels que $\overrightarrow{OI} = \vec{i}$, $\overrightarrow{OJ} = \vec{j}$.
Notons O′, I′, J′, M′ les images respectives par f de O, I, J, M.
D'après le théorème **2**, le repère $(O'; \overrightarrow{O'I'}, \overrightarrow{O'J'})$ est orthonormé, en effet, on a :

$$O'I' = OI = OJ = O'J' = 1$$

et

$$\overrightarrow{O'I'} \cdot \overrightarrow{O'J'} = \overrightarrow{OI} \cdot \overrightarrow{OJ} = 0.$$

De plus, si $\overrightarrow{OM} = x\overrightarrow{OI} + y\overrightarrow{OJ}$, on sait alors que

$$x = \overrightarrow{OM} \cdot \overrightarrow{OI} \quad \text{et} \quad y = \overrightarrow{OM} \cdot \overrightarrow{OJ}.$$

Il en résulte que $x = \overrightarrow{O'M'} \cdot \overrightarrow{O'I'}$ et $y = \overrightarrow{O'M'} \cdot \overrightarrow{O'J'}$.

Donc x et y sont aussi les coordonnées de M′ dans le repère $(O'; \overrightarrow{O'I'}, \overrightarrow{O'J'})$. (Voir paragraphe **1.**)

D'où le théorème suivant :

Théorème 3

$\left(O; \overrightarrow{OI}, \overrightarrow{OJ}\right)$ est un repère *orthonormé* du plan et f est une isométrie; notons $O' = f(O)$, $I' = f(I)$ et $J' = f(J)$.
Alors :

1. le repère $\left(O'; \overrightarrow{O'I'}, \overrightarrow{O'J'}\right)$ est orthonormé;

2. *si* un point M a pour coordonnées $(x; y)$ dans le repère $\left(O; \overrightarrow{OI}, \overrightarrow{OJ}\right)$, *alors* son image M' a les *mêmes* coordonnées $(x; y)$ dans $\left(O'; \overrightarrow{O'I'}, \overrightarrow{O'J'}\right)$.

c. Isométries et barycentre

(A_1, a_1), ..., (A_n, a_n) sont n points massifs tels que $\sum_{i=1}^{n} a_i \neq 0$.

Choisissons un repère orthonormé quelconque $\left(O; \overrightarrow{OI}, \overrightarrow{OJ}\right)$; alors le barycentre G de ces n points massifs est défini comme étant **le** point de coordonnées $(x; y)$ avec :

$$x = \frac{\sum_{i=1}^{n} a_i x_i}{\sum_{i=1}^{n} a_i}, \qquad y = \frac{\sum_{i=1}^{n} a_i y_i}{\sum_{i=1}^{n} a_i}$$

où $(x_i; y_i)$ sont les coordonnées des points A_i.
Notons A'_1, ..., A'_n les images respectives de A_1, ..., A_n par f, notons G' l'image de G, et O', I', J' celles de O, I, J.
D'après le théorème **3**, pour tout naturel i de 1 à n, les coordonnées de A'_i dans $\left(O'; \overrightarrow{O'I'}, \overrightarrow{O'J'}\right)$ sont $(x_i; y_i)$ et celles de G' sont $(x; y)$. Donc G' est le barycentre des points massifs (A'_1, a_1), ..., (A'_n, a_n).
On traduit cette propriété par : **une isométrie conserve le barycentre.**
En particulier, *une isométrie conserve le milieu.*

d. Isométries et droites

Une isométrie transforme une droite en une droite.
En effet, une droite est l'ensemble des barycentres de deux de ses points (chapitre **7** page 132), et nous venons de voir qu'une isométrie conserve le barycentre.

e. Isométries et segments

Une isométrie f transforme un segment [AB] en le segment [A'B'] où $A' = f(A)$ et $B' = f(B)$.

EXERCICE

Démontrez cette proposition en utilisant les résultats du chapitre **7** page 132.

f. Isométries et équipollence

A, B, C, D sont quatre points tels que $\overrightarrow{AB} = \overrightarrow{CD}$, c'est-à-dire tels que ABDC soit un parallélogramme; notons I est le milieu de ses diagonales.
A', B', C', D' sont les images respectives de A, B, C, D par une isométrie f; l'image I' de I est le milieu des diagonales de A'B'D'C', qui est donc un parallélogramme et $\overrightarrow{A'B'} = \overrightarrow{C'D'}$.

Par une isométrie l'image d'un parallélogramme est un parallélogramme, ou encore **une isométrie conserve l'équipollence.**

g. Isométries et parallélisme

Une isométrie conserve le parallélisme.
Puisqu'une isométrie transforme une droite en une droite, et qu'elle conserve l'équipollence, *elle transforme deux droites parallèles en deux droites parallèles.*

h. Isométries et orthogonalité

Une isométrie conserve l'orthogonalité. Puisqu'une isométrie transforme une droite en une droite et qu'elle conserve le produit scalaire, *elle transforme deux droites perpendiculaires en deux droites perpendiculaires.*

i. Isométries et angles géométriques

Une isométrie conserve les angles géométriques
Nous savons en effet, voir le chapitre **9** page 168, qu'une réflexion s conserve les angles géométriques; cela signifie que, pour tous points A, B, C d'images respectives A′, B′, C′ par s, on a $\widehat{ABC} = \widehat{A'B'C'}$.
Nous vous laissons vérifier que la composée de deux réflexions, et la composée de trois réflexions, conservent aussi les angles géométriques. Or, nous avons vu que toute isométrie est une réflexion, ou la composée de deux ou trois réflexions.

j. Isométries et angles orientés

Les isométries qui sont les composées de deux réflexions conservent les angles orientés; les autres transforment tout angle orienté en son opposé.
En effet, nous avons dit au chapitre **9** page 168 qu'une réflexion transforme un angle orienté en son opposé. A partir de là, nous vous laissons vérifier les affirmations ci-dessus.

k. Isométries et aires

Nous admettrons qu'**une isométrie conserve les aires.**

EXERCICE résolu

ABC est un triangle équilatéral dans le plan orienté.
Trouvez toutes les isométries qui laissent ce triangle *globalement invariant.*

Solution ■ ■ ■

Une isométrie f transforme un segment en un segment de même longueur; donc, si f laisse ABC invariant, alors nécessairement f transforme un côté en un côté; par exemple, le côté [AB] a pour image le segment [A′B′] avec AB = A′B′, et tous les points de [A′B′] appartiennent aux côtés de ABC; donc nécessairement A′ est en A, en B ou en C, et B′ est en A, en B, ou en C, avec B′ ≠ A′.

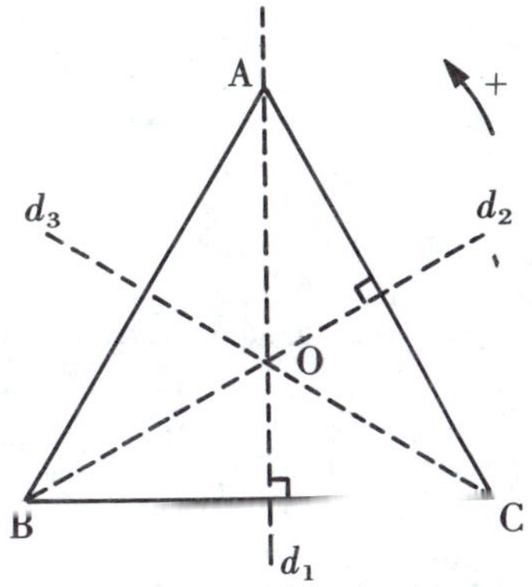

En faisant de même pour les autres côtés, on voit que nécessairement f réalise une bijection de l'ensemble $\{A, B, C\}$ sur l'ensemble $\{A, B, C\}$.

Réciproquement, si une isométrie f réalise une bijection de l'ensemble $\{A, B, C\}$ sur lui-même, il est clair qu'elle transforme le triangle ABC en lui-même.
Nous sommes donc amenés à chercher les isométries qui laissent invariant l'ensemble des trois points A, B, C. Soit donc f une isométrie qui laisse invariant l'ensemble $\{A, B, C\}$; alors, elle laisse invariant le cercle circonscrit au triangle ABC et donc aussi le centre O de ce cercle. Laissant O invariant f est nécessairement une rotation de centre O, ou une réflexion dont l'axe passe par O (théorème **1**).
— Si f est une telle rotation, puisqu'elle doit transformer A en A, ou A en B, ou A en C, son angle ne peut être que nul, (f est alors l'identité), ou égal à $\frac{2\pi}{3}$, ou égal à $\frac{4\pi}{3}$, car ABC est équilatéral.
— Si f est une réflexion d'axe passant par O, comme f doit transformer A en A, ou A en B, ou A en C, son axe ne peut être qu'une médiatrice d'un des côtés du triangle équilatéral ABC.
Nous venons de montrer que nécessairement f est l'une des transformations suivantes : $\boldsymbol{id}$, $r\left(O, \frac{2\pi}{3}\right)$, $r\left(O, \frac{4\pi}{3}\right)$, s_{d_1}, s_{d_2}, s_{d_3}, où d_1, d_2, d_3 sont les trois médiatrices du triangle.
Reste à voir si ces transformations conviennent; il est facile de vérifier que oui.

3.4. Déplacements

a. Caractérisation

Nous avons vu que les isométries qui s'écrivent comme la composée de **deux** réflexions conservent les angles orientés; nous dirons que ce sont des **déplacements;** or la composée de deux réflexions est une translation ou une rotation; donc **un déplacement est une translation ou une rotation.**
Nous avons vu aussi que les autres isométries, les réflexions ou celles qui s'écrivent comme les composées de trois réflexions, transforment tout angle orienté en son opposé; nous dirons que ce sont des *antidéplacements;* mais conformément au programme, nous ne les étudierons pas.

Définition 2

Un déplacement est une isométrie qui conserve les angles orientés.

Théorème 4

Tout déplacement est une translation ou une rotation.

Commentaires

- Un déplacement laissant invariant au moins un point est une rotation (dont l'angle peut être nul).
- **La composée de deux déplacements est un déplacement,** en effet la composée de deux isométries qui conservent les angles orientés, conserve aussi les angles orientés. Ce résultat se déduit aussi de l'étude de la composée de deux rotations et de celle d'une rotation et d'une translation faites au chapitre **12**.

EXERCICE

Le plan est muni d'un repère orthonormé direct. f est la transformation du plan qui au point M d'affixe z associe le point M' d'affixe z' tel que

$$z' = e^{i\theta} z + z_0$$

où θ est un réel donné et z_0 un complexe donné.
Vérifiez que f est un déplacement. Précisez ce déplacement suivant les valeurs de θ et z_0.

Indication : voir chapitre **10.**

b. Détermination d'un déplacement

Nous savons qu'étant donnés deux points A et A', il existe une translation et une seule transformant A en A'.
En classe de Première, nous avons vu, en *Travaux pratiques,* qu'étant donné quatre points A, B, A', B' tels que $A \neq B$, $AB = A'B'$ et $\overrightarrow{AB} \neq \overrightarrow{A'B'}$, *il existe une rotation et une seule transformant* A *en* A' *et* B *en* B'.
Nous précisons ici ces résultats.
A, B, A', B' sont quatre points tels que A est distinct de B et $AB = A'B'$. Cherchons s'il existe un déplacement qui transforme A en A' et B en B'. Plusieurs cas se présentent :

Premier cas : *les points* A *et* A' *sont confondus.*
Nous vous laissons vérifier que dans ce cas le seul déplacement transformant A en A et B en B' est la rotation de centre A et d'angle $(\overrightarrow{AB}; \overrightarrow{AB'})$ (cette rotation peut être l'identité).

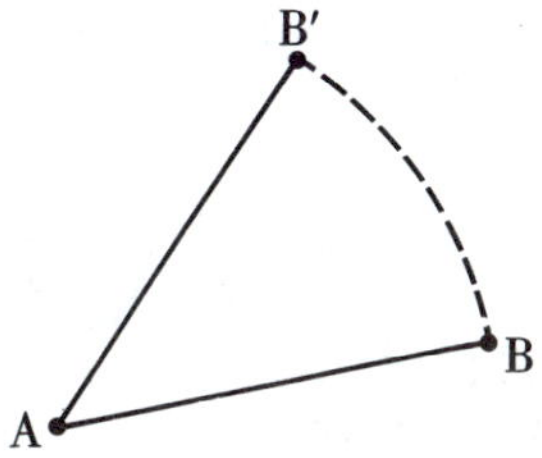

Deuxième cas : *les points* A *et* A' *sont distincts.*
Si f est un déplacement transformant A en A' et B en B'; notons t la translation de vecteur $\overrightarrow{A'A}$ et g le déplacement $t \circ f$. Alors

$$(t \circ f)(A) = t\big(f(A)\big) = t(A') = A.$$
$$(t \circ f)(B) = t\big(f(B)\big) = t(B').$$

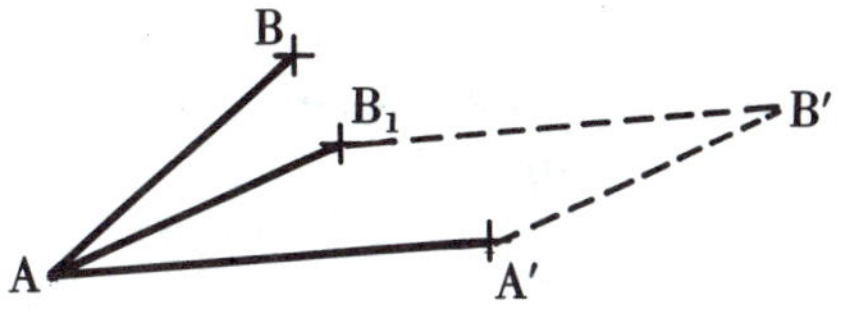

Construisons le point $B_1 = t(B')$; nous avons alors $AB = AB_1$.
g est donc un déplacement qui laisse A invariant et qui transforme B en B_1; d'après le premier cas, g est la rotation de centre A et d'angle $(\overrightarrow{AB}; \overrightarrow{AB_1})$.

De l'égalité $g = t \circ f$, nous déduisons $t^{-1} \circ g = f$, où t^{-1} est la translation de vecteur $\overrightarrow{AA'}$.

Remarquons que si B est confondu avec B_1, alors g est la rotation d'angle nul, c'est-à-dire l'identité. Donc, dans ce cas, $f = t^{-1}$, et $B = B_1$ si et seulement si $\overrightarrow{AB} = \overrightarrow{A'B'}$.

Remarquons aussi que si $\overrightarrow{AB} \neq \overrightarrow{A'B'}$ (c'est le cas de la figure) alors f est une rotation d'angle $(\overrightarrow{AB}; \overrightarrow{AB_1}) = (\overrightarrow{AB}; \overrightarrow{A'B'})$.

Nous vous laissons vérifier que si f est le déplacement $t^{-1} \circ g$, où g est la rotation de centre A et d'angle $(\overrightarrow{AB}; \overrightarrow{AB_1})$, alors $f(A) = A'$ et $f(B) = B'$.
D'où le théorème suivant :

Théorème 5

A, B, A', B' sont quatre points tels que $A \neq B$, et $AB = A'B'$.
Il existe un déplacement et un seul transformant A en A' et B en B'.
Ce déplacement est la translation de vecteur $\overrightarrow{AA'}$ lorsque $\overrightarrow{AB} = \overrightarrow{A'B'}$ et une rotation d'angle $(\overrightarrow{AB}; \overrightarrow{A'B'})$ lorsque $\overrightarrow{AB} \neq \overrightarrow{A'B'}$.

Commentaire

Ce résultat est important; par exemple dans le cas où $A \neq B$, $AB = A'B'$ et $\overrightarrow{AB} \neq \overrightarrow{A'B'}$, vous pourrez grâce à lui, dire si besoin est : « considérons LA rotation qui transforme A en A′ et B en B′ » sans avoir à justifier l'existence de cette rotation.

EXERCICE

a. Construisez le centre O de la rotation r transformant A en A′ et B en B′, sachant que $\overrightarrow{AB} \neq \overrightarrow{A'B'}$ en considérant que r est la composée $t_{\overrightarrow{AA'}} \circ g$ où g est la rotation de centre A et d'angle $(\overrightarrow{AB}; \overrightarrow{A'B'})$.

b. Si les droites (AB) et (A′B′) sont sécantes en I; montrez que les points A, A′, I, O sont sur un même cercle.
Proposez alors une nouvelle construction du point O.

c. Sachant que O appartient à la médiatrice de [AA′], proposez une troisième construction du point O.

3.5. Isométrie vectorielle associée à une isométrie

O est un point donné du plan, et f est une isométrie. Considérons un vecteur $\vec{u}$ quelconque; il existe un point M et un seul tel que $\vec{u} = \overrightarrow{OM}$.
Notons O′ et M′ les images respectives de O et M par f. Définissons une application φ de l'ensemble $\mathcal{V}$ des vecteurs dans lui-même en associant l'image $\varphi(\vec{u})$ à tout vecteur $\vec{u}$ de la façon suivante

$$\varphi(\overrightarrow{OM}) = \overrightarrow{O'M'}.$$

Remarquons que cette définition de φ ne dépend pas du point O choisi initialement, car f conserve l'équipollence. En effet, si $\overrightarrow{OM} = \overrightarrow{IN}$, alors nous avons $\varphi(\overrightarrow{IN}) = \overrightarrow{I'N'} = \overrightarrow{O'M'}$.
La fonction φ ainsi définie est appelée : **isométrie vectorielle associée à l'isométrie *f*.**

EXERCICE

Vérifiez que, quels que soient les vecteurs $\vec{u}$, $\vec{v}$ et le réel a on a :

a. $\varphi(\vec{u} + \vec{v}) = \varphi(\vec{u}) + \varphi(\vec{v})$.

b. $\varphi(a\vec{u}) = a\varphi(\vec{u})$.

c. $\|\varphi(\vec{u})\| = \|\vec{u}\|$.

d. $\varphi(\vec{u}) \cdot \varphi(\vec{v}) = \vec{u} \cdot \vec{v}$.

Indication : utilisez le théorème **3.**

4. Travaux pratiques d'application

T.P.1 Isométries laissant un carré invariant

ABCD est un carré de centre O.
On se propose de déterminer **toutes** *les isométries laissant ce carré globalement invariant.*

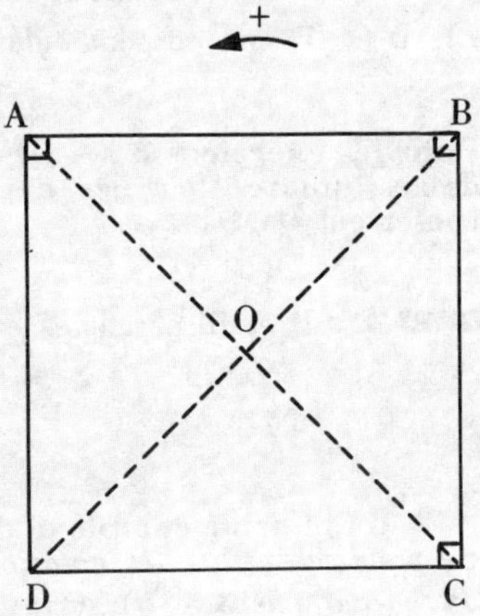

QUESTIONS

a. *En vous aidant de ce qui a été fait dans l'exercice résolu de ce chapitre, montrez qu'il existe huit isométries qui laissent ce carré globalement invariant.*

b. *Composez deux à deux ces isométries, et dressez la table de composition.*

T.P.2 Isométries transformant une droite en une autre

D_1 et D_2 sont deux droites sécantes en I.

QUESTIONS

1. *Déterminez les isométries transformant* D_1 *en* D_2 *et laissant le point* I *invariant.*

2. *Soit f une isométrie transformant* D_1 *en* D_2*. On désigne par* I' *l'image de* I *par f.*

a. *Montrez que l'isométrie* $t_{\overrightarrow{I'I}} \circ f$ *transforme* D_1 *en* D_2 *et laisse* I *invariant.*

b. *Déduisez-en qu'une isométrie f transforme* D_1 *en* D_2 *si et seulement si* $f = t_{\vec{u}} \circ g$ *où* $\vec{u}$ *est un vecteur directeur de* D_2 *et où g est une isométrie laissant* I *invariant et transformant* D_1 *en* D_2.

EXERCICES

Exercices d'entraînement

1. D et D′ sont deux droites; trouvez tous les déplacements qui transforment D en D′ dans chacun des cas :

a) $D = D'$.

b) D et D′ sont parallèles et distinctes.

c) D et D′ sont perpendiculaires.

Pour les exercices 2 à 4, D et D′ sont deux droites; trouvez tous les déplacements qui conservent $D \cup D'$.

2. D et D′ parallèles et distinctes.

3. D et D′ perpendiculaires.

4. D et D′ sécantes et non perpendiculaires.

5. Trouvez toutes les isométries qui conservent la réunion de deux droites sécantes et non perpendiculaires.

6. Trouvez toutes les isométries qui conservent un losange non carré ABCD.

7. Trouvez toutes les isométries qui conservent un triangle isocèle non équilatéral.

Problèmes

8. Forme complexe des isométries
Ce problème utilise les notations et la figure du paragraphe **3.3. *b*);** $(O; \overrightarrow{OI}, \overrightarrow{OJ})$ *est un repère orthonormé direct.*
f est une isométrie et O′, I′, J′ sont les images de O, I, M par f.

1. *a)* On note b l'affixe de O′ et $a + b$ celle de I′. Montrez que $|a| = 1$.

b) On note J'_1 le point tel que $(O'; \overrightarrow{O'I'}, \overrightarrow{O'J'_1})$ soit un repère direct et J'_2 le symétrique de J'_1 par rapport à O′.
Montrez que si f est un déplacement : $J' = J'_1$.

2. On suppose que f est un déplacement; montrez que si M a pour affixe z, $f(M)$ a pour affixe $az + b$.

3. On suppose que f est un antidéplacement; montrez que si M a pour affixe z, $f(M)$ a pour affixe $a\bar{z} + b$.

4. A l'aide des résultats précédents, montrez que la composée d'un déplacement et d'un antidéplacement est un antidéplacement et que la composée de deux antidéplacements est un déplacement.

9. Groupe d'isométries

1. AA′A″A‴ est un rectangle non carré de centre O; on note Δ_1, la médiatrice de [AA′] et Δ_2 la médiatrice de [AA‴], et s_1 et s_2 les réflexions d'axes Δ_1 et Δ_2.

a) Montrez que l'ensemble des isométries qui conservent AA′A″A‴ c'est-à-dire les isométries f du plan telles que

$$f(\{A, A', A'', A'''\}) = \{A, A', A'', A'''\}$$

est $G = \{id, s_0, s_1, s_2\}$ où s_0 est la symétrie de centre O.

b) Construisez la table de composition de G.

2. On considère un point B du plan distinct de O et on note $B' = s_1(B)$, $B'' = s_0(B)$, $B''' = s_2(B)$.

a) Dans quel cas BB′B″B‴ est-il réduit à deux points?

b) Montrez que BB′B″B‴ est un rectangle.

c) Dans quel cas est-ce un carré?

3. On suppose que BB′B″B‴ est un rectangle. Quel est l'ensemble des isométries qui conservent BB′B″B‴?

4. On suppose que BB′B″B‴ est un carré. Quel est l'ensemble des isométries qui conservent BB′B″B‴?

10. ABC est un triangle équilatéral de sens direct; D est le symétrique de B par rapport à (AC).

a) Trouvez toutes les isométries qui conservent le triangle ABC.

b) Trouvez un déplacement qui transforme le triangle ABC en le triangle ACD.

c) Trouvez tous les déplacements qui transforment le triangle ABC en le triangle ACD.

d) Écrivez sous forme de composée de transformations connues les antidéplacements qui transforment ABC en ACD.

e) Décomposez chacun de ces antidéplacements sous la forme $t \circ s$ où s est une réflexion et t une translation dont le vecteur appartient à l'axe de s.

f) Dans chacun des cas précédents, démontrez que $t \circ s = s \circ t$.

CHAPITRE
14

SIMILITUDES

Dans tout ce chapitre, on suppose le plan orienté, et les repères considérés sont des repères orthonormés directs.

1. Pour prendre un bon départ

Au chapitre **10,** nous avons vu que si le point M a pour affixe z alors :

- son image M′ par la translation de vecteur $\vec{u}$ a pour affixe $\boldsymbol{z'=z+z_0}$, où z_0 est l'affixe du vecteur $\vec{u}$; ce que l'on peut encore écrire $z'=e^{i\theta}z+z_0$ avec $\theta=0$;
- son image M′ par la rotation de centre I et d'angle θ a pour affixe z' telle que $\boldsymbol{z'-\omega=e^{i\theta}(z-\omega)}$ où ω est l'affixe de I; ce que l'on peut encore écrire $z'=e^{i\theta}z+z_0$.

Or, au chapitre **13,** nous avons établi qu'*un déplacement* est soit une translation, soit une rotation. Par conséquent, à tout déplacement d, nous pouvons associer un réel θ et un complexe z_0 tels que : si M a pour affixe z alors son image M′ par d a pour affixe :

$$z'=e^{i\theta}z+z_0.$$

Réciproquement, pour tout réel θ et tout complexe z_0, la transformation du plan associée à la fonction complexe $z \longmapsto e^{i\theta}z+z_0$, est un déplacement.

EXERCICES

1. Vérifiez l'affirmation précédente.

2. ***a.*** Pour quels réels θ, le déplacement d est-il une rotation?

b. Dans ce cas, expliquez pourquoi le centre I de cette rotation a pour affixe $\omega=\dfrac{z_0}{1-e^{i\theta}}$.

3. Déterminez le centre et l'angle de la rotation définie par $z'=\left(\dfrac{1}{2}+i\,\dfrac{\sqrt{3}}{2}\right)z+1$.

2. Cours

2.1. Composée d'une homothétie de rapport positif et d'une rotation de même centre

h est l'homothétie **de centre I,** de rapport $\boldsymbol{k > 0}$, et r est la rotation **de centre I,** d'angle θ.

a. Comparaison des transformations $h \circ r$ et $r \circ h$

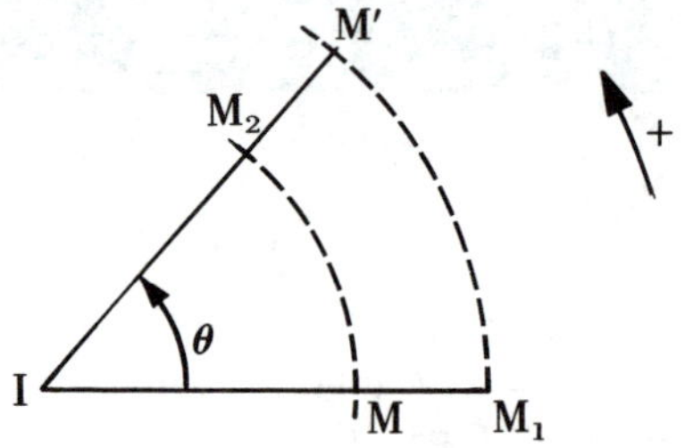

- **Image du point I**

Les transformations h et r laissent le point I invariant, on a donc :

$$(r \circ h)(\mathrm{I}) = (h \circ r)(\mathrm{I}) = \mathrm{I}.$$

- **Image d'un point M distinct de I**

Notons $\mathrm{M}_1 = h(\mathrm{M})$ et $\mathrm{M}' = r(\mathrm{M}_1)$, alors nous avons :

$$\mathrm{M}' = (r \circ h)(\mathrm{M}).$$

De même, si $\mathrm{M}_2 = r(\mathrm{M})$ et $\mathrm{M}'' = h(\mathrm{M}_2)$, alors nous avons :

$$\mathrm{M}'' = (h \circ r)(\mathrm{M}).$$

Nous savons qu'alors :

$$\begin{cases} \overrightarrow{\mathrm{IM}_1} = k\,\overrightarrow{\mathrm{IM}} \\ \mathrm{IM}' = \mathrm{IM}_1 \\ \left(\overrightarrow{\mathrm{IM}_1};\, \overrightarrow{\mathrm{IM}'}\right) = \theta \end{cases} \quad \text{et} \quad \begin{cases} \mathrm{IM} = \mathrm{IM}_2 \\ \left(\overrightarrow{\mathrm{IM}};\, \overrightarrow{\mathrm{IM}_2}\right) = \theta \\ \overrightarrow{\mathrm{IM}''} = k\,\overrightarrow{\mathrm{IM}_2}. \end{cases}$$

Comme k est un réel positif, nous déduisons que :

$$\mathbf{IM'} = \mathrm{IM}_1 = k\,\mathrm{IM} = k\,\mathrm{IM}_2 = \mathbf{IM''}$$

$$\left(\overrightarrow{\mathrm{IM}};\, \overrightarrow{\mathrm{IM}'}\right) = \theta \quad \text{et} \quad \left(\overrightarrow{\mathrm{IM}};\, \overrightarrow{\mathrm{IM}''}\right) = \theta \quad \text{d'où} \quad \left(\overrightarrow{\mathrm{IM}'};\, \overrightarrow{\mathrm{IM}''}\right) = \left(\overrightarrow{\mathrm{IM}};\, \overrightarrow{\mathrm{IM}''}\right) - \left(\overrightarrow{\mathrm{IM}};\, \overrightarrow{\mathrm{IM}'}\right) = 0.$$

On a : $\overrightarrow{\mathrm{IM}'} = \overrightarrow{\mathrm{IM}''}$ puisque ces vecteurs ont même norme et que $\left(\overrightarrow{\mathrm{IM}'};\, \overrightarrow{\mathrm{IM}''}\right) = 0$.
Par conséquent, M′ et M″ sont confondus, donc :

$$(r \circ h)(\mathrm{M}) = (h \circ r)(\mathrm{M}).$$

- **Conclusion**

Tout point M a même image par $r \circ h$ et $h \circ r$, donc : $\boldsymbol{r \circ h = h \circ r}$.
En outre, si M′ est l'image de M par $r \circ h$ ou $h \circ r$, alors :

$$\begin{cases} \mathrm{IM}' = k\,\mathrm{IM} \\ \left(\overrightarrow{\mathrm{IM}};\, \overrightarrow{\mathrm{IM}'}\right) = \theta. \end{cases}$$

EXERCICE

h est une homothétie de centre I, de rapport k, avec $k < 0$ et r est une rotation de centre I et d'angle θ.
Montrez que l'on a : $r \circ h = h \circ r$.

b. Propriétés de la transformation $r \circ h$

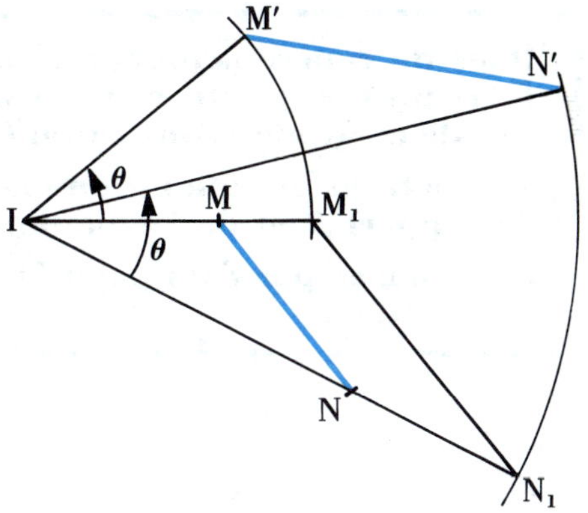

- **$r \circ h$ multiplie la distance par k**

M et N sont deux points; notons

$$M_1 = h(M) \quad \text{et} \quad N_1 = h(N);$$

alors :

$$\overrightarrow{M_1N_1} = k\overrightarrow{MN} \quad \text{d'où} \quad M_1N_1 = kMN$$

puisque $k > 0$.
Si $M' = r(M_1)$ et $N' = r(N)$, alors $M'N' = M_1N_1$, car la rotation r conserve la distance.
Donc $M' = (r \circ h)(M)$, $N' = (r \circ h)(N)$ et

$$\mathbf{M'N' = kMN.}$$

Cela ayant lieu pour tous points M et N, on dit que **$r \circ h$ multiplie la distance par k.**

- **$r \circ h$ conserve les angles orientés**

Nous savons qu'une homothétie et qu'une rotation conservent les angles orientés de vecteurs; il en est de même de $r \circ h$.
Pour tous points M, N, P avec N et P distincts de M, les images par $r \circ h$ sont respectivement M', N', P' et on a :

$$(\overrightarrow{MN}; \overrightarrow{MP}) = (\overrightarrow{M'N'}; \overrightarrow{M'P'}).$$

Théorème 1

> ***h* est une homothétie de rapport POSITIF *k* et *r* est une rotation de *même centre* que *h*. Alors**
> 1. **$r \circ h = h \circ r$;**
> 2. **$r \circ h$ multiplie la distance par k;**
> 3. **$r \circ h$ conserve les angles orientés de vecteurs.**

EXERCICE

h est l'homothétie de centre I, de rapport $k < 0$ et r est la rotation de centre I, d'angle θ.
Montrez que $r \circ h$ multiplie la distance par $|k|$ et conserve les angles orientés.

c. Fonction de $\mathbb{C}$ dans $\mathbb{C}$ associée à $r \circ h$

Considérons un repère orthonormé direct et notons ω l'affixe du point I.
Le point M d'affixe z a pour image par h le point M_1 dont l'affixe z_1 est telle que (voir chapitre **10** page 181) :

$$z_1 - \omega = k(z - \omega).$$

Le point M_1 d'affixe z_1 a pour image par r le point M' dont l'affixe z' est telle que (voir paragraphe **1.**) :

$$z' - \omega = e^{i\theta}(z_1 - \omega).$$

L'affixe z' de $M' = (r \circ h)(M)$ vérifie donc :

$$\boldsymbol{z' - \omega = k e^{i\theta}(z - \omega).}$$

Réciproquement, soit k un réel positif et θ un réel; il est immédiat de montrer que la transformation du plan qui, au point M d'affixe z, associe le point M' d'affixe z' telle que $z' - \omega = ke^{i\theta}(z - \omega)$ est la composée de l'homothétie de centre le point I d'affixe ω, de rapport k et de la rotation de centre I, d'angle θ.

Théorème 2

> **Dans un repère orthonormé direct, I est le point d'affixe ω. D'autre part, k est un réel positif et θ est un réel.**
> **Les deux propositions suivantes sont équivalentes :**
> **1. La transformation f du plan est la composée de l'homothétie de centre I, de rapport k et de la rotation de centre I, d'angle θ.**
> **2. L'image par f du point M d'affixe z est le point M′ d'affixe z' telle que :**
> $$z' - \omega = ke^{i\theta}(z - \omega).$$

2.2. Similitudes planes directes

a. Composée d'une homothétie de rapport positif et d'un déplacement

Nous montrerions comme au paragraphe **2.1.** que les transformations $d \circ h$ et $h \circ d$, composées d'une homothétie h de rapport $k>0$ et d'un déplacement d, multiplient la distance par k et conservent les angles orientés puisque nous savons qu'un déplacement est soit une translation, soit une rotation.

Réciproquement, considérons une transformation f du plan, qui multiplie la distance par le réel $k>0$ et conserve les angles orientés.

Envisageons alors la transformation $g = h \circ f$ où h est une homothétie de rapport $\frac{1}{k}$.

h multiplie la distance par $\frac{1}{k}$ et f multiplie la distance par k; il est clair qu'alors $h \circ f$ multiplie la distance par $k \times \frac{1}{k}$, c'est-à-dire que g conserve la distance et donc que *g est une isométrie.*

Comme h et f conserve les angles orientés, *g conserve aussi les angles orientés* et donc *g est un déplacement.*

De l'égalité $g = h \circ f$, nous déduisons que $h^{-1} \circ g = f$, où h^{-1} est une homothétie de rapport k. f apparaît donc comme la composée d'une homothétie de rapport positif et d'un déplacement.

EXERCICE

Montrez que si f multiplie la distance par $k>0$ et conserve les angles orientés, alors on peut écrire $f = g' \circ h'$, où g' est un déplacement et h' une homothétie de rapport k.

Définition 1

> **On appelle similitude plane directe toute transformation du plan qui multiplie la distance par un réel $k>0$ et qui conserve les angles orientés. On dit que k est *le rapport* de cette similitude directe.**

Avec cette définition, les résultats précédents se résument par le théorème suivant :

Théorème 3

Pour une transformation f du plan, les deux propositions suivantes sont équivalentes :

1. f est une similitude plane directe de rapport $k > 0$;

2. $f = h \circ d$ (ou $f = d \circ h$), où h est une homothétie de rapport k et d un déplacement.

Dressons l'inventaire des similitudes directes selon la nature du déplacement d :

- si d est l'identité du plan, *f est l'homothétie de rapport k;*
- si d est la translation t de vecteur $\vec{u}$, alors *f est la translation de vecteur $\vec{u}$* si $h = id$ ou *une homothétie h' de rapport k* si $h \neq id$ (voir chapitre **11**, page 191; notez que de plus $h \circ t \neq t \circ h$);
- *si d* est une rotation r, alors *f est cette rotation* si $h = id$; *la composée de l'homothétie h et de cette rotation r, dont les centres ne sont pas nécessairement confondus* si $h \neq id$ (notez qu'en général $h \circ r \neq r \circ h$).

Commentaire

Notez que les réflexions *ne sont pas* des similitudes planes directes, car elles ne conservent pas les angles orientés.

b. Propriétés des similitudes directes

- Considérons la similitude plane directe $d \circ h$, de rapport k. D'après la définition 1, **pour tous points M et N tels que $M' = (d \circ h)(M)$ et $N' = (d \circ h)(N)$ on a :**

$$M'N' = kMN.$$

En outre : $(\overrightarrow{MN}; \overrightarrow{M'N'}) = 0$ **si d est une translation;**

$(\overrightarrow{MN}; \overrightarrow{M'N'}) = \theta$ **si d est une rotation d'angle θ.**

En effet, si $M_1 = h(M)$ et $N_1 = h(N)$ on a $(\overrightarrow{MN}; \overrightarrow{M_1N_1}) = 0$, et :

— dans le cas où d est une translation on a $\overrightarrow{M_1N_1} = \overrightarrow{M'N'}$, donc $(\overrightarrow{MN}; \overrightarrow{M'N'}) = 0$;

— dans le cas où d est une rotation d'angle θ on a $(\overrightarrow{M_1N_1}; \overrightarrow{M'N'}) = \theta$, donc $(\overrightarrow{MN}; \overrightarrow{M'N'}) = \theta$.

- En tant que composée d'une homothétie et d'un déplacement :

une similitude plane directe de rapport k : *conserve l'équipollence et le barycentre, multiplie la distance par k et l'aire par k^2, transforme une droite en une droite, conserve le parallélisme, le contact et l'orthogonalité, transforme un cercle de rayon* R *en un cercle de rayon* kR *dont le centre est l'image du centre.*

EXERCICE résolu 1

P, Q, R sont trois points *alignés*, deux à deux distincts; P′, Q′, R′ sont leurs images respectives par une similitude plane directe f.

Montrez que $$\frac{\overline{P'Q'}}{\overline{P'R'}} = \frac{\overline{PQ}}{\overline{PR}}.$$

Solution ■■■

Les points P, Q, R sont alignés, il existe donc un réel λ tel que $\overrightarrow{PQ}=\lambda\overrightarrow{PR}$.
Les points P′, Q′, R′ sont alignés puisqu'une similitude transforme une droite en une droite. Il existe donc un réel λ' tel que $\overrightarrow{P'Q'}=\lambda'\overrightarrow{P'R'}$.
Soit k le rapport de la similitude, on a :

$$P'Q'=k\,PQ \quad \text{et} \quad P'R'=k\,PR$$

d'où
$$\frac{P'Q'}{P'R'}=\frac{PQ}{PR}.$$

Or $\lambda=\dfrac{\overline{PQ}}{\overline{PR}}$ et $\lambda'=\dfrac{\overline{P'Q'}}{\overline{P'R'}}$, donc on en déduit que : $|\lambda'|=|\lambda|$.
Par ailleurs, une similitude plane directe conservant les angles orientés, on a :

$$(\overrightarrow{P'Q'};\overrightarrow{P'R'})=(\overrightarrow{PQ};\overrightarrow{PR}).$$

On en déduit que λ et λ' sont de même signe, comme de plus $|\lambda|=|\lambda'|$, on a $\lambda=\lambda'$, soit :

$$\frac{\overline{P'Q'}}{\overline{P'R'}}=\frac{\overline{PQ}}{\overline{PR}}.$$

■■■■■■■■■■

- **Composée de deux similitudes planes directes.**

Théorème 4

La composée de deux similitudes directes de rapports k_1 et k_2, est une similitude directe de rapport k_1k_2.

EXERCICE Démontrez le théorème **4**.

- **Transformation réciproque d'une similitude directe**

f est une similitude directe de rapport k.
Cette similitude directe $f=h\circ d$ (resp. $f=d\circ h$) admet pour transformation réciproque $d^{-1}\circ h^{-1}$ (resp. $h^{-1}\circ d^{-1}$); or h^{-1} est une homothétie de rapport $\dfrac{1}{k}$ et d^{-1} un déplacement, donc cette transformation réciproque est une similitude directe de rapport $\dfrac{1}{k}$.

2.3. Similitude directe et nombres complexes

Dans un repère orthonormé direct, I est le point d'affixe ω. D'autre part k est un réel, $k>0$.
L'homothétie h de centre I et de rapport k transforme le point M d'affixe z en le point M_1 dont l'affixe z_1 est telle que :

$$z_1-\omega=k(z-\omega) \qquad \text{soit} \qquad z_1=kz+(1-k)\,\omega.$$

Au déplacement d, on peut associer un réel θ et un complexe z_0 (voir paragraphe **1.**) tel que, si d transforme le point M_1 d'affixe z_1 en le point M′ d'affixe z', on ait :

$$z'=e^{i\theta}z_1+z_0.$$

La similitude directe $d \circ h$ transforme M en M′ et :

$$z' = e^{i\theta}\left[kz + (1-k)\,\omega\right] + z_0 = ke^{i\theta}z + (1-k)\,e^{i\theta}\omega + z_0$$

soit $\boldsymbol{z' = az + b}$ avec $a = ke^{i\theta}$ et $b = (1-k)\,e^{i\theta}\omega + z_0$.

EXERCICE Montrez que la similitude directe $h \circ d$ transforme le point M d'affixe z en le point M″ d'affixe z'' telle que $z'' = az + b'$ où $a = ke^{i\theta}$.

Réciproquement, donnons-nous deux complexes a et b, avec $a \neq 0$, et considérons la transformation f du plan, qui, au point M d'affixe z, associe le point M′ d'affixe z' telle que :

$$z' = az + b.$$

Deux cas se présentent :

- **$a = 1$,** alors $z' = z + b$ et **f est la translation de vecteur d'affixe b;**
- **$a \neq 1$,** alors f admet un point invariant et un seul, c'est le point I dont l'affixe ω vérifie

$\omega = a\omega + b$, soit $\omega = \dfrac{b}{1-a}$.

On peut alors écrire :

$$z' = az + \omega - a\omega$$
$$z' - \omega = a(z - \omega).$$

Une forme exponentielle de a est $a = |a|\,e^{i\theta}$, où θ est l'un de ses arguments; alors :

$$z' - \omega = |a|\,e^{i\theta}(z - \omega).$$

Le théorème **2** précise alors que f est la composée de l'homothétie de centre I, de rapport $|a|$ et de la rotation de centre I, d'angle θ. Par conséquent f est une similitude directe. D'où le théorème suivant :

Théorème 5

$(O;\, \vec{i}, \vec{j})$ est un repère orthonormé direct et f est une transformation du plan. Les deux propositions suivantes sont équivalentes :

1. f est une similitude directe;

2. il existe deux complexes a et b, avec a non nul, tels que : le point M d'affixe z ait pour image par f le point M′ d'affixe z' avec :

$$\boldsymbol{z' = az + b.}$$

Nous dirons que $z' = az + b$ avec a et b complexes, $a \neq 0$, est *l'écriture complexe* de la similitude directe f dans le repère orthonormé direct choisi.

Théorème 6

Toute similitude directe d'écriture complexe $z' = az + b$, qui n'est pas une translation ($a \neq 1$) :

- **admet un point invariant I et un seul;**
- **est la composée d'une homothétie de rapport $|a|$ de centre I et d'une rotation dont l'angle est un argument de a et le centre I.**

Commentaire

L'écriture complexe $z' = az + b$ avec $a \neq 0$ est celle :

- d'une homothétie de rapport a si **a est réel, $a \neq 1$;**
- d'un déplacement si **$|a| = 1$,** celui-ci étant une translation si $a = 1$ ou une rotation d'angle un argument de a;
- d'une similitude directe qui n'est ni une homothétie, ni un déplacement si a est un réel et $|a| \neq 1$.

D'après le théorème **6,** une similitude directe qui n'est pas une translation, est la composée d'une homothétie h de rapport k positif et d'une rotation r d'angle θ, soit $f = r \circ h$ ou $f = h \circ r$.

En outre, f admet un point invariant I et un seul; pour tout point M et son image M′ par f on a (d'après le paragraphe **2.2. *b.***) :

$$\mathrm{IM}' = k\,\mathrm{IM} \quad \text{et} \quad (\overrightarrow{\mathrm{IM}}; \overrightarrow{\mathrm{IM}'}) = \theta. \qquad \textbf{(1)}$$

Notons h_1 l'homothétie de centre I, de rapport k, et r_1 la rotation de centre I, d'angle θ; d'après le paragraphe **3.1. *a.***
M′ est l'image de M par $r_1 \circ h_1$.

Donc $f = r_1 \circ h_1$; or d'après le théorème **1,** nous savons qu'alors r_1 et h_1 sont permutables et donc que $\boldsymbol{f = r_1 \circ h_1 = h_1 \circ r_1}$**.**

En résumé :

> toute similitude directe f qui n'est pas une translation, est la composée d'une homothétie de rapport $k > 0$ et d'une rotation d'angle θ, de MÊME centre; ce centre étant le point invariant par f.
> On dit que cette décomposition de f est **la forme réduite de f et I est appelé le centre de la similitude directe, k son rapport et θ son angle.** Ces trois éléments caractérisent f.

Lorsque f est écrite sous sa forme réduite, on peut construire facilement l'image d'un point M, à l'aide des égalités **(1).**

Si $\theta \equiv 0[\pi]$, f est une homothétie.

EXERCICE résolu 2

$(O; \vec{i}, \vec{j})$ est un repère orthonormé direct.

a. h est l'homothétie de centre A(2; 0) et de rapport 3.

r est la rotation de centre B(1; 1) et d'angle $\frac{\pi}{4}$.

Déterminez l'écriture complexe de la similitude $r \circ h$. Vérifiez que $r \circ h \neq h \circ r$.

b. Déterminez le point I invariant par $r \circ h$.

c. h_1 est l'homothétie de centre I et de rapport 3; r_1 est la rotation de centre I et d'angle $\frac{\pi}{4}$.

Montrez que $r \circ h = r_1 \circ h_1 = h_1 \circ r_1$.

Solution ■ ■ ■

a. M est le point d'affixe z, notons z_1 l'affixe de $M_1 = h(M)$. On a :

$$z_1 - 2 = 3(z-2)$$
$$z_1 = 3z - 4.$$

Notons z' l'affixe de $M' = r(M_1)$. On a :

$$z' - (1+i) = e^{i\frac{\pi}{4}}[z_1 - (1+i)]$$
$$z' - (1+i) = e^{i\frac{\pi}{4}}(3z - 5 - i).$$

Nous vous laissons vérifier qu'alors :

$$\boldsymbol{z' = 3e^{i\frac{\pi}{4}}z + 1 - 2\sqrt{2} - (3\sqrt{2} - 1)i.}$$

Vous vérifierez de façon comparable que l'écriture complexe de $h \circ r$ est :

$$Z = 3e^{i\frac{\pi}{4}}z - 1 - 3(\sqrt{2} - 1)i.$$

Donc $r \circ h \neq h \circ r$.

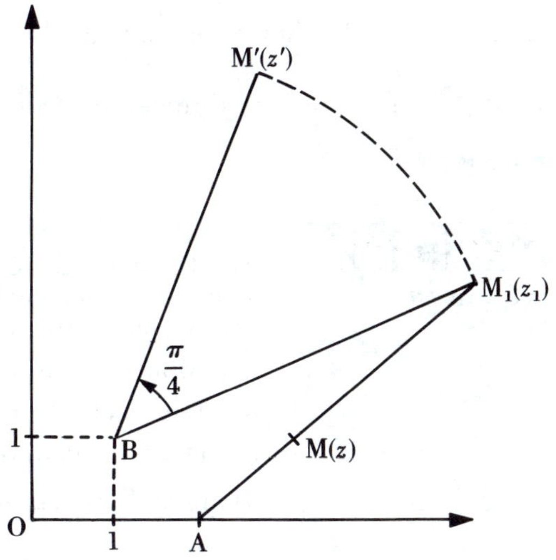

b. L'affixe ω du point invariant par $r \circ h$ vérifie :

$$\omega = 3e^{i\frac{\pi}{4}}\omega + 1 - 2\sqrt{2} - (3\sqrt{2} - 1)i$$

d'où
$$\omega = \frac{1 - 2\sqrt{2} - (3\sqrt{2} - 1)i}{1 - 3e^{i\frac{\pi}{4}}}.$$

Nous vous laissons vérifier que :

$$\omega = \frac{(40 - 29\sqrt{2}) - i(68 + 45\sqrt{2})}{82}.$$

c. Notons Z' l'affixe du point m', image du point M d'affixe z par $r_1 \circ h_1$; il vient d'après le théorème **2** :

$$Z' - \omega = 3e^{i\frac{\pi}{4}}(z - \omega)$$

soit
$$Z' = 3e^{i\frac{\pi}{4}}z + \omega(1 - 3e^{i\frac{\pi}{4}}).$$

Or $\omega = \dfrac{1 - 2\sqrt{2} - (3\sqrt{2} - 1)i}{1 - 3e^{i\frac{\pi}{4}}}$ donc :

$$Z' = 3e^{i\frac{\pi}{4}}z + 1 - 2\sqrt{2} - (3\sqrt{2} - 1)i = z'$$

et alors $r \circ h = r_1 \circ h_1$ et d'après le théorème **1** on a aussi $r_1 \circ h_1 = h_1 \circ r_1$.
Sur cet exemple, nous voyons que la similitude directe initiale est parfaitement déterminée par la donnée du point I (appelé son centre), de son rapport 3 et de son angle $\frac{\pi}{4}$.

■ ■ ■ ■ ■ ■ ■ ■ ■

EXERCICE résolu 3

Déterminez le centre, le rapport et l'angle de la similitude plane directe f d'écriture complexe :

$$z' = (i-1)z + 2 - i.$$

Solution ■ ■ ■

f n'est pas une translation car $1 - i \neq 1$. Donc f a un seul point invariant; notons celui-ci I et ω son affixe.
ω est solution de l'équation $\omega = (i-1)\omega + 2 - i$ donc $\omega = 1$.

Le rapport de la similitude est $|i-1|=\sqrt{2}$; son angle est un argument de $i-1$, soit $\frac{3\pi}{4}$.

f est donc la similitude directe de centre I, de rapport $\sqrt{2}$ et d'angle $\frac{3\pi}{4}$.

EXERCICE résolu 4

ABCD est un carré direct, le plan étant orienté comme sur la figure. M est un point de la droite (DC); la perpendiculaire à (AM) passant par A coupe (BC) en N et I est le milieu de [MN].

a. Montrez que le triangle rectangle AMN est isocèle.

b. Par quelle transformation, M a-t-il pour image I?

c. Quel est l'ensemble décrit par le point I lorsque M décrit (DC).

(D'après *Exercices de géométrie, I.R.E.M. de Nantes.*)

Solution

a. La rotation r de centre A, d'angle $-\frac{\pi}{2}$ transforme D en B et C en un point de la droite (BC), donc cette rotation transforme la droite (DC) en la droite (BC).
L'image de M par r se trouve donc sur (BC) et sur (AN); elle est donc confondue avec N. Le triangle AMN est donc rectangle en A et isocèle.

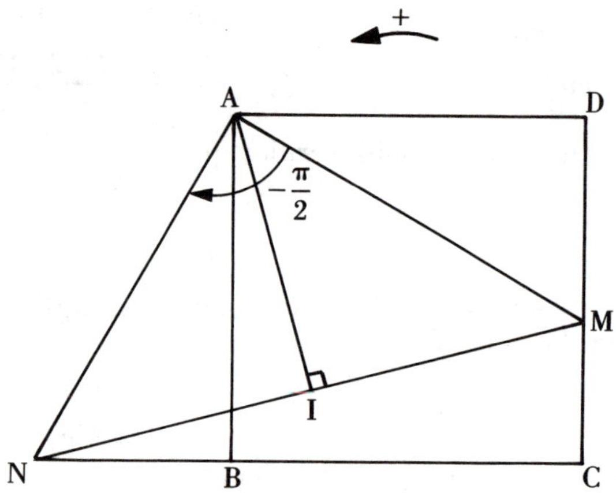

b. Le milieu I de [MN] est tel que :

$$\begin{cases} AI=\frac{\sqrt{2}}{2}\,AM \\ (\overrightarrow{AM};\,\overrightarrow{AI})=-\frac{\pi}{4} \end{cases}$$

puisque le triangle AMN est rectangle isocèle.

I se déduit donc de M, par la similitude f de centre A, de rapport $\frac{\sqrt{2}}{2}$ et d'angle $-\frac{\pi}{4}$.

c. M appartient à la droite (DC), donc I appartient à l'image de (DC) par f.
L'image de D par f est le point O centre du carré ABCD; l'image de C est le point B; l'image de la droite (DC) est la droite (OB). Le point I appartient donc à la droite (OB) et l'ensemble des points I, quand M décrit (DC), est inclus dans la droite (OB).

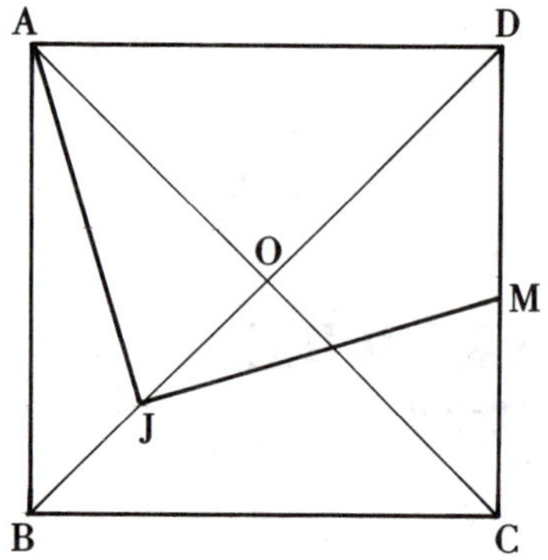

Réciproquement, soit J un point de la droite (OB); existe-t-il M sur (DC) tel que J soit le milieu de [MN], N étant le point associé à M par le texte? On désigne par M l'antécédent de J par f (ou l'image de J par f^{-1}); M est sur (DC) et :

$$\begin{cases} AM=\sqrt{2}\,AJ \\ (\overrightarrow{AJ};\,\overrightarrow{AM})=\frac{\pi}{4} \end{cases} \quad \text{soit} \quad \begin{cases} AJ=\frac{\sqrt{2}}{2}\,AM \\ (\overrightarrow{AM};\,\overrightarrow{AJ})=-\frac{\pi}{4}. \end{cases}$$

On construit N comme il est indiqué par le texte et I, le milieu de [MN] est tel que :

$$\begin{cases} AI = \dfrac{\sqrt{2}}{2} AM \\ (\overrightarrow{AM}; \overrightarrow{AI}) = -\dfrac{\pi}{4}. \end{cases}$$

Les points I et J sont donc confondus. Il existe donc M sur [DC] tel que J soit le milieu de [MN]. L'ensemble des points I est donc la droite (OB).

■■■■■■■■■■

2.4. Similitude directe définie par la donnée de deux points et leurs images

Problème : A, B, A′, B′ sont quatre points donnés tels que $A \neq B$ et $A' \neq B'$; *existe-t-il une similitude plane directe f telle que $f(A) = A'$ et $f(B) = B'$?*

Utilisons les complexes pour résoudre ce problème : notons z_A, z_B, $z_{A'}$, $z_{B'}$ les affixes respectives des points A, B, A′, B′. D'après le théorème **5,** le problème revient à déterminer des complexes $a \neq 0$ et b tels que :

$$\begin{cases} z_{A'} = az_A + b \\ z_{B'} = az_B + b. \end{cases}$$

On vérifie facilement que ce système admet un couple solution $(a; b)$ unique, avec :

$$a = \frac{z_{B'} - z_{A'}}{z_B - z_A} \quad \text{et} \quad b = z_{A'} - \frac{z_{B'} - z_{A'}}{z_B - z_A} z_A \quad \text{avec } a \neq 0.$$

D'où le théorème suivant :

Théorème 7

> **A, B, A′, B′ sont quatre points tels que $A \neq B$, $A' \neq B'$.**
> **Il existe une similitude plane directe et une seule transformant A en A′ et B en B′.**

Commentaire

L'intérêt de ce théorème réside dans le fait qu'il permet, dans la résolution de problème, de dire sans autre justification : « *considérons LA similitude directe qui transforme* A *en* A′ *et* B *en* B′ », lorsque $A \neq B$ et $A' \neq B'$.

Précisons les éléments caractéristiques de cette similitude directe f telle que $f(A) = A'$ et $f(B) = B'$, avec $A \neq A'$ et $B \neq B'$.

Plusieurs cas se présentent :

1. $\overrightarrow{AB} = \overrightarrow{A'B'}$ **:** f est la translation de vecteur $\overrightarrow{AA'}$.

2. $\overrightarrow{AB} \neq \overrightarrow{A'B'}$ **:** f n'est pas une translation; il s'agit alors de préciser son centre, son rapport, son angle.

Son rapport est $\dfrac{A'B'}{AB}$ et son angle $(\overrightarrow{AB}; \overrightarrow{A'B'})$ (d'après le paragraphe **2.2. *b.***);

— lorsque les vecteurs $\overrightarrow{AB}$ et $\overrightarrow{A'B'}$ sont colinéaires, autrement dit lorsque $(\overrightarrow{AB}; \overrightarrow{A'B'}) = 2k\pi$ ou $(\overrightarrow{AB}; \overrightarrow{A'B'}) = \pi + 2k\pi$, avec $k \in \mathbb{Z}$, f est une homothétie dont on sait construire le centre (voir chapitre **9**, page 169);

— lorsque les vecteurs $\overrightarrow{AB}$ et $\overrightarrow{A'B'}$ ne sont pas colinéaires, nous vous proposons une construction du centre de f, au T.P.1. page 000.

EXERCICE résolu 5

A, B, A′, B′ sont quatre points deux à deux distincts tels que $\overrightarrow{AB} \neq \overrightarrow{A'B'}$ et $\overrightarrow{AA'} \neq \overrightarrow{BB'}$.
Montrez que le centre I de la similitude transformant A en A′ et B en B′ est aussi le centre de la similitude transformant A en B et A′ en B′.

Solution ■ ■ ■

Les points A et A′ sont distincts, ainsi que les points B et B′; le centre I de la similitude transformant A en A′ et B en B′ est donc distinct de A, A′, B et B′.
Si ω est l'affixe de I, on a :

$$z_{A'} - \omega = a(z_A - \omega) \quad \text{et} \quad z_{B'} - \omega = a(z_B - \omega)$$

d'où

$$\frac{z_{A'} - \omega}{z_A - \omega} = \frac{z_{B'} - \omega}{z_B - \omega}.$$

On en déduit :

$$\frac{z_B - \omega}{z_A - \omega} = \frac{z_{B'} - \omega}{z_{A'} - \omega} = a_1$$

et la similitude directe d'écriture complexe : $z' - \omega = a_1(z - \omega)$, transforme A en B et A′ en B′ et son centre est I.

■ ■ ■ ■ ■ ■ ■ ■ ■

3. Travaux pratiques d'application

T.P.1. Construction du centre de la similitude transformant A en A′ et B en B′

A, B, A′, B′ sont des points tels que A ≠ A′, B ≠ B′, les vecteurs $\overrightarrow{AB}$ et $\overrightarrow{A'B'}$ n'étant pas colinéaires.

La similitude plane directe transformant A en A′ et B en B′, n'est pas une translation ni une homothétie; son rapport est $\frac{A'B'}{AB}$, son angle $(\overrightarrow{AB}; \overrightarrow{A'B'})$.
On se propose de construire le centre I *de f.*
Les droites (AB) et (A′B′) se coupent en J.

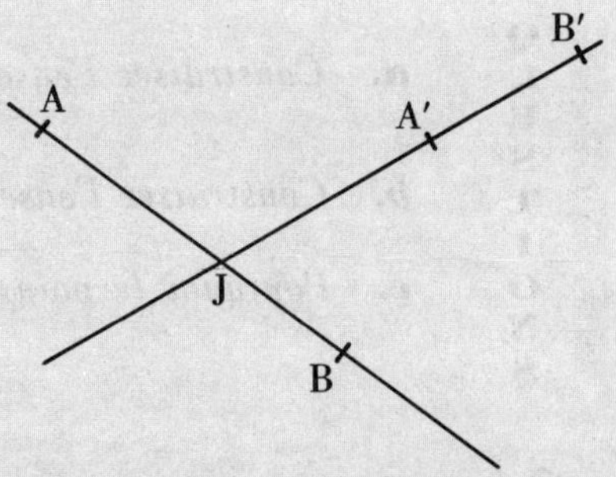

• Supposons que J soit distinct de chaque point A, B, A′ et B′.

QUESTION

Montrez que les points I, A, A′, J *d'une part et* I, B, B′, J *d'autre part sont sur un même cercle.*
Indication : *montrez que* $(\overrightarrow{IA}; \overrightarrow{IA'}) = (\overrightarrow{JA}; \overrightarrow{JA'}) + 2k\pi$ *ou* $(\overrightarrow{IA}; \overrightarrow{IA'}) = (\overrightarrow{JA}; \overrightarrow{JA'}) + \pi + 2k\pi$, *avec* $k \in \mathbb{Z}$.

Deux cas se présentent alors, comme l'indique les deux figures ci-dessous.

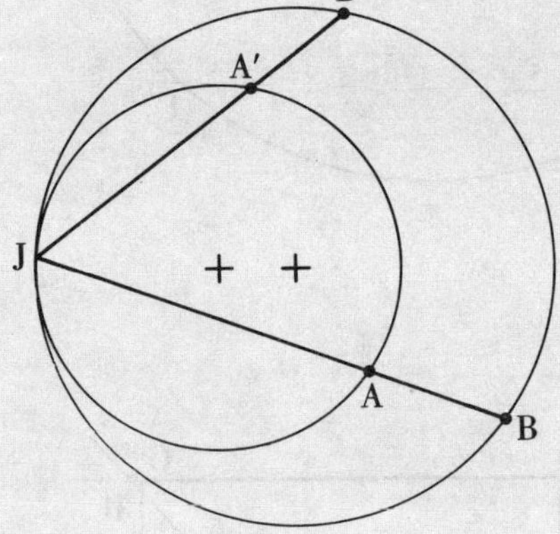

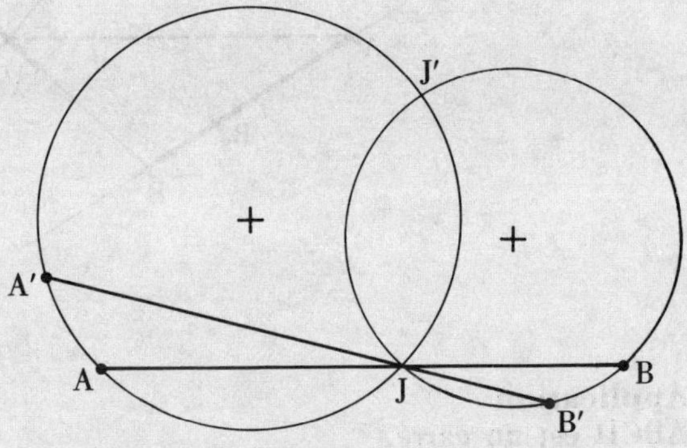

QUESTIONS

1. *Dans le cas où les cercles* (JAA′) *et* (JBB′) *sont tangents, où est le point* I?

2. *Dans le cas où les cercles* (JAA′) *et* (JBB′) *sont sécants en* J *et* J′, *le point* I *est soit en* J *soit en* J′ *Supposons que le point* I *soit en* J.

a. *En utilisant l'exercice résolu* 1, *montrez que* $\frac{\overline{JA'}}{\overline{JB'}} = \frac{\overline{JA}}{\overline{JB}}$.

b. *Déduisez-en qu'une homothétie de centre* J *transforme* A *en* B *et* A′ *en* B′.

c. *Concluez sur la position du point* I.

• Supposons que le point J soit confondu par exemple avec le point B (autrement dit que les points B, A′, B′ sont alignés). On montre, comme précédemment, que le point I est sur le cercle (JAA′).

On pose $k = \frac{A'B'}{AB}$. On peut supposer $k \neq 1$.

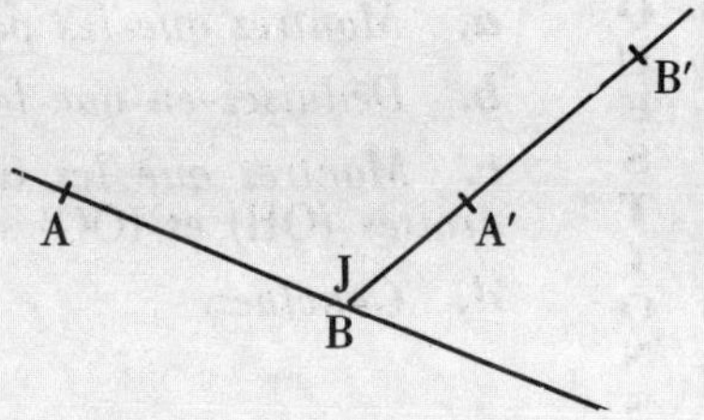

QUESTIONS

a. *Construisez l'ensemble* Γ_1 *des points* M *tel que* $\dfrac{MA'}{MA} = k$.

b. *Construisez l'ensemble* Γ_2 *des points* M *tels que* $\dfrac{MB'}{MB} = k$.

c. *Pourquoi le point* I *est-il à l'intersection des cercles* (JAA'), Γ_1 *et* Γ_2?

$AB_1 = A'B' = AB_2$

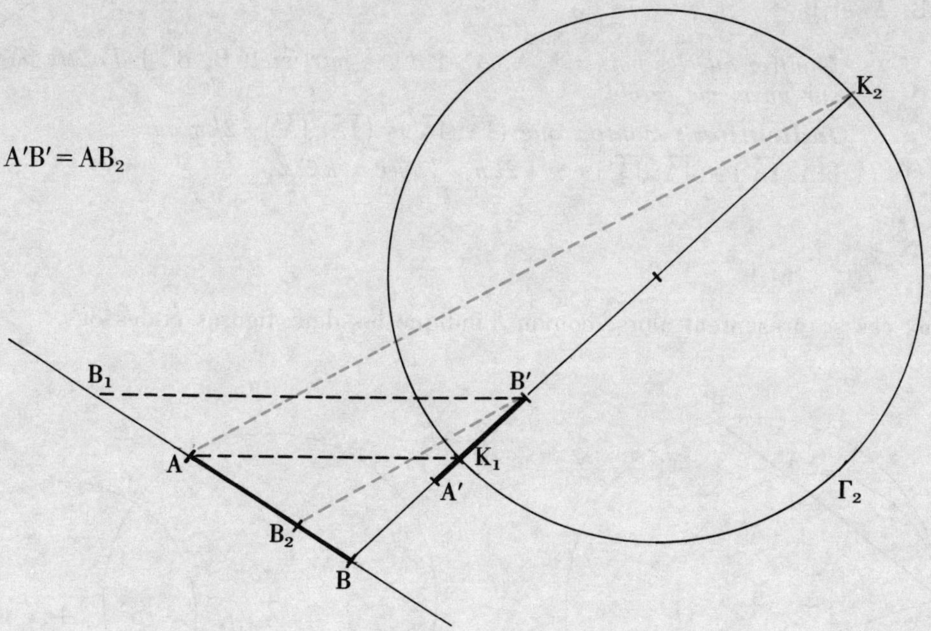

Application
ABCD est un carré.
Une similitude s non réduite à une homothétie ou à une translation transforme A en A', B en B', C en C' et D en D' de telle sorte que A', B', C', D' n'appartiennent pas aux côtés du carré ABCD.
(AB) et (A'B') se coupent en F, (BC) et (B'C') en G, (CD) et (C'D') en H, (DA) et (D'A') en I.
On se propose de montrer que les droites (FH) et (GI) passent par le centre de la similitude s.
On désigne par O le centre de la similitude s.

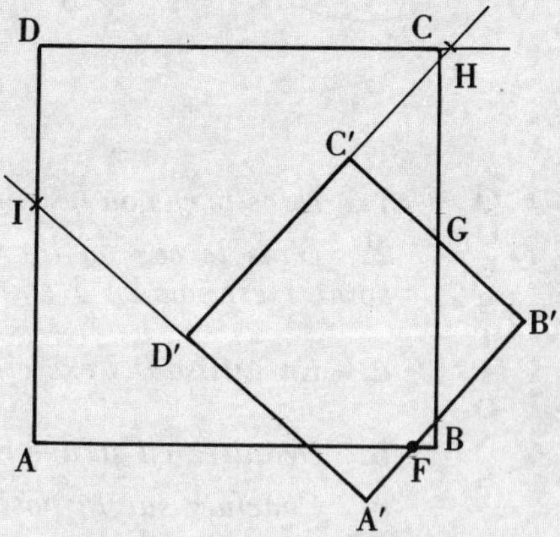

QUESTIONS

a. *Montrez que les points* O, A, A', F, I *sont sur un même cercle.*

b. *Déduisez-en que les droites* (OI) *et* (OF) *sont perpendiculaires.*

c. *Montrez que les droites* (OI) *et* (OH) *sont perpendiculaires et que les droites* (OH) *et* (OG) *sont perpendiculaires.*

d. *Concluez.*

T.P.2 Image d'un cercle par une similitude

• $\mathcal{C}_1$ *et* $\mathcal{C}_2$ sont deux cercles de centres O_1 et O_2 distincts, de rayons R_1 et R_2 distincts.

QUESTIONS

a. *Quel est le rapport d'une similitude plane directe transformant* $\mathcal{C}_1$ *en* $\mathcal{C}_2$?

b. *Montrez que* I *est centre d'une similitude plane directe transformant* $\mathcal{C}_1$ *en* $\mathcal{C}_2$ *si et seulement si*

$$\frac{IO_2}{IO_1} = \frac{R_2}{R_1}.$$

c. *Déduisez et construisez l'ensemble* $\mathcal{C}$ *des centres des similitudes transformant* $\mathcal{C}_1$ *en* $\mathcal{C}_2$.
Vous pouvez remarquer que les centres des homothéties transformant $\mathcal{C}_1$ *en* $\mathcal{C}_2$ *appartiennent à* $\mathcal{C}$.

d. *Quel est l'ensemble* $\mathcal{C}$ *lorsque les rayons des cercles sont égaux?*

• $\mathcal{C}_1$ et $\mathcal{C}_2$ sont deux cercles sécants en I et J, de rayons distincts (fig. 1).
s est la similitude plane directe de centre I transformant $\mathcal{C}_1$ et $\mathcal{C}_2$.

QUESTION

M_2 *est l'image de* M_1 *par s.*
Montrez que si M_1 *est un point de* $\mathcal{C}_1$, alors la droite (M_1M_2) passe par J.

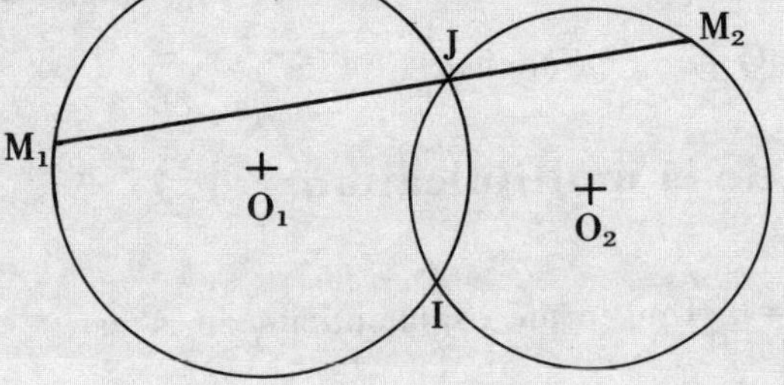

figure 1

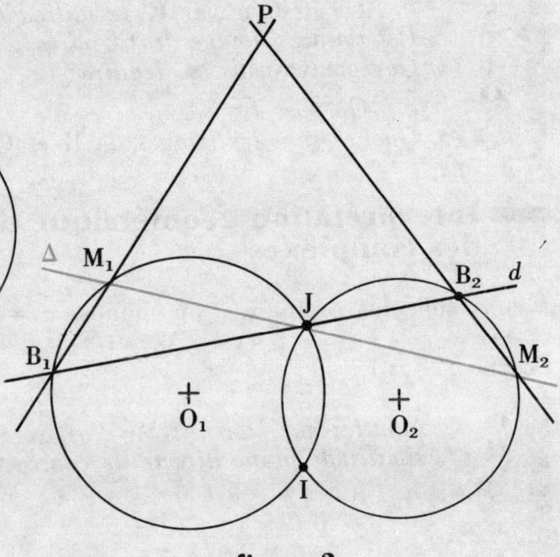

figure 2

Une droite *d* passant par J coupe $\mathcal{C}_1$ en B_1 et $\mathcal{C}_2$ en B_2. Une droite variable Δ passant par J coupe $\mathcal{C}_1$ en M_1 et $\mathcal{C}_2$ en M_2 (fig. 2).

QUESTIONS

a. *Pourquoi les droites* (B_1M_1) *et* (B_2M_2) *sont-elles sécantes?*
On désigne par P *le point d'intersection des droites* (B_1M_1) *et* (B_2M_2).

b. *Montrez que les points* I, B_1, B_2, P *sont sur un même cercle.*

c. *Soit* Q *un point du cercle* (IB_1B_2). *Existe-t-il une droite* Δ *passant par* J, *coupant* $\mathcal{C}_1$ *en* M_1 *et* $\mathcal{C}_2$ *en* M_2 *et telle que* Q *soit l'intersection des droites* (B_1M_1) *et* (B_2M_2)?

d. *Déduisez-en l'ensemble des points* P *lorsque* Δ *varie.*

T.P.3. Composée de similitudes

ABC est un triangle direct. On construit, comme sur la figure, les carrés directs AR′BR, BP′CP et CQ′AQ.
On se propose de montrer que les vecteurs $\overrightarrow{AP}$ et $\overrightarrow{QR}$ sont orthogonaux et de même norme.
On désigne par s_1 la similitude de centre A, de rapport $\sqrt{2}$, d'angle $\frac{\pi}{4}$ et par s_2 la similitude de centre B, de rapport $\frac{\sqrt{2}}{2}$, d'angle $\frac{\pi}{4}$.

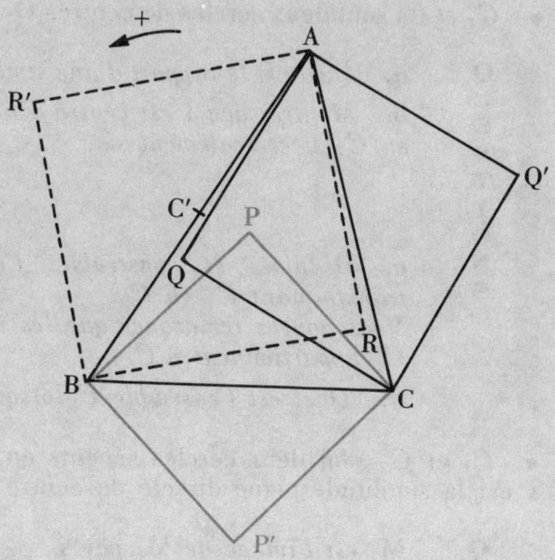

QUESTIONS

a. *Déterminez le rapport et l'angle de la similitude $s_2 \circ s_1$. Que remarquez-vous?*

b. *On désigne par* C′ *le milieu de* [AB].
Déterminez l'image de C′ *par $s_2 \circ s_1$.*
Que pouvez-vous en déduire?

c. *On pose $r = s_2 \circ s_1$.*
Quelles sont les images de R *et* Q *par r? Concluez.*

Interprétation géométrique de la multiplication des complexes

z et z_1 sont des complexes, on suppose $z_1 \neq 0$. Une forme exponentielle de z_1 est $z_1 = ke^{i\theta}$.
Posons $z' = zz_1$.

QUESTION

Montrez que le point M′ *d'affixe z' se déduit du point* M *d'affixe z par la similitude plane directe de centre* O, *de rapport k, d'angle θ.*

Application
A est le point d'affixe $1+i$.

QUESTION

Construisez les points dont les affixes sont :

$$(1+i)(1+i\sqrt{3}), \qquad 2i(1+i), \qquad \frac{1+i}{\sqrt{3}+i}.$$

T.P.4. Utilisation des complexes

Étude d'une configuration

ABCD est un quadrilatère convexe; on construit, à l'extérieur du quadrilatère, les triangles isocèles A'BA, B'CB, C'DC, D'AD, rectangles en A', B', C', D'.
On se propose de montrer que les droites (A'C') et (B'D') sont perpendiculaires et que les segments [A'C'] et [B'D'] ont même longueur.
$(O; \vec{i}, \vec{j})$ étant un repère orthonormé direct quelconque, on désigne par a, b, c, d les affixes des points A, B, C, D.
On peut remarquer par exemple que A' se déduit de B par la similitude plane directe de centre A, de rapport $\frac{\sqrt{2}}{2}$, d'angle $-\frac{\pi}{4}$.

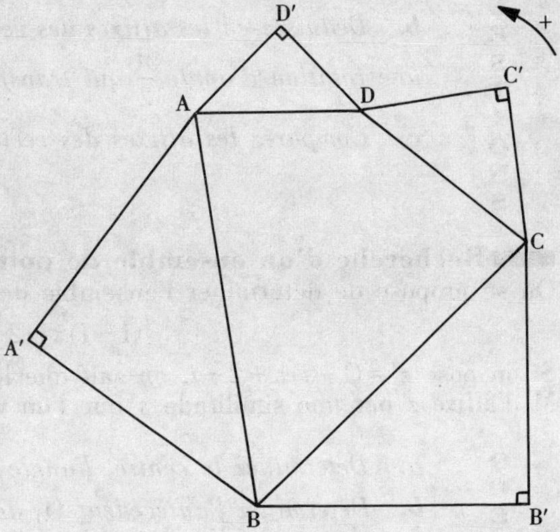

QUESTION

a. Calculez les affixes des points A', B', C', D'.

b. Déduisez-en les affixes des vecteurs $\overrightarrow{A'C'}$ *et* $\overrightarrow{B'D'}$. *Concluez.*

Solution de l'exercice résolu 4 utilisant les complexes

ABCD est un carré, M est un point de (DC). La perpendiculaire à (AM) passant par A coupe (BC) en N, I est le milieu de [MN].
On se propose de montrer que le triangle rectangle AMN est isocèle et de déterminer l'ensemble des points I lorsque M varie sur (DC).
On considère le repère $(B; \vec{i}, \vec{j})$ orthonormé direct, comme sur la figure.
Le réel positif c est l'affixe du point C.

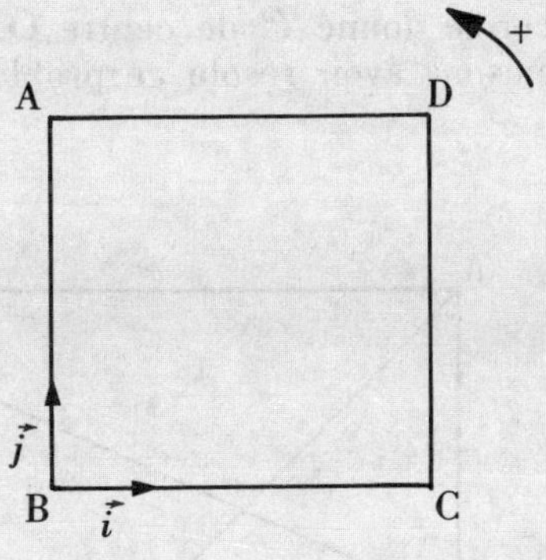

QUESTIONS

a. Donnez les affixes des points D *et* A.

b. Si z *désigne l'affixe du point* M, $z = c + iy$ *avec* $y \in \mathbb{R}$, *calculez l'affixe* z' *du point* N.

c. En comparant les affixes des vecteurs $\overrightarrow{AM}$ *et* $\overrightarrow{AN}$, *montrez que la rotation de centre* A, *d'angle* $-\frac{\pi}{2}$ *transforme* M *en* N.

d. Calculez l'affixe du point I.

e. Concluez.

Solution de l'exercice proposé au T.P.3., utilisant les complexes.
Nous vous laissons reprendre l'énoncé et la figure de la page 240.

QUESTIONS

a. *Calculez les affixes des points* P, P', Q, Q', R *et* R'.

b. *Déduisez-en les affixes des vecteurs* $\overrightarrow{AP}$ *et* $\overrightarrow{QR}$. *Montrez alors qu'il existe une rotation d'angle* $\frac{\pi}{2}$ *qui transforme* A *en* Q *et* P *en* R. *Concluez.*

c. *Comparez les affixes des vecteurs* $\overrightarrow{AP'}$ *et* $\overrightarrow{Q'R'}$. *Qu'en concluez-vous?*

Recherche d'un ensemble de points
On se propose de déterminer l'ensemble des points M dont l'affixe z est telle que

$$|(1-i)z+2-i|=\sqrt{2}.$$

Si on pose $z'=(1-i)z+2-i$, on sait que le point M' d'affixe z' est l'image du point M d'affixe z par une similitude s que l'on va préciser.

QUESTIONS

a. *Déterminez le centre, l'angle et le rapport de la similitude s.*

b. *Déterminez l'antécédent* O_1 *de* O *par s,* O *étant l'origine du repère dans lequel on considère les affixes des points.*

c. *Déduisez-en que l'on a* $OM'=\sqrt{2}$ *si et seulement si* $O_1M=1$.

d. *Quel est l'ensemble des points* M *d'affixe z tels que*

$$|(1-i)z+2-i|=\sqrt{2}?$$

c. *Donnez d'autres méthodes conduisant au résultat.*

T.P.5. Problème de construction

On se propose de construire un carré ABCD connaissant le sommet A, sachant que B appartient à une droite donnée d et que les droites (BC) et (CD) sont tangentes à un cercle donné $\mathcal{C}$ de centre O.
Supposons avoir résolu ce problème et examinons la figure ci-dessous.

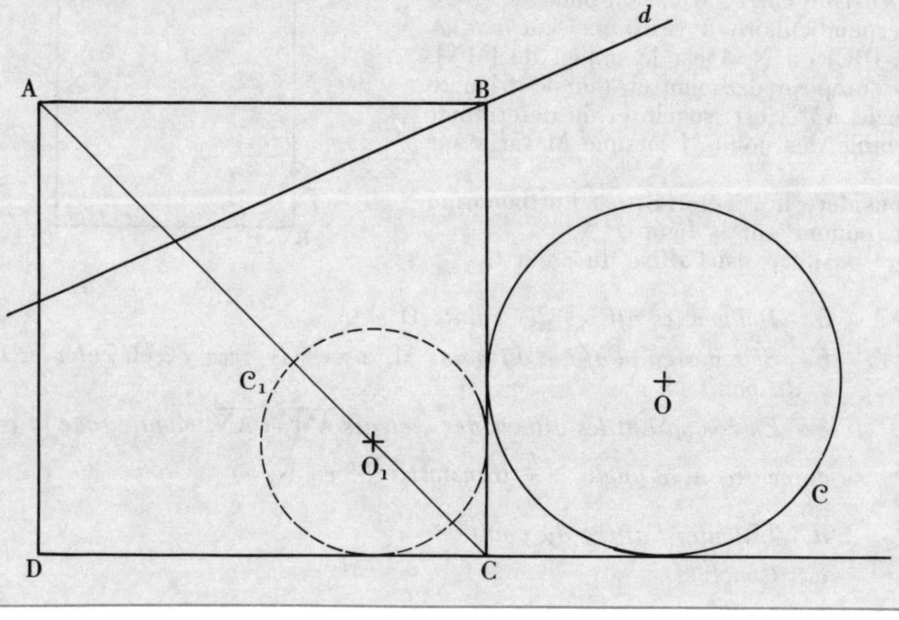

QUESTIONS

a. *Montrez que le point* C *appartient à la droite* (AO) *ou au cercle de diamètre* [AO].

b. *Considérant* C *comme l'image de* B *par une similitude convenable de centre* A, *montrez que* C *appartient à l'une ou l'autre de deux droites d_1 et d_2 que vous construirez.*

Faisons la synthèse de ce qui précède.

QUESTION

Déduisez-en la construction éventuelle d'un carré répondant à la question. Combien peut-il y avoir de solutions?

EXERCICES

Exercices d'apprentissage

Pour les exercices 1 à 6, ABCD est un carré de sens direct et de centre O; h est une homothétie dont on donne le centre et le rapport; r est une rotation dont on donne le centre et l'angle; on note

$$f = h \circ r \quad \text{et} \quad g = r \circ h.$$

a) Construisez les images de A, B, C, D par f et g.

b) Trouvez la forme complexe de f et g dans le repère direct d'origine O tel que A ait pour affixe 1.

c) Trouvez la forme complexe de f et g dans le repère d'origine O tel que A ait pour affixe $1+i$.

1. $h(\mathrm{A}, 2)$; $r\left(\mathrm{A}, \frac{\pi}{2}\right)$.

C **2.** $h(\mathrm{A}, \sqrt{2})$; $r\left(\mathrm{A}, \frac{\pi}{4}\right)$.

3. $h(\mathrm{D}, -\sqrt{2})$; $r\left(\mathrm{D}, \frac{3\pi}{4}\right)$.

4. $h(\mathrm{B}, -1)$; $r\left(\mathrm{B}, \frac{\pi}{4}\right)$.

C **5.** $h(\mathrm{A}, -2)$; $r\left(\mathrm{B}, \frac{\pi}{2}\right)$.

6. $h(\mathrm{A}, -\sqrt{2})$; $r\left(\mathrm{C}, \frac{\pi}{4}\right)$.

Pour les exercices 7 à 10, ABC est un triangle équilatéral de sens direct et de centre O; h est une homothétie dont on donne le centre et le rapport; r est une rotation dont on donne le centre et l'angle; on note

$$f = h \circ r \quad \text{et} \quad g = r \circ h.$$

a) Construisez les images de A, B et C par f et g.

b) Précisez la nature, l'angle et le rapport de f et g.

c) Si c'est possible sans calcul, précisez le centre de f et g.

7. $h(\mathrm{A}, 2)$; $r\left(\mathrm{D}, \frac{\pi}{3}\right)$.

8. $h(\mathrm{A}, -2)$; $r\left(\mathrm{B}, \frac{4\pi}{3}\right)$.

9. $h(\mathrm{C}, -1)$; $r\left(\mathrm{A}, \frac{\pi}{3}\right)$.

10. $h(\mathrm{B}, \sqrt{3})$; $r(\mathrm{A}, \pi)$.

Pour les exercices 11 à 17, le plan est rapporté à un repère orthonormé direct. Au point M d'affixe z, l'application f associe le point M′ d'affixe z'. Reconnaissez f et f^{-1}.

11. $z' = (1+i)z + 2i$.

12. $z' = \frac{1-i}{2} z + 1 - i$.

13. $z' = (1 + i\sqrt{3})z + 1$.

14. $z' = (2-2i)z + 2 - 3i$.

15. $z' = -2iz - 1$.

16. $z' = (3+4i)z + 4 - 2i$.

17. $z' = (-1+2i)z + 3 - 4i$.

Pour les exercices 18 à 21, ABCD est un carré de sens direct et de centre O. I est le milieu de [AB]; J est le milieu de [OB]. Identifiez dans chaque cas la similitude directe f définie :

18. $f(\mathrm{A}) = \mathrm{O}$; $f(\mathrm{B}) = \mathrm{D}$.

19. $f(\mathrm{A}) = \mathrm{O}$; $f(\mathrm{I}) = \mathrm{D}$.

20. $f(\mathrm{I}) = \mathrm{C}$; $f(\mathrm{O}) = \mathrm{D}$.

21. $f(\mathrm{I}) = \mathrm{J}$; $f(\mathrm{J}) = \mathrm{O}$.

Pour les exercices 22 à 25, le plan est muni d'un repère orthonormé direct; les points A, B, A′, B′ sont donnés par leurs affixes. Identifiez la similitude directe f telle que $f(\mathrm{A}) = \mathrm{A}'$ et $f(\mathrm{B}) = \mathrm{B}'$.

22. A(0), B($1+2i$), A′($1+i$), B′($3-4i$).

23. A($1-i$), B($2i$), A′($3-2i$), B′($-i$).

24. A(0), B($1-i\sqrt{3}$), A′($\sqrt{3}$), B′($4+\sqrt{3}$).

25. A(1), B($5+i$), A′($-11-14i$), B′($-3+5i$).

Exercices d'entraînement

Pour les exercices 26 à 29, f est la fonction qui au point d'affixe $z = x + iy$ (avec x et y réels) associe le point d'affixe $z' = x' + iy'$. Trouvez l'image par f des droites ou des cercles donnés.

26. $z' = (1+2i)z + 2 - 5i$;

- D passe par A($1-2i$) et B($-1+i$);
- $\mathcal{C}$ a pour centre I($1-i$) et pour rayon $\sqrt{5}$.

27. $z' = 2iz - 3$;

- $\mathcal{C}_1$ a pour centre I($1+i$) et pour rayon 2;
- $\mathcal{C}_2$ a pour centre O(0) et pour rayon 1;
- D est la droite passant par les points communs à $\mathcal{C}_1$ et $\mathcal{C}_2$.

28. $z' = (\sqrt{3} - i)z$;

- $\mathcal{C}$ passe par O(0),
- D est la droite passant par A($1+i$) et B($-4i$).

29. $z' = (3+4i)z - 4 + 2i$;
$\mathcal{C}$ passe par I($1-i$) et est tangent en J(2) à la droite passant par J et K($2i$).

Pour les exercices 30 à 33, g_1 et g_2 sont deux similitudes données; trouvez f telle que

$$g_2 \circ f \circ g = id.$$

30. g_1 a pour centre I, rapport 2, angle $\frac{\pi}{2}$;
g_2 a pour centre J ≠ I, rapport $\frac{1}{3}$, angle $\frac{\pi}{2}$.

31. g_1 a pour centre I, rapport $\sqrt{2}$, angle $\frac{\pi}{4}$;
g_2 a pour centre J ≠ I, rapport $\frac{1}{\sqrt{2}}$, angle $\frac{3\pi}{4}$.

32. g_1 a pour centre I, rapport 2, angle $\frac{\pi}{3}$;

g_2 a pour centre $J \neq I$, rapport 2, angle $-\frac{\pi}{3}$.

33. g_1 a pour centre I, rapport 2, angle $\frac{\pi}{3}$;

g_2 a pour centre J tel que $IJ = 2$, rapport $3\sqrt{2}$, angle $\frac{\pi}{4}$.

Indication : utilisez la forme complexe.

34. g_1 et g_2 sont des similitudes planes. Montrez que $g_2 \circ g_1 \circ g_2^{-1} \circ g_1^{-1}$ est une translation.

Pour les exercices 35 à 39, A et A′ sont deux points distincts; construisez le centre d'une similitude f de rapport k et d'angle α telle que $f(A) = A'$; démontrez que f est unique.

35. $k = \sqrt{2}$, $\alpha = -\frac{\pi}{4}$.

36. $k = 2$, $\alpha = \frac{\pi}{2}$.

37. $k = 1$, $\alpha = -\frac{\pi}{2}$.

38. $k = 2$, $\alpha = \frac{\pi}{4}$.

39. $k = \sqrt{3}$, $\alpha = -\frac{3\pi}{4}$.

Pour les exercices 40 à 42, A et A′ sont donnés par leurs affixe m et m'; le rapport k et l'angle α sont donnés par $a = ke^{i\alpha}$; trouvez l'affixe du centre de la similitude f de rapport k et d'angle α telle que $f(A) = A'$.

40. $m = 0$, $m' = 2 + 3i$, $a = 2 + 2i$.

41. $m = 1 + 2i$, $m' = 3 - i$, $a = \sqrt{3} - i$.

42. $m = 2 - i$, $m' = 3 - i$, $a = 3 + 4i$.

43. On considère un triangle ABC rectangle en A et le pied H de la hauteur issue de A.

a) Montrez que le triangle ABH est l'image du triangle CAH dans une similitude directe que l'on déterminera (centre, rapport et angle).

b) Montrez que le triangle HAC est l'image du triangle ABC dans le produit d'une similitude directe par une symétrie axiale que l'on déterminera.

c) Par quelle transformation peut-on passer du triangle ABC au triangle HBA?

(Bac C)

44. Dans le plan complexe P, on considère les points A, B, M d'affixes respectives a, b, z avec $a \neq b$.
M_1 est l'image de M dans la rotation r_1 de centre A, d'angle de mesure θ.
M_2 est l'image de M dans la rotation r_2 de centre B, d'angle de mesure θ'.

1. Montrez que l'affixe z' du milieu M′ du segment $[M_1M_2]$ est définie par :

$$z' = \frac{e^{i\theta} + e^{i\theta'}}{2} z + \frac{a(1 - e^{i\theta}) + b(1 - e^{i\theta'})}{2}.$$

2. Comment choisir θ et θ' pour qu'il y ait une rotation r telle que pour tout point M de P, le point M′ soit l'image de M dans la rotation r? Définissez alors la rotation r.

3. Comment choisir θ et θ' pour que M′ soit indépendant de M? Cette condition étant réalisée et Ω étant le milieu de [AB], exprimez l'affixe de $\overrightarrow{\Omega M'}$ en fonction de celle de $\overrightarrow{\Omega B}$. Déduisez-en l'ensemble $\mathcal{C}$ des points M′ quand θ varie.

(Bac E)

45. Dans le plan orienté, on considère trois points A, B et C non alignés. A′, B′ et C′ sont trois points à l'extérieur du triangle ABC, tels que les triangles A′BC, B′CA et C′AB soient équilatéraux. J, K, L sont les centres de gravité respectifs des triangles équilatéraux A′BC, B′CA et C′AB. On se propose de démontrer que le triangle JKL est équilatéral.

a) S_A est la similitude directe de centre A qui transforme le point K en C.
Montrez que le rapport de cette similitude est $\sqrt{3}$.

b) S_B est la similitude directe de centre B qui transforme le point C en J.
Démontrez que $S_B \circ S_A$ est une rotation R dont on précisera une mesure de l'angle.

c) Déduisez-en que le triangle JKL est équilatéral en montrant que L est le centre de R.

d) Montrez, en utilisant les complexes, que les triangles ABC, A′B′C′ et JKL ont même centre de gravité.

(Bac C)

46. Le triangle ABC est quelconque, M est le milieu du segment [BC].
Les triangles BAB′ et CAC′ sont rectangles et isocèles de sommet A.

Le but de l'exercice est de montrer que les droites (AM) et (B′C′) sont perpendiculaires et que B′C′ = 2AM.

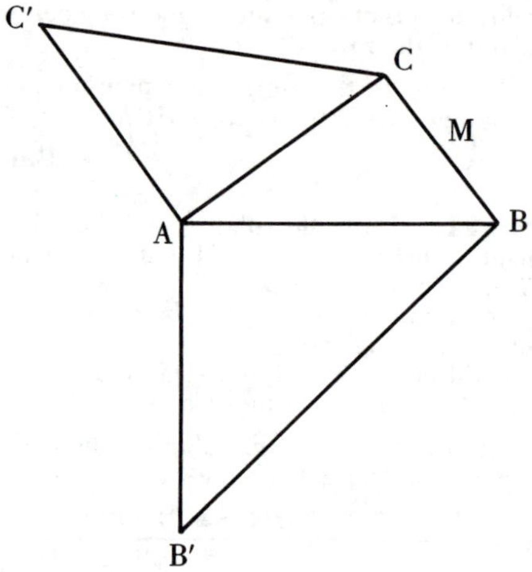

1. Méthode géométrique.

a) Soit h l'homothétie de centre B et de rapport 2. Déterminez les images des points A et M par h.
Trouvez une rotation r telle que $r \circ h$ transforme A en B′ et M en C′.

b) Déduisez-en que les droites (AM) et (B′C′) sont perpendiculaires et que B′C′ = 2AM.

2. Utilisation des nombres complexes. Le plan est rapporté à un repère orthonormé direct d'origine A dans lequel B et C ont pour affixes respectives b et c.

a) Quelles sont les affixes m, b', c' des points M, B′, C′?

b) Retrouvez alors les résultats du **1. *b*)**.

(Bac C)

47. *Cet exercice a été traité géométriquement au* T.P.4, *Étude d'une configuration; ici nous le traitons avec les complexes.*

Dans le plan $\mathcal{P}$ muni d'un repère orthonormé direct $\mathcal{R}(O; \vec{u}, \vec{v})$ on considère :
— un quadrilatère convexe ABCD (voir figure ci-après);
— extérieurement au quadrilatère, le point M_1 (respectivement M_2, M_3, M_4) tel que le triangle AM_1B (respectivement BM_2C, CM_3D, DM_4A) soit rectangle et isocèle de sommet M_1 (respectivement M_2, M_3, M_4).
Le but de l'exercice est de démontrer que les segments $[M_1M_3]$ et $[M_2M_4]$ sont perpendiculaires et ont même longueur.
Tout point N de coordonnées $(x; y)$ dans le repère $\mathcal{R}$ a pour affixe le nombre complexe $z = x + iy$.

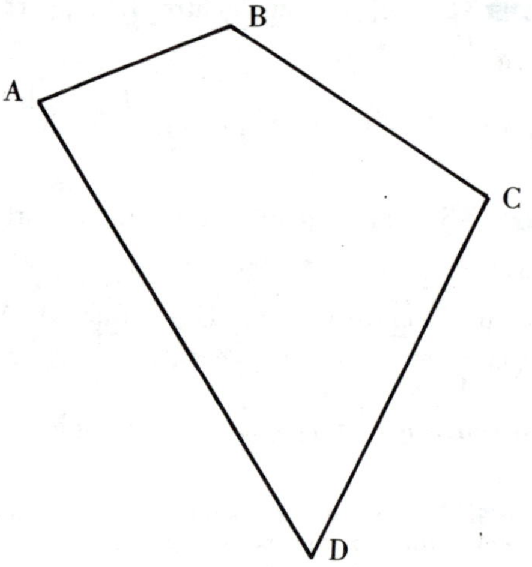

1. Soit a, b, c et d les affixes respectives des points A, B, C et D et z_1, z_2, z_3 et z_4 les affixes respectives des points M_1, M_2, M_3 et M_4.

a) Exprimez z_1 en fonction de a et b.

b) Déduisez-en les expressions de z_2, z_3 et z_4 en fonction de a, b, c et d.

2. Démontrez que les segments $[M_1M_3]$ et $[M_2M_4]$ sont perpendiculaires et ont même longueur.

(Bac E)

48. Sur la figure ci-dessous dans le plan orienté, AFED est un carré de côté 1 tel que l'angle $(\overrightarrow{AF}; \overrightarrow{AD})$ ait pour mesure $\frac{\pi}{2}$.
Soit ℓ ($\ell > 1$) la longueur du segment [AB] du rectangle ABCD.

1. On suppose qu'il existe une similitude directe f transformant respectivement A, B, C, D en B, C, E, F.

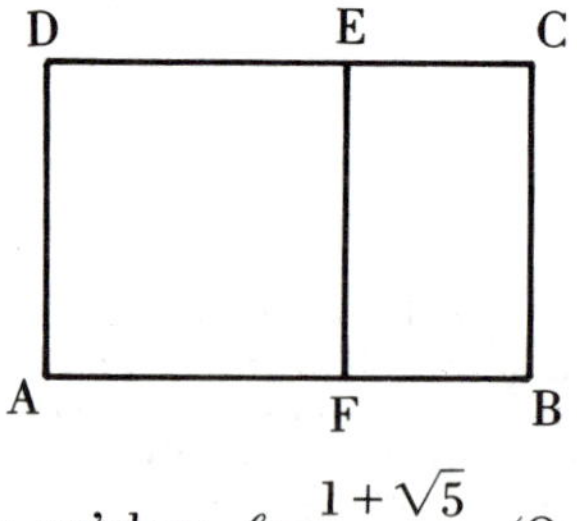

Établissez qu'alors $\ell = \frac{1+\sqrt{5}}{2}$. (On suppose dans toute la suite que ℓ a cette valeur.)

2. Quels sont l'angle et le rapport de la similitude f? Montrez que le centre de la similitude f est le point d'intersection des droites (AC) et (EB); on pourra utiliser $f \circ f$.

3. A tout point M d'affixe complexe z dans le repère $(A; \overrightarrow{AF}, \overrightarrow{AD})$ on fait correspondre le point g(M) d'affixe :

$$z' = \frac{\sqrt{5}-1}{2}\, iz + \frac{\sqrt{5}+1}{2}.$$

Montrez que g est une similitude dont on donnera le centre, l'angle, le rapport. Quelles sont les images par g de A, B, C, D?

(Bac C)

49.★ $\mathcal{C}$ et $\mathcal{C}'$ sont deux cercles de centres O et O' et de rayons non nuls R et R'; A et A' sont deux points fixés l'un sur $\mathcal{C}$ l'autre sur $\mathcal{C}'$. A tout point M de $\mathcal{C}$, on associe le point M' de $\mathcal{C}'$ tel que

$$(\overrightarrow{OA}; \overrightarrow{OM}) = (\overrightarrow{O'A'}; \overrightarrow{O'M'}).$$

a) Trouvez une similitude s telle que

$$s(M) = M'.$$

b) Trouvez l'ensemble des milieux de [MM'] lorsque M parcourt $\mathcal{C}$.

50. ABC est un triangle équilatéral, M est un point du plan. On construit les triangles équilatéraux BEM et CMF de même sens que ABC; G, G_1, G_2 sont les centres de gravité de ABC, BEM et CMF.
En composant la similitude de centre B qui transforme G_1 en M et la similitude de centre C qui transforme M en G_2, montrez que GG_1G_2 est un triangle équilatéral.

51.★ ABC est un triangle équilatéral de centre O. Soit S l'ensemble des similitudes directes s telles que $s(O) = O$ et telles que A, $s(B)$ et $s(C)$ *soient* alignés.
Déterminez l'ensemble décrit par $s(A)$ lorsque s décrit S.

52.★ Trois points A, B, O sont deux à deux distincts.
Une similitude directe s_O de centre O transforme A en A' et B en B'.
La similitude directe s_A de centre A qui transforme B en B' transforme O en P.
La similitude directe s_B de centre B qui transforme A en A' transforme O en Q.
Démontrez que O est le milieu de [PQ].

(Bac C)

53. ***a)*** MNPQ est un rectangle avec $MN > MQ$; R et S sont les milieux de [MN] et [PQ].
A quelle condition portant sur les longueurs MN et MQ, existe-t-il une similitude directe transformant le rectangle MNPQ en NPSR?

b) Une feuille de papier rectangulaire de longueur a_0 et de largeur a_1 (exprimées en mètres) a une aire de 1 m². Une similitude directe la transforme en une feuille de longueur a_1 et de largeur $a_2 = \frac{1}{2} a_0$.

Calculez a_0.

c) A partir de la feuille précédente on crée, en coupant chaque rectangle en deux, seize feuilles de longueur a_4 et de largeur a_5. Calculez a_4 et a_5.

54.★ $\mathcal{C}_1$ et $\mathcal{C}_2$ sont deux cercles sécants en A et B. Une droite variable passant par B recoupe $\mathcal{C}_1$ en M et $\mathcal{C}_2$ en N.
Démontrez qu'il existe un point fixe qui reste constamment équidistant de M et N.

Problèmes

55. Dans le plan P rapporté à un repère orthonormé $(O; \vec{i}, \vec{j})$ on considère les points A_n de l'axe $(O; \vec{i})$ définis par :

$$\overline{OA_1} = 1, \quad \overline{A_1A_2} = 2,$$
$$\overline{A_2A_3} = 2^2, \quad \ldots, \quad \overline{A_nA_{n+1}} = 2^n, \ \ldots$$

puis les carrés K_1, K_2, ..., K_n, ... construits respectivement sur les segments $[OA_1]$, $[A_1A_2]$, ..., $[A_{n-1}A_n]$, ... et dont les sommets ont une ordonnée positive.

K_1 est l'ensemble des quatre points O, A_1, B_1, C_1,
K_2 est l'ensemble des quatre points A_1, A_2, B_2, C_2,
K_n est l'ensemble des quatre points A_{n-1}, A_n, B_n, C_n, où l'abscisse de B_n est supérieure à celle de C_n.
On fera une figure en prenant un centimètre comme unité.

I. Étude de la suite des carrés K_n.

1. Calculez les coordonnees de B_n et de C_n. Montrez que les points C_1, C_2, ..., C_n d'une part, les points B_1, B_2, ..., B_n d'autre part appartiennent à deux droites dont on donnera des équations.

2. Soit O_n le centre du carré K_n.
Calculez les coordonnées de I_n et précisez la disposition des points I_n.

3. Calculez l'aire u_n de K_n, puis la somme

$$S_n = u_1 + u_2 + \ldots + u_n.$$

Déterminez la limite de la suite $\left(\frac{S_n}{4^n}\right)$.

4. Montrez que pour tout $n \geqslant 1$, il existe une homothétie de centre $\Omega(-1; 0)$ transformant le carré K_1 en le carré K_n. Précisez le rapport de cette homothétie.
Retrouvez ainsi les résultats obtenus au **1.** et au **2.**

5. Soit d la rotation de centre O_1 et d'angle π.
Montrez que $h' = h \circ d$ est encore une homothétie transformant K_1 en K_n ; déterminez son centre Ω' et son rapport lorsque $n = 2$.

II. Étude des similitudes directes transformant K_1 en K_2.
On connaît déjà deux similitudes directes transformant K_1 en K_2, à savoir les homothéties h et h' introduites dans la parties **I.** On se propose de les déterminer toutes.

1. Soit f une similitude directe transformant K_1 et K_2. Prouvez que $g = h^{-1} \circ f$ est une similitude directe laissant K_1 globalement invariant.

2. Soit g une similitude directe laissant K_1 globalement invariant.

a) Prouvez que g fixe le centre O_1 de K_1.

b) Montrez que g est une rotation.

3. Explicitez toutes les similitudes directes g laissant K_1 globalement invariant en fonction de la rotation r de centre O_1 et d'angle $\frac{\pi}{2}$.

4. Déduisez-en que les seules similitudes directes transformant K_1 et K_2 sont h, h', $h \circ r$ et $h' \circ r$.
Déterminez leur rapport et leur angle.

5. A tout point M d'affixe z on associe son image par l'une des similitudes h, h', $h \circ r$ et $h' \circ r$.
Calculez les affixes de ces images, notées respectivement z_1, z_2, z_3 et z_4 en fonction de z.
Déduisez-en les centres ω et ω' des similitudes $h \circ r$ et $h' \circ r$.
Placez sur une même figure K_1, K_2, O_1, O_2, Ω, Ω', ω et ω'.

6. Déterminez l'ensemble des points N tels que $NO_2 = 2\,NO_1$.
Prouvez enfin que les centres des similitudes précédentes appartiennent à cet ensemble et complétez la figure. **(Bac E)**

56. Soit P le plan complexe rapporté à un repère orthonormé $(O; \vec{i}, \vec{j})$.

I. 1. On prend pour point M_0 l'origine O du repère; soit alors M_1 le point du plan P tel que $\overrightarrow{M_0M_1} = \vec{i}$.
On fixe un nombre réel $r > 0$ et un nombre réel θ dans $\mathbb{R} - \{k\pi;\ k \in \mathbb{Z}\}$. Soit M_2 le point du plan P tel que :

$$\|\overrightarrow{M_1M_2}\| = r\,\|\overrightarrow{M_0M_1}\|$$

et θ est une mesure de l'angle orienté

$$(\overrightarrow{M_0M_1};\ \overrightarrow{M_1M_2}).$$

Calculez l'affixe v_0 du vecteur $\overrightarrow{M_0M_1}$ et l'affixe v_1 du vecteur $\overrightarrow{M_1M_2}$.

2. Les points M_0, M_1, M_2 ayant définis ci-dessus, pour tout $n \geqslant 1$ dans $\mathbb{N}$, on définit le point M_{n+1} à partir des points M_{n-1} et M_n, par

$$\|\overrightarrow{M_nM_{n+1}}\| = r\,\|\overrightarrow{M_{n-1}M_n}\|$$

et θ est une mesure de l'angle orienté

$$(\overrightarrow{M_{n-1}M_n};\ \overrightarrow{M_nM_{n+1}}).$$

On obtient ainsi une suite de points

$$M_0,\ M_1,\ M_2,\ \dots,\ M_n,\ \dots$$

et la figure obtenue en traçant les segments $[M_0M_1]$, $[M_1M_2]$, ..., $[M_nM_{n+1}]$, ... est appelée « jolygone ».
On note v_n l'affixe du vecteur $\overrightarrow{M_nM_{n+1}}$.

a) Démontrez que pour tout $n \geqslant 1$,

$$v_n = re^{i\theta}v_{n-1}.$$

b) Déduisez-en, pour tout $n \geqslant 0$, l'expression de v_n en fonction de n, r et θ.

c) Dans cette question, on suppose $r = \frac{1}{\sqrt{2}}$ et $\theta = \frac{\pi}{4}$.
Calculez v_n pour $0 \leqslant n \leqslant 3$ et placez les points M_0, M_1, M_2, M_3, M_4, en prenant 8 cm pour unité graphique.

II. Dans toute la suite du problème on suppose $0 < r < 1$ et, pour tout $n \geqslant 0$, on note z_n l'affixe du point M_n.

1. Calculez z_0, z_1 et z_2.

2. Pour tout $n \geqslant 0$, exprimez v_n en fonction de z_n et z_{n+1}; déduisez-en que, pour tout $n \geqslant 1$,

$$z_n = v_0 + v_1 + \dots + v_{n-1}.$$

3. On rappelle que pour tout nombre complexe $z \neq 1$, on a

$$1 + z + z^2 + \dots + z^{n-1} = \frac{1 - z^n}{1 - z}.$$

Calculez, pour tout $n \geqslant 0$, z_n en fonction de n, r et θ.

4. ***a)*** Démontrez que le module du nombre complexe $z_n - \frac{1}{1 - re^{i\theta}}$ tend vers 0 quand n tend vers $+\infty$.

b) On note Ω le point du plan P d'affixe $\omega = \frac{1}{1 - re^{i\theta}}$. Interprétez géométriquement le résultat de la question ***a)*** ci-dessus.

5. Pour tout $n \geqslant 0$, on note z'_n l'affixe du vecteur $\overrightarrow{\Omega M_n}$.

a) Calculez z'_n en fonction de n, r et θ.

b) Établissez qu'il existe un nombre complexe $a \neq 0$ tel que, pour tout $n \geqslant 1$, $z'_n = az'_{n-1}$.

c) En interprétant géométriquement la relation précédente, déterminez une similitude directe f telle que, pour tout $n \geqslant 1$,

$$f(M_{n-1}) = M_n;$$

précisez le centre, le rapport et l'angle de cette similitude.

d) Dans cette question, on suppose $r = \frac{1}{\sqrt{2}}$ et $\theta = \frac{\pi}{4}$; calculez dans ce cas les coordonnées du point Ω et placez ce point sur la figure précédemment tracée.
Indiquez une construction géométrique simple de M_n connaissant Ω et M_{n-1} et placez les points M_5, M_6, M_7 et M_8 sur la figure.

(Bac E)

CHAPITRE
15

LES CONIQUES

Les coniques sont les paraboles, les hyperboles et les ellipses. Vous connaissez déjà les deux premières comme courbes représentatives des fonctions trinômes et des fonctions homographiques (chapitre **1** du tome 1); nous les étudions ici d'un point de vue géométrique. Les coniques étaient connues des mathématiciens grecs comme intersection d'un cône de révolution (d'où le nom de coniques) avec un plan. Apollonius (vers 262-vers 200 av. J.-C.) étudie largement ces courbes dans un traité célèbre « Sections coniques ».

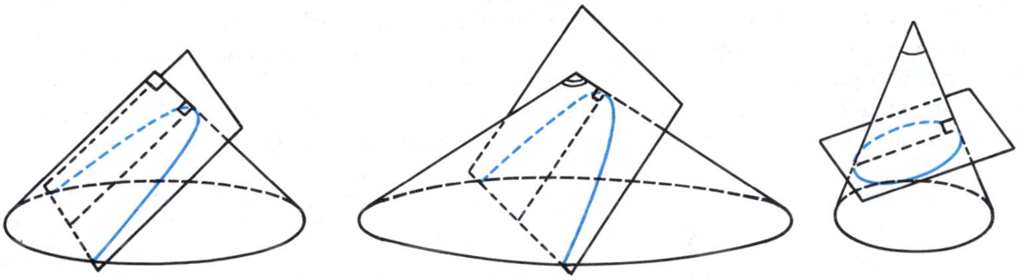

parabole **hyperbole** **ellipse**

1. Travaux pratiques d'approche

• Surfaces paraboliques

Les surfaces paraboliques sont utilisées dans de nombreuses réalisations techniques ou expérimentales (miroirs de projecteurs, de fours solaires, antennes...). Leur intérêt est dû à une propriété géométrique simple : tout rayon lumineux ou électromagnétique parallèle à l'axe du miroir est réfléchi selon un rayon qui passe par un point fixe de cet axe, qu'on appelle le foyer; inversement, tout rayon qui passe par le foyer est réfléchi selon un rayon parallèle à l'axe. Ainsi, un miroir parabolique peut concentrer en un seul point toute l'énergie d'un faisceau de rayons parallèles.

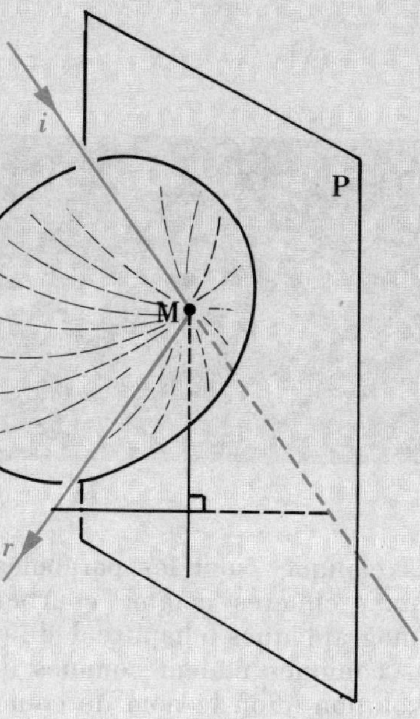

• Un rappel d'optique

S est une surface réfléchissante, M un point de S et P le plan tangent à S en M.
D'après les lois de Descartes, un rayon incident i touchant la surface S en M se réfléchit selon un rayon r, symétrique de i par rapport au plan P.

• Étude d'une parabole

La parabole suivante représente la coupe d'un miroir parabolique par un plan passant par l'axe Oy de ce miroir; dans le repère d'axes des ordonnées Oy, et d'axes des abscisses Ox, son équation est $y = x^2$ (sur chaque axe l'unité choisie est 8 cm).
i est un rayon parallèle à l'axe du miroir; ce rayon se réfléchit en M, le rayon réfléchi r est alors symétrique du rayon incident par rapport à la tangente en M à la parabole. L'abscisse de M est a et m est le point de coordonnées $(a; 0)$.

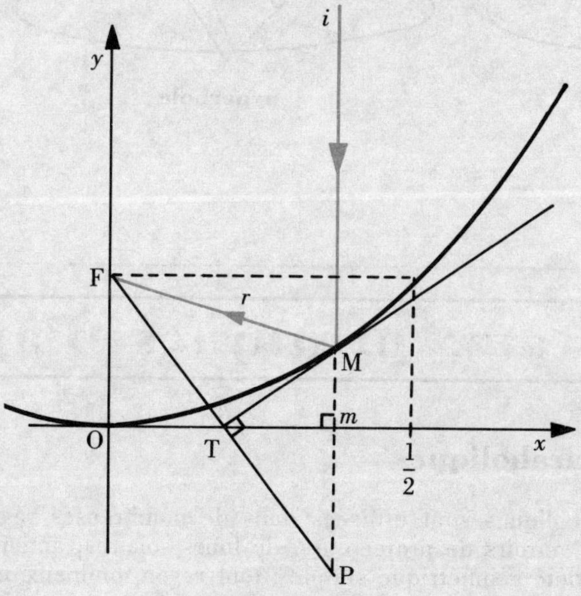

QUESTIONS

a. *Donnez l'équation de la tangente en* M *à la parabole.*

b. T *est le point d'intersection de la tangente en* M *à la parabole et de l'axe* Ox.
Montrez que T *est le milieu de* [Om].

c. *La perpendiculaire en* T *à la tangente coupe le rayon incident en* P *et l'axe de la parabole en* F.
Montrez que les points P *et* F *sont symétriques par rapport à la doite* (MT); *déduisez-en que le rayon réfléchi passe par* F.

d. *Vérifiez que les coordonnées de* F *sont indépendantes de* a.
Que peut-on en déduire?
Vérifiez aussi que l'ordonnée de P *est indépendante de* a.

e. *Déduisez-en que tout point de la parabole est à égale distance de* F *et d'une droite fixe, à préciser.*

2. Cours

2.1. Définition d'une conique

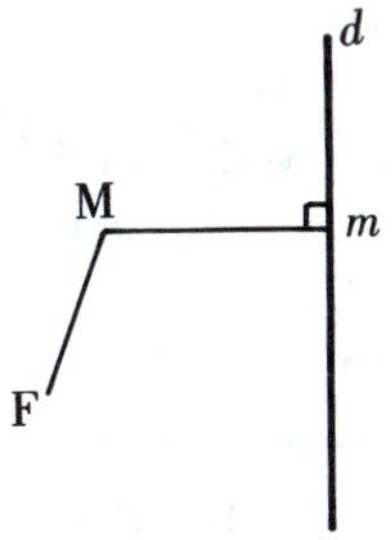

d est une droite, F *un point n'appartenant pas à la droite* d, et e est un réel *strictement positif*.
Pour chaque point M du plan, on désigne par m son projeté orthogonal sur d; Mm est alors la distance de M à la droite d.

Définition 1

La conique *de directrice* la droite d, de *foyer* le point F et d'*excentricité* le réel e est l'ensemble des points M tels que $\frac{MF}{Mm} = e$.

Cette conique est appelée :
- ***parabole* lorsque $e = 1$;**
- ***ellipse* lorsque $0 < e < 1$;**
- ***hyperbole* lorsque $e > 1$.**

Commentaires

- Vous noterez qu'une conique est déterminée par les éléments d, F et e, et qu'une parabole est l'ensemble des points situés à égale distance d'un point fixe F et d'une droite fixe d.
- Un point de d ne peut appartenir à la conique.
- Comme MF, Mm et e sont des réels positifs cette conique est aussi l'ensemble des points M tels que $\frac{MF^2}{Mm^2} = e^2$ ou $MF^2 - e^2 \times Mm^2 = 0$.

EXERCICE

$(O; \vec{i}, \vec{j})$ est un repère orthonormé. $\mathcal{H}$ est la courbe représentative de la fonction $x \longmapsto \dfrac{1}{x}$.

Montrez que $\mathcal{H}$ est l'hyperbole ayant pour directrice la droite d d'équation $y + x - \sqrt{2} = 0$, pour foyer, le point $F(\sqrt{2}; \sqrt{2})$ et pour excentricité le réel $e = \sqrt{2}$.

2.2. Axe focal, sommets d'une conique

$\mathcal{C}$ est une conique de foyer F, de directrice d.

Définition 2

L'axe focal **de la conique $\mathcal{C}$ est la droite passant par le foyer F et perpendiculaire à la directrice d.**

Considérons la réflexion ayant pour axe l'axe focal de la conique. Par cette réflexion, F et d sont invariants; un point M de la conique est transformé en M', et m le projeté orthogonal de M sur d est transformé en m', projeté orthogonal de M' sur d.

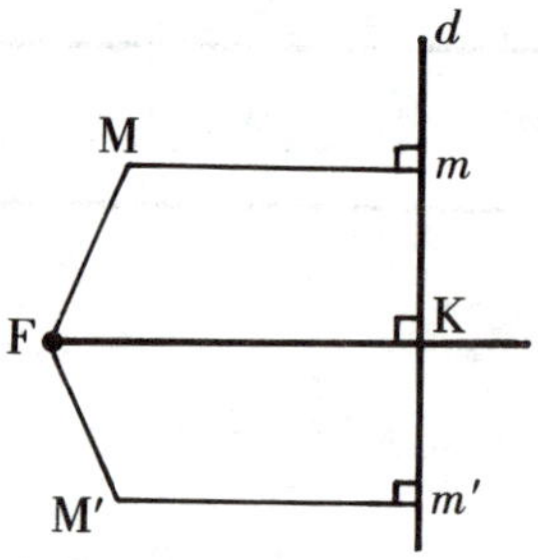

La réflexion conservant les distances, il s'ensuit que :
$\dfrac{M'F}{M'm'} = \dfrac{MF}{Mm} = e$, et donc que M' appartient à $\mathcal{C}$.
D'où le théorème suivant :

Théorème 1

L'axe focal d'une conique est un axe de symétrie de la conique.

Cherchons les points de l'axe focal qui appartiennent à la conique $\mathcal{C}$.
Notons K l'intersection de l'axe focal et de la directrice.
Un point M de $\mathcal{C}$ appartient à l'axe focal *si, et seulement si* les trois points M, F et K sont alignés et $\dfrac{MF}{MK} = e$.
Cette condition équivaut à celle-ci :

$$\overrightarrow{MF} = e\overrightarrow{MK} \quad \text{ou} \quad \overrightarrow{MF} = -e\overrightarrow{MK}$$

soit encore à :

$$\overrightarrow{MF} - e\overrightarrow{MK} = \vec{0} \quad \text{ou} \quad \overrightarrow{MF} + e\overrightarrow{MK} = \vec{0}.$$

Soit encore, dans le cas où e est différent de 1, à :
M est le barycentre de (F, 1), (K, $-e$) ou M est barycentre de (F, 1), (K, e).
Dans le cas où $e = 1$, l'égalité $\overrightarrow{MF} = \overrightarrow{MK}$ est impossible car F et K sont distincts, par contre l'égalité $\overrightarrow{MF} = -\overrightarrow{MK}$ signifie que M est le milieu de [FK].
En résumé,

- **Si $e \neq 1$,** c'est-à-dire si la conique est une ellipse ou une hyperbole, l'axe focal rencontre la conique en deux points distincts; ces points sont appelés les SOMMETS de *l'ellipse ou de l'hyperbole.*
- **Si $e = 1$,** c'est-à-dire si la conique est une parabole, l'axe focal rencontre la conique en un seul point, appelé SOMMET *de la parabole.*

2.3. Équation réduite d'une parabole ($e = 1$)

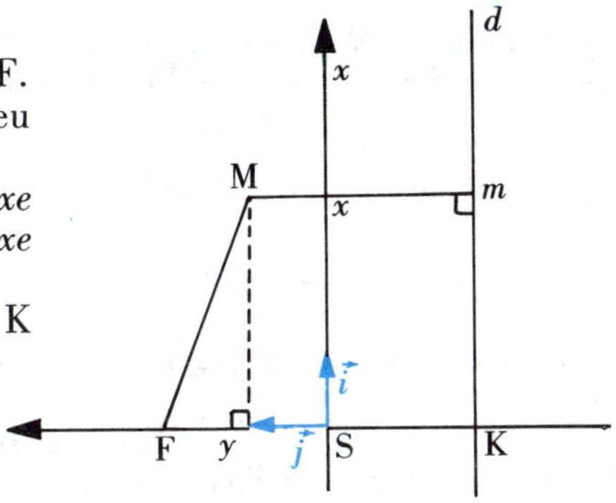

Considérons la parabole de directrice d, de foyer F. Notons S son sommet; nous avons vu que S est le milieu de [FK], K étant le projeté orthogonal de F sur d. Choisissons un repère **orthonormé** $(S; \vec{i}, \vec{j})$, tel que *l'axe des abscisses soit parallèle à la directrice, et tel que l'axe des ordonnées soit l'axe focal orienté de* K *vers* F.
En notant p la distance de F à d, les coordonnées de K sont alors $\left(0; -\frac{p}{2}\right)$ et celles de F sont $\left(0; \frac{p}{2}\right)$.

Pour tout point $M(x; y)$ du plan, nous avons :

$$MF^2 = x^2 + \left(\frac{p}{2} - y\right)^2 \quad \text{et} \quad Mm^2 = \left(-\frac{p}{2} - y\right)^2$$

d'où :

$$MF^2 - Mm^2 = x^2 - 2py.$$

> Ainsi, un point M est sur la parabole *si, et seulement si,* ses coordonnées $(x; y)$ dans le repère choisi précédemment sont telles que : $x^2 - 2py = 0$ soit :
>
> $$\boldsymbol{x^2 = 2py.}$$

Cette condition, nécessaire et suffisante pour que $M(x; y)$ appartienne à la parabole, est appelée une **équation réduite de la parabole.**

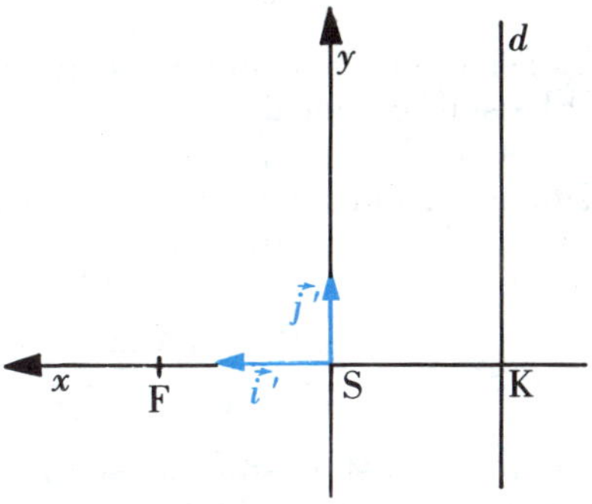

Commentaire

Si nous avions choisi le repère orthonormé $(S; \vec{i}\,', \vec{j}\,')$, l'axe des abscisses étant l'axe focal orienté de K vers F, et la droite des ordonnées étant parallèle à la directrice, nous aurions évidemment obtenu, puisque $\vec{i}\,' = \vec{j}$ et $\vec{j}\,' = \vec{i}$, pour équation réduite de la parabole :

$$\boldsymbol{y^2 = 2px.}$$

Réciproquement, $(O; \vec{i}, \vec{j})$ est un repère *orthonormé* du plan et λ un réel non nul. Nous vous laissons vérifier que l'ensemble des points M de coordonnées $(x; y)$ telles que $x^2 = \lambda y$, est l'ensemble des points équidistants du point $F\left(0; \frac{\lambda}{4}\right)$ et de la droite d d'équation $y = -\frac{\lambda}{4}$. Cet ensemble est donc une parabole.
D'où le théorème suivant :

Théorème 2

> **Dans un repère orthonormé $(O; \vec{i}, \vec{j})$, l'ensemble des points dont les coordonnées $(x; y)$ sont telles que $y = \frac{x^2}{2p}$ (avec $p \neq 0$), est une *parabole* dont le foyer F est le point de coordonnées $\left(0; \frac{p}{2}\right)$ et la directrice, la droite d'équation $y = -\frac{p}{2}$.**

Le réel $|p|$, distance du foyer à la directrice, est appelé **le paramètre** de la parabole.

Commentaire

Nous avons déjà montré, du moins sur des exemples, que toute courbe d'équation

$$y = ax^2 + bx + c,$$

$a \neq 0$, est aussi une parabole (chapitre **1** du tome 1).

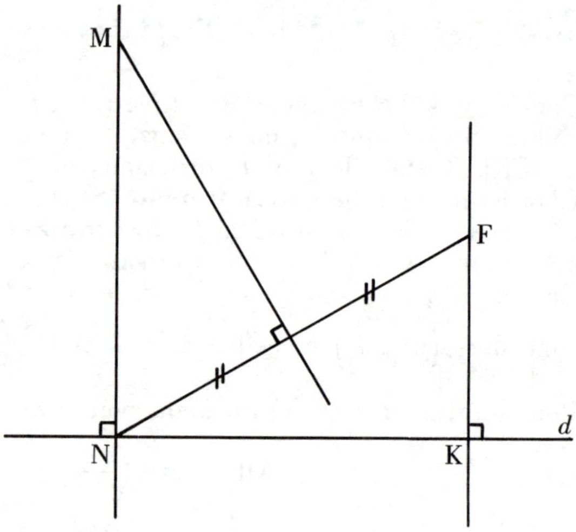

Construction de la parabole point par point

$\mathscr{T}$ est la parabole de foyer F et de directrice la droite *d*. (FK) est l'axe focal.
Pour obtenir un point M de $\mathscr{T}$, il suffit de choisir un point N de *d*. Alors M est l'intersection de la médiatrice de [NF] et de la perpendiculaire à *d* en N.

2.4. Équations réduites d'une ellipse et d'une hyperbole

a. Préliminaires

Considérons la conique de foyer F, de directrice *d*, d'excentricité *e*, avec $\boldsymbol{e \neq 1}$. Notons (FK) son axe focal.
Nous avons vu que cette conique a deux sommets; l'un, noté S_1, est le barycentre de (F, 1), (K, *e*), l'autre, noté S_2, le barycentre de (F, 1), (K, $-e$)

$$\overrightarrow{S_1F} + e\overrightarrow{S_1K} = \vec{0}$$

$$\overrightarrow{S_2F} - e\overrightarrow{S_2K} = \vec{0}.$$

Comme *e* est positif, le sommet S_1 est un point du segment [FK].
Notons O le milieu de $[S_1S_2]$ et considérons un repère **orthonormé** d'origine O et tel que l'axe des abscisses soit l'axe focal orienté de O vers F, et tel que l'axe des ordonnées soit parallèle à la directrice.
Posons $\overline{OS_1} = a$, $\overline{OF} = c$.
De $\overrightarrow{S_1F} + e\overrightarrow{S_1K} = \vec{0}$, nous déduisons en utilisant le milieu O de $[S_1S_2]$:

$$\overrightarrow{S_1O} + \overrightarrow{OF} + e\left(\overrightarrow{S_1O} + \overrightarrow{OK}\right) = \vec{0}$$

soit : $\overrightarrow{OF} + e\overrightarrow{OK} = (1+e)\overrightarrow{OS_1}.$

De même de $\overrightarrow{S_2F} - e\overrightarrow{S_2K} = \vec{0}$, nous déduisons :

$$\overrightarrow{OF} - e\overrightarrow{OK} = (1-e)\overrightarrow{OS_2}.$$

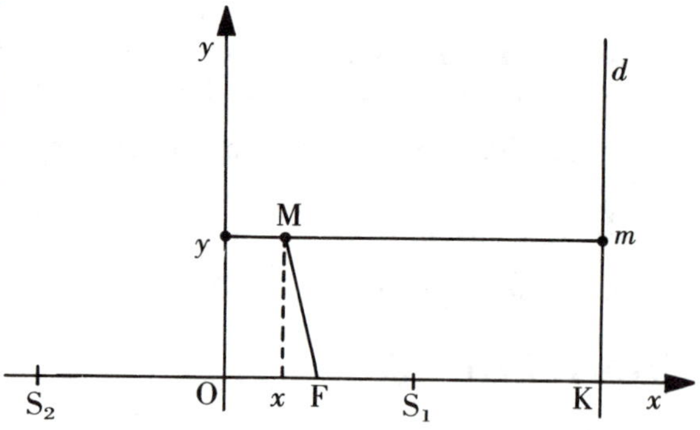

$\overline{OS_1} = a$, $\overline{OF} = c$, $\overline{OK} = \dfrac{a^2}{c}$

Comme $\overrightarrow{OS_1} = -\overrightarrow{OS_2}$, nous avons, par addition et soustraction :

$$\overrightarrow{OF} = e\overrightarrow{OS_1}, \qquad \overrightarrow{OS_1} = e\overrightarrow{OK}.$$

En prenant la norme de chacun de ces vecteurs, et compte tenu du fait que $e > 0$, nous obtenons :

$$c = ea, \quad a = e \times \text{OK}, \quad \text{d'où :} \quad e = \frac{c}{a}, \quad \text{OK} = \frac{a^2}{c}.$$

Pour tout point M de coordonnées $(x;\ y)$ du plan nous avons :

$$MF^2 = (x-c)^2 + y^2$$

et

$$e^2 \times Mm^2 = \frac{c^2}{a^2}\left(x - \frac{a^2}{c}\right)^2 = \left(\frac{cx}{a} - a\right)^2.$$

Par conséquent :

$$MF^2 - e^2 \times Mm^2 = (x-c)^2 + y^2 - \left(\frac{cx}{a} - a\right)^2$$

$$= x^2\left(\frac{a^2-c^2}{a^2}\right) + y^2 + c^2 - a^2.$$

L'égalité $MF^2 - e^2 \times Mm^2 = 0$ équivaut donc à :

$$\frac{a^2-c^2}{a^2}x^2 + y^2 = a^2 - c^2.$$

Comme $\frac{c}{a} = e$ et $e \neq 1$, nous avons $a^2 - c^2 \neq 0$, et donc en conclusion : un point M de coordonnées $(x;\ y)$ appartient à la conique (hyperbole ou ellipse) *si et seulement si,*

$$\boldsymbol{\frac{x^2}{a^2} + \frac{y^2}{a^2-c^2} = 1.}$$

b. Conséquences : symétries

L'équation précédente montre que si le point M de coordonnées $(x;\ y)$ appartient à la conique considérée, les points M′ de coordonnées $(-x;\ y)$ et M″ de coordonnées $(-x;\ -y)$ appartiennent également à cette conique.
Les ellipses et les hyperboles admettent donc, en plus de l'axe focal, un deuxième axe de symétrie : la médiatrice de $[S_1S_2]$; elles admettent aussi le milieu O de $[S_1S_2]$ comme centre de symétrie. On dit que les hyperboles et les ellipses sont des « coniques à centre ».

Commentaire

Foyers et directrices associés
Appelons s la réflexion d'axe la médiatrice de $[S_1S_2]$.
$F' = s(F)$ est un point de l'axe focal, $d' = s(d)$ est une droite perpendiculaire à l'axe focal en $K' = s(K)$.
Pour tout point M, les points m et $m' = s(m)$ sont les projetés orthogonaux sur d et sur d' des deux points M et $M' = s(M)$.
Comme la conique est invariante par s, dire que M appartient à la conique équivaut à dire que M′ appartient à la conique, c'est-à-dire $\frac{M'F}{M'm} = e$; or : $\frac{M'F}{M'm} = \frac{MF'}{Mm'}$ car une réflexion conserve la distance; donc M appartient à la conique si, et seulement si, $\frac{MF'}{Mm'} = e$.

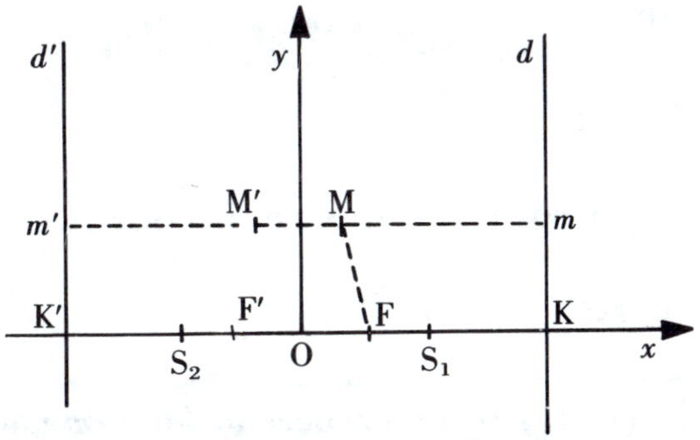

Cela signifie que la conique considérée est aussi la conique de foyer F′, de directrice d' et d'excentricité e.
Ainsi, toute conique à centre admet deux paires de foyers et directrices associés $\{F,\ d\}$ et $\{F',\ d'\}$.

c. Équations réduites

Nous partons de l'équation réduite obtenue au paragraphe **2.4. *a*.**

$$\frac{x^2}{a^2}+\frac{y^2}{a^2-c^2}=1, \quad \text{avec} \quad OS_1=a, \quad OF=c \quad \text{et} \quad c=ea,$$

Ellipse ($0<e<1$)

Dans ce cas, comme $c=ea$, nous avons $c<a$; le foyer F appartient donc à $[S_1S_2]$.
En posant $b=\sqrt{a^2-c^2}$, **l'équation de l'ellipse, dans le repère considéré,** s'écrit :

$$\boxed{\frac{x^2}{a^2}+\frac{y^2}{b^2}=1.}$$

Grand axe et petit axe
Les points $B_1(0;\,b)$ et $B_2(0;\,-b)$ sont des points de l'ellipse. Ils sont situés sur la médiatrice de $[S_1S_2]$.
Comme $b=\sqrt{a^2-c^2}$, nous avons $b<a$, et $B_1B_2<S_1S_2$.
On dit que **(S_1S_2) est le grand axe de l'ellipse et (B_1B_2) le petit axe.**
Notez que ces axes sont des axes de symétrie de l'ellipse.

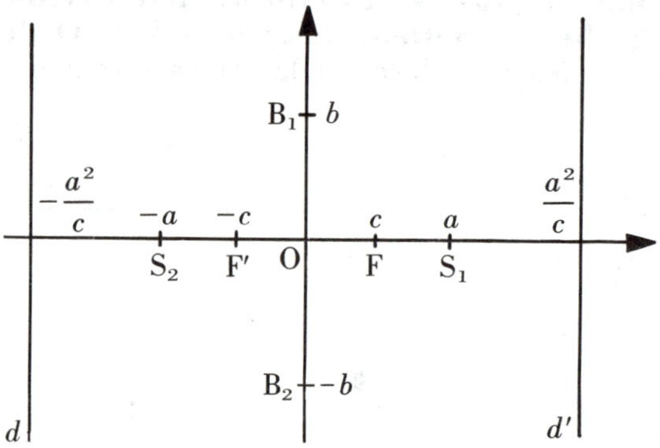

Hyperbole ($e>1$)

Dans ce cas, comme $\frac{c}{a}=e$, nous avons $c>a$; le foyer F est donc extérieur au segment $[S_1S_2]$ et $a^2-c^2<0$.
En posant $b=\sqrt{c^2-a^2}$, **l'équation de l'hyperbole dans le repère considéré s'écrit :**

$$\boxed{\frac{x^2}{a^2}-\frac{y^2}{b^2}=1.}$$

L'hyperbole ne possède pas de point situé sur la médiatrice de $[S_1S_2]$.

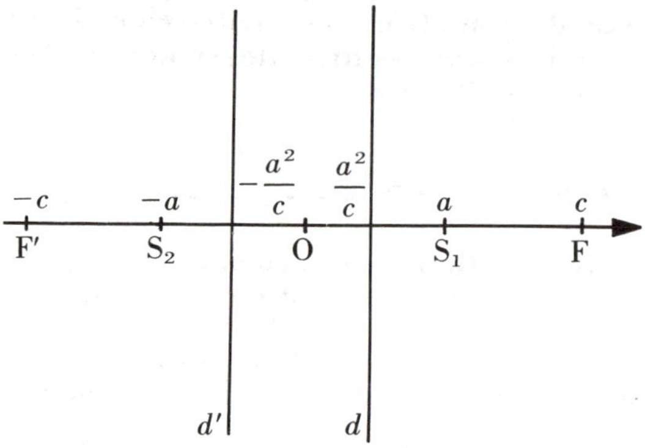

d. Problème des réciproques

Théorème 3

> **$(O;\,\vec{i},\,\vec{j})$ est un repère *orthonormé*, a et b sont deux réels *strictement positifs* avec $a\neq b$.**
>
> **1. L'ensemble des points $M(x;\,y)$ tels que $\frac{x^2}{a^2}+\frac{y^2}{b^2}=1$ est une ellipse.**
>
> **2. L'ensemble des points $M(x;\,y)$ tels que $\frac{x^2}{a^2}-\frac{y^2}{b^2}=1$ est une hyperbole.**

Démontrons le point **1.** de ce théorème dans le cas où $a > b$. Pour cela, introduisons les éléments suivants :

— le point F de coordonnées $(c; 0)$ avec $c = \sqrt{a^2 - b^2}$; notons que $c < a$ et $c > 0$;

— la droite d d'équation $x = \frac{a^2}{c}$;

— le réel strictement positif $e = \frac{c}{a}$; notons que $0 < e < 1$.

D'après l'étude faite précédemment, l'équation de l'ellipse de foyer F, de directrice d et d'excentricité e, est : $\frac{x^2}{a^2} + \frac{y^2}{b^2} = 1$; d'où l'assertion, dans le cas $a > b$.

EXERCICE

a. Démontrez le point **1.** du théorème dans le cas $a < b$.

b. Démontrez le point **2.** du théorème.

Indication : introduisez le point $F(c; 0)$, la droite d d'équation $x = \frac{a^2}{c}$ avec $c = \sqrt{a^2 + b^2}$ et $c = ea$.

La démonstration du théorème permet de préciser les éléments caractéristiques de l'ellipse d'équation $\frac{x^2}{a^2} + \frac{y^2}{b^2} = 1$, et de l'hyperbole d'équation $\frac{x^2}{a^2} - \frac{y^2}{b^2} = 1$.

Nous les rassemblons dans les **tableaux récapitulatifs** suivants, fort utiles.

- **Équation $\boldsymbol{\frac{x^2}{a^2} + \frac{y^2}{b^2} = 1}$: ellipse.**

	Éléments de l'ellipse			
	c	**Excentricité *e***	**Foyer**	**Directrice associée**
$\boldsymbol{0 < b < a}$	$\sqrt{a^2 - b^2}$	$\frac{c}{a}$	$F(c; 0)$	équation $x = \frac{a^2}{c}$
$\boldsymbol{0 < a < b}$	$\sqrt{b^2 - a^2}$	$\frac{c}{b}$	$F(0; c)$	équation $y = \frac{b^2}{c}$

- **Équation $\boldsymbol{\frac{x^2}{a^2} - \frac{y^2}{b^2} = 1}$: hyperbole**

Éléments de l'hyperbole			
c	**Excentricité *e***	**Foyer**	**Directrice associée**
$\sqrt{a^2 + b^2}$	$\frac{c}{a}$	$F(c; 0)$	équation $x = \frac{a^2}{c}$

Commentaire

Lorsque $\boldsymbol{a = b}$, l'ensemble des points $M(x; y)$ tels que $\frac{x^2}{a^2} + \frac{y^2}{a^2} = 1$ est un cercle.

2.5. Tracés de l'ellipse et de l'hyperbole

a. Tracé de l'ellipse

Pour tracer l'ellipse de foyer F, de directrice d et d'excentricité e, il suffit d'abord de placer les sommets S_1 et S_2 sur l'axe focal (FK). Cela se fait sans difficulté en utilisant les relations vectorielles

$$\overrightarrow{S_1F} + e\overrightarrow{S_1K} = \vec{0}, \qquad \overrightarrow{S_2F} - e\overrightarrow{S_2K} = \vec{0}.$$

Alors dans le repère d'origine O, milieu de $[S_1S_2]$, décrit précédemment, l'équation de l'ellipse est :

$$\frac{x^2}{a^2}+\frac{y^2}{b^2}=1 \quad \text{où} \quad a=OS_1, \quad c=OF$$

et $$b=\sqrt{a^2-c^2}.$$

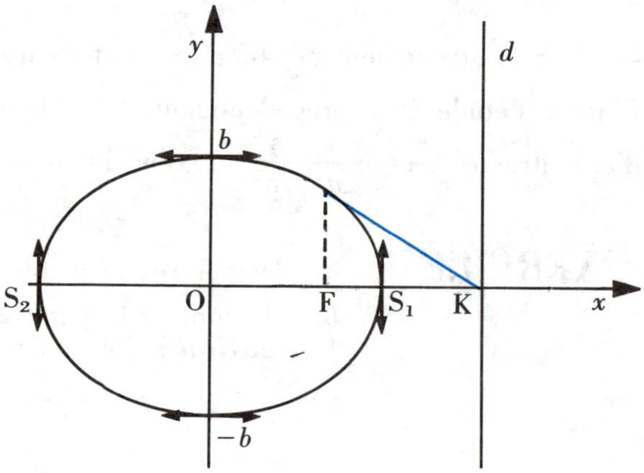

Comme l'ellipse admet pour axes de symétrie les axes de coordonnées, il suffit alors de tracer la portion d'ellipse contenue dans le premier quadrant et d'effectuer les symétries par rapport à ces axes pour obtenir toute la courbe.

Dans le premier quadrant, on a $x \geqslant 0$ et $y \geqslant 0$; la relation $\frac{x^2}{a^2}+\frac{y^2}{b^2}=1$ équivaut donc, dans ce quadrant, à $y=\frac{b}{a}\sqrt{a^2-x^2}$.

Nous sommes alors ramenés à étudier la fonction $f\ x \longmapsto \frac{b}{a}\sqrt{a^2-x^2}$ pour $x \geqslant 0$; cette fonction est définie sur $[0; a]$, et dérivable sur $[0; a[$; pour tout x de $[0; a[$, nous avons :

$$f'(x)=\frac{-bx}{a\sqrt{a^2-x^2}}.$$

L'étude de la dérivabilité en a, c'est-à-dire l'étude de la limite en a de la fonction $x \longmapsto \frac{f(x)-f(a)}{x-a}$, montre qu'il existe une tangente verticale au point de coordonnées $(a; 0)$.

Le tableau de variation de f est le suivant :

x	0		a
f'	0	$-$	‖
f	b	↘	0

La courbe se trace alors aisément.

L'ellipse admet une tangente en chaque point; en particulier remarquons que la tangente à l'ellipse au point d'abscisse c (point qui se projette au foyer) a pour équation $y-\frac{b^2}{a}=-\frac{c}{a}(x-c)$; cette droite coupe l'axe focal au point de coordonnées $\left(\frac{a^2}{c}; 0\right)$ c'est-à-dire au point K intersection de l'axe focal et de la directrice.

b. Tracé de l'hyperbole

Pour tracer l'hyperbole de foyer F, de directrice d et d'excentricité e, il suffit d'abord, comme dans le cas de l'ellipse, de placer les sommets S_1 et S_2 en utilisant les relations vectorielles :

$$\overrightarrow{S_1F} + e\overrightarrow{S_1K} = \vec{0}, \qquad \overrightarrow{S_2F} - e\overrightarrow{S_2K} = \vec{0}.$$

L'équation de cette hyperbole dans le repère d'origine O, milieu de $[S_1S_2]$, est :

$$\frac{x^2}{a^2} - \frac{y^2}{b^2} = 1 \qquad \text{où} \qquad a = OS_1, \qquad c = OF \qquad \text{et} \qquad b = \sqrt{c^2 - a^2}.$$

Comme cette hyperbole admet les axes de coordonnées comme axes de symétrie, il suffit alors de tracer la branche d'hyperbole située dans le premier quadrant, puis d'effectuer les symétries par rapport à ces axes pour obtenir toute la courbe.

Dans le premier quadrant, on a $x \geqslant 0$ et $y \geqslant 0$; or l'égalité $\frac{x^2}{a^2} - \frac{y^2}{b^2} = 1$, équivaut, pour $x \geqslant 0$ et $y \geqslant 0$, à :

$$y = \frac{b}{a}\sqrt{x^2 - a^2}.$$

Nous sommes donc conduits à étudier la fonction f définie sur $[a\,;\,+\infty[$ par :

$$f(x) = \frac{b}{a}\sqrt{x^2 - a^2}.$$

Cette fonction est dérivable sur $]a\,;\,+\infty[$, et, pour tout x de cet intervalle, nous avons

$$f'(x) = \frac{bx}{a\sqrt{x^2 - a^2}}.$$

Comme dans le cas de l'ellipse, nous pouvons montrer que l'hyperbole admet une tangente verticale au point de coordonnées $(a\,;\,0)$.
Le tableau de variation est le suivant :

x	a	$+\infty$
f'	$\|\|$	$+$
f	0 ↗	$+\infty$

Cette courbe admet une tangente en chaque point; en particulier remarquons que la tangente à l'hyperbole au point d'abscisse c (point qui se projette au foyer) a pour équation : $y - \frac{b^2}{a} = \frac{c}{a}(x - c)$. Cette tangente coupe l'axe focal au point $\left(\frac{a^2}{c}\,;\,0\right)$, c'est-à-dire au point K, intersection de l'axe focal et de la directrice.

Asymptotes obliques
Nous pouvons écrire, pour $x > 0$:

$$\frac{f(x)}{x} = \frac{b}{ax}\sqrt{x^2 - a^2} = \frac{b}{a}\sqrt{1 - \frac{a^2}{x^2}}.$$

Or, $\lim\limits_{+\infty}\left(x \longmapsto \sqrt{1 - \frac{b^2}{x^2}}\right) = 1$, donc $\lim\limits_{+\infty}\left(x \longmapsto \frac{f(x)}{x}\right) = \frac{b}{a}$.

Nous avons

$$f(x) - \frac{b}{a}x = \frac{b}{a}\sqrt{x^2 - a^2} - \frac{b}{a}x = \frac{b}{a}\left(\sqrt{x^2 - a^2} - x\right) = \frac{b}{a}\,\frac{-a^2}{\sqrt{x^2 - a^2} + x} = \frac{-ab}{\sqrt{x^2 - a^2} + x}$$

donc $$\lim_{+\infty}\left(x \longmapsto f(x)-\frac{b}{a}x\right)=0.$$

La droite d'équation $y=\frac{b}{a}x$ est asymptote au voisinage de $+\infty$ à la courbe $\mathcal{C}$ représentant f; en outre, pour $x>0$, $f(x)-\frac{b}{a}x<0$, donc l'hyperbole est au-dessous de cette asymptote.
La courbe se trace alors aisément.

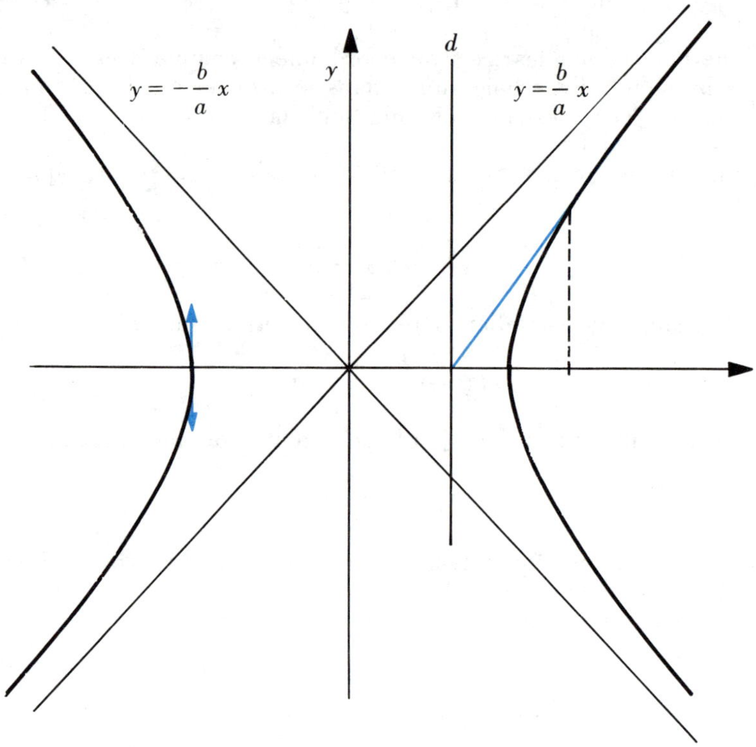

Commentaires

- Nous verrions de même, ou bien par raisons de symétrie, que la droite d'équation $y=\frac{b}{a}x$ est asymptote au voisinage de $-\infty$ à la courbe $\mathcal{C}_1$ représentant la fonction f_1 définie sur $]-\infty; -a]$ par $f_1(x)=-\frac{b}{a}\sqrt{x^2-a^2}$.

De même nous verrions que la droite d'équation $y=-\frac{b}{a}x$ est asymptote au voisinage de $+\infty$, à la courbe $\mathcal{C}_2$ représentant la fonction f_2 définie sur $[a; +\infty[$ par $f_2(x)=-\frac{b}{a}\sqrt{x^2-a^2}$, et enfin que cette même droite est asymptote au voisinage de $-\infty$, à la courbe $\mathcal{C}_3$ représentant la fonction f_3 définie sur $]-\infty; -a]$ par $f_3(x)=\frac{b}{a}\sqrt{x^2-a^2}$.

Comme l'hyperbole d'équation $\frac{x^2}{a^2}-\frac{y^2}{b^2}=1$, est la réunion des quatre courbes $\mathcal{C}$, $\mathcal{C}_1$, $\mathcal{C}_2$, $\mathcal{C}_3$ on dit que **les droites d'équations $y=\frac{b}{a}x$ et $y=-\frac{b}{a}x$ sont les asymptotes** de cette hyperbole.

- Lorsque $a=b$, on a $e=\sqrt{2}$ et on dit que l'hyperbole d'équation $\frac{x^2}{a^2}-\frac{y^2}{a^2}=1$ est *une hyperbole équilatère.*

2.6. Courbes d'équations $\frac{x^2}{p}+\frac{y^2}{q}=1$, où p et q sont des réels non nuls

a. Exemples

EXERCICE résolu 1

$(O;\ \vec{i}, \vec{j})$ est un repère orthonormé.
Déterminez les éléments caractéristiques de la conique d'équation :

$$x^2+\frac{y^2}{2}=1.$$

Solution ■■■

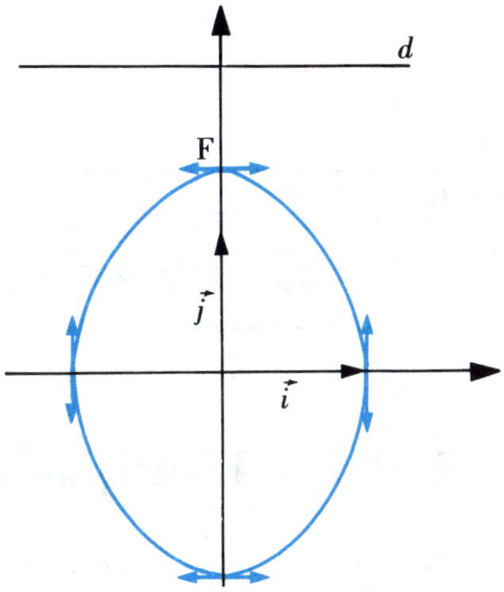

L'équation est de la forme $\frac{x^2}{a^2}+\frac{y^2}{b^2}=1$, avec ici $a^2=1$ et $b^2=2$ (ici $a<b$).
D'après le tableau récapitulatif qui suit le théorème **3,** la conique cherchée est l'ellipse dont un foyer est le point F de coordonnées $(0;\ c)$ et la directrice associée la droite d d'équation $x=\frac{b^2}{c}$, où $c=\sqrt{b^2-a^2}=1$.
Donc F a pour coordonnées $(0;\ 1)$ et d a pour équation $y=2$.
L'excentricité e est $\frac{\sqrt{2}}{2}$.

Nous obtenons l'ellipse représentée ci-dessus; le grand axe est porté par l'axe des ordonnées. Les sommets sont les points de coordonnées $(0;\ \sqrt{2})$ et $(0;\ -\sqrt{2})$.

■■■■■■■■■

EXERCICE résolu 2

$(O;\ \vec{i}, \vec{j})$ est un repère orthonormé.
Déterminez les éléments caractéristiques de la conique d'équation $2y^2-x^2=2$.

Solution ■■■

Une équation de l'ensemble $\mathcal{E}$ cherché est $y^2-\frac{x^2}{2}=1$. En considérant le repère $(O;\ \vec{i}\,', \vec{j}\,')$ avec $\vec{i}\,'=\vec{j}$ et $\vec{j}\,'=\vec{i}$, on voit qu'un point de coordonnées $(x;\ y)$ dans $(O;\ \vec{i}, \vec{j})$ a pour coordonnées $(y;\ x)$ dans $(O;\ \vec{i}\,', \vec{j}\,')$.
Donc, dans $(O;\ \vec{i}\,', \vec{j}\,')$, l'ensemble $\mathcal{E}$ est l'ensemble des points M dont les coordonnées $(x';\ y')$ sont telles que $x'^2-\frac{y'^2}{2}=1$.
D'après le tableau récapitulatif qui suit le théorème **3,** l'ensemble $\mathcal{E}$ est une hyperbole dont un foyer est le point F de coordonnées $(c;\ 0)$ dans $(O;\ \vec{i}\,', \vec{j}\,')$ et ayant pour directrice associée la droite d d'équation $x'=\frac{a^2}{c}$ dans $(O;\ \vec{i}\,', \vec{j}\,')$, avec $c=\sqrt{a^2+b^2}=\sqrt{3}$.
Il est alors facile de donner les coordonnées de F et l'équation de d dans le repère $(O;\ \vec{i}, \vec{j})$, à savoir :

$$F(0;\ \sqrt{3}), \qquad d \text{ a pour équation } y=\frac{\sqrt{3}}{3}.$$

■■■■■■■■■

b. Cas général

$(O; \vec{i}, \vec{j})$ est un repère orthonormé: il s'agit de déterminer l'ensemble $\mathcal{C}$ des points $M(x; y)$ tels que $\frac{x^2}{p} + \frac{y^2}{q} = 1$, avec p et q réels non nul.
Nous vous laissons vérifier, en vous aidant des résultats précédents et des exercices résolus, que si :

- ***p* et *q* sont négatifs,** alors $\mathcal{C}$ est **l'ensemble vide;**
- ***p* et *q* sont distincts et positifs,** alors $\mathcal{C}$ est **une ellipse;**
- ***p* et *q* égaux et positifs,** alors $\mathcal{C}$ est **un cercle;**
- ***p* et *q* sont de signes contraires, alors $\mathcal{C}$ est une hyperbole.**

3. Travaux pratiques d'application

T.P. 1. L'ellipse et son cercle principal

On considère une ellipse $\mathcal{E}$ de foyer F, de directrice d et d'excentricité e $(0<e<1)$.
S_1 et S_2 sont les sommets de cette ellipse, définis par $\overrightarrow{S_1F} + e\,\overrightarrow{S_1K} = \vec{0}$, $\overrightarrow{S_2F} - e\,\overrightarrow{S_2K} = \vec{0}$ (où K est le projeté orthogonal de F sur d).
On considère un repère orthonormé d'origine O, milieu de $[S_1S_2]$: l'axe des abscisses est l'axe focal orienté de O vers S_1, l'axe des ordonnées est perpendiculaire en O à l'axe focal. On pose $OS_1 = a$; $OF = c$.
M est un point du plan: ses coordonnées dans le repère sont $(x; y)$; on appelle H le projeté orthogonal de M sur la directrice et P son projeté orthogonal sur l'axe focal.

QUESTIONS

a. *Quel est l'ensemble des points du plan qui vérifient* $MP^2 = -\overrightarrow{PS_1}\cdot\overrightarrow{PS_2}$?
Quelle est l'équation de cet ensemble dans ce repère?

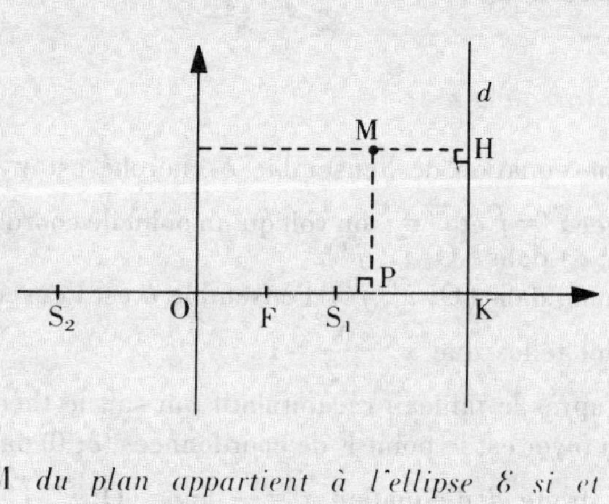

b. *Montrez que, pour tout point* M *du plan, on a :*

$$MF^2 - e^2MH^2 = MP^2 + PF^2 - e^2PK^2.$$

c. *Montrez que, pour tout point* P *de l'axe focal :*

$$PF^2 - e^2PK^2 = (1-e^2)\,\overrightarrow{PS_1}\cdot\overrightarrow{PS_2}.$$

d. *Déduisez-en qu'un point* M *du plan appartient à l'ellipse* $\mathcal{E}$ *si et seulement si :*

$$MP^2 = (e^2-1)\,\overrightarrow{PS_1}\cdot\overrightarrow{PS_2}.$$

Justifiez l'affirmation : « une ellipse est totalement déterminée par la donnée de ses sommets S_1 *et* S_2 *et de son excentricité ».*

e. *Déterminez, à partir de la relation trouvée ci-dessus, une équation de l'ellipse $\mathcal{E}$.*
Montrez que l'ellipse coupe l'axe des ordonnées en deux points symétriques par rapport à O. On appelle $B_1(0;\ b)$, $B_2(0;\ -b)$, b réel positif, ces deux points.

Montrez que $\frac{b}{a} = \sqrt{1-e^2}$ *et que l'équation de l'ellipse peut se mettre sous la forme :*

$$\frac{x^2}{a^2}+\frac{y^2}{b^2}=1.$$

f. *Le cercle $\mathcal{C}$ de diamètre S_1S_2 est appelé* ***le cercle principal de l'ellipse.*** *On considère un point M de $\mathcal{C}$ et on appelle P son projeté orthogonal sur l'axe focal. Montrez que le point M_1 défini par $\overrightarrow{PM_1} = \sqrt{1-e^2}\,\overrightarrow{PM}$ appartient à l'ellipse $\mathcal{E}$.*
Réciproquement, montrez que si M_1 appartient à l'ellipse $\mathcal{E}$, le point M défini par $\overrightarrow{PM} = \frac{1}{\sqrt{1-e^2}}\overrightarrow{PM_1}$ appartient au cercle $\mathcal{C}$.

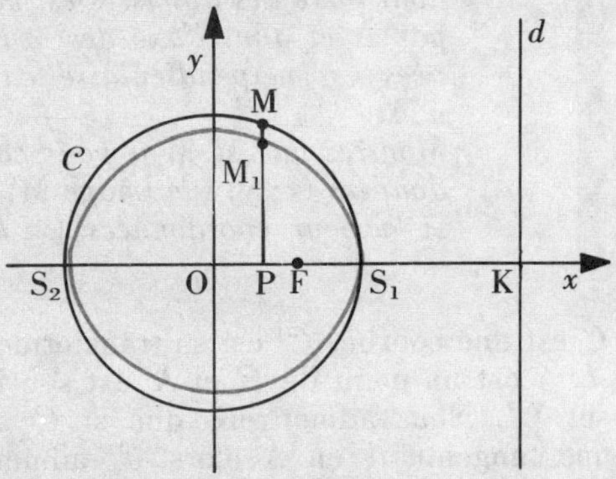

T.P.2. Affinité orthogonale

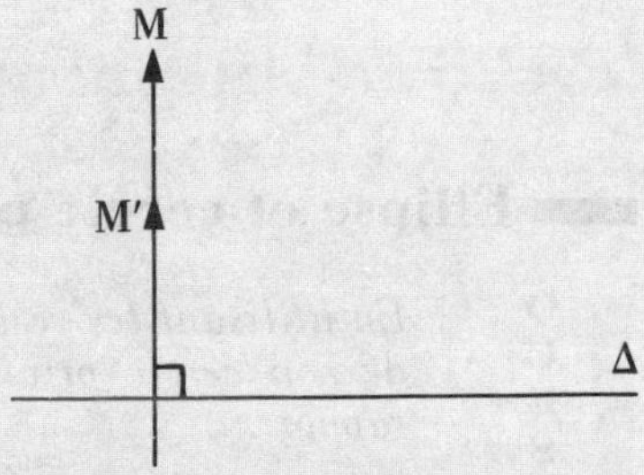

Δ est une droite du plan, *k* est un réel.
On appelle *affinité orthogonale d'axe* Δ *et de rapport k,* et on note $\mathcal{A}_{\Delta,k}$ (ou $\mathcal{A}$ s'il n'y a pas d'ambiguïté) l'application du plan dans lui-même qui, à chaque point M, fait correspondre le point $M' = \mathcal{A}(M)$ défini par $\overrightarrow{PM'} = k\overrightarrow{PM}$, P désignant le projeté orthogonal de M sur Δ.

QUESTIONS

a. *Montrez que tout point de Δ est invariant par $\mathcal{A}_{\Delta,k}$, et que tout point invariant par $\mathcal{A}_{\Delta,k}$ est un point de Δ.*

b. *Montrez que la bijection réciproque de $\mathcal{A}_{\Delta,k}$ est une affinité d'axe Δ. Quel est son rapport?*

c. *La réflexion d'axe Δ est une affinité. Précisez son axe et son rapport.*

d. *d est une droite qui coupe Δ en O et A est un point de d distinct de O; alors, pour chaque point M de d, il existe un unique réel m tel que $\overrightarrow{OM} = m\overrightarrow{OA}$.*
Montrez que si A' et M' sont les images de A et M par $\mathcal{A}$, on a :

$$\overrightarrow{OM'} = m\overrightarrow{OA'}.$$

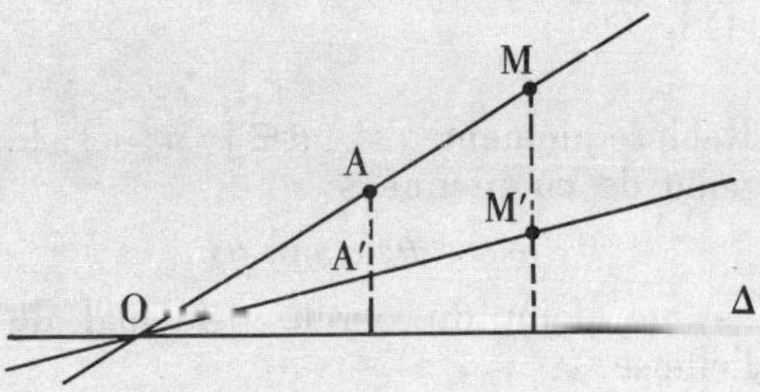

e. Quelle est l'image par $\mathcal{A}$ d'une droite qui coupe Δ en O?

f. d est une droite parallèle à Δ et O est un point de d; O' est l'image de O par $\mathcal{A}$.
Montrez que l'image de d par $\mathcal{A}$ est la parallèle d' à d et à Δ passant par O'.

g. On choisit une origine O sur Δ et on considère un repère dont l'axe des abscisses est porté par Δ et dont l'axe des ordonnées est perpendiculaire en O à Δ.
Montrez que si M a pour coordonnées $(x; y)$ son image M' par $\mathcal{A}$ a pour coordonnées $(x; ky)$.

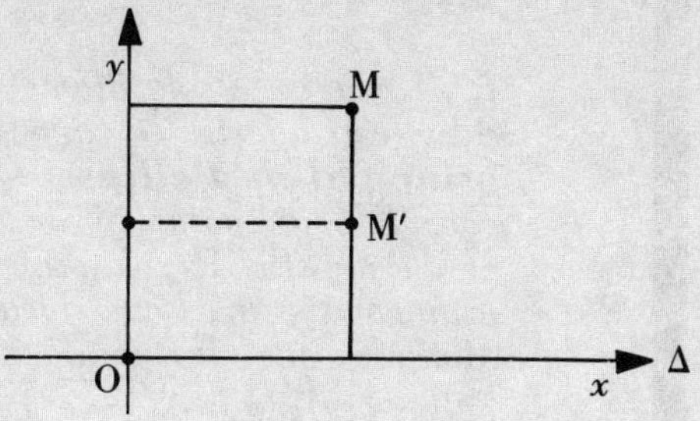

$\mathcal{C}$ est une courbe, $\mathcal{C}'$ est sa transformée par $\mathcal{A}$. A est un point de $\mathcal{C}$ et A' est son image sur $\mathcal{C}'$. Nous admettrons que si $\mathcal{C}$ admet une tangente d en A alors $\mathcal{C}'$ admet une tangente d' en A' et que d' est l'image de d par $\mathcal{A}$.

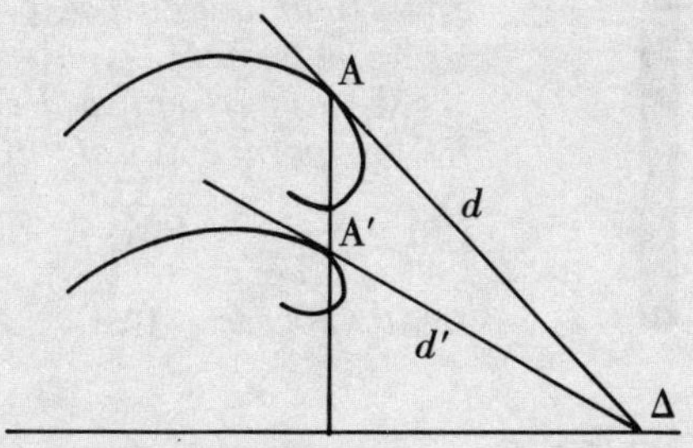

T.P.3. Un paramétrage de l'ellipse

Ellipse et cercle principal

QUESTION

En utilisant les résultats des T.P.1 *et* T.P.2, *montrez que l'ellipse est l'image de son cercle principal par une affinité dont vous déterminerez l'axe et le rapport.*

M est un point du cercle principal de l'ellipse; alors ses coordonnées dans le repère ci-contre sont

$(a \cos \theta; a \sin \theta)$ où $\theta \in]-\pi; \pi]$

est la mesure principale de l'angle $(\overrightarrow{OS_1}; \overrightarrow{OM})$.

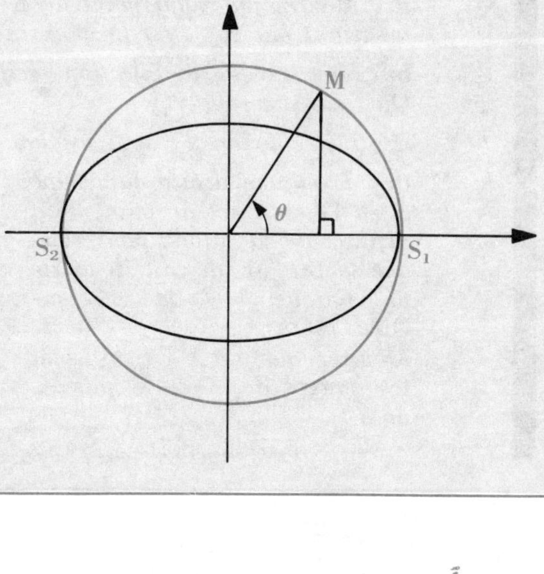

Réciproquement, si $\theta \in]-\pi; \pi]$ le point de coordonnées

$$(a \cos \theta; a \sin \theta)$$

est un point du cercle principal de l'ellipse.

$\begin{cases} x = a \cos \theta \\ y = a \sin \theta \end{cases}$ avec $-\pi < \theta \leq \pi$ constitue donc une représentation paramétrique du cercle principal de l'ellipse.

QUESTIONS

En utilisant l'affinité déterminée ci-dessus, montrez que :

$$\begin{cases} x = a \cos \theta \\ y = b \sin \theta \end{cases} \quad -\pi < \theta \leq \pi$$

constitue une représentation paramétrique de l'ellipse.
Quelle est la signification géométrique du paramètre θ?

Construction de l'ellipse connaissant *a* et *b*

On se donne deux réels positifs $0 < b < a$ et on veut construire l'ellipse $\mathcal{E}$ d'équation

$$\frac{x^2}{a^2} + \frac{y^2}{b^2} = 1.$$

QUESTIONS

Justifiez les tracés et les affirmations suivantes.

- *On trace le cercle $\mathcal{C}$ de centre* O *et de rayon a : c'est le cercle principal de l'ellipse.*
- *On trace le cercle $\mathcal{C}'$ de centre* O *et de rayon b. On prend un point* M *sur $\mathcal{C}$, le rayon* [OM] *coupe $\mathcal{C}'$ en* M'.

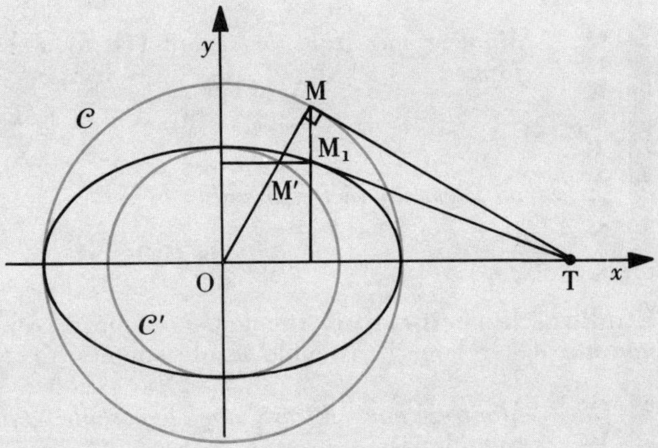

- *On trace la parallèle à l'axe* O*x en* M' *et la perpendiculaire à* O*x en* M. *Ces droites se coupent en* M_1 *et* M_1 *est un point de $\mathcal{E}$.*
- *La perpendiculaire à* (OM) *en* M *coupe* O*x en* T, *la droite* (TM_1) *est tangente à $\mathcal{E}$ en* M_1.

T.P.4. Équation d'une hyperbole rapportée à ses asymptotes

Nous considérons une hyperbole $\mathcal{H}$ de centre O et d'équation réduite $\frac{x^2}{a^2} - \frac{y^2}{b^2} = 1$ dans le repère orthonormé $(O; \vec{i}, \vec{j})$ décrit au paragraphe **2.4. *a*.**.

Les notations étant celles de la figure, considérons le repère $(O; \vec{u}, \vec{v})$ avec :

$$\vec{u} = \overrightarrow{OB} = a\vec{i} - b\vec{j}$$
$$\vec{v} = \overrightarrow{OA} = a\vec{i} + b\vec{j}.$$

Notez que $\vec{u}$ et $\vec{v}$ sont des vecteurs directeurs des asymptotes de $\mathcal{H}$.
Soit M un point de coordonnées $(x; y)$ dans le repère orthonormé $(O; \vec{i}, \vec{j})$ et de coordonnées (X; Y) dans le repère $(O; \vec{u}, \vec{v})$.

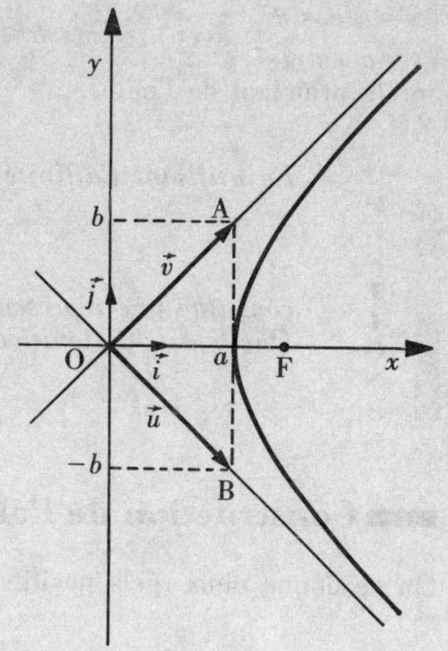

QUESTIONS

a. *Montrez que* $x = a(X+Y)$; $y = b(X-Y)$.

b. *Montrez que dans* $(O; \vec{u}, \vec{v})$ l'équation de l'hyperbole est alors : $XY = \frac{1}{4}$.

Choisissons maintenant un autre repère $(O; \vec{u}_1, \vec{v}_1)$ où $\vec{u}_1$ est colinéaire à $\vec{u}$, et $\vec{v}_1$ colinéaire à $\vec{v}$.

QUESTION

Montrez que dans le repère $(O; \vec{u}_1, \vec{v}_1)$ *l'hyperbole a une équation de la forme :*

$$Y_1 = \frac{k}{X_1},$$

où k est un réel non nul.

Étudions la réciproque. Donnons-nous un repère *quelconque* $(O; \vec{u}, \vec{v})$ et un réel k *non nul.* Cherchons l'ensemble $\mathcal{H}$ des points $M(x; y)$ tels que $xy = k$.

QUESTION

Montrez que $\mathcal{H}$ *est une hyperbole ayant pour asymptotes les axes de coordonnées.*

T.P.5. Exemples de représentations paramétriques de l'hyperbole

Premier exemple

Les notations sont celles du T.P.4. Dans le repère $(O; \vec{u}, \vec{v})$ décrit plus haut, l'hyperbole $\mathcal{H}$ a une équation : $XY = \frac{1}{4}$.

Une représentation paramétrique de $\mathcal{H}$ est donc (voir chapitre **12**, tome 1, page 272) :

$$\begin{cases} X = t \\ Y = \dfrac{1}{4t}, \end{cases} \qquad t \in \mathbb{R}^*.$$

QUESTION

Déduisez-en que, dans le repère $(O; \vec{i}, \vec{j})$ *décrit au* T.P.4, *une représentation paramétrique de* $\mathcal{H}$ *est :*

$$\begin{cases} \boldsymbol{x = a\left(t + \dfrac{1}{4t}\right)} \\ \boldsymbol{y = b\left(t - \dfrac{1}{4t}\right)} \end{cases} \qquad t \in \mathbb{R}.$$

Deuxième exemple

Considérons l'hyperbole $\mathcal{H}$ d'équation réduite :

$$\frac{x^2}{a^2} - \frac{y^2}{b^2} = 1.$$

QUESTIONS

Montrez que les équations

$$\begin{cases} \boldsymbol{x = \dfrac{a}{2}(e^t + e^{-t})} \\ \boldsymbol{y = \dfrac{b}{2}(e^t - e^{-t})} \end{cases} \qquad t \in \mathbb{R}$$

constituent une représentation paramétrique d'une des branches de l'hyperbole.

EXERCICES

Exercices d'apprentissage

Pour les exercices 1 à 6, une droite D et un point F ($F \notin D$) sont donnés; e est un réel. Construisez 5 points de la conique de foyer F, de directrice D et d'excentricité e.

1. $e = 1$. **2.** $e = 2$.

3. $e = \frac{1}{2}$. **4.** $e = \sqrt{3}$.

5. $e = \sqrt{2}$. **6.** $e = \frac{\sqrt{3}}{2}$.

Pour les exercices 7 à 10, un repère orthonormé est fixé; le point F et la droite D sont donnés. Trouvez une équation de la parabole de foyer F et de directrice D.

7. F(3; 2); D : $x = 1$.

8. F(1; 4); D : $x = 3$.

9. F(1; 4); D : $y=2$.

10. F(−2; 1); D : $y=-1$.

Pour les exercices 11 à 13, trouvez le foyer et la directrice de la parabole d'équation donnée.

11. $y^2=4x+2y+11$.

12. $y^2=-6x+6y+15$.

13. $x^2+4y+13=0$.

Pour les exercices 14 à 18, on donne la distance d entre un point F et une droite D, et un réel e. Choisissez un repère et trouvez une équation de la conique de foyer F, de directrice D et d'excentricité e.

14. $d=4$, $e=1$.

15. $d=9$, $e=\frac{4}{5}$.

16. $d=9$, $e=\frac{5}{4}$.

17. $d=1$, $e=2$.

18. $d=1$, $e=\frac{1}{2}$.

Pour les exercices 19 à 27, donnez les éléments caractéristiques de la conique dont on donne une équation dans le repère orthonormé $(O; \vec{i}, \vec{j})$.

19. $x^2-4y^2=9$.

20. $4x^2-9y^2=1$.

21. $9y^2-4x^2=-1$.

22. $16x^2+3y^2=48$.

23. $x^2+2x=2y$.

24. $3x^2+2x+3y^2-6y=0$.

25. $4(x+1)^2-25(y-2)^2=1$.

26. $9(x-2)^2-16(y+1)^2+1=0$.

27. $2y+3x^2=0$.

Exercices d'entraînement

28. D est une droite et M un point n'appartenant pas à D.
Quel est l'ensemble des foyers des paraboles de directrice D passant par M?

Pour les exercices 29 à 31, trouvez la directrice d'une parabole $\mathcal{P}$ de foyer F passant par A (A ≠ F). Discutez le nombre de solutions.

29. L'axe Δ est donné.

30. $\mathcal{P}$ passe par le symétrique A′ de A par rapport à F.

31. $\mathcal{P}$ passe par un point M, M ≠ A tel que FA = FM.

Pour les exercices 32 et 33, trouvez le foyer d'une parabole $\mathcal{P}$ passant par A, et de directrice D avec A∉D. Discutez le nombre de solutions.

32. L'axe Δ est donné.

33. $\mathcal{P}$ passe par un point M, M ≠ A.

34. On donne une droite D, un point M et un réel positif p.
Trouvez le foyer d'une parabole de directrice D, de paramètre p et passant par M. Discutez le nombre de solutions.

35.★ On donne un point A, une droite D et une distance d.
Trouvez l'ensemble des points M dont la somme de la distance à A et à la droite D est d.

36.★ Dans le plan, on donne deux points distincts A et B.
Soit D la droite perpendiculaire à (AB) en B.
On considère tous les cercles $\mathcal{C}$ du plan caractérisés par la propriété suivante : T et T′ étant les points de contact des tangentes menées en A au cercle $\mathcal{C}$, le triangle ATT′ est équilatéral.

1. En étudiant le rapport des distances du centre d'un cercle $\mathcal{C}$ aux points A et B, déterminez et précisez la nature de l'ensemble des centres des cercles $\mathcal{C}$ qui passent par B.

2. Déterminez et précisez la nature de l'ensemble des centres des cercles $\mathcal{C}$ tangents à la droite D.

N.B. — Pour faire la figure on prendra AB = 6 cm.

(Bac C)

37. $(O; \vec{i}, \vec{j})$ est un repère orthonormé.
Trouvez l'ensemble des points M(x; y) tels que :

$$(|x|-1)(|y|-1) \leq 1.$$

38. $(O; \vec{i}, \vec{j})$ est un repère orthonormé.
Trouvez l'ensemble des points M(x; y) tels que :

$$16x^4 - 72x^2y^2 + 81y^4 = 1.$$

39. $(O; \vec{i}, \vec{j})$ est un repère orthonormé.
Trouvez l'ensemble du point M(x; y) tels que :

$$x|x| + 4y|y| = 1.$$

40. $(O; \vec{i}, \vec{j})$ est un repère orthonormé direct.
Soit E l'ensemble des points du plan dont l'affixe z vérifie la relation :

$$2|z|^2 - \frac{i}{2}(z^2 - \bar{z}^2) = 1.$$

Soit r la rotation de centre O et d'angle $\frac{\pi}{4}$ et E′ l'image de E par r.

a) Déterminez une équation cartésienne de E′.
Déterminez E′.

b) Déduisez-en le tracé de E (unité : 5 cm).

(D'après Bac C)

41. $(O; \vec{i}, \vec{j})$ est un repère orthonormé.
On considère le cercle $\mathcal{C}$ d'équation

$$x^2 + y^2 - 4x + 4y - 1 = 0.$$

a) Trouvez l'image $\mathcal{C}'$ de $\mathcal{C}$ par l'affinité orthogonale d'axe, l'axe des abscisses et de rapport $\frac{1}{3}$.

b) Trouvez l'image $\mathcal{C}''$ de $\mathcal{C}'$ par l'affinité orthogonale d'axe, l'axe des ordonnées et de rapport $\frac{1}{3}$.

42. $(O; \vec{i}, \vec{j})$ est un repère orthonormé.
On considère l'ellipse $\mathcal{E}$ d'équation

$$\frac{x^2}{4} + \frac{y^2}{9} = 1.$$

a) Trouvez le rapport k d'une affinité orthogonale d'axe, l'axe des abscisses qui transforme $\mathcal{E}$ en un cercle.

b) D est une droite parallèle à l'axe des abscisses; quelle est l'image de $\mathcal{E}$ par l'affinité orthogonale d'axe D et de rapport k?

c) Δ est une droite parallèle à l'axe des ordonnées; quelle est l'image de $\mathcal{E}$ par l'affinité orthogonale d'axe Δ et de rapport $\frac{1}{k}$?

43. $(O; \vec{i}, \vec{j})$ est un repère orthonormé.
On considère le cercle $\mathcal{C}$ d'équation :

$$x^2 + 2x + y^2 - 6y = 0.$$

a) Trouvez l'image $\mathcal{C}'$ de $\mathcal{C}$ par la rotation de centre O et d'angle $\frac{\pi}{2}$.

b) Trouvez l'image $\mathcal{C}''$ de $\mathcal{C}'$ par l'affinité orthogonale d'axe, l'axe des abscisses et de rapport 2.

c) Que se passe-t-il en composant dans l'autre sens (affinité puis rotation)?

d) Reprenez les questions précédentes avec l'affinité orthogonale de rapport 2 dont l'axe a pour équation $y = -1$.

44. A et B sont deux sommets d'une ellipse E, situés sur deux axes distincts.
Déterminez analytiquement l'ensemble des centres de gravité des triangles ABM pour M parcourant E.

(D'après Bac C)

45. E est une ellipse de centre O. Un point M de E étant donné, trouvez analytiquement deux points M′ et M″ sur E tels que O soit le centre de gravité du triangle MM′M″.

46. On donne une droite D, un point A et un réel strictement positif d; f est une similitude directe de rapport k.
On note H le projeté orthogonal d'un point M sur la droite D.
Discutez la nature de l'ensemble des points M tels que :

$$\text{HM} = d \times \text{AM}' \quad \text{avec} \quad \text{M}' = f(\text{M}).$$

Pour les exercices 47 à 52, précisez l'ensemble des points M de coordonnées $(x; y)$.

47. $\begin{cases} x = e^t + e^{-t} \\ y = 2(e^t - e^{-t}) \end{cases}$ $t \in \mathbb{R}$.

48. $\begin{cases} x = -2(e^t + e^{-t}) \\ y = e^t - e^{-t} \end{cases}$ $t \in \mathbb{R}$.

49. $\begin{cases} x = \dfrac{1-t^2}{1+t^2} \\ y = \dfrac{t}{1+t^2} \end{cases}$ $t \in \mathbb{R}$.

50. $\begin{cases} x = \dfrac{2}{\cos t} \\ y = \tan t \end{cases}$ $t \in \left]-\dfrac{\pi}{2}; \dfrac{\pi}{2}\right[$.

51. $\begin{cases} x = \sin t \\ y = \cos 2t \end{cases}$ $t \in \mathbb{R}$.

52. $\begin{cases} x = \cos^2 t \\ y = \sin t \cos t \end{cases}$ $t \in \mathbb{R}$.

Problèmes

53. Courbe orthoptique de la parabole

a) Une parabole $\mathcal{P}$ a pour foyer F et pour directrice D; on note H le projeté orthogonal d'un point M de $\mathcal{P}$ sur D.
Montrez analytiquement que la tangente en M à $\mathcal{P}$ est la médiatrice de [FH].

b) Deux droites T_1 et T_2 sécantes et non perpendiculaires sont données, ainsi qu'un point F.
Trouvez la directrice d'une parabole $\mathcal{P}$ de foyer F à laquelle T_1 et T_2 sont tangentes.

c) Deux droites T_1 et T_2 sécantes et non perpendiculaires sont données, ainsi qu'une droite D.
Trouvez le foyer d'une parabole $\mathcal{P}$ de directrice D à laquelle T_1 et T_2 sont tangentes.

d) Trouvez l'ensemble E des points N du plan d'où l'on peut mener deux tangentes perpendiculaires à une parabole $\mathcal{P}$ donnée.

Remarque : des points de E, *on voit la parabole sous un angle droit;* E *est la courbe orthoptique de* $\mathcal{P}$.

54. Le plan P orienté est rapporté au repère orthonormé direct $(O; \vec{i}, \vec{j})$ (unité : 4 cm). Dans ce qui suit les équations des courbes et les coordonnées des points seront données dans ce repère.
Soit A le point de coordonnées $(-1; 0)$.

I. Soit φ la fonction de l'intervalle $[-1; 1[$ dans $\mathbb{R}$ définie par

$$\varphi(x) = x\sqrt{\frac{1+x}{1-x}}.$$

1. Étudiez les variations de φ et tracez sa courbe représentative (S_1).
Précisez les tangentes ou demi-tangentes éventuelles à (S_1) aux points A et O.

2. Soit (S_2) l'image de (S_1) par la symétrie orthogonale par rapport à l'axe des abscisses.
Donnez une équation de (S_2). Vérifiez que $(S) = (S_1) \cup (S_2)$ a une équation :

$$x^3 + xy^2 + x^2 - y^2 = 0.$$

Tracez (S).

3. Soit λ un réel non nul et N le point de coordonnées $(0; \lambda)$. Écrivez une équation cartésienne, notée **(1),** de la droite (AN) en fonction de λ. Vérifiez que le cercle C_λ, de centre N, passant par O, a pour équation :

$$x^2 + y^2 - 2\lambda y = 0. \qquad \textbf{(2)}$$

Pour tout λ non nul, (AN) et C_λ se coupent en deux points distincts d'ordonnée non nulle.
Exprimez λ en fonction de x et y à l'aide de l'équation **(2).** Reportez l'expression trouvée dans l'équation **(1)** et vérifiez que les deux points d'intersection de (AN) et de C_λ appartiennent à (S).
Déduisez-en une construction de (S), par points, à la règle et au compas.

II. Les questions de cette partie du problème doivent être résolues sans calculs.
M étant un point de P, on se propose d'étudier, s'ils existent, les points M′ de P vérifiant à la fois les deux conditions suivantes :

$$\text{A, M, M' alignés,} \qquad \textbf{(1)}$$

$$\overrightarrow{OM} \cdot \overrightarrow{OM'} = 0. \qquad \textbf{(2)}$$

Soit C le cercle de diamètre [OA].

1. Trouvez l'ensemble des points M′ dans les cas suivants (on pourra s'aider d'une figure pour chacun des cas) :

a) M est en O.

b) M est en A.

c) M est un point de C autre que O et A.

d) M est un point de l'axe des abscisses autre que O et A.

e) M est un point de l'axe des ordonnées autre que O.

2. On suppose que le point M n'est pas sur C.
Démontrez qu'il existe un point unique M′ vérifiant les conditions **(1)** et **(2)**.
Donnez une construction géométrique de M′ (faire un dessin).

3. Soit P* le plan privé du cercle C et des axes de coordonnées.
A tout point M de P*, on associe le point M′ vérifiant les conditions **(1)** et **(2)**.
Démontrez que M′ est un point de P*. On note f la fonction de P* dans P* qui à M associe $M' = f(M)$. Démontrez que $f \circ f$ est l'identité de P*.

III. On désigne par *f* l'application précédemment définie.

1. Soit (S*) la courbe (S) privée de A et O. En utilisant les questions **I. 3.** et **II. 3.** déterminez $f(S^*)$.

2. *a*) Soit $(x; y)$ les coordonnées de M et $(x'; y')$ celles de $M' = f(M)$.
Vérifiez que :

$$x' = \frac{-y^2}{x^2+y^2+x}, \qquad y' = \frac{xy}{x^2+y^2+x}.$$

***b*)** Soit (E) la courbe d'équation :

$$4\left(x+\frac{1}{2}\right)^2 + 8y^2 = 1.$$

Tracez (E). Précisez sa nature, ses éléments de symétrie, ses sommets.

***c*)** Soit D* la droite d'équation $x = 1$ privée de son point d'ordonnée nulle.
Démontrez que $f(D^*)$ est la courbe (E) privée de O et A.

(Bac C)

55. Le plan complexe P est rapporté à un repère orthonormé $(O; \vec{u}, \vec{v})$ (unité : 1 cm). On note P_+ l'ensemble des points M de P d'abscisse positive ou nulle.
On se propose d'étudier quelques propriétés de la transformation T qui à tout point m du plan, d'affixe z, associe le point M d'affixe $Z = z^2$.

I. *Propriétés élémentaires de* T. *Transformés des demi-droites d'origine* O *et des demi-cercles de centre* O.

1. *a*) Déterminez le module R et un argument θ de $Z = z^2$ connaissant le module r et un argument α de z, où $z \neq 0$.

***b*)** Déterminez l'image $\mathcal{C}_r$ par T du demi-cercle C_r de centre O et de rayon r contenu dans P_+.

***c*)** Déterminez l'image $\mathcal{D}_\alpha$ par T de la demi-droite D_α d'origine O et de vecteur directeur $\cos\alpha\,\vec{u} + \sin\alpha\,\vec{v}$ où $\alpha \in \left[-\frac{\pi}{2}; \frac{\pi}{2}\right]$.

***d*)** Tracez sur une même figure les demi-cercles C_r pour $r = 1$, $r = \frac{1}{2}$, $r = 2$ et les demi-droites D_α où $\alpha = \frac{k\pi}{6}$, k entier, $|k| \leq 3$.
Tracez sur une autre figure les transformés par T des demi-cercles et demi-droites précédents.

2. *a*) Soit m et m' des points du plan symétriques par rapport à O; comparez $T(m)$ et $T(m')$.

***b*)** Même question lorsque m et m' sont symétriques par rapport à la droite $(O; \vec{u})$, puis par rapport à la droite $(O; \vec{v})$.

***c*)** Soit k un nombre réel strictement positif, φ un nombre réel et S la similitude directe de centre O, de rapport k et d'angle mesuré par φ. Soit m et m' deux points de P, M et M′ leurs transformés par T; montrez que, si $m' = S(m)$, alors $M' = S^2(M)$.

II. *Transformés des droites parallèles aux axes de coordonnées.*
Pour tout nombre réel λ, on note $\mathcal{E}_\lambda$ l'image par T de la droite E_λ d'équation $y = \lambda$ et pour tout nombre réel μ, on note $\mathcal{F}_\mu$ *l'image par* T *de la droite* F_μ d'équation $x = \mu$.

1. On pose $z = x + iy$ et $Z = X + iY$.
Exprimez X et Y en fonction de x et y.

2. *a*) Déduisez-en que l'image $\mathcal{E}_1$ par T de la droite E_1 d'équation $y = 1$ est une parabole de foyer O dont on déterminera le sommet et la directrice.

***b*)** Précisez les tangentes à $\mathcal{E}_1$ aux points d'intersection de $\mathcal{E}_1$ avec l'axe $(O; \vec{v})$.

***c*)** Construisez avec soin la parabole $\mathcal{E}_1$.

3. Soit λ un nombre réel strictement positif.

***a*)** Montrez que la droite E_λ se déduit de la droite E_1 par une homothétie de centre O, que l'on précisera.

***b*)** En utilisant le résultat de la question **I. 2. *c*)**, indiquez comment $\mathcal{E}_\lambda$ se déduit de $\mathcal{E}_1$.
Précisez la nature de la courbe $\mathcal{E}_\lambda$ et tracez $\mathcal{E}_\lambda$ pour $\lambda = 2$ sur la même figure que $\mathcal{E}_1$.

4. Soit μ un nombre réel strictement positif.
A l'aide de **I. 2. *c*)**, indiquez comment l'image $\mathcal{F}_1$ de F_1 se déduit de $\mathcal{E}_1$ et comment les images $\mathcal{F}_\mu$ se déduisent de $\mathcal{F}_1$.
Tracez $\mathcal{F}_1$ et $\mathcal{F}_2$ sur la même figure que précédemment.

5. Soit M un point d'intersection de $\mathcal{E}_\lambda$ et de $\mathcal{F}_\mu$.
Montrez que les tangentes en ce point à $\mathcal{E}_\lambda$ et $\mathcal{F}_\mu$ sont orthogonales.

N. B. — On admettra le théorème suivant : soit P une parabole de foyer F, de directrice D, M un point de P et H le projeté orthogonal de M sur D; la tangente en M à P est la bissectrice intérieure de l'angle $\widehat{HMF}$ (voir problème 53).

CHAPITRE
16

NOTIONS SUR LES TRANSFORMATIONS DE L'ESPACE

Pour l'étude de la géométrie de l'espace, les transformations essentielles restent les translations, les homothéties, les réflexions, les rotations.
L'étude des symétries ou des rotations laissant un solide invariant est utile dans d'autres domaines que les mathématiques, par exemple en mécanique ou dans l'étude des cristaux.

1. Cours

1.1. Translations

a. Définition et propriétés

Définition 1

***La translation de vecteur $\vec{u}$* est la transformation qui, à chaque point M de l'espace, associe le point M' tel que $\overrightarrow{MM'} = \vec{u}$.**

Propriétés

• ***t* est la translation de vecteur $\vec{u}$.**
Alors, pour tous points M et N de l'espace, avec M' = *t*(M) et N' = *t*(N), on a $\overrightarrow{M'N'} = \overrightarrow{MN}$.
Réciproquement, on démontre, comme en géométrie plane (chapitre **11** paragraphe **2.1.**), qu'une transformation t de l'espace, telle que pour tous points M et N, on ait $\overrightarrow{M'N'} = \overrightarrow{MN}$, avec $M' = t(M)$ et $N' = t(N)$, est une translation.

• $t_{\vec{u}}$ et $t_{\vec{v}}$ sont les translations de vecteurs respectifs $\vec{u}$ et $\vec{v}$.
Alors :

$$t_{\vec{u}} \circ t_{\vec{v}} = t_{\vec{v}} \circ t_{\vec{u}} = t_{\vec{u}+\vec{v}}$$

où $t_{\vec{u}+\vec{v}}$ est la translation de vecteur $\vec{u} + \vec{v}$.

b. Images d'une droite, d'un plan, d'un cercle, d'une sphère

Par une translation :

- l'image d'une droite est une droite parallèle;
- l'image d'un plan est un plan parallèle;
- l'image d'un cercle situé dans un plan P est un cercle de même rayon et situé dans un plan parallèle à P;
- l'image d'une sphère est une sphère de même rayon.

EXERCICE Démontrez ces affirmations.

1.2. Homothéties

a. Définition et propriétés

Définition 2

***L'homothétie de centre le point O et de rapport le réel k non nul* est la transformation qui, à chaque point M de l'espace, associe le point M′ tel que $\overrightarrow{OM'} = k\overrightarrow{OM}$.**

Lorsque $k = -1$, l'homothétie est la symétrie centrale de centre O.

Propriétés

- ***h* est l'homothétie de centre O et de rapport *k*.**
Alors, pour tous points M et N de l'espace, avec M′ = *h*(M) et N′ = *h*(N), on a $\overrightarrow{M'N'} = k\overrightarrow{MN}$.
Réciproquement, comme en géométrie plane (chapitre **11** paragraphe **2.2.**), on démontre que si une transformation h de l'espace est telle que, pour tous points M et N, on a $\overrightarrow{M'N'} = k\overrightarrow{MN}$, avec M′ = h(M), N′ = h(N) et k réel donné non nul et différent de 1, alors h est une homothétie de rapport k.
- Le centre O, un point M, et son image M′ = h(M) sont alignés.

b. Images d'une droite, d'un plan, d'un cercle, d'une sphère

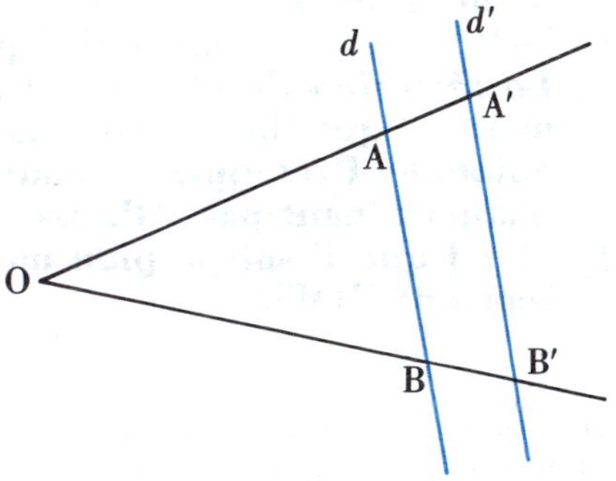

- *Par une homothétie, l'image d'une droite est une droite parallèle.*

En effet, si la droite d passe par le centre O de l'homothétie h, alors il est évident que l'image de d est la droite d elle-même.
Si d ne passe pas par O, alors d et O sont dans un même plan P, et l'on sait que dans ce plan, l'image de d est une droite d' parallèle à d.

• *Par une homothétie, l'image d'un plan est un plan parallèle.*

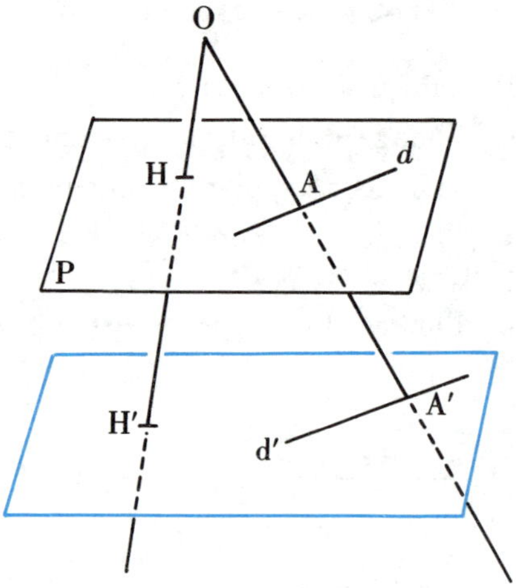

EXERCICE

Démontrez ce résultat.

Indication : un plan est déterminé par un point et une droite ne passant pas par ce point.

• *Par une homothétie, l'image d'un cercle $\mathcal{C}$ est un cercle $\mathcal{C}'$.*
Les plans des deux cercles sont parallèles, les deux centres se correspondent dans l'homothétie et le rapport $\frac{R'}{R}$ où R est le rayon de $\mathcal{C}$ et R′ celui de $\mathcal{C}'$, est égal à la valeur absolue du rapport d'homothétie.

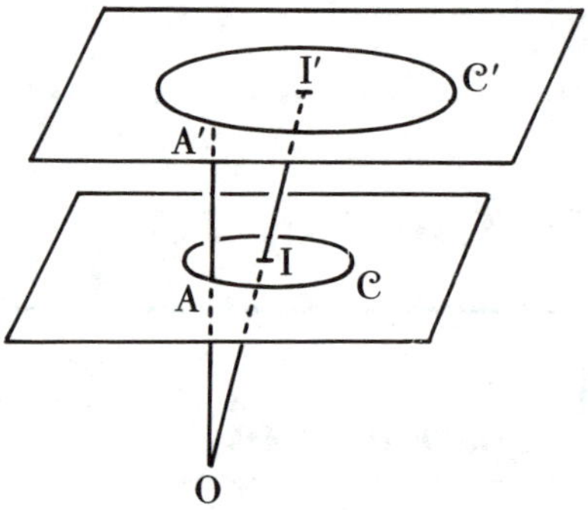

EXERCICE

Démontrez ces affirmations.

• *Par une homothétie, l'image d'une sphère est une sphère.*

1.3. Réflexions ou symétries orthogonales

a. Définitions

Définition 3

> ***La réflexion d'axe la droite d*** **est la transformation qui laisse invariant chaque point de *d*, et qui à chaque point M n'appartenant pas à *d*, associe le point M′ tel que *d* soit la médiatrice de [MM′] dans le plan défini par M et *d*.**
> ***La réflexion de plan* P est la transformation qui laisse invariant chaque point de P et qui, à chaque point M n'appartenant pas à P, associe le point M′ tel que P soit le plan médiateur du segment [MM′].**

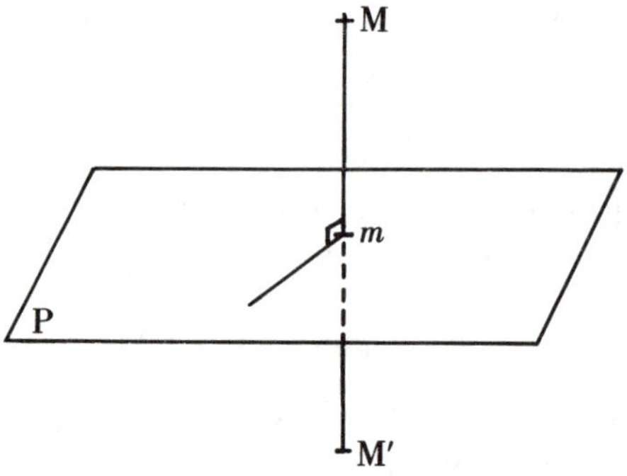

Dire que P est le plan médiateur du segment [MM′] lorsque $M \neq M'$ signifie que P est le plan qui contient le milieu de [MM′] et qui est perpendiculaire à la droite (MM′).

b. Centre de symétrie, axe de symétrie, plan de symétrie d'une figure

Dire qu'une droite d (resp. un plan P) est un **axe de symétrie** d'une figure F (resp. un **plan de symétrie**) signifie que l'image de F par la réflexion d'axe d (resp. par la réflexion de plan P) est la figure F elle-même.
Dans ce cas, on dit que F est *globalement invariante* par la réflexion d'axe d (resp. par la réflexion de plan P).

Dire qu'un point O est **centre de symétrie** d'une figure F signifie que l'image de F par la symétrie centrale de centre O est la figure F elle-même.
Dans ce cas, on dit que F est *globalement invariante* par cette symétrie centrale.

EXERCICE résolu

P est un plan de symétrie d'une figure F; O, un point de P, est un centre de symétrie de cette figure.
Montrez que F admet un axe de symétrie.

Solution

Notons d la droite perpendiculaire en O au plan P.

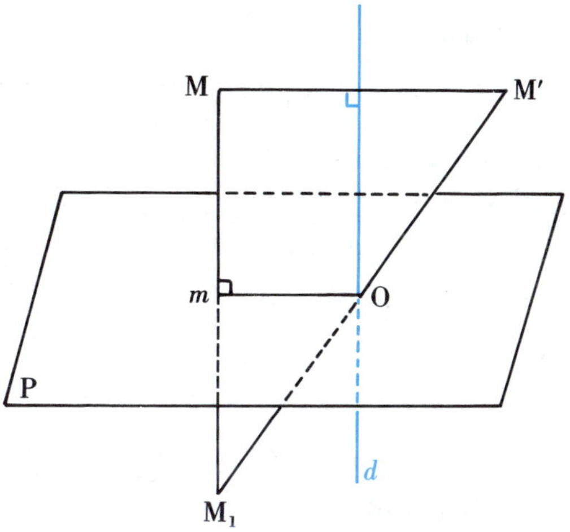

Soit M un point quelconque de la figure F; M_1 est son symétrique par rapport à P, et puisque P est plan de symétrie de F, M_1 appartient à F.

Notons M′ le symétrique de M_1 par rapport à O; O étant centre de symétrie de F, le point M′ appartient à F.

Si M est extérieur à P et à d, alors, M, M_1, M′ déterminent un plan. La droite d appartient au plan (MM_1M'), car elle est parallèle à (MM_1) et passe par O; il est immédiat, dans ce plan, de montrer que d est la médiatrice de [MM′]. Donc M′ est le symétrique de M par rapport à d.

Si M appartient à P, alors son symétrique par rapport à d est aussi son symétrique par rapport à O, donc appartient aussi à F.

Si M est sur d, il est immédiat de voir que $M' = M$ est bien sur d.

Ainsi, chaque point de F a pour image un point de F par la réflexion d'axe d. Donc d est un axe de symétrie de F.

Pour d'autres exemples, reportez-vous aux Travaux pratiques d'application.

c. Image d'une droite, d'un plan, d'un cercle, d'une sphère

Par une réflexion :

- l'image d'une droite est une droite, en général non parallèle;
- l'image d'un plan est un plan, en général non parallèle;
- l'image d'un cercle est un cercle de même rayon;
- l'image d'une sphère est une sphère de même rayon.

d. Composée de deux réflexions par rapport à des plans sécants

P_1 et P_2 sont deux plans sécants selon la droite d; s_1 et s_2 sont respectivement les réflexions de plans P_1 et P_2.

Étudions la composée $s_2 \circ s_1$, en cherchant l'*image d'un point* M *par* $s_2 \circ s_1$.

Si M est situé sur d, alors M est invariant par $s_2 \circ s_1$.

Considérons donc un point M non situé sur d. Notons Q le plan passant par M et perpendiculaire à la droite d.

Ce plan Q coupe P_1 et P_2 selon deux droites d_1 et d_2 sécantes en un point m de d.

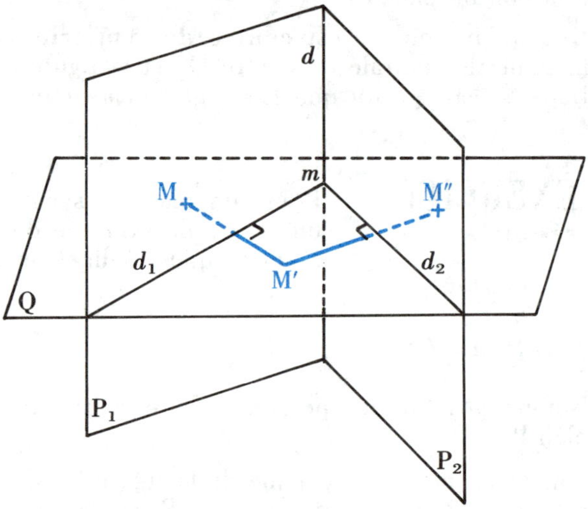

Notons M′ l'image de M par la réflexion d'axe d_1; le milieu de [MM′] qui est sur d_1, appartient donc à P_1; par ailleurs (MM′) est perpendiculaire à P_1, car orthogonale à deux droites sécantes de P_1, à savoir d et d_1.

Donc P_1 est le plan médiateur de [MM′], et M′ est aussi l'image de M dans la réflexion de plan P_1.

De même, le point M″ image de M′ dans la réflexion d'axe d_2 est aussi l'image de M′ dans la réflexion de plan P_2.

Donc $M'' = (s_2 \circ s_1)(M)$ et $M'' = (s'_2 \circ s'_1)(M)$, en notant s'_1 et s'_2 les réflexions du plan Q, d'axes respectifs d_1 et d_2.

Dans le plan Q, on passe donc de M à M″ par la rotation égale à la composée des deux réflexions s'_2 et s'_1.

Orientons la droite d, définissant ainsi une orientation du plan Q (voir chapitre **8** paragraphe **3.2.**).

Nous pouvons alors mesurer l'angle $(\vec{u}_1; \vec{u}_2)$ où $\vec{u}_1$ est un vecteur directeur de d_1 et $\vec{u}_2$ un vecteur directeur de d_2.

Dans ces conditions, M″ s'obtient à partir de M par la rotation dans le plan Q, de centre m et d'angle $2(\vec{u}_1; \vec{u}_2)$.

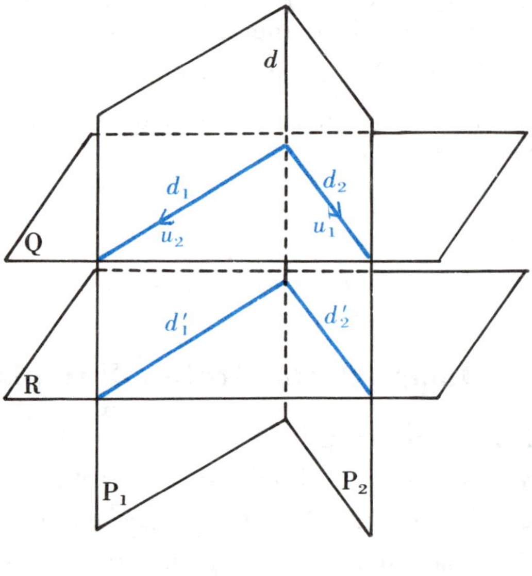

Remarquons alors ceci : soit R un autre plan perpendiculaire à d; R coupe P_1 et P_2 selon deux droites d'_1 et d'_2. Les droites d_1 et d'_1 sont parallèles, de même que d_2 et d'_2. L'orientation de d étant fixée, les plans R et Q sont orientés, et *nous admettrons* ici que $2(\vec{u}_1; \vec{u}_2) = 2(\vec{u}'_1; \vec{u}'_2)$ où $\vec{u}'_1$ et $\vec{u}'_2$ sont respectivement des vecteurs directeurs de d'_1 et de d'_2; en d'autres termes, *nous admettrons* ici que l'angle $2(\vec{u}_1; \vec{u}_2)$ ne dépend pas de M.

Cette étude conduit à poser la définition suivante.

1.4. Définition d'une rotation autour d'un axe

Définition 4

d est une droite, $\vec{k}$ un vecteur unitaire de d orientant la droite d (ainsi tout plan Q perpendiculaire à d est orienté).
La *rotation d'axe d orienté par $\vec{k}$ et d'angle α* est la transformation définie par les conditions suivantes :

- ***si* M *est sur* d, *alors* $M' = M$;**
- ***si* M *n'est pas sur* d, désignons par m le projeté orthogonal de M sur d, et par Q le plan passant par m et orthogonal à d.**

Le point M′, image de M par la rotation, est le point du plan Q tel que

$$mM' = mM \qquad \text{et} \qquad (\overrightarrow{mM}; \overrightarrow{mM'}) = \alpha.$$

On note $r(d, \vec{k}, \alpha)$ cette rotation.
Si l'on oriente d par le vecteur $-\vec{k}$, l'orientation du plan Q est changée et alors :

$$r(d, \vec{k}, \alpha) = r(d, -\vec{k}, -\alpha).$$

Avec cette définition, nous pouvons énoncer le résultat du paragraphe précédent selon le théorème suivant :

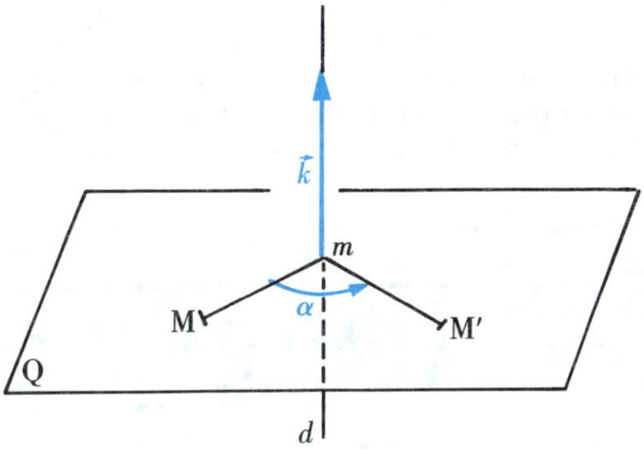

Théorème 1

La composée $s_2 \circ s_1$ de deux réflexions s_1 et s_2 de plans respectifs P_1 et P_2 sécants selon une droite d, est une rotation d'axe d.
Pour obtenir l'angle de la rotation, on oriente la droite d, et on choisit un plan Q perpendiculaire à d. Ce plan est alors orienté par sa normale d. Il coupe P_1 et P_2 selon deux droites d_1 et d_2; l'angle de la rotation est alors $2(\vec{u}_1; \vec{u}_2)$ où $\vec{u}_1$ est un vecteur directeur de d_1 et $\vec{u}_2$ un vecteur directeur de d_2.

Réciproquement, toute rotation autour d'un axe se décompose en le produit de deux réflexions par rapport à des plans sécants selon d, l'un de ces plans pouvant être choisi arbitrairement.

EXERCICE Démontrez ce résultat.

Remarquez que la rotation d'axe d et d'angle π est la réflexion d'axe d; on appelle cette transformation *le demi-tour d'axe d*.

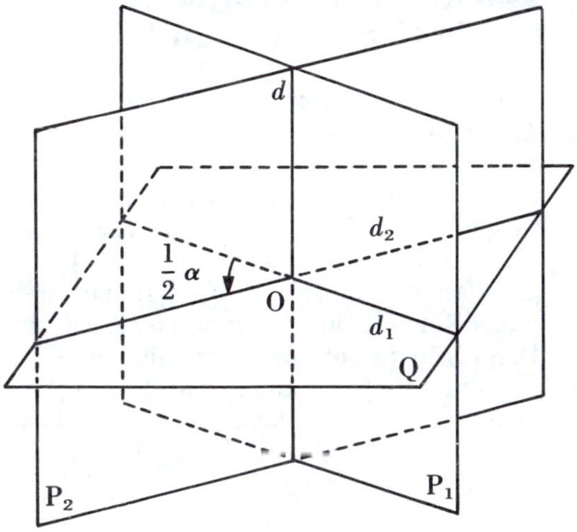

1.5. Propriétés communes à ces transformations

Comme en géométrie plane, on peut démontrer que chacune des transformations considérées, translation, homothétie, réflexion, rotation :

- *conserve l'équipollence;*
- *conserve le barycentre;*
- *conserve le parallélisme :* elle transforme deux droites (resp. plans) parallèles en deux droites (resp. plans) parallèles;
- *conserve l'orthogonalité :* elle transforme deux droites orthogonales (resp. plans perpendiculaires) en deux droites orthogonales (resp. plans perpendiculaires).

Nous admettrons ici ces résultats.

EXERCICE Démontrez que l'homothétie conserve le barycentre.

En outre, **les translations, les réflexions, les rotations sont des isométries : elles conservent la distance,** ainsi que les aires planes et les volumes.
En revanche, en général, les homothéties *ne* conservent pas la distance; *une homothétie de rapport k, « multiplie les distances par* $|k|$, *les aires planes par* k^2 *et les volumes par* $|k|^3$ *».*
Nous admettrons ici tous ces résultats.

2. Travaux pratiques d'application

T.P.1. Exemples de recherche de réflexions ou de rotations laissant invariant un solide usuel

Premier exemple : le tétraèdre régulier

Considérons un tétraèdre régulier ABCD. *Le but de l'exercice est de trouver toutes les réflexions et les rotations laissant le tétraèdre globalement invariant,* ce qui revient à trouver les réflexions et les rotations laissant l'ensemble $\{A, B, C, D\}$ globalement invariant. On remarquera que l'isobarycentre des points A, B, C, D est invariant par chacune de ces transformations; il appartient donc à l'axe ou au plan d'une réflexion, ainsi qu'à l'axe d'une rotation laissant $\{A, B, C, D\}$ globalement invariant.

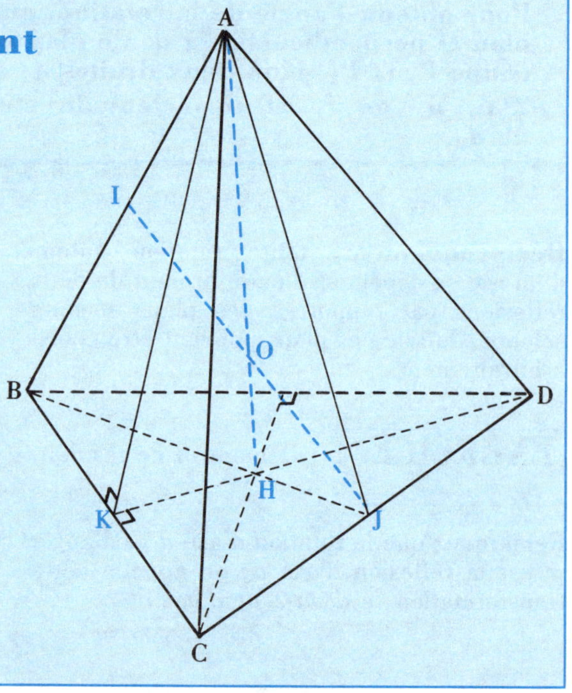

Q U E S T I O N S

a. I *et* J *sont les milieux des arêtes opposées* [AB] *et* [CD].
Montrez que la droite (IJ) *est perpendiculaire à chacune des droites* (AB) *et* (CD).
Déduisez-en que (IJ) *est axe de symétrie du tétraèdre.*
Définissez de la même manière deux autres axes de symétrie du tétraèdre.

b. H *est le centre de gravité du triangle* BCD.
Montrez que la droite (AH) *est perpendiculaire au plan* (BCD); *donnez une mesure de chacun des angles* $(\overrightarrow{HB};\overrightarrow{HC})$, $(\overrightarrow{HC};\overrightarrow{HD})$ *et* $(\overrightarrow{HD};\overrightarrow{HB})$.
Déduisez-en qu'il existe trois rotations d'axe (AH) *conservant le tétraèdre, l'un étant l'identité* **id** *de l'espace.*
Montrez alors qu'il existe 8 *rotations distinctes de* **id** *laissant le tétraèdre globalement invariant et qui ne sont pas des réflexions.*

Indication : *on remarquera qu'une réflexion d'axe d est une rotation d'axe d et d'angle plat.*

c. *Montrez que la réflexion de plan* (ABJ) *laisse le tétraèdre globalement invariant.*
Définissez de la même manière 5 *autres plans de symétrie du tétraèdre.*

d. *Existe-t-il d'autres réflexions ou rotations laissant le tétraèdre globalement invariant?*

Vocabulaire : considérons une rotation laissant un polyèdre invariant; si l'angle de cette rotation est $\frac{2k\pi}{n}$, où n est un naturel, $n \geqslant 2$, et k un entier tel que $1 \leqslant k \leqslant n-1$ on dit que l'axe de cette rotation est un axe d'ordre n du polyèdre (si $n=2$ on dit aussi axe binaire, ternaire si $n=3$, quaternaire si $n=4$).

Deuxième exemple : le cube

Considérons un cube ABCDA′B′C′D′. On se propose de trouver les réflexions et rotations laissant ce cube globalement invariant, ce qui revient à trouver les rotations et réflexions laissant l'ensemble {A, B, C, D, A′, B′, C′, D′} globalement invariant.

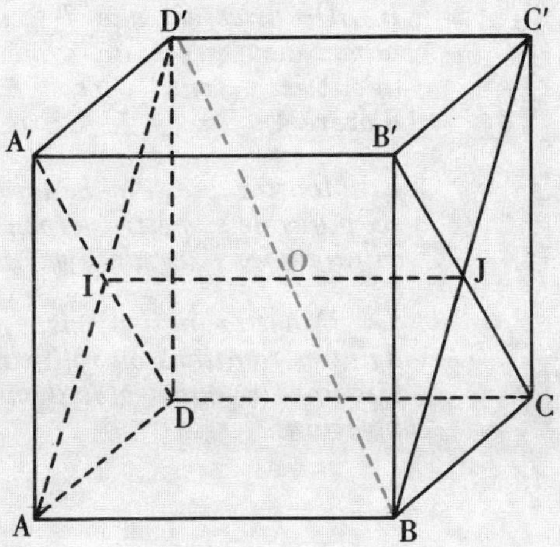

Q U E S T I O N S

a. *Montrez que le cube admet un centre de symétrie.*

b. I *et* J *sont les centres des carrés* AA′D′D *et* BB′C′C.
Montrez que (IJ) *est un axe quaternaire du cube.*
Pouvez-vous définir, de la même manière, deux autres axes quaternaires du cube?
Vérifiez que ces axes quaternaires sont aussi axes de symétrie du cube.

c. B *se projette orthogonalement en* H *sur* (AC′).
Montrez que H *est au tiers de* [AC′] *à partir de* A.

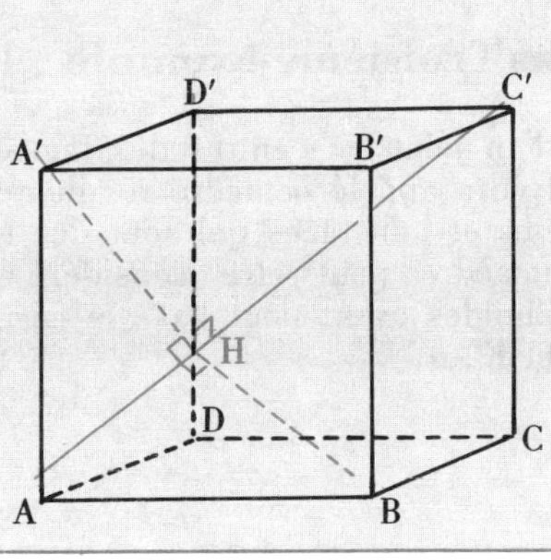

QUESTIONS

d. *Montrez que* D *et* A′ *se projettent orthogonalement en* H *sur* (AC′).

e. *Montrez que* D′, B′ *et* C *se projettent orthogonalement en* K *sur* (AC′), K *étant au tiers de* [AC′] *à partir de* C′.

f. *Montrez alors que* (AC′) *est un axe ternaire du cube, et que les autres diagonales sont aussi des axes ternaires.*

Indications : *vous pouvez remarquer que* H *peut être considéré comme le centre du triangle* A′DB *dans le tétraèdre régulier* C′A′DB.

g. A″ *et* C″ *sont les milieux des côtés* [AA′] *et* [CC′].
Montrez que (A″C″) *est un axe de symétrie (ou axe binaire) du cube.*
Définissez de la même manière cinq autres axes de symétrie du même type.

h. *Déduisez-en que le cube admet neuf axes de symétrie (n'oubliez pas les axes d'ordre* 4*).*

i. *Montrez que le cube admet six plans de symétrie perpendiculaire aux axes de symétrie.*

f.⋆ *Montrez qu'il n'existe pas d'autres rotations ou réflexions laissant le cube globalement invariant.*

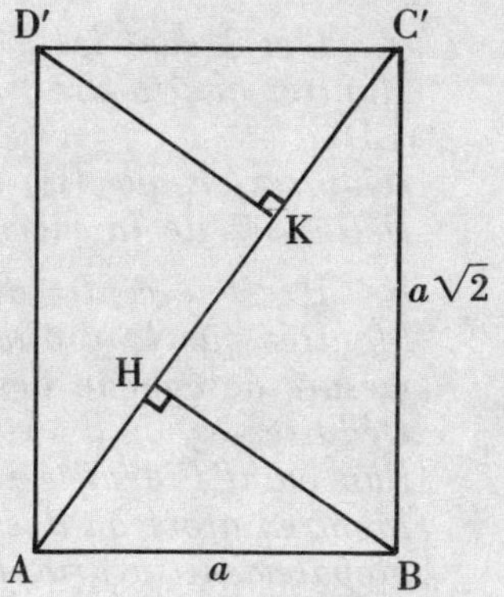

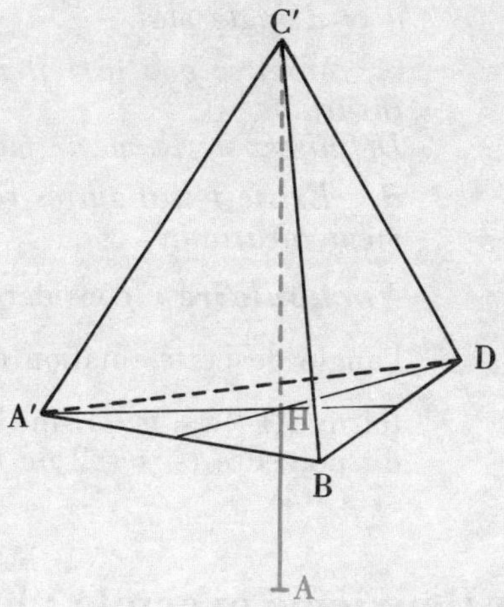

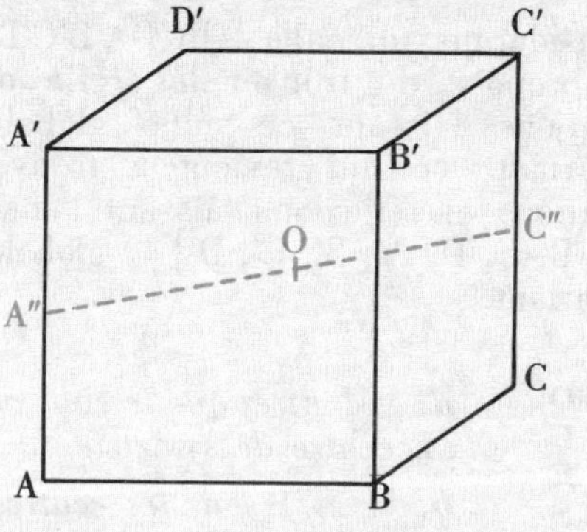

Troisième exemple : l'octaèdre régulier

Si l'on joint les centres des faces d'un cube, on forme un polyèdre appelé octaèdre régulier : il a six sommets, douze arêtes et huit faces qui sont des triangles équilatéraux.
L'octaèdre peut être considéré comme formé de deux pyramides ayant pour base le carré GHIJ et pour sommets E et E′.

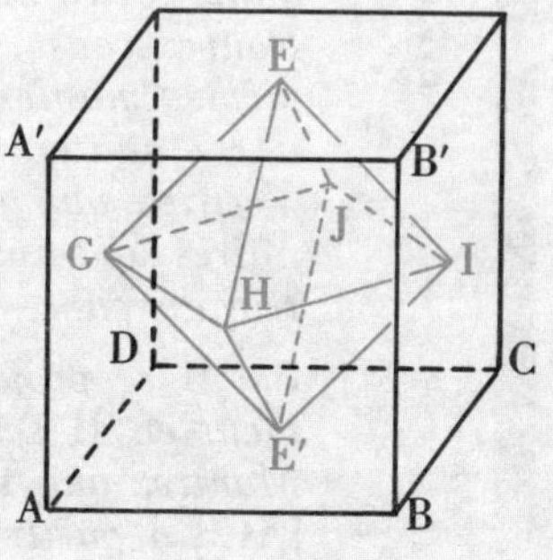

QUESTION

Montrez que l'octaèdre régulier ainsi décrit a mêmes éléments de symétrie que le cube.

T.P.2. Autour du cube

ABCDEFGH est un cube.
I est le milieu de [HD], O est le milieu de [AC], M est le milieu de [HF]. Le plan (ACI) coupe (BF) en K et J est le point tel que D soit le milieu de [JH].

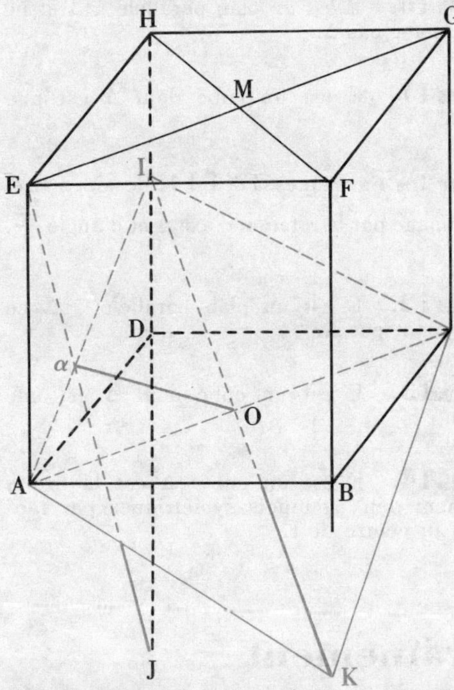

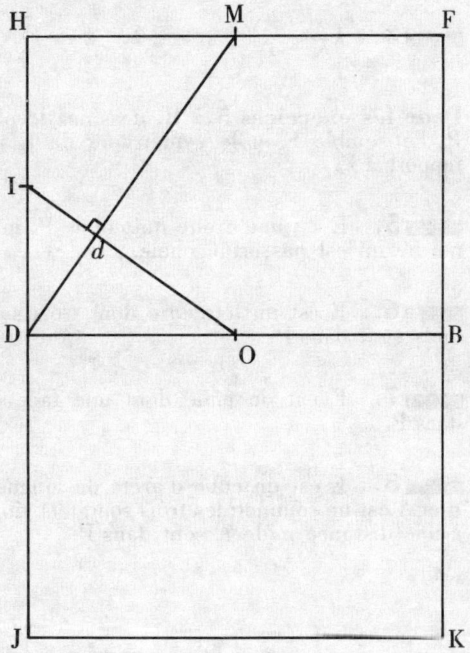

QUESTIONS

1. *Montrez que le plan (ACI) est le plan médiateur de [FJ].*
2. *Montrez que les segments [FJ] et [AC] se coupent en O et que les plans (ACI) et (FHJ) sont perpendiculaires et sécants selon (OI).*
3. *s est la réflexion de plan (ACI).*

a. *Quelles sont les images par s des points A, C, F?*

b. *D se projette en d sur le plan (ACI).*
Vérifiez que d appartient à (IO). Construisez alors l'image D′ de D par s. Déduisez-en la position de H′ = s(H) et B′ = s(B).

Indication : *vous pouvez utiliser le fait que I est le milieu de [HD] et que O est le milieu de [BD].*

c. *Montrez que M se projette en d sur le plan (ACI). Construisez M′ = s(M).*

4. *Les plans (ACI) et (EFJ) sont perpendiculaires.*
Montrez que leur intersection est la droite (Oα), α étant le point commun aux droites (AI) et (EJ) dans le plan (EJA).
Construisez alors le projeté orthogonal de E sur le plan (ACI) et F′ = s(F). Déduisez-en que G′ = s(G), sachant que M est le milieu de [EG].

EXERCICES

Exercices d'apprentissage

Pour les exercices 1 à 4, A, B, C, D sont quatre points non coplanaires; dessinez le plan (BCD) et son image par l'homothétie de centre A et de rapport k.

1. $k=-1$.

2. $k=2$.

3. $k=-\frac{1}{2}$.

4. $k=-\frac{5}{4}$.

Pour les exercices 5 à 8, dessinez le plan P, l'ensemble E et le symétrique de E par rapport à P.

5. E est une droite qui coupe P, mais qui ne lui est pas orthogonale.

6. E est un tétraèdre dont trois sommets sont dans P.

7. E est un cube dont une face est dans P.

8. E est un cube d'arête de longueur a et A est un sommet; les trois sommets situés à une distance a de A sont dans P.

Pour les exercices 9 à 11, dessinez E et son image par la rotation d'axe Δ et d'angle $\frac{\pi}{2}$.

9. E est un plan perpendiculaire à Δ.

10. E est un plan parallèle à Δ et ne contenant pas Δ.

11. E est un cube dont Δ est une arête.

Pour les exercices 12 à 14, dessinez E et son image par la rotation d'axe Δ et d'angle $\frac{2\pi}{3}$.

12. E est un plan parallèle à Δ ne contenant pas Δ.

13. E est un cube dont Δ est une arête.

14. E est un cube; Δ est la droite joignant deux sommets symétriques par rapport au centre de E.

Exercices d'entraînement

15. Construisez un parallélépipède connaissant deux sommets opposés A et C′ et les demi-droites d'origine A qui portent les côtés issus de A.

16. ABCD est un parallélogramme; A′B′C′D′ sont les images de A, B, C, D par une translation dont le vecteur n'appartient pas au plan (ABCD). Un plan coupe le segment [AA′] en M, le segment [A′D′] en N et le segment [C′D] en P.
Construisez la section du parallélépipède ABCDA′B′C′D′ par le plan (MNP).

17. Construisez un parallélépipède dont vous connaissez trois droites non sécantes et non parallèles, chacune portant un côté.

18. ABCD et ABEF sont deux carrés situés dans des plans perpendiculaires.

a) Démontrez que (FC) est orthogonale à (DB) et à (AE).

b) H et K sont les centres de gravité des triangles ABC et ABF.
Montrez que (HK) est la perpendiculaire commune à (DB) et (AE).

19. P_1 et P_2 sont deux plans sécants; déterminez les plans P tels que pour la réflexion s de plan P on ait

$$s(P_1)=P_2.$$

20. P_1 et P_2 sont deux plans sécants; déterminez les demi-tours d tels que

$$d(P_1)=P_2.$$

Pour les exercices 21 à 23, d_1 et d_2 sont les demi-tours d'axes D_1 et D_2; en les décomposant en réflexions, déterminez $d_2 \circ d_1$.

21. D_1 parallèle à D_2.

22. D_1 perpendiculaire à D_2.

23. D_1 orthogonale à D_2.

24. D_1 et D_2 sont deux droites perpendiculaires; r est la rotation d'axe D_1 et d'angle $\frac{\pi}{2}$ (choisissez l'orientation de votre dessin) et d est le demi-tour d'axe D_2. Déterminez $r \circ d$ et $d \circ r$.

25. D_1, D_2 et D_3 sont trois droites passant par O et d_1, d_2, d_3 les demi-tours d'axes D_1, D_2, D_3.
Trouvez une condition nécessaire et suffisante pour que

$$d_3 \circ d_2 \circ d_1 = id.$$

26. Trouvez le lieu géométrique du symétrique d'un point O par rapport à un plan P qui passe par une droite fixe.

27. Trouvez le lieu géométrique du symétrique d'un point O par rapport à une droite qui varie dans un plan en passant par un point fixe I.

28. A, B, C sont trois points non alignés. A tout point M de l'espace, on associe les points M_1 et M_2 tels que $MABM_1$ et $MACM_2$ soient des parallélogrammes, puis le point M′ tel que MM_1M_2M' soit un parallélogramme.
Identifiez la transformation qui transforme M en M′.

29. S_1 et S_2 sont deux sphères de centre I et de rayons 2 et 3.
Trouvez les homothéties h telles que

$$h(S_1) = S_2.$$

30. S_1 et S_2 sont deux sphères de rayon r et de centres I_1 et I_2 tels que $I_1I_2 = r$. Trouvez les homothéties et la translation qui transforment S_1 en S_2.

31. Un triangle JAB rectangle dans un plan Q a pour longueurs de ces côtés : JA = 5, JB = 3 et AB = 4. Le point I est tel que $\overrightarrow{JI} = \frac{1}{3}\overrightarrow{JA}$. On note P le plan perpendiculaire à Q contenant le côté [AB], S la sphère de centre I et de rayon 3, h l'homothétie de centre J et de rapport 2.
Dessinez dans le plan P les intersections de P avec les sphères S et h(S).

32. On considère dans l'espace quatre points A, B, C, D tels que :

$$AC = AB = BC = BD = AD = a.$$

(a réel positif donné).

1. ***a)*** I étant le milieu du segment [AB], montrez que les droites (IC) et (ID) sont perpendiculaires à la droite (AB).

b) Montrez que IC = ID; exprimez cette longueur en fonction de a.

2. Soit S_1 la réflexion de plan (ABC) et S_2 la réflexion de plan (ABD).

a) Quelle est la nature de la transformation $R = S_1 \circ S_2$?

b) Déterminez en fonction de a la longueur $x = CD$ pour que R soit une rotation d'angle plat.

(Bac C)

33. Dans l'espace, on considère trois points non alignés A, B, C et un point O. On désigne par G l'isobarycentre des points A, B, C. Soit A′, B′, C′ les points définis par les relations

$$\overrightarrow{OA'} = \overrightarrow{OB} + \overrightarrow{OC}, \quad \overrightarrow{OB'} = \overrightarrow{OC} + \overrightarrow{OA},$$
$$\overrightarrow{OC'} = \overrightarrow{OA} + \overrightarrow{OB}.$$

1. Montrez que les segments [AA′], [BB′] [CC′] ont le même milieu I et calculez $\overrightarrow{OI}$ en fonction de $\overrightarrow{OG}$.

2. On se propose de retrouver les résultats de la question **1.** en utilisant des transformations convenables.

a) Soit A_1, B_1, C_1 les milieux respectifs des segments [BC], [CA], [AB].
Montrez qu'il existe une homothétie f de centre G et une seule transformant A en A_1, B en B_1, C en C_1; précisez le rapport de f.

b) Montrez qu'il existe une homothétie g de centre O et une seule transformant A_1 en A′, B_1 en B′, C_1 en C′; précisez le rapport de g.

c) Déterminez la nature de $g \circ f$; concluez.

(Bac E partiel)

34. Sections du cube
On donne un cube ABCDA′B′C′D′ (voir figure page 280). L'arête mesure a; on donne un réel b positif et $b < a$. Un sommet étant choisi (par exemple C), on considère les trois points situés à une distance b de C sur les demi-droites d'origine C portant les côtés du cube. On coupe le cube par le plan P, passant par ces trois points et on supprime la partie du cube située du même côté de P que le point C.
Dans chacun des cas proposés :

1. dessinez ce qui reste du cube après l'opération effectuée avec le point A;

2. dessinez ce qui reste après les mêmes opérations effectuées aux points A′ et B′;

3. dessinez ce qui reste après les mêmes opérations effectuées aux huit sommets;

4. calculez le volume du solide restant.

a) *Premier cas :* $b = \frac{a}{3}$.

b) *Deuxième cas :* $b = \frac{a}{2}$.

c) *Troisième cas :* $b = a$.

CORRIGÉ DES EXERCICES

Chapitre 1

4. $(1+i)(1-2i) = 1+i-2i-2i^2 = 3-i.$

11. $\dfrac{3-4i}{7+5i} = \dfrac{(3-4i)(7-5i)}{49+25} = \dfrac{1-43i}{74}.$

15. Par soustraction, $4z = 4+4i$ soit $z = 1+i$. En reportant dans la deuxième égalité $z' = 2-i$.

21. $z = \dfrac{\sqrt{2}}{\sqrt{2}\, e^{-i\frac{\pi}{4}}} = e^{i\frac{\pi}{4}}.$

25. Comme $1+\cos\theta = 2\cos^2\dfrac{\theta}{2}$ et $\sin\theta = 2\cos\dfrac{\theta}{2}\sin\dfrac{\theta}{2}$ on a

$$z = 2\cos\frac{\theta}{2}\left(\cos\frac{\theta}{2} + i\sin\frac{\theta}{2}\right) = 2\cos\frac{\theta}{2}\, e^{i\frac{\theta}{2}}.$$

D'où $z^n = 2^n \cos^n\dfrac{\theta}{2}\, e^{in\frac{\theta}{2}}$. Remarquez que ce calcul est possible bien qu'on ne soit pas certain que $2\cos\dfrac{\theta}{2}\, e^{i\frac{\theta}{2}}$ soit une forme trigonométrique de z $\left(\cos\dfrac{\theta}{2}\right.$ est peut être négatif ou nul$\left.\right)$.

27. $z = (\sqrt{2}\, e^{\frac{3i\pi}{4}})^3\, e^{\frac{3i\pi}{4}} = 2\sqrt{2}\, e^{3i\pi} (= -2\sqrt{2}).$

31. $\left\{\dfrac{5}{2} + i\dfrac{\sqrt{11}}{2},\ \dfrac{5}{2} - i\dfrac{\sqrt{11}}{2}\right\}.$

36. $f(\theta) = 2\sqrt{3}\cos\left(\theta + \dfrac{\pi}{6}\right).$

38. On écrit $3+4i = 5\left(\dfrac{3}{5} + \dfrac{4}{5}i\right)$.

Comme $\left|\dfrac{3}{5} + \dfrac{4}{5}i\right| = 1$ on sait qu'il existe $\varphi \in]-\pi;\ \pi]$ tel que

$$e^{i\varphi} = \frac{3}{5} + \frac{4}{5}i.$$

Contrairement à l'exemple précédent φ n'est pas « remarquable ». On voit que $\varphi \in \left[0;\ \dfrac{\pi}{2}\right]$ et la calculatrice nous donne $\varphi \simeq 0{,}93$ (rd). Alors $f(\theta) = 5\cos(\theta - \varphi)$.

40. Si A est le point d'affixe 4 et B celui d'affixe $-2i$, il s'agit de trouver l'ensemble des points M tels que AM = BM...

45. Le module de la « somme » est strictement supérieur à la somme $(1+1)$ des modules.

48. Les termes constants des polynômes complexes sont 2 dans le membre de gauche et

$$-(1+i)(2-i) \neq 2$$

dans le membre de droite.

Chapitre 2

2. Remarquez que l'écriture

$$1^2 + 2^2 + 3^2 + \ldots + p^2$$

est très ambiguë pour $p < 4$. Pour $p = 1$ on a $1^2 = \dfrac{1}{6}(1\times 2\times 3)$. Supposons que pour $q \geqslant 1$, on ait

$$1^2 + 2^2 + \ldots + q^2 = \frac{1}{6}q(q+1)(2q+1)$$

alors on a

$$\begin{aligned}1^2 + 2^2 + \ldots + q^2 + (q+1)^2 &= (q+1)\left[\frac{1}{6}q(2q+1) + (q+1)\right]\\ &= \frac{(q+1)}{6}(2q^2+7q+6)\\ &= \frac{1}{6}(q+1)(q+2)\big(2(q+1)+1\big).\end{aligned}$$

6. Il s'agit de savoir si la condition $x_n \geqslant 2$ est vraie quand x_n est défini; cela permet alors de définir x_{n+1}. Or le calcul des termes montre que x_1 et x_2 existe mais que $x_2 < 2$ et x_3 n'est pas défini.

7. On montre sans difficultés que si x_n est défini, il est inférieur à 2.

10. $f_n(x) = \sqrt{x^2+n}.$

11. La démonstration « si P_m est vraie, alors P_{m+1} est vraie » est valable pour $m \geqslant 2$; mais on ne peut pas « passer » de 1 à 2.
Et on ne peut pas démontrer que P_m est vrai pour tout $n \geqslant 2$, car P_2 est fausse.

Chapitre 3

5. D'après le rappel page 50, il vient

$$\begin{aligned}\operatorname{card}\big((A\cup B)\cup C\big) &= \operatorname{card}(A\cup B) + \operatorname{card} C\\ &\quad - \operatorname{card}\big((A\cup B)\cap C\big);\end{aligned}$$

comme

$$(A\cup B)\cap C = (A\cap C)\cup(B\cap C)$$

(voir execice 1) on a

$$\begin{aligned}\operatorname{card}\big((A\cup B)\cap C\big) &= \operatorname{card}(A\cap C) + \operatorname{card}(B\cap C)\\ &\quad - \operatorname{card}\big((A\cap B)\cap(B\cap C)\big).\end{aligned}$$

On termine en remarquant que $(A\cap B)\cap(B\cap C) = A\cap B\cap C$.

6. Il s'agit de dénombrer les parties non vides de l'ensemble des six personnes; il y en a $2^6 - 1 = 63$.

8. Fabriquer un tel *mot* c'est fabriquer un quadruplet de lettres de l'ensemble $\{a, b, c, d, e\}$, lettres non nécessairement distinctes. Réponse : $5^4 = 625$.

10. Il paraît être sous-entendu que les élèves s'asseoient sur les chaises et un seul par chaise. Il s'agit de dénombrer les 27-uplets (puis 30-uplets) d'élèves deux à deux distincts. Réponses :

$$A_{30}^{27} \simeq 4{,}421 \times 10^{31};$$
$$30! \simeq 2{,}653 \times 10^{32};\ 0.$$

12. Tout cela pour faire dénombrer les groupes de 4 personnes parmi 22. Réponse : $C_{22}^4 = 7\,315$. D'ici là l'orchestre aura changé...

15. On pose $a = 1$, $b = -1$ dans la formule du développement de $(a+b)^n$. La réponse est 0 si $n \geqslant 1$.

Chapitre 4

1. Le nombre total de mains possibles est C_{32}^8. Il y a C_8^3 façons de grouper trois cœurs; pour chacune il y a le même nombre de façons de grouper 5 cartes qui ne sont pas des cœurs; ce dernier nombre est C_{24}^5; d'où $p = \dfrac{C_8^3 \times C_{24}^5}{C_{32}^8}$; terminez en donnant une approximation de p à 0,01 près.

6. A chaque événement élémentaire de somme paire on peut associer celui dont les numéros sont les *complémentaires à 7* des numéros sortis (ce sont les numéros portés par les faces situées au contact avec la table). On établit ainsi une bijection entre deux parties complémentaires de l'ensemble de tous les résultats possibles : celle formée des « événements à somme paire » et celle formée des « événements à somme impaire ». Ces deux parties complémentaires ont donc le même nombre d'éléments c'est-à-dire la moitié du nombre total d'éléments; $p=\frac{1}{2}$.

8. Le nombre total de cas est 6^3; le nombre de cas favorables est 3^3, $p=\frac{1}{8}$.

Chapitre 6

1. -10.

5. Pas de solution.

6. 0 et -4.

10. 5.

14. Pour $\alpha=-\frac{\pi}{3}$, construisez un triangle équilatéral ABC *de sens indirect*, puis son cercle circonscrit; ne conservez que l'arc $\overset{\frown}{ACB}$.

Chapitre 7

2. $\vec{u}\cdot\vec{v}=-1$,
$\vec{u}\cdot\vec{w}=1$,
$\vec{v}\cdot\vec{w}=-6$
(remarquez que $\vec{w}=-\vec{v}$).

7. $\vec{u}\,'=\frac{1}{\sqrt{3}}\vec{u}$,
$\vec{v}\,'=\frac{1}{\sqrt{2}}(\vec{i}-\vec{k})$,
$\vec{w}\,'=\frac{1}{\sqrt{6}}(\vec{i}-2\vec{j}+\vec{k})$.

9. $(x-2)^2+(y+1)^2+(z-3)^2=16$.

12. $I(1;\,-2;\,3)$; $R=\sqrt{14}$.

15. On peut diviser les coefficients par 2. Réponse : milieu de [BC].

18. I est l'isobarycentre de A, B, C, D; il est donc le milieu de [EF], [GH] et [JK] et le barycentre de (D, 1), (L, 3) si L désigne le centre de gravité du triangle ABC.

20. $x=-2+2t,\ y=3-t,\ z=5-t$.

23. $x=-1+3u,\ y=u+2v,\ z=1+v$ et $x-3y+6z=5$.

28. $\frac{9}{\sqrt{5}}$.

32. $\frac{1}{\sqrt{2}}$.

34. Dans un repère d'axes D et Δ, I a pour coordonnées $(a;\,b)$; les points cherchés ont donc pour coordonnées $(2a;\,0)$ et $(0;\,2b)$.

Chapitre 8

3. Oui (regardez le bonhomme d'Ampère ou passez par le repère négatif $(O;\,\vec{i},\,\vec{k},\,\vec{j})$).

5. Oui (assurez-vous que c'est bien un **repère**).

7. Non (attention à la **norme** des vecteurs!)

11. $2\vec{i}-2\vec{j}+\vec{k}$.

13. $\frac{1}{3}\vec{i}-\frac{2}{3}\vec{k}$.

19. $\vec{w}$ est orthogonal à $\vec{u}$ et $\vec{v}$, car il est colinéaire à $\vec{u}\wedge\vec{v}$ qui n'est pas nul.

21. $\vec{t}=(\vec{u}\cdot\vec{u})\vec{v}$.

22. Et même $\vec{w}=\vec{0}$!

24. Inutile de chercher B.
Réponse : $\sqrt{\frac{29}{5}}$.

26. 0 (A, B, M alignés).

37. A(4; 3; 0), $\vec{u}$ (1; 3; 1).

Chapitre 9

8. La symétrie centrale s de centre I transforme A en B; B appartient donc à la droite symétrique de D par rapport à I. (Regardez aussi l'exercice 34, ch. 7).

Chapitre 10

1. $f(z)=z+2-i$.

3. $f(z)=-2z+6-9i$.

6. $f(z)=iz-1-3i$.

10. Homothétie de rapport -2 et de centre $\left(-1;\,\frac{2}{3}\right)$.

14. Rotation d'angle $-\frac{\pi}{2}$ et de centre (1; 2).

Chapitre 11

2. Homothétie de centre I et de rapport $\frac{3}{2}$; I est tel que $\overrightarrow{BI}=3\overrightarrow{BA}$.

4. Homothétie de centre J et de rapport -3. J est tel que

$$\overrightarrow{AJ}=\frac{5}{8}\overrightarrow{AB}.$$

6. Homothétie de rapport -1; l'image de A est A′ milieu de [AB]; le centre de h est donc le milieu de [AA′].

9. $z'=-3z+4-4i$;
$z''=-\frac{1}{3}z'+\frac{8}{3}+\frac{4}{3}i$;
$z''=z+\frac{4}{3}+\frac{8}{3}i$.

Chapitre 12

2. Translation de vecteur $2\overrightarrow{AD}$.

6. Il s'agit de décomposer f en deux réflexions la deuxième étant g : $f=g\circ h$ où h est la réflexion d'axe (AB).

9. Réflexion d'axe (OB).

10. $z'=iz+1-3i$; $z''=z'+1-i$;
$z''=iz+2-4i$; rotation d'angle $\frac{\pi}{2}$ et de centre $I(3-i)$.

15. f a pour axe la parallèle à (BD) passant par A.

Chapitre 14

2. ***a)*** $f=g$, $f(A)=A$, $f(B)=C$, $f(A)f(B)f(C)f(D)$ est un carré de sens direct.

b) $z'=(1+i)z-i$.

c) $Z'=(1+i)Z+1-i$.
(Remarque : utilisez l'image de O).

5. ***b)*** $z'=-2iz+1-2i$;
$z''=-2iz+1+4i$.

c) $Z'=-2iZ+3-i$;
$Z''=-2iZ-3+5i$.

8. ***b)*** Similitudes de rapport 2 et d'angle $\frac{\pi}{3}$.

c) Le centre de g est O.

9. f et g sont des rotations d'angle $\frac{4\pi}{3}$; le centre de f est O' symétrique de O par rapport à (BC); le centre de g est O'' symétrique de O' par rapport à C.

12. Similitudes directes de centre le point d'affixe -2, de rapports $\sqrt{2}$ et $\frac{1}{\sqrt{2}}$, d'angles $\frac{\pi}{4}$ et $-\frac{\pi}{4}$.

16. f est une similitude directe de centre I(i) et de rapport 5; l'angle α n'est pas «remarquable»; il est déterminé par

$$\cos\alpha = \frac{3}{5} \text{ et } \sin\alpha = \frac{4}{5}.$$

19. Rapport : $\frac{\sqrt{2}}{2}$; angle : $+\frac{3\pi}{4}$.

Pour trouver le centre géométriquement voyez T.P.1. p. 236; pour le trouver analytiquement choisissez un repère simple et cherchez la forme complexe de la similitude.

22. La forme complexe est

$$z' = -\left(\frac{8+9i}{5}\right)z + 1 + i.$$

Le centre a pour affixe $\frac{11+2i}{25}$; le rapport est $\sqrt{\frac{29}{5}}$, l'angle α est tel que

$$\cos\alpha = -\frac{8}{\sqrt{145}},\ \sin\alpha = -\frac{9}{\sqrt{145}}$$

en degrés $\alpha \simeq -132$.

24. $z' = (1+i\sqrt{3})z + \sqrt{3}$; rapport 2, angle $\frac{\pi}{3}$, centre d'affixe i.

Chapitre 15

5. Tracez un cercle de centre F et de rayon R; pour obtenir la longueur $R\sqrt{2}$, contruisez un carré de côté R; tracez les parallèles à D situées à $R\sqrt{2}$ de D. Si elles ne coupent pas le cercle recommencez en augmentant R.

9. $y = \frac{x^2}{4} - \frac{x}{2} + \frac{13}{4}$.

11. *1re méthode :* L'équation est équivalente à $(y-1)^2 = 2\times 2(x+3)$, ce qui suggère un changement de repère.

2e méthode : L'équation est équivalente à $(x+2)^2 + (y-1)^2 = (x+4)^2$, ce qui donne directement foyer et directrice.

16. Si K est le projeté orthogonal de F sur D, les sommets S_1 et S_2 sont tels que $\overrightarrow{FS_1} = \frac{5}{9}\overrightarrow{FK}$ et $\overrightarrow{FS_2} = 5\overrightarrow{FK}$; le milieu O de $[S_1S_2]$ est tel que $\overrightarrow{FO} = \frac{25}{9}\overrightarrow{FK}$. On choisit donc un repère d'origine O tel que F ait pour coordonnées (25; 0) et D pour équation $x = 16$. Dans ce repère l'équation est

$$\frac{x^2}{(20)^2} - \frac{y^2}{(15)^2} = 1.$$

20. L'équation réduite est

$$\frac{x^2}{\left(\frac{1}{2}\right)^2} - \frac{y^2}{\left(\frac{1}{3}\right)^2} = 1.$$

C'est une hyperbole d'axe focal Ox, de centre O, de foyers $F\left(\frac{\sqrt{13}}{6}; 0\right)$ et $F'\left(-\frac{\sqrt{13}}{6}; 0\right)$, de directrices associées D : $x = \frac{3\sqrt{13}}{26}$ et D' : $x = -\frac{3\sqrt{13}}{26}$; d'excentricité $\frac{\sqrt{13}}{3}$ et d'asymptote Δ : $y = \frac{2}{3}x$

et Δ' : $y = -\frac{2}{3}x$.

EXERCICES ET PROBLÈMES D'ENTRAINEMENT AU BACCALAURÉAT

EXERCICES

Dénombrement
Probabilités

EXERCICE 1

E est un ensemble ayant n éléments ($n \geqslant 1$). On dit que deux parties A et B de E réalisent un recouvrement de E lorsque $A \cup B = E$; l'ensemble $\{A, B\}$ est alors un recouvrement de E.

a) A est une partie donnée de E. Combien l'équation $A \cup X = E$ admet-elle de solutions dans $\mathscr{P}(E)$?

b) Combien existe-t-il de couples (A; B) de parties de E telles que $A \cup B = E$?

c) Combien existe-t-il de recouvrements distincts de E par deux parties? par deux parties non vides?

EXERCICE 2

Une urne contient n jetons numérotés de 1 à n. On effectue k tirages successifs, sans remise, et on note le numéro inscrit sur chaque jeton tiré. On obtient ainsi une suite de k nombres.

a) Déterminez le nombre de suites possibles.

b) Déterminez le nombre de suites strictement croissantes possibles.

EXERCICE 3

a) Combien existe-t-il de multiples de 4 compris entre 1 et 100? de nombres du type $4k+1$? du type $4k+2$? du type $4k+3$? où k est un entier.
Combien existe-t-il de paires $\{x, y\}$ de nombres entiers compris entre 1 et 100, tels que $x+y$ soit divisible par 4?

b) Combien existe-t-il d'ensembles $\{x, y, z\}$ à 3 éléments x, y et z étant des entiers compris entre 1 et 1000 et tels que $x+y+z$ soit divisible par 3?

Indication : les éléments d'un ensemble sont distincts deux à deux.

EXERCICE 4

a) Combien y a-t-il de multiples de 5 compris entre 1 et 100? de multiples de 25? de multiples de 2? de multiples de 4?

b) Quel est le nombre de zéros qui terminent l'écriture de 100! dans le système décimal?

EXERCICE 5

$(u_n)_{n \in \mathbb{N}}$ est une suite arithmétique de premier terme u_0, de raison r.
k est un entier naturel; on pose :

$$A_k = \sum_{p=0}^{n} (C_n^p)^k, \quad B_k = \sum_{p=0}^{n} u_p (C_n^p)^k.$$

a) Démontrez que :

$$B_k = \sum_{p=0}^{n} u_{n-p} (C_n^p)^k.$$

Déduisez-en que :

$$2B_k = (2u_0 + nr)\, A_k.$$

b) Calculez A_0, A_1, B_0, B_1.

c) En calculant le coefficient de x^n de deux façons dans $(1+x)^{2n}$, démontrez que :

$$C_{2n}^n = \sum_{p=0}^{n} (C_n^p)^2.$$

Déduisez-en B_2.

EXERCICE 6

Un damier carré est constitué de 9 cases. On place 3 jetons *indiscernables* sur 3 cases du damier.
De combien de façons peut-on répartir ces jetons :

a) sur une même rangée?

b) sachant qu'il n'y a pas deux jetons sur une même rangée?

c) sachant qu'il y a deux jetons exactement sur une seule rangée?

EXERCICE 7

Au comptoir d'un bar sont alignés 7 tabourets.

a) De combien de façons 3 personnes peuvent-elles s'asseoir au bar?

b) De combien de façons 3 personnes peuvent-elles s'asseoir au bar sachant que deux d'entre elles ne sont pas côte à côte?

EXERCICE 8

Un groupe de 24 personnes comprend 14 hommes et 10 femmes.
On choisit au hasard n personnes parmi ces 24, avec $2 \leqslant n \leqslant 10$.

a) Quelle est la probabilité pour que ce groupe de n personnes comporte au moins 1 homme et 1 femme?

b) Quelle est la plus petite valeur que l'on peut donner à n pour que cette probabilité soit supérieure à $\frac{9}{10}$?

Nombres complexes

Pour tous les exercices de cette rubrique on choisit un repère orthonormé direct $(O; \vec{u}, \vec{v})$, et on représente les nombres complexes selon les conventions habituelles.

EXERCICE 9

z désigne un nombre complexe distinct de 1. On pose

$$Z = \frac{1+z}{1-z}.$$

1. Résolvez dans $\mathbb{C}$ l'équation : $\frac{1+z}{1-z} = z$.

2. On pose $z = e^{i\theta}$ avec $\theta \in]0; 2\pi[$. Calculez Z en fonction de θ.

3. Déduisez-en l'ensemble des points M d'affixe Z tels que $|z| = 1$ (et $z \neq 1$).

4. Calculez

$$\frac{Z-i}{Z+i} : \frac{z-i}{z+i}.$$

Retrouvez alors géométriquement le résultat de la question **3.**

5. Démontrez qu'on définit une suite de nombres complexes par la donnée de u_0 dans $\mathbb{C} - \{0; 1; -1\}$ et, pour tout naturel n :

$$u_{n+1} = \frac{1+u_n}{1-u_n}.$$

Démontrez que cette suite est périodique.
Pour quelles valeurs de u_0 cette suite est-elle constante?

6. On pose $\varphi(z) = \frac{1+z}{1-z}$ et pour z_1 dans $\mathbb{C} - \{0; 1; -1\}$, on pose

$$z_2 = \varphi(z_1), \quad z_3 = \varphi(z_2),$$
$$z_4 = \varphi(z_3), \quad z_5 = \varphi(z_4).$$

a) Calculez $z_1 z_3$, $z_2 z_4$, $(z_1 + z_3)(z_2 + z_4)$.

b) On pose $z_1 + z_2 + z_3 + z_4 = a$.
Développez et réduisez :

$$(z - z_1)(z - z_2)(z - z_3)(z - z_4)$$

puis exprimez le résultat en fonction de a.

c) Démontrez que les parties imaginaires de z_1, z_2, z_3 et z_4 sont de même signe.
Que peut-on dire de z_1, z_2, z_3, z_4 si a est réel?

d) Supposons que a soit un réel.
Démontrez que le polynôme P défini par :

$$P(x) = x^4 - ax^3 - 6x^2 + ax + 1$$

admet quatre racines réelles distinctes.

EXERCICE 10

z est un nombre complexe distinct de $\frac{5}{4}$. On pose :

$$Z = z\,\frac{5z-4}{5-4z}.$$

m est le point d'affixe z, M celui d'affixe Z, U celui d'affixe 1, m_1 celui d'affixe $5z-4$, m_2 celui d'affixe $5-4z$.

a) Démontrez que les points U, m, m_1 et m_2 sont alignés.

b) On suppose $z \neq 0$.

μ est le point d'affixe $\frac{1}{z}$ et A celui d'affixe $\frac{4}{5}$.
Démontrez qu'il existe une similitude plane directe de centre O, qui transforme m_2 en m et m_1 en M; puis qu'il existe une similitude plane directe qui transforme A en O, μ en U et m en M.

c) Quel est l'ensemble des points m tels que Z soit réel.

Indication : on pourra démontrer l'équivalence des propriétés suivantes,

- Z est réel.
- $z = 0$ ou A, μ et m sont alignés.

d) Quel est l'ensemble des points M tels que :

$$|Z| = |z|?$$

EXERCICE 11

A et B sont les points d'affixes 1 et -1, m et M sont les points d'affixes z et Z tels que :

$$z^2 + Z^2 = 1.$$

a) On suppose que m est distinct de O. En remarquant que $z^2 = (1-Z)(1+Z)$, démontrez que la droite (Om) est parallèle à la bissectrice de l'angle $(\overrightarrow{MA}, \overrightarrow{BM})$.

Indication : on rappelle que I appartient à la bissectrice de l'angle $(\overrightarrow{AB}, \overrightarrow{AC})$ si et seulement si $(\overrightarrow{AB}, \overrightarrow{AI}) = (\overrightarrow{AI}, \overrightarrow{AC})$.

b) On pose $u = z + iZ$, $v = z - iZ$, $u' = Z + iz$ et $v' = Z - iz$.

Calculez $\frac{u}{v'}$ et $\frac{v}{u'}$.

C, D, C′, D′ sont les points d'affixes u, v, u' et v'. Démontrez que les droites (OC) et (OD′) sont perpendiculaires, ainsi que les droites (OD) et (OC′).

c) En évaluant $(MA+MB)^2$, $(mA+mB)^2$ et $(OC+OD)^2$, démontrez que :

$$MA+MB=mA+mB=OC+OD.$$

EXERCICE 12

f est l'application qui, à chaque point M d'affixe z associe le point M′ d'affixe

$$z'=\frac{z}{1+|z|}.$$

1. Existe-t-il des points invariants par f? Existe-t-il des points distincts ayant même image par f?
Démontrez que quel que soit le point M du plan, M′ appartient au segment [OM].

2. g est la fonction définie sur ℝ par :

$$g(x)=\frac{x}{1+|x|}.$$

a) Étudiez et représentez graphiquement g.

b) Quelle est l'image de ℝ par g? celle de $[0; +\infty[$? Si M et N sont deux points d'affixes réelles, quelle est l'image par f du segment [MN]?

3. Si le point N de E a pour affixe Z, calculez l'affixe z de M tel que $f(M)=N$.

EXERCICE 13

I désigne le point d'affixe $-\frac{1}{2}$.
Par la suite, $\Gamma(A, r)$ désigne le cercle de centre A, de rayon r.
f est l'application qui, à chaque point M d'affixe z, associe le point M′ d'affixe $z'=z^2+z$.

1. Quel est l'ensemble des points invariants par f?

2. Vérifiez que l'on a $f(M)=f(N)$ si et seulement si $M=N$ où M est l'image de N par une symétrie centrale à préciser.

3. Quelle est l'image par f du point d'affixe $1+i$? Déduisez-en l'ensemble des points dont l'image par f est le point d'affixe $1+i$.

4. *a)* Soit un réel $r>0$.
Quelle est l'image par f du cercle $\Gamma(I, r)$?

b) J désigne le point d'affixe $-\frac{1}{4}$.
Déterminez r pour que le cercle $\Gamma(I, r)$ soit tangent intérieurement au cercle $\Gamma(J, r^2)$.
Déduisez de cela qu'il existe un réel r_0 tel que, pour tout point M du cercle $\Gamma(I, r)$ avec $r \geqslant r_0$, on ait $IM' \geqslant IM$.

5. ***a)*** M est un point de coordonnées $(x; y)$; on note $(x'; y')$ celles de M′ image de M par f.
Exprimez x' et y' en fonction de x et y.

b) Construisez l'image par f de la droite d'équation $y=0$.

c) Construisez l'ensemble des points dont les images par f appartiennent à la droite d'équation $y=0$.

d) Construisez l'image par f de la droite d'équation $y=x$.

e) Construisez l'image par f de la droite d'équation $y=x+1$. Pouviez-vous prévoir le résultat?

f) Tracez la courbe $\mathcal{C}$ d'équation

$$x^2-y^2+x+1=0.$$

Construisez l'image de $\mathcal{C}$ par f.

g) Construisez les ensembles de points dont les coordonnées $(x; y)$ sont telles que :

$$H: \quad -1<x<0 \quad \text{et} \quad y^2<x^2+x+1$$
$$P: \quad -1<x<0 \quad \text{et} \quad y^2+x<0.$$

Démontrez que $f(H)$ est inclus dans P. A-t-on $f(H)=P$?

EXERCICE 14

z est un nombre complexe. On note M son image et on pose :

$$Z'=\frac{1}{2}(z+i\bar{z}), \qquad Z''=\frac{1}{2}(z-i\bar{z}).$$

1. ***a)*** Déterminez le module de Z′ et celui de Z″.

b) Quand Z′ et Z″ ne sont pas nuls, donnez un argument de chacun d'eux.

c) Démontrez que les images M′ et M″ de Z′ et Z″ sont les projetés orthogonaux de M sur les bissectrices des angles formés par les axes de coordonnées.

2. H est l'ensemble des points M tels que :

$$z^2+\bar{z}^2=2a^2$$

où a est un réel positif donné.
Identifiez et construisez H; puis calculez l'aire du triangle OM′M″.

EXERCICE 15

On considère les points A(−1; 0) et A′(1; 0), ainsi que le cercle C de centre O et de rayon 1.
On considère deux points P et P′ du cercle C, symétriques par rapport à la droite (AA′).
On appelle θ une mesure de l'angle $(\vec{u}, \overrightarrow{OP})$ et on suppose $\theta \neq k\pi$ $(k \in \mathbb{Z})$.

1. On appelle I le point d'intersection des droites (AP) et (A′P′) quand il existe.
Calculez les coordonnées de I en fonction de θ.

2. On appelle H l'ensemble des points I quand θ prend toutes les valeurs possibles.

a) Donnez une équation cartésienne de H.

b) Représentez H et précisez ses éléments géométriques.

3. On désigne par z l'affixe du point I. Calculez $(z-1)(z+1)$.
Déduisez de cela que les bissectrices des angles formés par le couple de droites (IA, IA′) sont parallèles aux bissectrices des axes de coordonnées.

EXERCICE 16

On vous propose de résoudre, dans $\mathbb{C}$, l'équation **(1)** d'inconnue z :

$$z^4 - 4(\cos a \cos b)z^3 + 2(1 + \cos 2a + \cos 2b)z^2 - 4(\cos a \cos b)z + 1 = 0$$

où a et b sont deux réels donnés.

1. Démontrez qu'en posant $u = z + \frac{1}{z}$ on peut ramener la résolution de l'équation **(1)** à celle de deux équations du second degré.

2. Résolvez l'équation **(1)** en donnant, en fonction de a et b, une forme trigonométrique de chacune des solutions et placez les images de ces solutions.

Angles
Points cocycliques

EXERCICE 17

OAB est un triangle isocèle avec OA = OB. M est un point du cercle circonscrit au triangle OAB. La droite (OM) coupe la droite (AB) en P.

a) Démontrez que l'on a :

$$(\overrightarrow{MA}, \overrightarrow{MP}) = (\overrightarrow{AO}, \overrightarrow{AP})$$

ou $$(\overrightarrow{MA}, \overrightarrow{MP}) = (\overrightarrow{AO}, \overrightarrow{AP}) + \pi$$

(c'est-à-dire que : $2(\overrightarrow{MA}, \overrightarrow{MP}) = 2(\overrightarrow{AO}, \overrightarrow{AP})$).

b) Déduisez-en que la droite (AO) est tangente en A au cercle circonscrit au triangle AMP.

Indication : voir **T. P. 2** page 116.

EXERCICE 18

ABC est un triangle; H désigne l'orthocentre de ce triangle; I, J, K sont les pieds des hauteurs issues respectivement de A, B et C. Démontrez que les hauteurs du triangle ABC sont des bissectrices du triangle IJK.

Indications : faire deux figures, sur l'une H est à l'intérieur du triangle ABC, sur l'autre il est à l'extérieur.
Par ailleurs vous pourrez remarquer qu'un point L appartient à l'une des **bissectrices** du couple de droites (MN, MP), si et seulement si $2(\overrightarrow{MN}, \overrightarrow{ML}) = 2(\overrightarrow{ML}, \overrightarrow{MP})$.

EXERCICE 19

OAB est un triangle isocèle, OA = OB; α est une mesure en radians de l'angle $(\overrightarrow{OA}, \overrightarrow{OB})$; H est l'orthocentre du triangle OAB; I, J, K sont les pieds des hauteurs issues respectivement de O, A, B.
Δ est une droite variable passant par O; M et N sont les projetés orthogonaux de A et B sur Δ.

a) Quel est l'ensemble des points M lorsque Δ tourne autour de O? Quel est l'ensemble des points N?

b) Démontrez qu'une mesure de l'angle $(\overrightarrow{IM}, \overrightarrow{IN})$ est soit $-\alpha$, soit $-\alpha + \pi$ (autrement dit que $2(\overrightarrow{IM}, \overrightarrow{IN}) = 2(\overrightarrow{OB}, \overrightarrow{OA})$).

c) Donnez une mesure de chacun des angles suivants : $(\overrightarrow{AM}, \overrightarrow{KN})$, $(\overrightarrow{BN}, \overrightarrow{JM})$, $(\overrightarrow{IA}, \overrightarrow{IK})$ et $(\overrightarrow{IB}, \overrightarrow{IJ})$.

Indication : vous pouvez remarquer que les points A, K, O sont alignés, que les droites (AM) et (BN) sont parallèles et que les points K, O, N, B sont sur un même cercle.

d) Les droites (AM) et (KN) se coupent en P; les droites (BN) et (JM) se coupent en Q. Démontrez que les points A, I, K, P d'une part et B, I, J, Q d'autre part sont cocycliques.

e) Quel est l'ensemble des points P lorsque Δ tourne autour de O? Quel est l'ensemble des points Q?

Outil vectoriel
Produit vectoriel

EXERCICE 20

ABC est un triangle qui n'est pas équilatéral; G est son centre de gravité; H est son orthocentre et O est le centre de son cercle circonscrit (on note R le rayon de ce cercle).

1. P est un point du plan, démontrez la relation **(1)** :

$$PA^2 + PB^2 + PC^2 = 3PG^2 + GA^2 + GB^2 + GC^2.$$

2. *a)* Démontrez que : $\overrightarrow{OH} = 3\overrightarrow{OG}$.

Indication : vous pourrez démontrer que

$$\overrightarrow{OH} = \overrightarrow{OA} + \overrightarrow{OB} + \overrightarrow{OC}$$

ou considérer l'homothétie de centre G de rapport $-\frac{1}{2}$.

b) M est un point de la droite (OH), on pose :

$$\overrightarrow{MO} = k\overrightarrow{OG}.$$

En appliquant la relation **(1)** au point O et au point M, démontrez que :

$$MA^2 + MB^2 + MC^2 - 3k(k+2)OG^2 = 3R^2.$$

c) Déduisez-en que :

$$HA^2 + HB^2 + HC^2 - HO^2 = 3R^2$$

et $$G'A^2 + G'B^2 + G'C^2 = 3R^2$$

où G′ est le symétrique de O par rapport à G.

EXERCICE 21

OAB est un triangle rectangle en O avec $OA = 3a$, $OB = 4a$ (où $a > 0$).

1. α est un réel donné.

a) Déterminez l'ensemble E_α des points M du plan tels que :

$$\alpha MO^2 + MA^2 + MB^2 = 25a^2.$$

b) On désigne par $\mathcal{E}$ l'ensemble des réels α pour lesquels E_α est un cercle (on note Ω_α le centre de ce cercle).

Quel est l'ensemble des points Ω_α lorsque α décrit $\mathcal{E}$?

c) Le point O est sur E_α. Lorsque E_α est un cercle, démontrez que la tangente Δ en O à E_α est indépendante de α; caractérisez Δ.

d) F est un point de Δ, distinct de O. Par F, on mène les tangentes au cercle E_α, l'une d'elles est (FO), l'autre est tangente à E_α en T_α.
Quel est l'ensemble des points T_α lorsque α décrit $\mathcal{E}$?

2. Déterminez les ensembles des points M tels que :

a) $MO^2 + MA^2 + MB^2 = 25a^2$.

b) $4\,MA = 3\,MB$.

c) $\begin{cases} MO^2 + MA^2 + MB^2 = 25a^2 \\ 4\,MA = 3\,MB. \end{cases}$

EXERCICE 22

1. A, B, C, D sont quatre points du plan.

a) G_1 est le barycentre de (A; 2), (B; 1) et G_2 le barycentre de (C; 1) et (D; 2).
M est un point du plan.

- Que pouvez-vous dire du vecteur
$$2\overrightarrow{MA} + \overrightarrow{MB} - \overrightarrow{MC} - 2\overrightarrow{MD}\ ?$$
- Démontrez que ce vecteur est colinéaire au vecteur $\overrightarrow{G_2G_1}$.
- Placez le point S tel que
$$\overrightarrow{G_2S} = 2\overrightarrow{MA} + \overrightarrow{MB} - \overrightarrow{MC} - 2\overrightarrow{MD}.$$

b) Quel est l'ensemble des points M tels que :
$$2MA^2 + MB^2 - MC^2 - 2MD^2 = 2G_1A^2 + G_1B^2 - G_2C^2 - 2G_2D^2?$$
Construisez cet ensemble.

2. $A_1, A_2, \ldots, A_n$ sont n points (n naturel et $n \geqslant 3$), affectés des masses $a_1, \ldots, a_n$ avec
$$a_1 + a_2 + \ldots + a_n = 0.$$
On sépare ces points en deux familles ayant chacune un barycentre; on notera G et H ces barycentres.
Démontrez que l'on a l'une ou l'autre des deux situations suivantes, quelle que soit la façon dont on forme les familles :

a) G et H sont confondus;

b) la droite (GH) a une direction fixe.

EXERCICE 23

$(O; \vec{i}, \vec{j})$ est un repère orthonormé du plan. On pose :
$$\overrightarrow{OA} = \vec{i} \quad \text{et} \quad \overrightarrow{OB} = \vec{j}.$$
λ est un réel donné.
G, s'il existe, est le barycentre des points massifs (A, $2-\lambda$), (B, $2\lambda - 1$), (O, -1).

1. Pour quelles valeurs de λ le point G existe-t-il? Lorsque G existe, trouvez ses coordonnées et déterminez l'ensemble des points G lorsque λ varie.

2. On fixe $\lambda = 1$. On note G_1 le barycentre correspondant.
Déterminez l'ensemble des points M du plan tels que
$$(\overrightarrow{MA} + \overrightarrow{MB} - \overrightarrow{MO})\cdot\overrightarrow{AB} = 0.$$

3. λ étant fixé et quelconque, déterminez l'ensemble des points M tels que :
$$((2-\lambda)\overrightarrow{MA} + (2\lambda - 1)\overrightarrow{MB} - \overrightarrow{MO})\cdot\overrightarrow{AB} = 0.$$
Vous discuterez selon les valeurs de λ et vous donnerez une solution géométrique et une solution analytique au problème.

EXERCICE 24

1. $\vec{U}$ et $\vec{W}$ sont deux vecteurs de l'espace. Vérifiez la relation **(1)** :
$$(\vec{U} \wedge \vec{W}) \wedge \vec{W} = (\vec{U}\cdot\vec{W})\vec{W} - \|\vec{W}\|^2\vec{U}.$$
Indication : considérez une base orthonormée directe telle que les coordonnées de $\vec{U}$ soient $(a;\ 0;\ 0)$ et celles de $\vec{W}$ $(b;\ c;\ 0)$.

2. On suppose que $\vec{V}$ et $\vec{W}$ sont deux vecteurs donnés et orthogonaux.

a) Démontrez, en utilisant la relation **(1)**, qu'il existe un seul vecteur $\vec{U}_0$ orthogonal à $\vec{W}$, tel que :
$$\vec{U}_0 \wedge \vec{W} = \vec{V}.$$

b) Déduisez-en que l'ensemble des vecteurs $\vec{U}$ tels que $\vec{U} \wedge \vec{W} = \vec{V}$, est défini par
$$\vec{U} = \vec{U}_0 + \lambda\vec{W},$$
où λ décrit $\mathbb{R}$.

EXERCICE 25

$(O; \vec{i}, \vec{j}, \vec{k})$ est un repère orthonormé direct de l'espace. On considère les points A(1; 1; 2) et B(2; −1; 0).

1. Démontrez que l'ensemble des points $M(x;\ y;\ z)$ tels que $\overrightarrow{OA} \wedge (\overrightarrow{OB} \wedge \overrightarrow{OM}) = \vec{0}$ est une droite que vous préciserez.

2. Retrouvez ce résultat par des considérations géométriques.

Étude de configurations Transformations planes

EXERCICE 26

A. $\mathcal{C}$ et $\mathcal{C}'$ sont deux cercles de même rayon, de centres O et O′, sécants en R et S. Un cercle variable Γ de centre R coupe $\mathcal{C}$ en P et Q et $\mathcal{C}'$ en deux autres points.
Démontrez que l'on peut noter P′ et Q′ les points d'intersection de $\mathcal{C}'$ et Γ de sorte que :
$$(\overrightarrow{RP}, \overrightarrow{RP'}) = (\overrightarrow{RQ}, \overrightarrow{RQ'}) = \theta,$$
où θ est indépendant du cercle de centre R choisi.
Démontrez que la droite (PP′) passe par S.

B. 1. ABC est un triangle; r_A est la rotation de centre A, d'angle $2(\overrightarrow{AC}, \overrightarrow{AB})$.
r_B est la rotation de centre B, d'angle $2(\overrightarrow{BA}, \overrightarrow{BC})$.
r_C est la rotation de centre C, d'angle $2(\overrightarrow{CB}, \overrightarrow{CA})$.
Pourquoi la composée $r_C \circ r_B \circ r_A$ est-elle l'identité du plan?

2. M est un point du plan, M_1 est l'image de M par r_B, M_2 celle de M_1 par r_C.
Quel est l'antécédent de M par r_A?

a) Évaluez $2(\overrightarrow{MM_2}, \overrightarrow{MM_1})$ en fonction de $(\overrightarrow{MA}, \overrightarrow{MB})$.

b) Quel est l'ensemble γ des points M tels que M, M_1 et M_2 soient alignés?
Précisez cet ensemble de points par rapport au cercle circonscrit au triangle ABC.

c) Quel est l'ensemble des points M_1 lorsque M, M_1 et M_2 sont alignés? Quel est l'ensemble des points M_2?

d) Démontrez que la droite contenant les points M, M_1 et M_2 passe par un point fixe lorsque M décrit γ.

Indication : on pourra utiliser la partie **A.**

EXERCICE 27

[AB] est un segment de longueur a, M est un point variable de ce segment.
On construit d'un même côté de la droite (AB) les triangles équilatéraux PAM et QMB; C est le point d'intersection des droites (AP) et (BQ); I est le milieu de [AC] et J celui de [BC].

1. Quel est l'ensemble des milieux O de [PQ] lorsque M décrit le segment [AB]?

2. Démontrez qu'il existe une rotation qui transforme P en Q et I en J.
Déduisez-en que la médiatrice de [PQ] passe par un point fixe F.
Que représente F pour le triangle ABC?
Quel est le centre du cercle circonscrit au triangle MPQ?

3. K désigne le centre du cercle circonscrit au triangle PQC. Quel est l'ensemble des points K lorsque M décrit le segment [AB]?

4. Construisez les points P et Q dans chacun des cas suivants :

a) on connaît la direction de la droite (PQ);

b) on connaît la longueur du segment [PQ].

EXERCICE 28

[AB] est un segment de longueur $2a$; M est un point variable de ce segment.
D'un même côté de la droite (AB), on construit les carrés AMCD et MBEF de centres respectifs I et J.

1. *a)* Quel est l'ensemble des points I lorsque M décrit [AB]? l'ensemble des points J?

b) Les droites (AE) et (MC) se coupent en P.
Démontrez que les droites (BD) et (IJ) contiennent P et que

$$PM^2 = \overline{PF} \times \overline{PC}.$$

2. O est le milieu de [AB]. On choisit un repère orthonormé $(O; \vec{i}, \vec{j})$ tel que $\overrightarrow{OB} = a\vec{i}$.
Démontrez que P décrit un arc de parabole Γ lorsque M décrit [AB]. Précisez les éléments géométriques de cette parabole.

3. ω est le point commun aux droites (AC) et (BF).

a) Démontrez que les points ω, I, J, M et O sont sur un même cercle.

b) Démontrez que J se déduit de I par une rotation de centre O, d'angle droit.

c) Déduisez alors que la droite (IJ) est tangente en P à la parabole Γ.

EXERCICE 29

D et Δ sont deux droites perpendiculaires en O.
P et P′ sont deux points de D tels que

$$\overline{OP} = -2\overline{OP'}.$$

Un point I, variable, est équidistant de P et P′, les droites (IP) et (IP′) coupent Δ en A et A′ respectivement.
ω et ω' sont les centres des cercles circonscrits $\mathcal{C}$ et $\mathcal{C}'$ aux triangles PAO et PA′O.

1. *a)* Démontrez que le quadrilatère $O\omega I\omega'$ est un parallélogramme.

Indication : vous pourrez considérer l'homothétie de centre P qui transforme O en P′.

b) Démontrez que l'un des centres d'homothétie des deux cercles $\mathcal{C}$ et $\mathcal{C}'$ est fixe; trouvez le lieu géométrique de l'autre centre d'homothétie lorsque I varie sur la médiatrice de [PP′].

Indication : vous pouvez démontrer qu'une homothétie qui transforme le cercle $\mathcal{C}$ en le cercle $\mathcal{C}'$ transforme P en O et O en P′ et que l'autre transforme A en O et O en A′.

2. Les cercles $\mathcal{C}$ et $\mathcal{C}'$ se coupent en O et M.

a) Quel est le lieu géométrique de M quand I varie?

b) Démontrez que les points I, A, A′, M sont sur un même cercle.

3. Démontrez que le cercle de diamètre [AA′] reste tangent à deux droites fixes lorsque I varie.

Indication : vous pouvez d'abord démontrer que l'homothétie de centre O qui transforme A en A′ est indépendante de la position de I.

EXERCICE 30

On choisit dans le plan un repère orthonormé direct $(O; \vec{i}, \vec{j})$. On considère les points A(1; 0), B(0; 1) et C(1; 1). I est le centre du

carré OACB, K est le milieu de [IC] et J le milieu de [IA].
L est le milieu de [AC].
Démontrez qu'il existe une similitude plane directe et une seule qui transforme le carré OACB en le carré IJLK (les points O, A, C, B ayant respectivement pour images I, J, L et K).
Donnez les éléments caractéristiques de cette similitude.

EXERCICE 31

a est un réel strictement positif.
On donne deux points A et B, avec $AB = 2a$.
D et Δ sont deux droites perpendiculaires en A.

1. Construisez un cercle Γ passant par B et tangent à D et Δ.
Combien y a-t-il de solutions? Vérifiez que ces points appartiennent à deux paraboles que vous préciserez.

2. Quand D et Δ tournent autour de A, quel est :

a) l'ensemble des centres des cercles Γ?

b) les ensembles des points de contact M et N de Γ avec D et Δ?

EXERCICE 32

Deux **cercles** sont dits **orthogonaux** si les rayons issus d'un point d'intersection sont perpendiculaires, autrement dit si les tangentes en un de leurs points d'intersection sont perpendiculaires.

1. $\mathcal{C}$ est un cercle de centre O, de rayon R. B est un point donné.
Quel est le lieu géométrique des centres des cercles Γ orthogonaux à $\mathcal{C}$ et passant par B?

2. a est un réel strictement positif.
A et B sont deux points donnés, avec $AB = 2a$.
O est le milieu de [AB].
$\mathcal{C}$ est un cercle de centre C tangent en A à (AB). Construisez le cercle $\mathcal{C}'$, de centre D, tangent en B à (AB), orthogonal au cercle $\mathcal{C}$.
Quelle relation existe-t-il entre les rayons R et R′ des cercles $\mathcal{C}$ et $\mathcal{C}'$, et la distance AB?

EXERCICE 33

1. $\mathcal{C}$ est un cercle de centre O, de rayon R; M est un point du plan.
Une droite passant par M coupe $\mathcal{C}$ en P et Q.
Démontrez que l'on a $\overrightarrow{MP} \cdot \overrightarrow{MQ} = MO^2 - R^2$.
Le réel $\overline{MP} \times \overline{MQ}$ est donc indépendant de la sécante au cercle issue de M.

2. Δ est une droite, O est un point qui n'appartient pas à Δ, et k est un réel donné.
Un point M se projette orthogonalement en P sur Δ.
Démontrez que l'ensemble des points M tels que $MP^2 - MO^2 = k$ est une parabole.

3. [AB] est un segment donné. Un point P décrit la perpendiculaire en A à [AB]. La perpendiculaire en P à (AP) et la perpendiculaire menée de A à (BP) se coupent en M.

a) Démontrez que le cercle de centre M, rayon MP est orthogonal au cercle de diamètre AB.

Indications : voir exercice **32,** la définition de deux cercles orthogonaux; H étant le point commun à (AM) et à (BP), on pourra évaluer de deux façons différentes le produit scalaire $\overrightarrow{MH} \cdot \overrightarrow{MA}$.

b) Quel est l'ensemble des points M lorsque P varie?

EXERCICE 34

Le plan est muni du repère orthonormé $(O; \vec{i}, \vec{j})$.
Γ est la parabole d'équation $y^2 = 2px$.
$M_0(x_0; y_0)$ est un point de cette parabole, distinct de O.

1. ***a)*** Démontrez qu'une équation de la tangente T en M_0 à Γ est

$$yy_0 = p(x + x_0).$$

b) La tangente T en M_0 à Γ coupe la directrice de Γ en A.
Calculez les coordonnées de A.

c) D est la perpendiculaire à T en A.
Démontrez que D est tangente à la parabole en un point que vous préciserez.

2. $M_1(0; y_1)$ et $M_2(0; y_2)$ sont deux points de l'axe $(O; \vec{j})$ distincts de O.

a) Donnez des équations des tangentes à Γ, autres que la droite $(O; \vec{j})$, issues des points M_1 et M_2.

b) Ces tangentes se coupent en P.
Calculez les coordonnées de P.

c) Quel est l'ensemble décrit par l'orthocentre du triangle PM_1M_2 lorsque M_1 et M_2 se déplacent sur $(O; \vec{j})$? Quel est l'ensemble des points P lorsque M_1 et M_2 se déplacent sur $(O; \vec{j})$ de telle sorte que le milieu de $[M_1M_2]$ reste fixe?

EXERCICE 35

E est une ellipse d'équation $\frac{x^2}{a^2} + \frac{y^2}{b^2} = 1$ (avec $a > b$) dans le repère orthonormé direct $(O; \vec{i}, \vec{j})$.
M_0 désigne un point de E n'appartenant pas à l'axe focal.

1. En considérant l'une ou l'autre de deux fonctions

$$x \longmapsto \frac{b}{a}\sqrt{a^2 - x^2}$$

ou

$$x \longmapsto -\frac{b}{a}\sqrt{a^2 - x^2},$$

démontrez qu'une équation de la tangente à E en M_0 est :

$$\frac{xx_0}{a^2} + \frac{yy_0}{b^2} = 1.$$

2. On pose $c = \sqrt{a^2 - b^2}$ et on considère les foyers $F(-c; 0)$ et $F'(c; 0)$ de E.

a) Démontrez que

$$M_0F = a + \frac{cx_0}{a} \quad \text{et} \quad M_0F' = a - \frac{cx_0}{a}.$$

b) On pose

$$\vec{u} = \frac{\overrightarrow{M_0F}}{M_0F} \quad \text{et} \quad \vec{u}\,' = \frac{\overrightarrow{M_0F'}}{M_0F'}.$$

On désigne par $\vec{T}$ un vecteur directeur de la tangente en M_0 à Γ.

Démontrez que : $(\vec{u} + \vec{u}\,') \cdot \vec{T} = 0$.

Déduisez-en que la tangente en M_0 à E est bissectrice extérieure du triangle FM_0F'.

3. On désigne par D la directrice associée au foyer F et par D′ celle qui est associée à F′.

a) La tangente en M_0 à E coupe D en T.

Démontrez que : $\overrightarrow{FM} \cdot \overrightarrow{FT} = 0$.

Déduisez-en une construction géométrique simple de cette tangente.

b) La tangente en M_0 à E coupe D en T et D′ en T′; les droites (FT) et (F′T′) se coupent en I.
Que pouvez-vous dire du triangle TIT′?

Géométrie dans l'espace

EXERCICE 36

ABC est un triangle équilatéral dont la longueur du côté est a. Sur la perpendiculaire en A au plan (ABC). On place un point D tel que $AD = 2a$. Les points E et F sont tels que $\overrightarrow{AE} = \frac{1}{3}\overrightarrow{AB}$ et $\overrightarrow{BF} = \frac{1}{3}\overrightarrow{BC}$.

Q est le plan perpendiculaire au plan (ABC) et contenant la droite (EF).

a) Précisez la section du tétraèdre ABCD par ce plan Q.

b) Calculez en fonction de a l'aire de cette section.

c) Déduisez-en la distance de E au plan (BCD).

EXERCICE 37

ABC est un triangle rectangle en C.
S est un point variable de la perpendiculaire au plan (ABC) passant par A.

1. Démontrez que les faces du tétraèdre SABC sont des triangles rectangles.

2. (AD) est hauteur du triangle SAB avec D sur (BS).
(AF) est hauteur du triangle SAC avec F sur (SC).
Quels sont les lieux géométriques des points D et F lorsque S varie?

3. Démontrez que :

a) (AF) est perpendiculaire au plan (SBC);

b) (DF) est perpendiculaire à (SB) et (AF);

c) (DF) passe par un point fixe de (BC).

d) les points A, B, C, D, F sont sur une même sphère dont on précisera le centre.

EXERCICE 38

ABC est un triangle isocèle avec $AB = AC$, $BC = 4a$ et $AH = a$, où H est le pied de la hauteur issue de A.
Δ est la perpendiculaire passant par A au plan (ABC).

a) Déterminez sur Δ un point D tel que le triangle DBC soit rectangle.

b) Calculez le volume et l'aire totale du tétraèdre ABCD.

c) Un plan P parallèle au plan (ABC), coupe le segment [AD] en P et découpe dans le tétraèdre un tronc de pyramide.
Calculez le volume V de ce tronc de pyramide en fonction de a et $x = AP$.

4. Déterminez x pour que l'on ait : $V = \frac{5}{9}x^3$.

EXERCICE 39

ABCD est un tétraèdre dont le centre de gravité est G (le centre de gravité du tétraèdre est l'isobarycentre des points A, B, C, D). On se propose de démontrer qu'il existe exactement trois plans contenant G et qui coupent le tétraèdre selon un parallélogramme.

a) Citez trois plans contenant G et coupant le tétraèdre selon un parallélogramme.

2. Un plan P coupe [AB] en M, [AC] en N, [CD] en Q et [BD] en R, MNQR étant un parallélogramme.
I et J désignent les milieux respectifs de [BC] et [AD].
Démontrez que le centre O du parallélogramme MNQR appartient à la droite (IJ).
Déduisez-en qu'il existe un seul plan parallèle au plan P et coupant le tétraèdre selon un parallélogramme.

3. Concluez.

4. Que pouvez-vous dire du tétraèdre ABCD si ces parallélogrammes sont des carrés?

EXERCICE 40

D_1 et D_2 sont deux droites de l'espace.
On se propose de déterminer les droites Δ telles que le demi-tour d'axe Δ, conserve chacune des droites D_1 et D_2 ou les échange.
On dira alors que Δ est axe de symétrie de $D_1 \cup D_2$.

1. D est une droite de l'espace.

a) Démontrez que D est globalement invariante par le demi-tour d'axe Δ si et seulement si Δ est confondue avec D ou perpendiculaire à D (c'est-à-dire orthogonale et sécante à D).

b) Démontrez que l'image de D par le demi-tour d'axe Δ est une droite parallèle à D si et seulement si Δ et D sont deux droites parallèles ou orthogonales.

c) Déterminez les droites Δ telles que l'image d'une droite D par le demi-tour d'axe Δ soit une droite sécante à D.

2. D_1 et D_2 sont deux droites parallèles. Déterminez les axes de symétrie de $D_1 \cup D_2$.

3. D_1 et D_2 sont deux droites sécantes. Déterminez les axes de symétrie de $D_1 \cup D_2$.

4. D_1 et D_2 sont deux droites non coplanaires.

a) Démontrez qu'il existe une seule direction de droite, orthogonale à D_1 et à D_2.
Déduisez-en qu'il existe une seule droite perpendiculaire à D_1 et à D_2, on l'appelle la perpendiculaire commune à D_1 et D_2. On désigne par A_1 et A_2 les points d'intersection de cette perpendiculaire commune avec D_1 et D_2 respectivement.

b) O est le milieu de $[A_1A_2]$, d_1 et d_2 sont les parallèles à D_1 et D_2 passant par O. X et Y sont les bissectrices du couple de droites $(d_1; d_2)$. Démontrez que les demi-tours d'axe X et Y échangent D_1 et D_2.

c) Déterminez les axes de symétrie de $D_1 \cup D_2$.

EXERCICE 41

A, B, A′, B′ sont quatre points de l'espace tels que $AB = A'B'$.
On se propose d'étudier les rotations qui transforment A en A′ et B en B′.

1. A quelle condition existe-t-il une translation transformant A en A′ et B en B′?

2. A quelle condition existe-t-il une réflexion de plan P transformant A en A′ et B en B′? Dans la suite de cette question, on suppose la condition réalisée.

a) Supposons : $\overrightarrow{AB} = \overrightarrow{A'B'}$.
Démontrez qu'il existe une infinité de rotations de l'espace transformant A en A′ et B en B′ et que les axes de ces rotations sont coplanaires et parallèles.

b) Supposons $\overrightarrow{AB} \neq \overrightarrow{A'B'}$.
Démontrez qu'il existe une infinité de rotations de l'espace transformant A en A′ et B en B′ et que les axes de ces rotations sont coplanaires et concourants.

3. On suppose qu'il n'existe pas de translation ni de réflexion de plan P transformant A en A′ et B en B′.
Démontrez qu'il existe une seule rotation de l'espace transformant A en A′ et B en B′. On pourra d'abord supposer que les points A, B, A′, B′ sont coplanaires.

EXERCICE 42

ABCD est un rectangle avec $AB = a$, $AD = b$. Δ et Δ' sont les perpendiculaires au plan (ABCD) menées par C et D.
M et N sont des points variables de Δ et Δ' respectivement, tels que les droites (AN) et (BM) soient orthogonales.
M peut-il être en C? N peut-il être en D?

1. Point de vue géométrique

a) Démontrez que la droite (BM) est perpendiculaire au plan (ABN) et que la droite (AN) est perpendiculaire au plan (ABM).

b) Déduisez-en que le tétraèdre ABMN a pour faces des triangles rectangles.

c) I est le milieu de [MN].
Démontrez que I appartient à une droite fixe Δ_0 que l'on précisera.

d) J est un point de Δ_0.
Démontrez que la sphère de centre J qui passe par A coupe Δ en deux points, on désigne par M l'un de ces points. N est le symétrique de M par rapport à J.
Démontrez que les droites (AN) et (BM) sont orthogonales.

e) Quel est le lieu géométrique du point I lorsque M et N varient?

2. Point de vue analytique

On considère un repère orthonormé $(A; \vec{i}, \vec{j}, \vec{k})$ tel que

$$\overrightarrow{AB} = a\vec{i} \quad \text{et} \quad \overrightarrow{AD} = b\vec{j}.$$

a) On désigne par t la cote du point M (c'est-à-dire la coordonnée de M relative à $\vec{k}$). Précisez les coordonnées de M et celles de N.

b) Déterminez une équation cartésienne du plan (ABN) et vérifiez que la droite (BM) est perpendiculaire à ce plan.

c) Calculez les coordonnées du milieu I de [MN]. Retrouvez le résultat de la question **1.*d*)**.

PROBLÈMES

PROBLÈME 1

Nombres complexes
Racines $n^{ième}$ de l'unité

1. Résolvez dans $\mathbb{C}$ l'équation $z^5 = 1$.

2. ***a)*** Soit θ un élément de $]-\pi; \pi[$.
Exprimez en fonction de θ la solution de l'équation : $$\frac{1-iz}{1+iz} = e^{i\theta}.$$

b) Résolvez dans $\mathbb{C}$ l'équation :
$$\left(\frac{1-iz}{1+iz}\right)^5 = 1.$$

c) Développez et ordonnez l'expression
$$(1-iz)^5 - (1+iz)^5$$
puis résolvez l'équation
$$(1-iz)^5 - (1+iz)^5 = 0.$$
Déduisez alors la valeur de $\tan \frac{\pi}{5}$.

3. On pose $z_0 = e^{2\frac{\pi}{5}}$, $\alpha = z_0 + z_0^4$ et $\beta = z_0^2 + z_0^3$.

a) Démontrez : $1 + z_0 + z_0^2 + z_0^3 + z_0^4 = 0$.
Déduisez-en que α et β sont les solutions de l'équation : $$X^2 + X - 1 = 0. \qquad \textbf{(1)}$$
Déterminez α en fonction de $\cos \frac{2\pi}{5}$.
Résolvez l'équation **(1)** et donnez la valeur de $\cos \frac{2\pi}{5}$.

b) A_0, A_1, A_2, A_3, A_4 sont les points d'affixes respectives 1, z_0, z_0^2, z_0^3 et z_0^4 dans le repère orthonormé direct $(O; \vec{u}, \vec{v})$ H est le point d'intersection de la droite (A_1A_4) avec l'axe des abscisses.
Démontrez que : $\overline{OH} = \cos \frac{2\pi}{5}$.
I est le point d'affixe $-\frac{1}{2}$ et B le point d'affixe i. Le cercle de centre I et passant par B coupe l'axe des abscisses en M et N, M étant le point d'abscisse positive.
Démontrez que : $\overline{OM} = \alpha$, $\overline{ON} = \beta$ et M est le milieu du segment [OH].

c) Déduisez-en une construction géométrique simple d'un pentagone régulier convexe dont on connaît le centre et un sommet.

PROBLÈME 2

Nombres complexes
Courbes définies paramétriquement

$(O; \vec{u}, \vec{v})$ est un repère orthonormé direct; A est le point de coordonnées (1; 0).
$\mathcal{C}$ est le cercle de centre O et de rayon 1.
A tout point de coordonnées $(x; y)$, on associe son affixe z égale à $x + iy$ où i est le nombre complexe de module 1 et d'argument $\frac{\pi}{2}$.
f est l'application de $\mathbb{C}$ dans lui-même définie par : $$f(z) = 2z - z^2.$$
F est l'application qui, à tout point m d'affixe z, associe le point M d'affixe Z égale à $f(z)$.
On prendra 3 cm pour unité de longueur.
Le but de ce problème est d'étudier l'image $\mathcal{K}$ du cercle $\mathcal{C}$ par F.

A. m est un point du cercle $\mathcal{C}$ d'affixe z et M son image par F.

1. ***a)*** m_1 et m_2 sont les points d'affixes respectives z^2 et $2z$.
Quels sont les modules de z, $2z$ et z^2?
Donnez les arguments de $2z$ et z^2 en fonction de celui de z.

b) Montrez que le quadrilatère Om_1m_2M est un parallélogramme.

c) Déduisez-en une construction géométrique simple de M à partir de m.

2. Montrez que A et M sont symétriques orthogonalement par rapport à la tangente T en m au cercle $\mathcal{C}$.
Déduisez-en une autre construction de M à partir de m.

N. B. : vous veillerez à faire deux figures distinctes accompagnées d'une courte explication du tracé effectué.

B. e^{it} avec $t \in [-\pi; \pi]$ est l'affixe d'un point m de $\mathcal{C}$.

1. Calculez $f(e^{it})$ et déduisez-en que l'image $\mathcal{K}$ de $\mathcal{C}$ par F est la courbe paramétrée :
$$\begin{cases} X(t) = 2\cos t - \cos 2t \\ Y(t) = 2\sin t - \sin 2t \end{cases} \qquad (t \in [-\pi; \pi]).$$

2. Montrez que les points d'affixes $f(e^{it})$ et $f(e^{-it})$ sont symétriques par rapport à l'axe des abscisses. Qu'en déduit-on pour $\mathcal{K}$?
Étudiez sur l'intervalle $[0; \pi]$ les variations des fonctions X et Y de la variable t.

3. ***a)*** Montrez que si t est différent de 0, la tangente à $\mathcal{K}$ au point M de paramètre t admet un vecteur directeur de coordonnées :
$$\left(\cos \frac{3t}{2}; \sin \frac{3t}{2}\right).$$
On admettra que ce résultat est encore valable quand t est nul.

b) Montrez que le vecteur $\overrightarrow{mM}$ est orthogonal à la tangente à $\mathcal{K}$ en M.

4. Construisez les points de $\mathcal{K}$ où la tangente est parallèle aux axes de coordonnées.

5. Tracez $\mathcal{K}$.

PROBLÈME 3

Nombres complexes
Produit scalaire
Hyperbole
Courbe paramétrée

$(O; \vec{u}, \vec{v})$ est un repère orthonormé direct. z désigne un nombre complexe.
On pose

$$f(z) = z^3 + 4(1-i)z^2 - 2(2+7i)z - 16 + 8i$$

et $g(z) = z^3 + 2 - 2i$.

A. 1. *a*) Déterminez le module et un argument de chacun des nombres complexes z solutions de l'équation $g(z) = 0$.

***b*)** Représentez les points dont les affixes sont les nombres trouvés et démontrez que ces points forment un triangle équilatéral.

2. Démontrez qu'il existe un et un seul réel r, que l'on déterminera, qui vérifie $f(r) = 0$. Déterminez alors les complexes a et b tels que l'on ait, pour tout complexe z

$$f(z) = (z - r)(z^2 + az + b).$$

3. *a*) Mettez le trinôme $z^2 - 4iz - 4 + 2i$ sous forme canonique.

***b*)** Résolvez l'équation $z^2 = -2i$.

***c*)** Déduisez-en les solutions de l'équation $f(z) = 0$. Représentez les points dont les affixes sont les nombres trouvés et démontrez que ces points forment un triangle rectangle.

4. A, B, C sont les points dont les affixes respectives sont $-1 + 3i$, $1 + i$ et -4. Déterminez l'affixe du barycentre G des points massifs (A; 4), (B; 3), (C; 5).

5. h est l'application qui à tout point M, associe le réel :

$$h(M) = \overrightarrow{MA} \cdot \overrightarrow{MB} + 2\overrightarrow{MB} \cdot \overrightarrow{MC} + 3\overrightarrow{MC} \cdot \overrightarrow{MA}.$$

Calculez $h(C)$.
Exprimez $h(M)$ en fonction de MG^2 et $h(G)$.
Déterminez alors l'ensemble des points M tels que $h(M) = 18$.

B. A tout point M du plan, d'affixe z, on associe le point M′ d'affixe

$$z' = f(z) - g(z).$$

1. Exprimez les coordonnées $(x'; y')$ de M′ en fonction des coordonnées $(x; y)$ de M.

2. Les points A, B, C sont ceux qui ont été définis à la question **A-4.**

Donnez une équation cartésienne de l'ensemble H_1 des points M tels que O, B et M′ soient alignés.
Vérifiez que H_1 est une hyperbole dont on précisera le centre et les asymptotes.

3. Donnez une équation de l'ensemble H_2 des points M tels que O, I et M′ soient alignés, où I est le centre de gravité du triangle ABC.
Vérifiez que H_2 est une hyperbole dont on précisera le centre et les asymptotes : on pourra donner une équation de H_2 sous la forme $y = \varphi(x)$.

4. Construisez H_1 et H_2 dans le repère $(O; \vec{u}, \vec{v})$.

C. Un mobile a son affixe $z(t)$ donnée en fonction de t par :

$$z(t) = f(ti) + 10 - 6i$$

quand t décrit l'intervalle [0; 2] de $\mathbb{R}$.
On notera $M(t)$ le point correspondant à l'instant t.

1. Déterminez les coordonnées $(x(t); y(t))$ de $M(t)$ et les coordonnées de son vecteur vitesse à l'instant t.

2. Indiquez le tableau de variation des fonctions $t \longmapsto x(t)$ et $t \longmapsto y(t)$.

3. Construisez les points de la trajectoire du mobile correspondant aux valeurs 0, $\frac{1}{2}$, $\frac{2}{3}$, 1, $\frac{7}{4}$, 2 de t, et un vecteur directeur des tangentes à la trajectoire pour les valeurs 0, $\frac{2}{3}$, $\frac{7}{4}$ et 2 de t.

4. Déduisez-en la construction de la trajectoire du mobile lorsque t décrit [0; 2] en indiquant le sens de parcours.

PROBLÈME 4

Nombres complexes
Étude d'une fonction

$(O; \vec{e}_1, \vec{e}_2)$ est un repère orthonormé du plan. A tout point m de coordonnées $(x; y)$, on associe le nombre complexe $z = x + iy$ affixe du point m et à tout complexe $z = x + iy$, on associe le point de coordonnées $(x; y)$ image du complexe z.
u est un complexe dont la partie réelle est égale à 1; on pose $u = 1 + ik$ avec $k \in \mathbb{R}$.

A. 1. On désigne par S_u l'application du plan dans lui-même qui à m d'affixe z associe le point m' d'affixe z' telle que $z' = uz$.
Précisez la nature de cette application S_u.
Montrez que les vecteurs $\overrightarrow{Om}$ et $\overrightarrow{mm'}$ sont orthogonaux.

2. u et u' sont deux complexes dont la partie réelle est égale à 1,

$$u = 1 + ik \text{ et } u' = 1 + ik'.$$

On désigne par M le point d'affixe $Z = uu'$.
Construisez M quand les points K et K′ d'affixes u et u' sont donnés avec $u \neq u'$.
Calculez les coordonnées (X; Y) de M en fonction de k et k'.
Quel est l'ensemble D des points M lorsque k est fixé et k' décrit $\mathbb{R}$?
Quel est l'ensemble C des points M lorsque k et k' sont égaux et décrivent $\mathbb{R}$?
Démontrez que D et C sont tangents.

B. u étant toujours un complexe dont la partie réelle est égale à 1 ($u = 1 + ik$), on considère les nombres u^n $(n \in \mathbb{N})$ et leurs images, P_n.

1. On pose $k = \tan \varphi$ $\left(\text{avec } -\frac{\pi}{2} < \varphi < \frac{\pi}{2}\right)$.
Calculez les coordonnées de P_n en fonction de n et de φ.

2. On désigne par Γ_n l'ensemble des points P_n lorsque φ varie.
Déterminez les coordonnées d'un vecteur directeur de la tangente Δ_n à T_n en P_n.
Démontrez que, pour une même valeur de φ, les droites (OP_n) et Δ_{n+1} sont perpendiculaires. Construisez Γ_1 et Γ_2.

3. Déterminez une équation cartésienne de Γ_3.
Étudiez les variations et construisez la représentation graphique de la fonction f définie sur $]-\infty; 1]$ par

$$f(x) = \frac{8+x}{3}\sqrt{\frac{1-x}{3}}.$$

On précisera en particulier les tangentes aux points d'abscisses 1 et -8.
Déduisez-en le tracé de Γ_3.

PROBLÈME 5

Nombres complexes
Hyperbole
Étude d'une fonction
Points cocycliques

$(O; \vec{i}, \vec{j})$ est un repère orthonormé direct du plan; l'unité de longueur est 4 cm; A est le point de coordonnées (1; 0).
Pour tout ensemble E de points, E* désigne E privé du point O.
On se propose d'étudier l'effet d'une transformation ponctuelle sur une hyperbole équilatère.

I. 1. H est la courbe d'équation

$$x^2 - x - y^2 = 0.$$

En utilisant un changement d'origine du repère, déterminez la nature et les éléments géométriques de H. Construisez H.

2. ***a)*** Δ est une droite strictement parallèle à (OA) qui coupe H en M et N.
Démontrez que les triangles OMN et AMN sont rectangles en O et A.

b) Sur une droite strictement parallèle à (OA), on considère les points M et N tels que les triangles OMN et AMN soient rectangles en O et A.
Démontrez que M et N appartiennent à H.

3. Déduisez-en une construction point par point de H.

II. f est l'application qui à chaque point M d'affixe $z \neq 0$ associe le point M′ d'affixe z' tel que $z' = \frac{1}{\bar{z}}$.

1. ***a)*** Démontrez que f est une bijection de P* sur P*.
Si l'image de M par f est M′, quelle est l'image de M′ par f?

b) Déterminez l'ensemble des points invariants par f.

c) M est un point d'affixe z et M′ d'affixe z' son image par f.
Donnez une relation entre les modules de z et z' et comparez les arguments de ces complexes.
Exprimez alors $\overrightarrow{OM'}$ en fonction de $\overrightarrow{OM}$.

d) Construisez l'image de M par f.

Indication : vous pouvez utiliser le théorème de Thalès et le point A.

e) d est une droite passant par O.
Déterminez $f(d^*)$.

2. M_1 et M_2 sont deux points donnés, non alignés avec O, et non invariants par f.
M'_1 et M'_2 sont leurs images respectives par f.

a) Démontrez que les points M_1, M_2, M'_1, M'_2 son cocycliques.

b) Déduisez-en que l'image d'une droite D ne passant pas par O est le cercle de diamètre [OH′] privé de O, H étant le projeté orthogonal de O sur D et H′ son image par f.

c) Quelle est alors l'image par f de $\mathcal{C}^*$ où $\mathcal{C}$ est un cercle passant par O?

3. Sur une parallèle Δ à (OA), distincte de (OA), on considère les points M et N tels que les triangles OMN et AMN soient rectangles en O et A.

a) Étudiez l'image par f du cercle $\mathcal{C}$ (privé de O) passant par O, A, M, N et celle de la droite Δ.

b) Démontrez que M′ et N′ sont des points diamétralement opposés d'un cercle passant par O et tangent à (OA).

4. Déduisez-en une construction géométrique de $f(H - \{O, A\})$.
Construisez un nombre suffisant de points de manière à obtenir l'allure de la courbe.

5. ***a)*** Exprimez les coordonnées de M′ image de M par f en fonction de celles de M.

b) Déterminez une équation cartésienne de $f(H^*)$, notée Γ^*.

6. ***a)*** g est la fonction définie sur $]-1; 1]$ par

$$g(x) = x\sqrt{\frac{1-x}{1+x}}.$$

Étudiez les variations de g et construisez sa courbe représentative dans le repère $(O; \vec{i}, \vec{j})$.

b) Déduisez-en un tracé précis de Γ.

Note : la courbe Γ d'équation

$$x(x^2 + y^2) = x^2 - y^2$$

est appelée **strophoïde droite.**

PROBLÈME 6

Similitudes planes directes
Étude de fonctions

$(O; \vec{i}, \vec{j})$ est un repère orthonormé direct du plan.
On donne les points A(1; 0) et B(−1; 0).
A tout point M du plan de coordonnées $(x; y)$, on associe le nombre complexe $z = x + iy$, affixe de M.

1. T est l'application qui, à tout point M d'affixe z, associe le point M_1 d'affixe z_1 telle que

$$z_1 = iz - (i+1).$$

a) Précisez la nature géométrique de l'application T.

b) Quel est l'ensemble des points M_1 lorsque M décrit le cercle de diamètre [AB]? Construisez cet ensemble.

2. λ est un réel donné, non nul.
T_λ est l'application qui, à tout point M d'affixe z, associe le point M′ barycentre de $(M; \lambda)$, $(M_1; -1)$, $(A; 1)$.

a) Démontrez que l'affixe z' de M′ est telle que :

$$z' = \lambda(1-i)z + \lambda(1+i) + 1.$$

b) Démontrez que T_λ est une similitude directe dont vous donnerez l'affixe du centre, le rapport et l'angle.
Pour quelles valeurs de λ, T_λ est-elle une rotation? Donnez dans ce cas son angle et l'affixe de son centre.

c) Exprimez les coordonnées $(x'; y')$ de M′ en fonction des coordonnées $(x; y)$ de M.
Le nombre λ étant strictement positif, on lui associe le point $P(-\ln\lambda; \ln\lambda)$ et le point $P' = T_\lambda(P)$.
Exprimez les coordonnées de P′ en fonction de λ.
Démontrez que, lorsque λ décrit $\mathbb{R}_+^*$, l'ensemble des points P′ est la courbe $\mathcal{C}$ d'équation :

$$y = 2(x-1)\ln(x-1) + (x-1).$$

3. f est la fonction définie par :

$$\begin{cases} f(x) = 2x\ln x + x & \text{pour } x > 0. \\ f(0) = 0 \end{cases}$$

a) f est-elle dérivable en 0? Que déduisez-vous du résultat?

b) Étudiez la fonction f et précisez le réel $x_0 \neq 0$ tel que $f(x_0) = 0$.

c) Représentez graphiquement f dans le repère $(O; \vec{i}, \vec{j})$, l'unité de longueur étant 10 cm.
Par quelle transformation du plan la courbe $\mathcal{C}$ se déduit-elle de la courbe Γ représentant f?

d) Calculez $I(a) = \int_a^{x_0} (2x\ln x + x)\,dx$,

x_0 étant le réel trouvé dans la question **3. *b)*** et a un réel de l'intervalle $]0; x_0[$.
La fonction $a \longmapsto I(a)$ admet-elle une limite en 0? Déduisez-en l'aire $\mathcal{A}$ du domaine plan limité par la courbe Γ et l'axe $(O; \vec{i})$.
Exprimez $\mathcal{A}$ en cm^2 à 10^{-2} près.

PROBLÈME 7

Translations
Homothéties
Similitudes directes
Barycentres

Note : pour les démonstrations demandées, vous pouvez considérer un repère orthonormé direct et associer à chaque point M son affixe *z*.
Le plan est orienté.
f_1 et f_2 sont deux transformations du plan, α_1 et α_2 sont deux réels tels que $\alpha_1 + \alpha_2 = 1$. On note M_1 le point $f_1(M)$ et M_2 le point $f_2(M)$.
On définit l'application f qui, à tout point M, associe le point $M' = f(M)$, barycentre des points massifs $(M_1; \alpha_1)$, $(M_2; \alpha_2)$.

1. Précisez la nature géométrique de f lorsque f_1 et f_2 sont des translations de vecteurs respectifs $\vec{u}_1$ et $\vec{u}_2$.

2. f_1 et f_2 sont des homothéties de rapports respectifs k_1 et k_2; précisez la nature géométrique de f (discutez suivant les valeurs de k_1 et k_2).

3. f_1 et f_2 sont des similitudes planes directes.

a) Démontrez que f est soit une similitude soit une application constante.

b) Si f_1 et f_2 sont deux similitudes planes directes de même rapport k $(k > 0)$, de même angle θ, de centres respectifs A_1 et A_2, démontrez que f est la similitude de rapport k, d'angle θ, de centre A barycentre des points massifs $(A_1; \alpha_1)$, $(A_2; \alpha_2)$.

4. $A_1B_1C_1D_1$ et $A_2B_2C_2D_2$ sont deux carrés tels que

$$(\overrightarrow{A_1B_1}; \overrightarrow{A_1D_1}) = (\overrightarrow{A_2B_2}; \overrightarrow{A_2D_2}).$$

Démontrez qu'il existe une similitude directe f_2 telle que $A_2 = f_2(A_1)$, $B_2 = f_2(B_1)$, $C_2 = f_2(C_1)$ et $D_2 = f_2(D_1)$.

5. $A_1B_1C_1D_1$ et $A_2B_2C_2D_2$ sont deux carrés tels que

$$(\overrightarrow{A_1B_1}; \overrightarrow{A_1D_1}) = (\overrightarrow{A_2B_2}; \overrightarrow{A_2D_2}).$$

A′, B′, C′, D′ sont les barycentres respectifs des systèmes de points massifs

$$\{(A_1; \alpha_1), (A_2; \alpha_2)\}, \quad \{(B_1; \alpha_1), (B_2; \alpha_2)\},$$
$$\{(C_1; \alpha_1), (C_2; \alpha_2)\}, \quad \{(D_1; \alpha_1), (D_2; \alpha_2)\}.$$

Démontrez que A′B′C′D′ est un carré éventuellement réduit à un point.

PROBLÈME 8

Similitudes directes Courbes paramétrées

Le plan P est orienté.
On considère un triangle direct ABC.
On pose :

$$\alpha = (\overrightarrow{AB}; \overrightarrow{AC}), \quad \beta = (\overrightarrow{BC}; \overrightarrow{BA}),$$
$$\gamma = (\overrightarrow{CA}; \overrightarrow{CB}),$$

où α, β, γ sont compris strictement entre 0 et π.
On pose $BC = a$, $CA = b$ et $AB = c$.
s_A, s_B et s_C sont les similitudes planes directes de centres respectifs A, B et C, d'angles respectifs α, β et γ et de rapports respectifs les réels strictement positifs p, q et r.
I et J sont tels que $B = s_A(I)$ et $J = s_C(B)$.

1. Notons : $h = s_C \circ s_B \circ s_A$.

a) Démontrez que h est une homothétie; précisez son rapport et la position de son centre H par rapport à I et J.

b) Quand h est-elle une symétrie centrale?

c) Déterminez le rapport et le centre de h pour :

$$p = \frac{b}{c}, \quad q = \frac{c}{a} \quad \text{et} \quad r = \frac{a}{b}.$$

2. *Toute la suite du problème obéit à la condition supplémentaire* **(C) : « $p = r = 1$ et le triangle ABC est tel que la droite (IJ) contient B ».**
Calculez β.
Pour quels choix particuliers des données, B est-il le centre de l'homothétie h? le centre de la symétrie centrale h?

3. $\mathcal{O}$ est le cercle circonscrit à ABC et O est son centre. L est le point tel que le triangle ALC soit équilatéral avec $(\overrightarrow{LC}; \overrightarrow{LA}) = \frac{\pi}{3}$.
La droite (IBJ) recoupe $\mathcal{O}$ en K.

a) Donnez une mesure de chacun des angles $(\overrightarrow{OL}; \overrightarrow{OB})$ et $(\overrightarrow{OL}; \overrightarrow{OK})$ en fonction de α.

b) m est un réel donné, $m \neq -1$, M est le barycentre des points massifs (B; 1) et (K; m).
Calculez en fonction de $t = (\overrightarrow{OL}; \overrightarrow{OK})$ les coordonnées de M dans le repère orthonormé direct $(O; \vec{i}, \vec{j})$, avec $\vec{i} = k\overrightarrow{OL}$ et $k > 0$.

4. On considère les triangles ABC directs, vérifiant la condition **(C)**, pour lesquels les points A et C sont fixes.

a) Quel est l'ensemble des points B? des points K?

b) On prend t comme paramètre temps. Quel intervalle J, contenant 0, le réel t peut-il décrire? Calculez les coordonnées du vecteur vitesse $\vec{V}$ de M.

c) Peut-on choisir m de telle sorte qu'à chaque instant la droite (IJ) admette $\vec{V}$ comme vecteur directeur?

PROBLÈME 9

Transformations de l'espace Produit vectoriel

A. r_1 et r_2 sont deux rotations d'axes sécants de l'espace. En considérant chacune de ces rotations comme la composée de deux réflexions par rapport à des plans convenables, démontrez que $r_2 \circ r_1$ est une rotation.

B. L'espace est muni du repère orthonormé direct $(O; \vec{i}, \vec{j}, \vec{k})$.
r_1 est la rotation d'axe $(O; \vec{i})$, d'angle $\frac{\pi}{2}$ et r_2 est la rotation d'axe $(O; \vec{j})$, d'angle $\frac{\pi}{2}$.
Pour tout point M on notera M_1 le point $r_1(M)$, M_2 le point $r_2(M)$ et M′ le point $r_2 \circ r_1(M)$.

1. Si $(x; y; z)$ représente les coordonnées de M, démontrez que les coordonnées $(x_1; y_1; z_1)$ de M_1 sont telles que :

$$x_1 = x, \quad y_1 = -z \quad \text{et} \quad z_1 = y$$

et que les coordonnées $(x_2; y_2; z_2)$ de M_2 sont telles que

$$x_2 = z, \quad y_2 = y \quad \text{et} \quad z_2 = -x.$$

2. Calculez alors les coordonnées de M′.
Déterminez l'ensemble Δ des points invariants par $r_2 \circ r_1$, c'est-à-dire l'axe de la rotation $r_2 \circ r_1$.

3. Donnez une équation cartésienne du plan P passant par O et perpendiculaire à Δ.
M est un point de P, distinct de O.
Vérifiez que M′ appartient à P.
En calculant le produit scalaire $\overrightarrow{OM} \cdot \overrightarrow{OM'}$, donnez la mesure de l'angle géométrique $\widehat{MOM'}$.
La droite Δ étant orientée par le vecteur $\vec{i} + \vec{j} - \vec{k}$, donnez une mesure de l'angle de la rotation $r_2 \circ r_1$ en utilisant le produit vectoriel $\overrightarrow{OM} \wedge \overrightarrow{OM'}$.

4. r est l'application qui, au point $M(x; y; z)$, associe $M'(x'; y'; z')$ tel que :

$$\begin{cases} x' = y \\ y' = -z \\ z' = -x. \end{cases}$$

a) π est le plan d'équation $z = 1$.

• Déterminez l'ensemble H des points M de π tels que $\overrightarrow{OM}$ et $\overrightarrow{OM'}$ soient orthogonaux.

• La courbe H admet un centre de symétrie Ω.
Écrivez une équation de H dans le repère $(\Omega; \vec{i}, \vec{j})$ et indiquez la nature de la courbe H.

b) k est un réel positif.
L_k est l'ensemble des points du plan d'équation $z = 0$ tels que $MM' = k \times OM$.

• Écrivez une équation de L_k dans le repère $(O; \vec{i}, \vec{j})$.

• On pose $x=\lambda \cos\theta$, $y=\lambda \sin\theta$ avec $\lambda \geqslant 0$. Démontrez que si M appartient à L_k et si $\lambda>0$, alors $\sin 2\theta$ s'exprime simplement en fonction de k.

• Déduisez-en, suivant les valeurs de k, la nature géométrique de L_k.

• **Application numérique :** pour $k=\frac{\sqrt{6}}{2}$; calculez les valeurs correspondantes de θ.

PROBLÈME 10

Géométrie dans l'espace
Courbes définies paramétriquement

Σ est l'ensemble des points de l'espace équidistants de deux droites D et D′ non coplanaires et orthogonales.
Les parties **A, B, C** pourront être traitées de façon indépendante.

A. 1. *a)* Donnez la condition nécessaire et suffisante pour qu'une symétrie orthogonale par rapport à un plan (réflexion) s laisse invariante une droite donnée.
Déduisez-en qu'il existe deux symétries orthogonales par rapport à un plan et deux seulement qui laissent simultanément invariantes les droites D et D′ : l'une par rapport au plan passant par D et orthogonal à D′ en B, l'autre par rapport au plan passant par D′ et orthogonal à D en A.

b) Montrez que Σ admet, en particulier, deux plans de symétrie et un axe de symétrie (AB).

2. Montrez que l'intersection de Σ avec l'un quelconque de ses plans de symétrie est une parabole dont on précisera le foyer et la directrice.

B. Dans cette partie, et dans la partie **C,** l'espace est rapporté à un repère orthonormal $(O; \vec{i}, \vec{j}, \vec{k})$.
La droite D passe par le point A de coordonnées (0; 0; 1) et admet comme vecteur directeur $\vec{u}$ tel que :

$$\vec{u}=\vec{i}+\vec{j}.$$

La droite D′ passe par le point B de coordonnées (0; 0; −1) et admet comme vecteur directeur $\vec{v}$ tel que

$$\vec{v}=\vec{i}-\vec{j}.$$

1. *a)* Vérifiez que D et D′ sont orthogonales et non coplanaires. Montrez que le point O appartient à Σ.

b) Montrez qu'une représentation paramétrique de D est :

$$\begin{cases} x=t \\ y=t \\ z=1 \end{cases} \quad (t\in\mathbb{R}).$$

M est un point de coordonnées $(x; y; z)$ et P un point de D; exprimez MP^2.
En considérant MP^2 comme fonction de t, déduisez-en la distance de M à D.

c) Calculez de même la distance du point M à la droite D′.

d) Déduisez-en que M appartient à Σ si et seulement si on a :

$$xy+2z=0.$$

2. Déduisez de cette relation :

a) que les intersections de Σ avec des plans orthogonaux à la droite (AB) sont en général des hyperboles. Précisez le cas d'exception;

b) la nature des intersections de Σ avec des plans orthogonaux à l'axe $(O; \vec{i})$ ou à l'axe $(O; \vec{j})$.

C. M(t) est le point de Σ admettant comme abscisse $x(t)=4\cos t$ et pour ordonnée $y(t)=\sin 2t$ dans le repère $(O; \vec{i}, \vec{j}, \vec{k})$.
Lorsque t varie sur $\mathbb{R}$, le point M décrit une courbe Γ incluse sur Σ.

1. Construisez la courbe Γ_z projetée orthogonale de Γ sur le plan d'équation $z=0$. On prendra 2 cm comme unité.

2. On désigne par Γ_x la projetée orthogonale de Γ sur le plan d'équation $x=0$ et par Γ_y, la projetée de Γ sur le plan d'équation $y=0$.
Construisez ces courbes après avoir donné une représentation paramétrique de chacune d'elles.
Une étude préalable de leurs éventuels éléments de symétrie facilitera leur étude et leur construction.

INDEX DES MOTS CLÉS

N° d'éditeur 50016 I (ML.VII) MCP
imprimé en France. Avril 1989
par Mame Imprimeurs à Tours (n° 22644)